变电站防水防潮防凝露及防腐技术

宫向东　主编

中国水利水电出版社
www.waterpub.com.cn
·北京·

内 容 提 要

本书是在总结我国电力系统和电力用户变电站的防水、防潮、防凝露及防腐蚀技术和实践的基础上编写而成的，以期帮助广大读者迅速、及时、准确地解决变电站出现的各种防水、防潮、防凝露及防腐蚀的技术问题。本书分为五章，主要内容包括变电站防水技术、变电站防洪防涝技术、变电站防潮技术、变电站防凝露技术、变电站防腐蚀技术。

本书可供变电站防水、防潮、防凝露和防腐蚀工程的设计和施工人员，材料采购人员，工程监理和质量验收人员，工程造价人员以及变电站运行、维护、检修人员阅读参考。

图书在版编目（ＣＩＰ）数据

变电站防水防潮防凝露及防腐技术 ／ 宫向东主编
. －－ 北京 ： 中国水利水电出版社，2022.1
ISBN 978-7-5226-0289-9

Ⅰ．①变… Ⅱ．①宫… Ⅲ．①变电所－防水②变电所－防潮③变电所－凝结水处理④变电所－防腐 Ⅳ．①TM63

中国版本图书馆CIP数据核字(2021)第258090号

书　　名	**变电站防水防潮防凝露及防腐技术** BIANDIANZHAN FANGSHUI FANGCHAO FANGNINGLU JI FANGFU JISHU
作　　者	宫向东　主编
出版发行	中国水利水电出版社 （北京市海淀区玉渊潭南路 1 号 D 座　100038） 网址：www. waterpub. com. cn E - mail：sales@waterpub. com. cn 电话：(010) 68367658（营销中心）
经　　售	北京科水图书销售中心（零售） 电话：(010) 88383994、63202643、68545874 全国各地新华书店和相关出版物销售网点
排　　版	中国水利水电出版社微机排版中心
印　　刷	天津嘉恒印务有限公司
规　　格	184mm×260mm　16 开本　19.5 印张　475 千字
版　　次	2022 年 1 月第 1 版　2022 年 1 月第 1 次印刷
印　　数	0001—2000 册
定　　价	**138.00 元**

《变电站防水防潮防凝露及防腐技术》
编写人员名单

主　　编　宫向东

副 主 编　刘志宇　　曲永强　　李闻昊　　曲　妍

参编人员　曹　桢　　吕通发　　徐博宇　　李　岩　　熊树田　　郑　楠

　　　　　　金旭成　　范广良　　邢　云　　雷志鹏　　于　皓　　孙　博

　　　　　　徐　凯　　赵　星　　尚尔震　　汪　海　　何永春　　陈立东

　　　　　　袁晓磊　　王继伟　　郑乔楚　　贺添铭　　张玖野　　胡　强

　　　　　　谢天才　　卢　懿　　丁雯婷　　胡宇先　　鲍玺辰　　王　舒

　　　　　　贾　超　　常子轩　　张　岩　　狄　威　　罗　函　　叶正茂

　　　　　　孟祥有　　朱兴鹏　　郭冬雨　　郭　鹏　　姜　辉　　刘启航

　　　　　　厉　昂　　杨　光　　唐　昕　　李万源　　周福义　　孙晓宇

　　　　　　孙秉政　　马　矗　　钟元辰　　侯宇佳　　王　明　　野梦航

　　　　　　关潇蒙

前 言

　　为了总结和促进我国电力系统和电力用户变电站的防水、防潮、防凝露及防腐蚀技术的发展，我们编写了《变电站防水防潮防凝露及防腐技术》一书，以期帮助广大读者迅速、及时、准确地解决变电站出现的各种防水、防潮、防凝露及防腐蚀的技术问题。作者在收集、整理相关文献资料的基础上结合工作实践，就变电站的防水、防潮、防凝露及防腐蚀技术和工程实践的材料、设计、施工作了较系统的介绍，对目前变电站防水、防潮、防凝露治理及防腐蚀等方面的已成熟的新工艺、新材料、新技术、新方法作了全面的介绍。本书分为五章，主要内容包括变电站防水技术、变电站防洪防涝技术、变电站防潮技术、变电站防凝露技术、变电站防腐蚀技术。本书可供变电站防水、防潮、防凝露及防腐蚀工程的设计和施工人员，材料采购人员，工程监理和质量验收人员，工程造价人员，以及变电站运行、维护、检修人员阅读参考。本书可为变电站建筑防水从业人员、运维人员、检修人员在材料生产、防水防洪设计、防水施工、防潮防凝露治理及变电站金属构架设备金属外壳防腐蚀等方面提供实用性指导。

　　作者在编写本书的过程中，结合自己平时工作实际，参考了众多专家和学者的专著、论文及相关的标准、标准设计图集、产品介绍、工具书等资料，并得到了许多单位和同仁的支持和帮助，在此对有关文献的作者致以诚挚的谢意，并衷心希望能继续得到各位同仁的帮助和指正。

　　由于作者在编写过程中，所掌握的资料和信息不够全面，加之水平有限，书中难免存在不足之处，敬请读者批评指正。

作者

2021 年 6 月

目 录

第一章

变电站防水技术

第一节　变电站地面建筑防水

一、建筑材料和建筑防水材料

（一）建筑材料

建筑材料是指应用于建筑工程领域中的各种材料及其制品的总称。建筑材料品种繁多，有多种分类方法，最常用的是按其化学成分和使用功能的分类方法。

1. 建筑材料按化学成分分类

建筑材料按其化学成分的不同，可分为单一材料和复合材料。

（1）单一材料又可分为无机材料、有机材料（有机非金属材料）。金属材料和非金属材料（无机非金属材料）都属于无机材料；植物材料（木材、竹材）、沥青材料（石油沥青、煤沥青、沥青制品等）、合成高分子材料（塑料、合成橡胶、涂料、胶粘剂、混凝土外加剂等）都属于有机材料。金属材料又可以分为黑色金属（钢、铁、铬、锰等及其合金）和有色金属（铜、铝、锌、铅等及其合金）；非金属材料（无机非金属材料）包括天然石材（砂、石及其石材制品等）、烧结制品（砖、瓦、玻璃、陶瓷等）、胶凝制品（石灰、石膏、水泥、水玻璃掺合料等）和混凝土及硅酸盐制品等。

（2）复合材料又可分为无机非金属材料与有机非金属材料的复合材料（包括聚合物水泥混凝土、沥青混合料等）以及金属材料与非金属材料的复合材料（包括金属材料与无机非金属材料的复合材料，如钢纤维混凝土等；金属材料与有机非金属材料的复合材料，如建筑用金属面绝热夹芯板等）。

2. 建筑材料按使用功能分类

建筑材料按其使用功能的不同，可分为结构材料、围护材料和功能材料等类别。混凝土、钢材、石材等属于结构材料；砖、砌块、板材等属于围护材料；建筑功能材料是指其具有的特殊的物理性能可以担负某些建筑功能的非承重用材料，如建筑防水材料、建筑保温隔热材料、建筑吸声隔声材料、密封材料等。

（二）建筑防水材料

1. 建筑防水材料的作用和特征

建筑防水材料是指应用于建筑物、构筑物中，起着防潮、防渗、防漏，防止雨雪水、地下水以及其他水分渗透的作用，保护建筑物和构筑物不受水侵蚀破坏作用的建筑功能性材料。

建筑防水材料的主要特征是材料自身致密，孔隙率小，或具有很强的憎水性能，或能起到密封、填塞及切断其他材料内部孔隙的作用，从而达到建筑物、构筑物的防潮、防渗、防漏的目的。建筑防水材料不仅是建筑防水工程中不可缺少的主要功能性建筑材料，而且已经广泛地应用于市政、公路、桥梁、铁路、水利等工程领域。

建筑物和构筑物的防水是依靠具有防水性能的材料来实现的，防水材料质量的优劣直接关系到防水层的耐久年限。随着石油、化工、建材工业的快速发展和科学技术的进步，防水材料已经迈向多类型、多品种的阶段，防水材料的品种越来越多，性能各异。

2. 建筑防水材料的分类

依据建筑防水材料的性能特性，一般可分为柔性防水材料和刚性防水材料两大类；依据建筑防水材料的外观形态以及性能特性，一般可分为防水卷材、防水涂料、防水密封材料、刚性防水材料、堵漏止水材料五大系列，这五大类材料又根据其组成的不同分为上百个品种。

（1）防水卷材。防水卷材包括沥青防水卷材、高聚物改性沥青防水卷材、合成高分子防水卷材、沥青瓦、金属防水卷材等。

（2）防水涂料。防水涂料包括沥青防水涂料、高聚物改性沥青防水涂料、合成高分子防水涂料、水泥基防水涂料、聚合物水泥基防水涂料等。

（3）防水密封材料。防水密封材料包括沥青及高聚物改性沥青基防水密封材料、合成高分子防水密封材料等。

（4）刚性防水材料。刚性防水材料包括防水混凝土、防水砂浆、防水混凝土和防水砂浆的组成材料、防水剂、无机类瓦材（烧结瓦、混凝土瓦）。

（5）堵漏止水材料。堵漏止水材料包括抹面堵漏材料、注浆堵漏材料（无机类注浆堵漏材料、有机类注浆堵漏材料等）。

二、建筑防水工程的功能和基本内容

（一）建筑防水工程和建筑防水技术

建筑防水工程是建筑工程中的重要组成部分，建筑防水技术是保证建筑物和构筑物的结构不受水侵袭，建筑物内部空间不受水危害的专门措施。具体而言，是指为防止雨水、生产或生活用水、地下水、滞水、毛细管水以及人为因素引起的水文地质改变而产生的水渗入建筑物、构筑物内部或防止蓄水工程向外渗漏所采取的一系列结构、构造和建筑措施。概括地讲，防水工程包括防止外水向防水建筑内部渗透、蓄水结构内的水向外渗漏和建筑物、构筑物内部相互止水三大部分。

建筑防水技术常用的方法是构造防水和材料防水。

（1）构造防水是利用构件自身的形状及相互之间的搭接来达到防水的目的。

（2）材料防水是指利用材料的特性来覆盖和密闭建筑构件和接缝从而达到防水的目的。材料防水常应用于屋面、外墙、地下室等部位。在建筑工程中起到防水作用的功能性材料称为建筑防水材料。

（二）建筑防水工程的功能

建筑防水工程涉及建筑物、构筑物的地下室、楼地面、墙体、屋面等诸多部位，其功能就是要使建筑物或构筑物在设计耐久年限内，防止各类水的侵蚀，确保建筑结构及内部空间不受污损，为人们提供一个舒适、安全的工作环境和生活环境。对于不同部位的防水，其防水功能的要求是有所不同的。

1. 屋面防水工程的功能

屋面防水是防止雨水或人为因素产生的水从屋面渗入建筑物内部所采取的一系列结构、构造和建筑措施，对于屋面有综合利用要求的，如用作活动场所、屋顶花园，则对其防水的要求将更高。屋面防水工程的做法很多，大体上可分为卷材防水屋面、涂膜防水屋面、刚性防水屋面、保温隔热屋面、瓦材防水屋面等。

2. 墙体防水工程的功能

墙体防水是防止风雨袭击时，雨水通过墙体渗透到室内。墙面是垂直的，雨水虽无法停留，但墙面有施工构造缝以及毛细孔等，雨水在风力作用下，产生渗透压力可达到室内。

3. 楼地面工程防水的功能

楼地面防水是防止生活、生产用水和生活、生产产生的污水渗漏到楼下或通过隔墙渗入其他房间，这些场所管道多，用水量集中，飞溅严重，有时不但要防止渗漏，还要防止酸、碱液体的侵蚀，尤其是化工生产车间。

4. 储水池和储液池等的防水功能

储水池和储液池等是防止水或液体往外渗漏，设在地下时还要考虑地下水向里渗漏，储水池和储液池等结构除本身具有防水能力外，一般还将防水层设在内部，并且要求所使用的防水材料不能污染水质或液体，同时又不能被储液所腐蚀，这些防水材料多数采用无机类材料，如聚合物砂浆等。

（三）建筑防水工程的主要内容

1. 建筑物地上屋面工程防水

建筑物地上屋面工程防水主要内容包括卷材防水、涂膜防水、瓦材防水、金属屋面防水、屋面接缝密封技术等。

2. 建筑物地上墙体、地面防水工程

（1）墙体防水工程主要内容混凝土结构自防水、砂浆防水、卷材防水、涂膜防水、密封防水等。

（2）地面防水工程主要内容混凝土结构自防水、砂浆防水、卷材防水、涂膜防水、接缝密封防水等。

3. 建筑物地下工程防水

建筑物地下工程防水主要内容包括混凝土结构自防水、砂浆防水、卷材防水、涂膜防水、接缝密封防水、注浆防水、排水防水、塑料板防水、金属板防水、特殊施工法防水等。

4. 特种工程防水

特种工程防水包括特殊构筑物防水、路桥防水、市政工程防水等。

三、建筑防水工程的分类

建筑防水工程可依据设防的部位、设防的方法、所采用的设防材料性能和品种等来进行分类。

（一）按土木工程的类别进行分类

防水工程就土木工程的类别可分为建筑物防水工程和构筑物防水工程。

（二）按设防的部位进行分类

依据房屋建筑的基本构成及各构件所起的作用，按建筑物、构筑物工程设防的部位可划分为地上防水工程、地下防水工程和特殊建筑物、构筑物等部位的防水工程。

1. 地上防水工程

地上防水工程包括屋面防水工程、墙体防水工程和地面防水工程。

（1）屋面防水是指各类建筑物、构筑物屋面部位的防水。

（2）墙体防水是指外墙立面、坡面、板缝、门窗、框架梁底、柱边等处的防水。

（3）地面防水是指楼面、地面以及卫生间、浴室、盥洗间、厨房、开水间楼地面、管道等处的防水。

2. 地下防水工程

地下防水工程是指地下室、地下管沟、地下铁道、隧道、地下建筑物、地下构筑物等处的防水。

3. 特殊建筑物、构筑物等部位的防水工程

特殊建筑物、构筑物等部位的防水工程是指水池、水塔、室内游泳池、喷水池、四季厅、室内花园、储油罐、储油池等处的防水。

（三）按设防方法分类

按设防方法可分为复合防水和构造自防水等。

1. 复合防水

复合防水是指采用各种防水材料进行防水的一种新型防水做法，在设防中采用多种不同性能的防水材料，利用各自具有的特性，在防水工程中复合使用，发挥各种防水材料的优势，以提高防水工程的整体性能，做到"刚柔结合，多道设防，综合治理"。如在节点部位，可用密封材料或性能各异的防水材料与大面积的一般防水材料配合使用，形成复合防水。

2. 构造自防水

构造自防水是指采用一定形式或方法进行构造自防水或结合排水的一种防水做法。如地铁车站为防止侧渗水而采用的双层侧墙内衬端（补偿收缩防水钢筋混凝土），为防止顶板结构产生裂纹而设置的诱导缝和后浇带，为解决地铁结构漂浮而在底板下设置的倒滤层（渗排水层）等。

（四）按设防材料品种分类

防水工程按设防材料的品种可分为卷材防水、涂料防水、密封材料防水、堵漏止水材料防水等。

1. 卷材防水

防水卷材是建筑防水材料中的重要品种，通常可分为沥青防水卷材、高聚物改性沥青防水卷材和合成高分子防水卷材等类别。其中前一类是传统的防水卷材，而后两类则代表了防水卷材的发展方向。由于后两类卷材具有优越的性能，高聚物改性沥青防水卷材和合成高分子防水卷材是我国今后大力开发和应用的新型防水材料。防水卷材常用的施工方法根据是否采用加热操作，分为热施工法和冷施工法。热施工法可进一步分为热熔法、热玛蹄脂黏结法、热风焊接法等；冷施工法可进一步分为冷粘法（冷玛蹄脂黏结法、冷胶粘剂黏结法）、自粘法、机械固定法、空铺法、湿铺法、预铺法等。

2. 涂料防水

防水涂料又称涂膜防水材料，通常可分为沥青基防水涂料、高聚物改性沥青防水涂料和合成高分子防水涂料。近年来高聚物改性沥青防水涂料和合成高分子防水涂料等新型防水涂料发展很快，已有高、中、低档系列产品上市，产品和品种丰富。涂膜防水施工按涂膜的厚度不同，可分为薄质涂料施工和厚质涂料施工。薄质涂料常采用涂刷法和喷涂法施工，厚质涂料常采用抹压法和刮涂法施工。由于涂料本身性能不同，所采用的工具和工艺也有所不同，根据工程的需要，涂膜防水可做成单纯涂膜层或加胎体增强涂膜层（如一布二涂、二布三涂、多布多涂等）。

3. 密封材料防水

建筑防水密封材料是指填充于建筑物的接缝、裂缝、门窗框以及管道接头或其他结构的连接处，起到水密、气密作用的一类材料。常用的密封材料主要有高聚物改性沥青防水密封材料和合成高分子防水密封材料，常用的施工方法有热灌法和冷嵌法。

4. 堵漏止水材料防水

堵漏止水材料是指能在短时间内迅速凝结从而堵住水渗出的一类防水材料。

（1）建筑防水工程的渗漏水主要形式有点、缝和面的渗漏。根据渗漏水量的不同，又可分为慢渗、快渗、漏水和涌水。

（2）防水工程修补堵漏，要根据工程特点，针对不同的渗漏部位，选用不同的材料和工艺技术进行施工。

（3）孔洞渗漏水可选用促凝灰浆、高效无机防水粉、膨胀水泥等进行堵漏。

（4）裂缝渗漏水则可采用促凝灰浆（砂浆）、注浆材料等进行堵漏。

（5）大面积渗漏水最常用的修补材料则是水泥砂浆抹面、膨胀水泥砂浆、氯化铁防水砂浆、有机硅防水砂浆、水泥基渗透结晶型防水材料等。

细部构造的防水堵漏可采用止水带、遇水膨胀橡胶止水材料、建筑防水密封胶、混凝土建筑接缝防水系统等。

（五）按设防材料性能分类

按设防材料的性能进行分类，可分为刚性防水和柔性防水。

1. 刚性防水

（1）刚性防水材料是指由胶凝材料、颗粒状的粗细骨料和水，必要时掺入一定数量的外加剂、高分子聚合物材料，通过合理调整水泥砂浆或混凝土配合比，减少或抑制孔隙率，改善孔隙结构特性，增加各材料界面间的密实性配制而成的具有一定抗渗能力的水泥砂浆、混凝土类的防水材料。

（2）刚性防水材料的施工主要是指防水砂浆、防水混凝土的施工。由于防水砂浆防水层是利用抹压均匀、密实的素灰和水泥砂浆分层交替施工，以构成一个整体防水层，因为是相间抹压的，各层残留的毛细孔道相互弥补，从而阻塞了渗漏水的通道，因此具有较高的抗渗能力。

2. 柔性防水

柔性防水指相对于刚性防水如防水砂浆和防水混凝土等而言的一种防水材料形态，采用柔性材料做防水层，如卷材防水层、涂料防水层、塑料防水板防水层、金属防水板防水层、膨润土防水材料防水层、地下工程种植顶板防水、密封材料防水等。

四、防水工程的质量保证体系

（一）保证防水工程质量的要素

1. 防水工程质量直接关系建筑物的结构安全使用寿命和使用功能

随着我国城市化进程和现代化的快速发展，建筑防水质量已越来越受到人们的重视。为防止雨水、地下水、工业和民用的给排水、腐蚀性液体以及空气中的湿气、蒸汽等侵入建筑物各部位，必须在建筑材料和构造上要采取建筑防水措施。建筑防水是建筑工程的重要组成部分，建筑防水工程涉及建筑物地下室、外墙、内墙、楼地面、屋面等诸多部位；尽管防水工程造价仅占建筑工程总造价的 2％～3％，但其在整个建筑工程全寿命周期中占有非常重要的地位。防水工程质量直接关系到建筑物的结构安全和使用寿命，关系到建筑物的使用功能、居住的舒适性和生活质量。据大数据统计显示，目前国内渗漏投诉占房地产质量投诉的 65％ 左右，渗漏会导致主体结构钢筋的氧化和锈蚀，影响结构的耐久性，降低建筑物的使用寿命。

2. 设计、材料、施工、维护管理是保证防水工程质量的四要素

设计规范化、材料标准化、施工流程化、维护管理制度化是防水工程的终极目标。防水设计是龙头，设计是否先进、科学、合理、可靠，关系防水工程的最终效果。防水工程材料标准近 60 种，加上设计、施工、验收、试验等国家、行业、地方及团体标准，如果设计、施工人员不熟悉这些标准，缺少对防水材料和构造层次的了解，忽视工程施工的实际因素和可操作性，缺少对细部处理节点大样图的了解，是很难保证防水工程的质量的。特别是目前企业之间的竞争非常激烈，一个项目尚未结束，参加建设的各方责任主体中，人员已出现频繁更换，从而使防水工程质量无法得到有效的保证。因此，设计是否可靠，选材是否科学，施工是否精细，维护是否及时，是确保防水工程质量的重中之重。

3. 防水工程的整体质量要求和质量保证原则

（1）防水工程的整体质量要求是不渗不漏，保证排水畅通，使建筑物具有良好的防水和使用功能。

（2）要保证防水工程的质量，涉及选材、设计、施工、维护以及管理等多方面的因素，因此必须实施"综合治理"的原则，才能保证防水工程质量。

（3）防水工程的质量保证体系中的关系是：材料是基础，设计是前提，施工是关键，管理是保证。

（二）材料是基础

建筑物和构筑物的防水是依靠具有防水性能的材料来实现的，防水材料质量的优劣直接关系到防水层的耐久年限。随着石油、化工、建材工业的快速发展和科学技术的进步，防水材料已从少数材料品种转向多类型、多品种的格局，数量越来越多，性能各异。依据建筑防水材料的外观形态，一般可将建筑防水材料分为防水卷材、防水涂料、密封材料、刚性防水材料四大系列，这四大类材料又根据其组成不同可分为上百个品种。柔性防水材

料的拉伸强度大、伸长率大、重量轻、施工方便，但操作技术要求较严，耐穿刺性和耐老化性能不如刚性材料。同是柔性材料，卷材为工厂化生产，厚薄均匀，质量比较稳定，施工工艺简单，功效高，但卷材搭接缝多，接缝处易脱开，对复杂表面及不平整基层施工难度大。而防水涂料的性能和特点与之恰好相反。同是卷材，合成高分子卷材、高聚物改性沥青卷材和沥青卷材也有不同的优缺点。

1. **建筑防水材料在建筑材料中属于功能性材料**

建筑物采用防水材料的主要目的是为了防潮、防渗、防漏。建筑防水工程的质量，在很大程度上取决于防水材料的性能和质量，应用于防水工程中的防水材料必须符合国家和行业的材料质量标准。

2. **防水材料是防水工程的基础**

在进行防水工程施工时，所采用的防水材料必须满足设计要求。对建筑防水材料的共性要求如下：

（1）具有良好的耐候性，对光、热、臭氧等应具有一定的承受能力。

（2）具有抗水渗透和耐酸碱性能。

（3）对外界温度和外力具有一定的适应性，即材料的拉伸强度要高，断裂伸长率要大，能承受温差变化以及各种外力与基层伸缩、开裂所引起的变形。

（4）整体性好，既能保持自身的黏合性，又能与基层牢固粘接，同时在外力作用下，有较高的剥离强度，形成稳定的不透水整体。

3. **不同部位的防水工程和不同的防水做法对材料的要求不同**

对于不同部位的防水工程和不同的防水做法，对防水材料的性能要求也各有其侧重点，如地下防水工程所采用的防水材料必须具备优质的抗渗能力和延伸率，具有良好的整体不透水性。这些要求是针对地下水的不断侵蚀且水压较大，以及地下结构可能产生变形等条件而提出的。

4. **正确选择和合理使用建筑防水材料是提高防水质量的关键**

由于防水材料的品种和性能各异，因此各有不同的优缺点，也各具有相应的使用范围和要求，尤其是新型防水材料的推广使用，更应掌握这方面的知识。正确选择和合理使用建筑防水材料是提高防水质量的关键，也是设计和施工的前提，选用防水材料应严格执行《建设部推广应用和限制禁止使用技术》（中华人民共和国建设部公告第 218 号）的规定，在选择防水材料时，必须注意其性能和特点，应用好建筑防水材料。

5. **决定使用相适应材料的若干因素**

在了解了各类防水材料的性能和特点后，还应根据建筑物结构类型、防水构造形式以及节点部位、外界气候情况（包括温度、湿度、酸雨、紫外线等）、建筑物的结构形式（整浇或装配式）与跨度、屋面坡度、地基变形程度和防水层暴露情况等决定相适应的材料。

6. **选择防水材料还应考虑的其他因素**

在选择防水材料时，还应考虑施工条件和市场价格因素。例如合成高分子防水卷材可分为弹性体、塑性体和加筋的合成纤维三大类，不仅用料不同，而且性能差异也很大。同时也要考虑所选用的材料在当地的实际使用效果如何。还应考虑与合成高分子防水卷材相配套的黏合剂、施工工艺等施工条件因素。

（三）设计是前提

1. 防水工程设计的任务

建筑防水设计不仅要考虑建筑物的有效使用与安全，还要考虑改善和提高建筑防水功能。故其防水工程设计的任务是科学地制订先进技术与经济合理相结合的防水设计方案，采取可靠的措施来确保工程质量，达到不渗、不漏，并保证防水工程具有一定的使用年限。

2. 对防水设计人员的要求

防水设计人员在进行防水设计时，应掌握如下要点：

（1）正确选择与合理使用防水材料。

（2）明确防水工程的基本条件与要求。

（3）遵循多道设防的设计原则。

（4）运用"防排结合"的手法。

（5）以规范为依据，结合实际，提出细部构造做法。

（6）选用新的施工工艺。

（7）重视防水的保护层设计。

（四）施工是关键

防水工程最终是通过施工来实现的，而目前建筑防水施工多以手工作业为主，稍一疏忽便可能出现渗漏，由此可见，施工是防水工程质量的关键，是防水工程质量好坏的主要决定因素。防水工程施工的好坏，关系到日后建筑物和构筑物防水性能的好坏。做好防水工程的关键，概括来说，有以下主要方面。

1. 专业施工队施工

屋面防水工程的浇筑、抹压、涂刷、粘贴等施工方法，大都靠手工操作去完成。一支没有经过理论与实际操作专业培训的队伍，是不可能把防水工程做好的。纵观以往防水工程失败的主要原因，大多是因施工队伍技术素质低劣所致。因此防水施工必须由防水专业队伍或专责防水工施工，严禁非防水专业队伍或非防水工进行防水施工。

2. 强调防水工人技术素质

建筑物渗漏问题是当前突出的质量通病，要确保建筑防水工程质量，施工是关键。对于施工，如何提高防水工人的技术素质尤为重要。建设部 1996 年颁发的《建筑行业职业技能标准》分别提出了应知、应会的技术素质要求，应严格执行。

3. 施工图会审

施工图会审既是设计人员介绍设计意图并向施工人员做技术交底的过程，也是施工单位和有关各方审阅施工图时发现问题，然后集思广益，完善设计的过程。在会审图纸中施工人员应吃透图纸及说明，从而有利于制订针对性的施工方案和保证防水工程质量所应采取的技术措施。图纸会审时，应逐条记录并整理成文，经设计和有关各方核定签署，作为施工图的重要补充部分。

4. 编制施工方案

施工单位根据设计要求，应编制施工方案。施工方案一般包括概要、工程质量目标、组织与管理和防水施工操作等部分，明确规定防水材料的质量要求、施工程序、工作管理与质量措施、自防水结构和防水层的施工准备、操作要点以及一些细部做法等。同时，明确分部分项工程施工责任人。施工方案制订后，需经设计单位及有关各方签认。

5. 严格执行现场监理制度

现场监理人员应紧密配合施工技术部门、施工质检员和技术监督部门，做好下列工作。

(1) 检查原材料、半成品合格证。现场使用的各种原材料和半成品，需有"三证"，即现场外观质量检验合格证、现场抽样复验合格证（法定单位检测、试验）、材料出厂质量合格证和使用说明书。没有"三证"的材料和半成品，应坚决禁止使用。不合格的材料和半成品，应及时清理出场，以免混淆。为不误工期，此项工作应在用料之前做好。

(2) 抽查操作人员上岗证。防水工上岗证是上级建设主管部门核发的有效证件。防水工还应包括防水结构施工操作人员。若发现非防水工作业，应责成施工单位停工整改。

(3) 工序检查。应检查防水混凝土、UEA混凝土、预应力混凝土、纤维混凝土、防水砂浆和沥青玛蹄脂等施工配合比的可靠性（施工配合比需由法定试验室通过现场取料试配试验合格）。自防水结构混凝土施工时，应进行模板、预埋件、变形缝、施工缝、止水片、原材料计量、混凝土搅拌、振捣、抹压和养护的工序检查；防水层施工时，找平层、防水层、保护层、细部构造及其他防水工程的工序，均需逐一检查。为防止上道工序存在的问题被下道工序覆盖，给防水工程留下隐患，以卷材防水层为例，第一层卷材检查合格后，才能做第二层防水卷材，直至最后检查验收。如发现上道工序质量不合格，必须返工补救，达到合格标准后，才允许下道工序施工。施工现场班组，应有严格的自检、互检、交接检制度。施工企业应有专职质检员跟班检查监督，各道工序施工前，质检记录应齐全，经现场监理签认。工序完工后，有关人员验收签字，不得事后补办或走过场。

(4) 坚持分项工程验收制度的严格执行。一个项目竣工后，有关技术监督各方，必须进行竣工验收检查，然后综合评定，办理竣工验收手续，不达标的项目，应不予验收，待加固处理经检查合格后，重新验收。

（五）管理是保证

防水工程竣工验收、交付使用后，还应加强管理，如定期检查、清扫屋面、疏通天沟和水落口、修补渗水节点等，上述工作均应设有专人管理，形成制度并认真执行。

五、变电站建筑防水的有关规定

(1) 卫生间等用水房间，宜采用现浇楼板并加防水层。当采用预制楼板时，必须采取可靠的防、排水设施。其楼面、地面宜采用陶瓷防滑地砖等面层。

（2）外廊、外楼梯平台、卫生间及浴室等房间，其楼面、地面应低于相邻房间和过道的楼面、地面的标高，或设挡水槛，并应有5‰～10‰的坡度，将水排入下水道系统。

（3）楼地面、楼地面沟槽、管道穿楼板及楼板接墙面处应严密防水、防渗漏。

（4）外墙应根据地区气候条件和建筑要求，采取保温、隔热和防潮等措施。

（5）墙身应设置防潮层。防潮层的位置宜高出室外地面0.10m以上，低于室内地面0.05m，并应在地面混凝土垫层高度范围内。在此范围内如为钢筋混凝土圈梁或基础梁时，可不设墙身防潮层，地震区防潮层应满足墙体抗震整体连接的要求。

（6）屋面防水设计应遵照《屋面工程技术规范》（GB 50345）的有关规定。高压配电装置室、主控制室、继电器室（二次设备室）、通信室及计算机房等生产建筑物，应采用防水层合理使用年限为15年的Ⅱ级屋面防水等级。

（7）屋面排水坡度应根据屋顶结构形式、屋面基层类别、防水构造形式、材料性能及当地气候等条件确定。一般平屋面的排水坡度应为2%～5%。对于跨度大于9.0m的平屋面，其排水坡度宜通过结构找坡方式实现，坡度不应小于3%。

（8）屋面一般宜采用有组织排水，并宜优先采用外排水。

（9）屋面水落管的数量、管径应通过计算确定。

（10）无组织排水屋面的挑檐净宽不应小于300mm。

（11）凡上人屋面，应设女儿墙或栏杆，其净高不应小于1.05m。

（12）刚性防水层与山墙、女儿墙以及突出屋面结构的交接处，均应做柔性密封处理。刚性防水层内严禁埋设管线。

（13）当设备或构、支架布置在屋面上时，应对屋面做特殊处理。当设施基座与屋面结构层相连时，防水层应包裹设施基座的上部，并在地脚螺栓周围做密封处理。

（14）门窗与墙体应连接牢固，且满足抗风压、水密性、气密性的要求，对不同材料的门窗，应选择相应的密封材料。

（15）墙身、屋面、楼地面的变形缝，应采取防渗漏、防火、保温、防老化和防脱落的构造措施。

（16）凡主控制室、继电器室、通信机房及计算机房等，不应布置在盥洗室等易积水房间的下层，也不宜有上下水管道和暖气干管通过。

（17）凡设有精密仪器、电气仪表、电气设备及通信设备的房间，如主控制室、通信室、配电装置室等，应在室内或附近的走廊内配置灭火后不会引起污损和破坏设备的灭火器，不得设置水消防系统。

（18）在有侵蚀介质的地区，使用钢筋混凝土环形杆件时，宜按有关规定作侵蚀分析并采取相应的防侵蚀措施；在多雨、严寒地区，要采取排水防冻措施。暴露在外的混凝土杆件必须用混凝土或钢板封顶，并宜在杆件底部（地面以上）预留排水孔。

（19）构件应根据大气的腐蚀介质，采用喷涂锌或锌铝合金，也可采用热浸锌或锌铝合金等有效防腐措施。当有其他特殊防腐要求时，可再做涂层的封闭处理。

六、变电站建筑屋顶防水施工案例

××××110kV变电站主控楼屋面防水工程施工方案

1 编 制 依 据

1.1 本工程施工图纸和相关设计变更。

1.2 本工程《施工组织设计》。

1.3 《屋面工程技术规范》(GB 50345)。

2 分 项 工 程 概 况

2.1 主控楼为"一"字形布置,单层砖混钢筋混凝土结构。建筑物一面正对主变及构架区,整个平面组合紧凑合理,流线清晰明确,立面造型简洁、明快、大方,体现现代工业气息。

2.2 屋面采用现浇钢筋混凝土梁板体系,屋面建筑总面积为312.07m²。

2.3 本工程屋面为Ⅱ级防水屋面。

2.4 本工程的找坡为建筑找坡。

3 施 工 准 备

3.1 材料准备

3.1.1 水泥:32.5普通硅酸盐水泥,应采用同一厂家、同一批号生产的水泥,有出厂合格证、并经复检合格。

3.1.2 砂:中砂,粒径为0.35~0.5mm,含泥量不大于3%,无有机杂物。

3.1.3 石:用粒径0.5~1.2cm细石,含泥量不大于2%。

3.1.4 钢筋:$\phi 4$钢筋及$\phi 6$钢筋。

3.1.5 防水材料:3mm BAC双面自粘防水卷材。

3.1.6 隔热材料:40mm挤塑聚苯板。

3.1.7 斜檐面层材料:琉璃瓦,品种、规格、颜色符合设计要求。

3.2 施工机具准备

3.2.1 垂直运输井架4台。

3.2.2 搅拌机2台,平板震动器2台,手提切割机1台。

3.2.3 滚筒、手推车、铲、凿子、水平刮尺、水平尺、小天平、木批、钢批、灰桶等。

4 作 业 条 件

4.1 屋面主体完工并经验收通过。

4.2 材料进场，机具备齐，人员到位。

4.3 具有审批的施工方案，并对作业人员进行"三级"安全教育、安全交底和施工技术交底。

4.4 施工环境满足进场施工要求。

5 施 工 工 艺

5.1 施工程序

5.1.1 平屋面具体做法：基层清理→放标高→打灰点→20厚1：3水泥砂浆找平层→刷基层处理剂一遍→3mm BAC双面自粘防水卷材→40mm挤塑聚苯板保温层→25mm中砂隔离层，下部铺无纺聚酯纤维布一层→40mm C20细石防水混凝土表面压光，内配@150φ4双向钢筋。

5.1.2 坡屋面具体做法（斜檐铺瓦做法）：基层清理→20mm 1：3水泥砂浆找平层→内配@500φ6钢筋网→每排瓦均用双股18号铜丝与钢筋绑牢→1：3水泥砂浆卧瓦。

5.2 施工总要求

5.2.1 屋面工程施工时，应建立各道工序的自检、交接检和专职人员检查的"三检"制度，并有完整的检查记录。每道工序完成，应经监理（或建设单位）检查验收，合格后方可进行下道工序的施工。

5.2.2 屋面工程的防水层应由经资质合格的防水专业队伍进行施工，作业人员应持证上岗。

5.2.3 屋面防水材料应有产品合格证和性能检测报告，材料的品种、规格、性能等应符合现行国家产品标准和设计要求。不合格的材料，不得在屋面工程中使用。

5.2.4 当下道工序或相邻工序施工时，对屋面已完成的部分应采取保护措施。

5.2.5 伸出屋面的管道、预埋件等，应在防水层施工前安设完毕。屋面防水层完工后，不得在其上凿孔打洞或进行重物冲击。

5.2.6 屋面工程完工后，应按规范的有关规定对细部构造、接缝、保护层等进行外观检验，并应进行淋水或蓄水检验。

5.2.7 屋面的防水层严禁在雨天和风力在五级及以上时施工，合成高分子防水涂料的施工环境气温为：溶剂型不低于-5℃，水溶型不低于5℃。

5.2.8 屋面工程各分项的施工质量检验批量应符合下列规定。

5.2.8.1 按屋面面积每100m² 抽查一处，每处10m²，且不得少于3处。

5.2.8.2 接缝密封防水，每50m应抽查一处，每处5m，且不得少于3处。

5.2.8.3 细部构造根据分项工程的内容，应全部进行检查，每道工序的基层必须提前清理干净。

5.3 找平层的施工要求

5.3.1 找平层采用20mm的1：3水泥砂浆。

5.3.2 基层清理干净后，根据设计坡度（包括天沟的坡度），拉线做基准块。

5.3.3 操作前，先将底层洒水湿润，刮素水泥浆一遍。随刷随铺砂浆，表面光滑者应凿毛。

5.3.4 按配和比拌和好水泥砂浆,水灰比不能过大,应拌和成干硬性砂浆(即砂浆外表湿润,手握成团,不泌水分为准),经过用2m压尺刮平打实后,木磨板磨平,然后用铁抹子压实磨光(最后一次压光应在砂浆初凝后,终凝前完成)。要注意把死坑、死角的砂眼抹平。

5.3.5 基层与突出屋面结构(女儿墙、山墙、变形缝等)的交接处和基层的转角处,找平层均应做成圆弧形,圆弧半径为50mm为宜。

5.3.6 找平层宜设分格缝,并嵌填密封材料,分格缝纵横的最大间距不宜大于6m,缝宽为20mm。

5.4 找平层的质量标准

5.4.1 找平层的材料质量及配合比,必须符合设计要求。

5.4.2 屋面(含天沟、檐沟)找平层的排水坡度,必须符合要求。

5.4.3 基层与突出屋面结构的交接处和基层的转角处,均应做成圆弧形,且整齐平顺。

5.4.4 水泥砂浆、细石混凝土找平层应平整、压光,不得有酥松、起砂、起皮现象;沥青砂浆找平层不得有拌和不匀、蜂窝现象。

5.4.5 找平层分格缝的位置和间距应符合设计要求。

5.4.6 找平层表面平整度的允许偏差为5mm。

5.4.7 找平层的排水坡度应符合设计要求。平屋面采用结构找坡不应小于3%;天沟、檐沟纵向找坡不应小于1%,沟底水落差不得超过200mm。

5.5 找平层施工注意事项

5.5.1 防止找平层面起砂。

5.5.1.1 严格控制水灰比,施工前基层表面充分湿润,刷浆要均匀,冲筋距离不要过大,随铺灰随刮平、拍实,以确保强度和密度。

5.5.1.2 掌握好压光时间,压光一般不少于三遍。第一遍应在面层铺设后随即进行,使砂浆均匀、密实,以表面不出水为宜。第二遍应在水泥的初凝时进行,终凝前完成,将表面压平整、密实。第三遍压光主要消除摸痕和闭毛细孔,使找平层更加密实,但应在水泥终凝时完成,切忌在水泥终凝后压光。

5.5.1.3 合理安排施工流向,避免过早上人。

5.5.1.4 水泥宜采用强度高的普通硅酸盐水泥,安定性要好,切不能使用过期、低标号水泥。

5.5.2 防止出现空鼓、开裂。

5.5.2.1 严格清理干净基层表面,过于光滑的应凿毛,并充分润湿。

5.5.2.2 不使用过细砂子。

5.5.2.3 注意素水泥浆在调浆后涂扫,不宜先撒水泥粉后浇水扫浆。素水泥浆水泥水灰比以0.4～0.5为宜。并做到随扫随铺,如素水泥浆已风干硬结,则应铲重新涂扫。

5.5.2.4 屋面的边角处、突出屋面管根、埋件周围应认真操作,不要漏压。

5.5.2.5 防止倒泛水，冲筋、打点时找准泛水，按冲筋、打点铺浆，确保泛水不失去作用。

5.6　找平层成品保护

5.6.1 施工完毕适当进行养护。

5.6.2 不要过早上人行走，如未干时要上人则要搭行人走桥，不能直接踏上找平层。

5.6.3 雨水口、排水口等部位应采取措施保护好，防止堵塞杂物进入。

5.7　BAC双面自粘防水卷材的施工要求

5.7.1 BAC双面自粘防水卷材操作工艺要求。

5.7.1.1 BAC双面自粘防水卷材厚为3mm，采用湿铺方法（即素浆滚铺），对接处采用附加自粘封口条。

5.7.1.2 局部增强处理。对阴阳角、水落口、管子根部等形状复杂的地方，按设计要求预先进行增强处理。

5.7.1.3 涂刷基层处理剂要求。先在基层上弹线，排出铺贴顺序，然后在基层上均匀涂刷基层处理剂（素水泥浆），要厚薄均匀，不允许有露底和堆积的现象。

5.7.1.4 待基层处理剂触摸手感基本干燥方可铺贴卷材，铺贴卷材要平行屋脊铺设，不得垂直铺设。

5.7.1.5 铺贴从流水坡度的下坡开始，从两边檐口按弹出的标准线铺贴，顺流水接茬，最后用一条卷材封脊。

5.7.1.6 铺时用厚纸筒重新卷起卷材，中心插一根$30mm^2$、1.5m铁管，两人分别执铁管两端，将卷材一端固定在起始部位，然后按弹线铺展卷材，铺贴卷材不得皱折，也不得用力拉伸卷材，每隔1m对准粘贴一下，用滚刷出力滚卷材不得皱折，也不得用力拉伸卷材，每隔1m对准粘贴一下，用滚刷出力滚压一遍以排出空气，最后滚压粘贴牢固。

5.7.1.7 卷材接头的粘贴。卷材铺好后，将搭接部位的结合面清除干净，并采用与卷材配套的接缝胶粘剂在搭接缝粘合上涂刷，做到均匀、不露底、不堆积，并从端部开始，用手一边压合，一边驱除空气，最后用手持铁棍顺序滚压一遍，粘接牢固。

5.7.1.8 收头处理。天沟、檐沟、泛水等和卷材末端收头处或重叠三层处，须用氯磺化聚乙烯等嵌缝膏密封，在密封膏尚未固化时，再用108胶水泥砂浆压缝封闭，立面卷材收头的端部应裁齐塞入预留的槽，并用金属压条或垫片钉压牢固，最大钉距不应大于900mm，上口应用密封材料封固。

5.7.1.9 保温层施工要求。防水层经检查合格后，应做好成品保护。在防水层上面黏合40mm的挤塑聚苯板，并在挤塑聚苯板上面铺一层无纺聚酯纤维布，再在无纺聚酯纤维布上做25mm的中砂隔离层。

5.7.1.10 保护层施工要求。40mm C20细石混凝土内配@150ϕ4的双向钢筋。细石混凝土应密实，表面抹平压光，并留设分格缝，分格面积不大于36m^2。

5.7.2 BAC双面自粘防水卷材主控项目质量标准。

5.7.2.1 BAC自粘双面防水卷材的品种、规格及数量，必须符合设计要求和施工规范的规定。

5.7.2.2 屋面卷材防水层不得有渗漏和积水现象。

5.7.2.3 卷材防水层在天沟、檐口、水落口、泛水、变形缝和伸出屋面管道的防水构造，必须符合设计要求。

5.7.3 BAC 双面自粘防水卷材一般项目质量标准。

5.7.3.1 卷材防水层的表面平整度，应符合排水要求，无积水现象。

5.7.3.2 卷材防水层的搭接缝应黏结牢固，密封严密，不得有皱折、翘边和鼓泡等缺陷；防水收头应与基层黏结并固定牢固。封口封严，不得翘边。

5.7.3.3 铺贴卷材上下层及相邻两幅卷材的搭接应错开，卷材与卷材之间搭接尺寸准确，搭接宽度不小于 10cm。

5.7.3.4 排气道应纵横贯通，不得堵塞，排气管应安装牢固，位置准确，封闭严密。

5.7.3.5 细部构造施工符合设计要求和施工规范的规定；搭接部位封闭严密，黏结牢固。

5.7.4 BAC 双面自粘防水卷材施工注意事项。

5.7.4.1 卷材铺贴应采用与卷材配套的专用胶粘剂及接缝胶粘剂，不得错用；并根据胶粘剂性能，控制胶粘剂涂刷与卷材铺贴的间隔时间，不得过长或过短，以免影响黏结的质量。

5.7.4.2 在基层与卷材上涂刷处理剂时，应注意防止在同一处反复多次涂刷，以免将底胶"咬"起，形成凝胶，影响粘贴质量。

5.7.4.3 卷材施工完毕或在涂着色剂前，对已铺完的卷材防水层，应逐幅检查卷材有无损坏、硌伤等情况，如有损坏应做出标识，进行修补。修补方法：在损伤部位涂刷胶粘剂一层，然后将卷材裁剪成比破损处大 10cm 的方块，涂胶、凉胶、黏结在破损部位，压实粘牢，接缝周围用聚氨酯嵌缝。

5.7.4.4 檐口、天沟、下水口等处必须注意按设计要求坡度做好基层，不得有积水。

5.8 隔热层的施工要求

5.8.1 在经验收合格后的防水层上，直接铺置一层 40mm 挤塑聚苯保温隔热板。

5.8.2 铺置隔热板时，作业人员应穿软底鞋进行施工，操作时不得损坏已完工的防水层。

5.8.3 隔热板纵横分格，分格距离不大于 6m 为宜，分格缝宽 20mm，缝灌沥青油膏。在有天沟处，距山墙或女儿墙 400mm，无天沟处与山墙或女儿墙留置 20mm 宽的伸缩缝，缝灌油膏。

5.8.4 铺设时需认真操作，铺顺平整，操作中应避免材料在屋面上二次倒运，保证均匀铺设。

5.8.5 隔热层施工完后及时组织验收，及时铺中砂隔离层和保护层的施工，以保证保温隔热效果。

5.9 40mm 厚刚性防水层的施工要求

5.9.1 40mm 厚刚性防水层的工艺流程。

工艺流程如下：基层处理→洒水湿润→刷素水泥浆→放分格条→铺钢筋网→浇筑→混凝土→压光→养护。

5.9.2 40mm 厚刚性防水层施工方法。

5.9.2.1 分格条及边模使用前用水浸泡，刷废机油或脱模剂一道。

5.9.2.2 钢筋网分格点焊。

5.9.2.3 清净基层杂物，洒水湿润，刷素水泥浆一道，拉线找坡。

5.9.2.4 放分格条与外模，要固定好。分格条的厚度、端缝宽度按施工验收规定执行。

5.9.2.5 放钢筋网，下部用砂浆块垫起。

5.9.2.6 分格浇筑混凝土，用平板式振捣器振实，用重 40～50kg、长 600mm 滚筒碾压。

5.9.2.7 混凝土收水初凝后，取出分格条，用铁抹子第一次压光，并修补分格边缘缺损部分。

5.9.2.8 混凝土终凝后第二次压光。盖草袋洒水养护不少于 14d。留试块标养和同条件养护，每段每层不少于两组。

5.9.2.9 混凝土达到强度后进行密封胶灌缝。

6 质 量 保 证 措 施

6.1 建立和健全质量保证体系，每道工序严格执行"三检"制度。分部分项工程检验中，凡自检质量达不到标准要求时，进行返工修整，直至达到验收标准。

6.2 严把材料进场关，根据材料需用计划，对供应商进行选择，对于所有进入现场的材料，材料员必须进行见证取样，凡不合格材料禁止在工程上使用。

6.3 砂浆按配合比过磅拌制。

6.4 加强作业队伍施工技术交底和质量教育，提高施工队伍的质量意识。

7 安 全 措 施

7.1 凡进场工人必须进行岗位安全三级教育，上岗前进行分项分部的安全技术交底，并办理签字手续。

7.2 项目部建立安全检查制度，设立专职安全员，完善班前安全会。

7.3 高空作业时，屋面四周没有女儿墙的，四周的外脚手架应高出屋面，塔吊、井架出入口、洞、坑、沟、电梯门口等危险处要设盖板、围栏、安全网。

7.4 严禁向四周抛杂物落地，以防伤人。

7.5 聚氨酯甲料、乙料及固化剂、稀释剂等均为易燃品，储存时应放在干燥和远离火源的场所，施工现场严禁烟火。

7.6 皮肤沾染了聚氨酯材料较难清洗，施工操作人员应戴好防护手套。

7.7 五级以上大风、大雨天气，不得在屋面上进行施工。

7.8 加强作业队伍安全教育，提高其安全意识，对施工中不安全行为及隐患立即整改，方能继续施工。

8　文明施工的要求

8.1　施工污水须经沉砂井处理后才能排除到指定地点。

8.2　在不影响施工前提下应保护好施工现场周围的绿地及草地，建筑垃圾要及时清理。

8.3　施工作业要做到三清：谁做谁清，随做随清，工完场地清。

第二节　变电站地下建筑防水

一、地下工程类型、施工方法和特点

（一）地下工程类型

1. 按照不同的建筑方式和用途分类

地下工程可根据建造环境和建造方式与用途的不同，分为隧道工程、地下建筑物、地下构筑物等类型。

（1）隧道工程主要是指铁路隧道、公路隧道、地下铁道、越江隧道、海底隧道以及城市地下综合管廊，水工、热力、电缆隧道等。

（2）地下建筑物主要是指建筑物的地下室、地下厂房、地下仓库、地下车库、地铁车站、城市地道、地下商业街等。

（3）地下构筑物主要是指军事工程、人防工程、城市共用沟、水工构筑物、贮水池、游泳池等。

2. 按照相对于地表面的位置、埋置深度的不同分类

（1）地下工程按照其相对于地表面的位置，可以分为水平的（称其为水平坑道）地下工程、倾斜的（称其为斜井）地下工程、竖直的（称其为竖井）地下工程。

（2）地下工程按照水平坑道埋置深度的不同，可以分为浅埋地下工程和深埋地下工程两种，浅埋地下工程结构一般是指覆土厚度仅在 5m 以内而不采用暗挖法修建的结构。

（二）地下工程施工方法

地下工程施工时，必须先挖出相应的空间，然后方可在此空间内进行修筑衬砌，由于各类工程的场地、环境、水文、地质等条件的不同，其开挖空间的施工方法各异。总体而言可分为明挖法和暗挖法，具体而言，有大开挖基坑、地下连续墙、沉井、逆作法、盾构法、顶管法、沉管法、箱涵等多种工法。

采用何种开挖方法则应以地质、地形及环境条件、埋置深度为主要依据，尤其是埋置深度对其开挖施工方法有决定性的影响。埋置较浅的工程，施工时可先从地面挖坑或堑壕，经修筑衬砌之后再回填，即明挖法。敞口明挖、盖挖法、地下连续墙等均属明挖法施工范畴，当埋置深度超过一定限度后，明挖法施工则不再适用，则应采用暗挖法施工。暗挖法顾名思义，即不挖开地面，而是采用在地下挖洞的方法进行施工，常见的盾构法、顶管法均属暗挖法施工范畴。

（三）地下工程特点

地下工程由于受地下水的影响，如果没有防水措施或防水措施不得当，那么地下水就会渗入其结构内部，导致混凝土腐蚀，钢筋生锈，地基下沉，甚至淹没构筑物，直接危及建筑物的安全。

二、地下工程防水设计

（一）地下防水工程

1. 含义

地下防水工程是指对工业与民用建筑的全埋或半埋于地下或水下的地下室、隧道以及蓄水池等建筑物、构筑物进行防水设计、防水施工和维护管理等各项技术工作的工程实体，是依据建筑物、构筑物防水设防部位进行分类而得出的一个防水工程类别。

2. 标准

为了确保地下建筑物的正常使用，国家发布了《地下工程防水技术规范》（GB 50108），明确规定了地下防水工程的等级以及每一个等级的防水设防要求，并对地下工程防水的设计和施工都作了详尽的规定，地下工程防水施工必须严格按照规范的规定执行。国家为了加强建筑物工程质量管理，统一地下防水工程质量验收标准，确保工程质量，还制定了《地下防水工程质量验收规范》（GB 50208）。此规范对地下防水工程的验收作了明确的规定，是地下防水验收工程的依据，达不到验收规范规定标准的工程是不能验收的。此外，国家还发布了一系列与地下防水工程相关的若干专项规范。

（二）地下水的类型

自然界的水是以气态、液态和固态的形式存在于大气圈、地表及地壳之中的，并形成大气水、地表水和地下水。大气降水渗透到地壳中，这是地下水的主要来源。江河、湖泊等地表水的渗透则是地下水重要的补给来源。

对地下工程具有实际意义的地下水主要包括上层滞水、潜水、毛细管水、层间水等。

1. 上层滞水

上层滞水一般存在于地表岩土层的包气带中，如透气性不大的夹层，阻滞下渗的大气降水和凝结水，并使其聚集起来形成上层滞水。居民区和工业区上下水管的渗漏，以及人工填土层也有可能出现上层滞水。上层滞水型的地下水距地表一般不超过 $1\sim2\mathrm{m}$，分布范围有限，补给区与分布区一致，其水量极不稳定，通常是雨季出现，旱季消失，故在旱季勘测时较难发现。由于其接近地表，在构筑地下工程时要特别注意其影响，当开挖基坑时，则要采取措施，防止其涌入基坑内。如果地下工程位于上层滞水型地下水位线以下时，则必须设置防水层。

2. 潜水

潜水是埋藏在地表以下第一个隔水层以上的地下水，当开挖到潜水层时，即出现潜水面（在建筑工程中把这个潜水面的标高称作地下水水位）。潜水主要由大气降水、地表水和凝结水补给，其变化幅度比较大。潜水为重力水，在重力作用下，由高水位流向低水位。当河水水位低于潜水水位时，潜水则补给河面。当河面水位高于潜水水位时，则河水补给潜水。因此当地下工程采取自流排水的办法防水时，必须正确掌握地表水系（如江河、湖泊、水库等）的常年水位变化情况，尤其对于近地表水系构筑的地下工程，要特别注意防止洪水倒灌。

3. 毛细管水

毛细管水可以部分或全部充满离潜水面一定高度的土壤孔隙中，毛细管现象是由于土粒和水接触时受到表面张力的作用，水沿着土粒间的连通孔隙上升而引起的。由土壤的孔隙所构成的毛细管系统十分复杂，所以形成的沟管通向各个方向，沟管的粗细变化也很大。毛细管水的上升高度与土壤的种类、孔隙、颗粒、润湿程度有关，一般而言，粗砂和大块碎石类土中的毛细管水的上升高度不超过几厘米，而黄土则超过 2m，黏土则更大，毛细管水的上升，也可散布到与地下水和土壤的毛细管水相接触的地下工程、房屋基础。在进行地下工程防水设计时，毛细管水带区取潜水位以上 1m，毛细管带以上部分可设防潮层。

4. 层间水

层间水是指埋藏在两个隔水层之间的地下水。在层间水未充满透水层时为无压水，如水已充满了两个隔水层之间的含水层，那么在打井至该层时，水便可在井中上升甚至自动喷出，这类层间水称为承压水或自流水。承压水的特点是上下都有隔水层，具有明显的补给区。补给区和泄水区两者相距很远，层间水由于具有隔水层顶板，故受地表水文、气候因素影响较小，水质好，水温变化小，是很好的给水水源。当地下工程穿过该层时（如深挖地道的竖井或斜井往往就要穿过层间水），由于层间水压力较大，必须采取可靠的防压力水渗透的措施。

（三）水对地下工程的影响

水对地下工程的围护结构以及地下工程的施工影响是多方面的，水对地下工程围护结构可产生吸湿作用、毛细作用、侵蚀作用、渗透作用和冻融作用等一系列的有害作用，这是由混凝土的特性、结构和水的成分、特性所决定的。

1. 吸湿作用

任何物质在和气态的水蒸气和液态的水接触时，都能将水吸附在自己的表面，这种现象称为吸湿，砖石、混凝土等建筑材料是一种非均质的多孔材料，在空气中和水中都具有很强的吸湿作用，吸湿作用的强弱与周围介质的温度、湿度有关，湿度越大，温度越低，吸湿作用就越强烈。地下工程围护结构所具有的吸湿现象，往往是地下工程潮湿的主要原因。

2. 毛细作用

大部分物质的结构中有许多肉眼不易看见的缝隙，称其为毛细管。这些毛细管遇水后，只要彼此有附着水（水可以润湿管壁），水就会沿着这些毛细管上升，直至水的重力超过它的表面张力时才会停止上升，毛细管越细，上升水的重力越不宜超过表面张力，因此水位也升得越高，物质也就越容易透水。毛细管吸水现象在许多建筑材料中都可以看到，在有些材料中，上升可达到数米之高。地下水能被有孔的建筑材料吸收产生毛细上升现象，潮湿的土壤也能通过毛细作用引起潮气上升，这对于地下工程来说是会产生危害的。尤其是地下水或土壤中含有侵蚀性介质时，毛细作用不仅可使整个地下工程受到损害，而且还能传到地面建筑中。毛细作用的影响是很大的，即使地下工程布置在地下水位线以上，地下水往往也会通过土壤的毛细作用给地下工程造成危害。如果建筑材料具有憎水性，那么水就不易润湿管壁，沥青类防水材料、有机硅类防水材料均具备这种性能。

3. 侵蚀作用

地下水对建筑物的侵蚀主要表现在酸、盐及有害气体对各种建筑物的围护结构的损坏，一般以不致密的混凝土、不坚固的石材或金属衬砌的地下构筑物及房屋基础最易受到侵蚀的影响。地下水对混凝土的侵蚀主要表现在碳酸侵蚀、溶出性侵蚀、碳酸盐侵蚀等几个方面。地下水对混凝土的侵蚀程度取决于地下水的侵蚀性、水泥的特性、混凝土的强度和密实性。

4. 渗透作用

地下工程的围护结构材料如砖石、混凝土等均有大量的毛细孔、施工裂缝，在水有一定压力时，水就会沿着这些孔隙流动产生渗透作用，尤其是地下工程埋得越深，地下水位越高，其渗透压也就越大，地下水的渗透作用也就越严重，地下工程的渗漏水在大多数情况下都是由渗透作用所引起的。

5. 冻融作用

严寒地区的建筑工程的围护结构含水时，特别是砖砌体、不致密的混凝土经过多次冻融循环是很容易被破坏的。地下工程处于冰冻线以上时，土壤含水，冻结时不仅土中水变成冰，体积增大，而且水分往往因冻结作用而迁移和重新分布，形成冰夹层或冰堆，从而使地基冻胀。冻胀可导致地下工程不均匀地上升。当冰夹层或冰堆融化时又不均匀地下沉，年复一年地使地下工程产生变形，轻者出现裂缝，重者危及使用。为防止冻融作用的发生，地下工程应尽量构筑在冰冻线以下，必须在冰冻线以上构筑的地下工程应有反冻胀措施，施工时应避开寒冷的季节。

（四）地下工程的防水设计基本规定

地下工程修建在含水地层中，受到地下水和地面水的影响。如果没有可靠的防水措施，地下水就会渗入，影响结构物的使用寿命。因此，在修建地下工程时，应根据工程的水文地质情况、地质条件、区域地形、环境条件、埋置深度、地下水位高低、工程结构特点及修建方法、防水标准、工程用途和使用要求、材料来源等技术经济指标综合考虑确定防水方案。防水方案的设计应遵循"防、排、截、堵相结合，刚柔相济，因地制宜，综合治理"的原则进行。

（1）地下工程必须进行防水设计，防水设计应定级准确、方案可靠、施工简便、经济合理。

（2）地下工程防水方案应根据工程规划、建筑结构设计、材料选择、结构耐久性和施工工艺等方面确定，全面系统地做好地下工程的防排水。

（3）地下工程的防水设计，应考虑地表水、地下水、毛细管水等的作用以及由于人为等因素引起的附近水文地质改变的影响。单建式的地下工程，应采用全封闭、部分封闭防排水设计；附建式的全地下或半地下工程的防水设防高度，应高出室外地坪高程 500mm

以上。

（4）地下工程迎水面主体结构，应采用防水混凝土，并应根据防水等级的要求采用其他防水措施。

（5）地下工程的变形缝、施工缝、诱导缝、后浇带、穿墙管（盒）、预埋件、预留通道接头、桩头等细部构造，应加强防水措施。

（6）地下工程的排水管沟、地漏、出入口、窗井、风井等，应有防倒灌措施，寒冷及严寒地区的排水沟应有防冻措施。

（7）地下工程防水设计，应根据工程的特点和需要搜集以下资料：

1）最高地下水位的高程、出现的年代，近几年的实际水位高程和随季节变化情况。

2）地下水类型、补给来源、水质、流量、流向、压力。

3）工程地质构造，包括岩层走向、倾角、节理及裂隙，含水地层的特性、分布情况和渗透系数，溶洞、陷穴、填土区、湿陷性土和膨胀土层等情况。

4）历年气温变化情况、降水量、地层冻结深度。

5）区域地形、地貌、天然水流、水库、废弃井以及地表水、洪水和给水排水系统资料。

6）工程所在区域的地震烈度、地热、含瓦斯等有害物质的资料。

7）施工技术水平和材料来源。

（8）地下工程防水的设计和施工应符合环境保护的要求，并应采取相应措施。

（9）地下工程的防水，应积极采用经过试验、检测和鉴定并经实践检验质量可靠的新材料、新技术、新工艺。

（五）地下工程防水设计内容

地下工程防水设计的内容应包括以下几个方面：

（1）地下工程的防水等级和设防要求。

（2）地下工程混凝土结构自防水所选用防水混凝土的抗渗等级和其他技术指标、质量保证措施。

（3）其他防水层选用的防水材料及其技术指标、质量保证措施。

（4）防水工程细部构造的防水措施、选用的材料及其技术指标、质量保证措施。

（5）工程的防排水系统，地面挡水、截水系统，以及工程各种洞口的防倒灌措施。

（六）地下工程防水设计注意事项

地下工程应根据建筑物的性质、重要程度、使用功能、水文地质状况、水位高低以及埋置深度等，按不同等级进行防水设防。

（1）当设计最高地下水位高于地下室地面时，地下室的外墙受到地下水位的侧压力，而底板则受到上浮力。此时地下室的底板和外墙均应做防水处理，并形成连续封闭式；而防水层的设防高度，应比室外地面高出 300mm。

（2）地下防水工程应以混凝土结构自防水为基础。但在地下工程中仍很难避免防水混凝土不受到地下水侵蚀作用；很难避免各种外力和内力可能给混凝土结构带来的不利影响；很难避免混凝土结构产生有害裂缝而导致渗漏水。此外，防水混凝土虽然不透水，但透湿，加上考虑混凝土的耐久性等因素（如徐变、碳化因素），所以还是要做防水层。因此，对防水、防潮要求较高的地下工程，即便地下水位不高，也应在混凝土结构的迎水面上设置刚性材料或柔性材料防水层。

（3）在混凝土结构自防水的基础上，如选择刚性材料或柔性材料设防，应以迎水面设防为好。当无法进行迎水面设防或修补工程时，则可在背水面设防，但设防标准应按迎水面要求提高一级设计。

（4）受震动、冲击或基层刚度较弱、变形较大的地下建筑，宜在迎水面采用柔性材料设防。处在腐蚀介质中的地下工程，则应在迎水面采用耐腐蚀的柔性防水材料。

（5）结构防水混凝土在地板与立墙、立墙与立墙交界处，均应做成倒八字角，倒角边长不应小于 200mm。

（6）在地下工程中，防水层的质量取决于防水材料、使用环境与施工方法诸因素。目前在柔性防水层中，应用效果较好的有在潮湿基面上施工的聚酯防水涂料及涂膜防水工法，适用于干燥基面上施工的 SBS 改性沥青卷材及热熔工法等。

（7）地下工程与城市给排水管道的水平距离宜大于 2.5m，当不能满足时，地下工程应采取有效的防水措施。

（8）地下工程在施工期间对工程周围的地表水应采取截水、排水、挡水和防洪措施，地下工程在雨季进行防水混凝土和其他防水层施工时，应采取防雨措施。

（9）地下工程上的地面建筑物周围应做散水，宽度不宜小于 800mm，散水坡度宜为 5%。

（10）地下工程建成后，其地面应进行整修，地质勘察和施工留下的深坑等应回填密实，不得积水，工程顶部不宜设置蓄水池或修建水渠。

三、地下工程防水等级和设防要求

（一）地下工程防水等级

地下工程防水等级分为四级，各等级的防水标准应符合表 1-2-1 的规定。

表 1-2-1   地 下 工 程 防 水 标 准

防水等级	防 水 标 准
一级	不允许渗水，结构表面无湿渍
二级	不允许漏水，结构表面可有少量湿渍。 （1）工业与民用建筑。总湿渍面积不应大于总防水面积（包括顶板、墙面、地面）的 1/1000；任意 100m² 防水面积上的湿渍不超过 2 处，单个湿渍的最大面积不大于 0.1m²。 （2）其他地下工程。总湿渍面积不应大于总防水面积的 2/1000；任意 100m² 防水面积上的湿渍不超过 3 处，单个湿渍的最大面积不大于 0.2m²。 （3）隧道工程。要求平均渗水量不大于 0.05L/(m²·d)，任意 100m² 防水面积上的渗水量不大于 0.15L/(m²·d)
三级	有少量漏水点，不得有线流、漏泥沙。 任意 100m² 防水面积上的漏水或湿渍点数不超过 7 处，单个漏水点的最大漏水量不大于 2.5 L/(m²·d)，单个湿渍的最大面积不大于 0.3m²
四级	有漏水点，不得有线流和漏泥沙。 整个工程平均漏水量不大于 2L/(m²·d)，任意 100m² 防水面积上的平均漏水量不大于 4L/(m²·d)

（二）不同防水等级地下防水工程的适用范围

对于地下工程的不同防水等级的适用范围，应根据工程的重要性和使用中对防水的要求按表1-2-2选定。

表1-2-2　　　　　　　　　不同防水等级的适用范围

防水等级	适　用　范　围
一级	（1）人员长期停留的场所，因有少量湿渍会使物品变质、失效的储物场所及严重影响设备正常运转和危及工程安全运营的部位。 （2）极重要的战备工程、地铁车站
二级	（1）人员经常活动的场所；在有少量湿渍的情况下不会使物品变质、失效的储物场所及基本不影响设备正常运转和工程安全运营的部位。 （2）重要的战备工程
三级	（1）人员临时活动的场所。 （2）一般战备工程
四级	对渗漏水无严格要求的工程

（三）设防要求

（1）地下工程的设防要求，应根据使用功能、使用年限、水文地质、结构形式、环境条件、施工方法及材料性能等因素合理确定。

1）明挖法地下工程的防水设防要求应按表1-2-3选用。

表1-2-3　　　　　　　　　明挖法地下工程的防水设防要求

工程部位		主体结构							施工缝							后浇带					变形缝（诱导缝）					
防水措施		防水混凝土	防水卷材	防水涂料	塑料防水板	膨润土防水材料	防水砂浆	金属防水板	遇水膨胀止水条（胶）	外贴式止水带	中埋式止水带	外抹防水砂浆	外涂防水涂料	水泥基渗透结晶型防水涂料	预埋注浆管	补偿收缩混凝土	外贴式止水带	预埋注浆管	遇水膨胀止水条（胶）	防水密封材料	中埋式止水带	外贴式止水带	可卸式止水带	防水密封材料	外贴防水卷材	外涂防水涂料
防水等级	一级	应选	应选一至两种						应选两种							应选	应选两种				应选	应选一至两种				
	二级	应选	应选一种						应选一至两种							应选	应选一至两种				应选	应选一至两种				
	三级	应选	宜选一种						宜选一至两种							应选	宜选一至两种				应选	宜选一至两种				
	四级	宜选	—						宜选一种							应选	宜选一种				应选	宜选一种				

2）暗挖法地下工程的防水设防要求应按表1-2-4选用。

（2）处于侵蚀性介质中的工程，应采用耐侵蚀的防水混凝土、防水砂浆、防水卷材或防水涂料等防水材料。

（3）处于冻融侵蚀环境中的地下工程，当采用混凝土结构时，其混凝土抗冻融循环不得少于300次。

表 1-2-4　　　　　　　　　暗挖法地下工程的防水设防要求

工程部位		衬砌结构					内衬砌施工缝						内衬砌变形缝（诱导缝）				
防水措施		防水混凝土	塑料防水板	防水砂浆	防水涂料	防水卷材	金属防水层	外贴式止水带	预埋注浆管	遇水膨胀止水条（胶）	防水密封材料	中埋式止水带	水泥基渗透结晶型防水涂料	中埋式止水带	外贴式止水带	可卸式止水带	防水密封材料	遇水膨胀止水条（胶）
防水等级	一级	必选	应选一至两种					应选一至两种						应选	应选一至两种			
	二级	应选	应选一种					应选一种						应选	应选一种			
	三级	宜选	宜选一种					宜选一种						应选	宜选一种			
	四级	宜选	宜选一种					宜选一种						应选	宜选一种			

（4）结构刚度较差或受震动作用的工程，应采用延伸率较大的卷材或涂料等柔性防水材料。

（5）具有自流排水条件的工程，应设自流排水系统；无自流排水条件的工程，应设机械排水系统。

（6）防水等级为一级时，除坚持混凝土结构自防水外，还应设置全外包柔性防水层。

1）采用高聚物改性沥青防水卷材层，厚度宜用 8mm。

2）采用合成高分子橡胶防水卷材层，厚度宜用 2.4mm。

3）采用塑料类防水卷材层，厚度不应小于 1.5mm。

4）采用聚氨酯涂层，成膜防水层厚度宜为 3mm。

（7）防水等级为二级时，除坚持混凝土结构自防水外，还宜设置外包柔性防水层。

1）采用高聚物改性沥青防水卷材层，厚度宜采用 6mm。

2）采用合成高分子橡胶防水卷材层，厚度宜采用 1.5mm。

3）采用塑料类防水卷材层，厚度不应小于 1.2mm。

4）采用聚氨酯涂层，成膜防水层厚度宜为 2mm。

（8）防水等级为三级时，除坚持结构自防水外，还可设置外包柔性防水层一道。

1）采用高聚物改性沥青防水卷材层，厚度宜为 4mm。

2）采用合成高分子橡胶防水卷材层，厚度宜为 1.2mm。

3）采用塑料类防水卷材层，厚度宜为 1.0mm。

4）采用聚氨酯涂层，成膜防水层厚度宜为 1.5mm。

（9）防水等级为四级时，除强调做好结构自防水的同时，可根据需要局部设置柔性附加防水层，以加强整体结构的防水能力。

四、地下工程防水方案的确定

（一）对于没有自流排水条件而处于饱和土层或岩层中的工程

对于没有自流排水条件而处于饱和土层或岩层中的工程，可采用：

（1）防水混凝土自防水结构或钢、铸铁管筒或管片（采用盾构法或顶管法施工）。

（2）设置防水层，采用注浆或其他防水措施。

（二）对于没有自流排水条件而处于非饱和土层或岩层中的工程

对于没有自流排水条件而处于非饱和土层或岩层中的工程，可采用：

（1）防水混凝土自防水结构、普通混凝土结构或砌体结构（只用于地下水少或工程允许少量渗漏的工程）。

（2）设置防水层或采用注浆或其他防水措施。

（3）无自流排水条件，有渗漏水或需应急排水的工程，应设机械排水系统。

（三）对于有自流排水条件的工程

对于有自流排水条件的工程，可采用：

（1）防水混凝土自防水结构、普通混凝土结构、砌体结构或锚喷支护。

（2）设置防水层、衬套，采用注浆或其他防水措施。

（3）具有自流排水条件的工程，应设自流排水系统。

（四）对于有特殊情况的工程

对于有特殊情况的工程，可采用下列措施：

（1）如在侵蚀性介质中工作，应采用耐侵蚀的防水砂浆、混凝土、卷材或涂料等防水方案。

（2）对于受到振动作用的工程，如受机械振动影响或重要的防护工程，应采用柔性的防水层（塑料、橡胶类卷材）或乳胶类涂料等防水方案。

（3）如处于冻土层中的工程，当采用混凝土结构时，其混凝土抗冻融循环不得小于100次。

（五）实践经验

防水混凝土结构自防水或设置防水层，既可单独采用，也可复合使用，但必须精心施工，确保防水工程质量。

五、地下工程防水技术

（一）地下工程防水形式

地下工程防水的形式大体上可以归纳为水密型防水、泄水型防水、混合型防水三种类型。

（1）水密型防水是指从围岩、结构、材料着手，采取多种方法，千方百计不使地下水进入工程内部，拒水于工程之外的一种防水形式。

（2）泄水型防水又称引流自排型防水，是指从疏水、泄水着手，将地下水有意识地疏导入工程里的排水系统，使其不施虐于结构本身的一种防水形式。

（3）混合型防水是指将水密型防水和泄水型防水两种防水形式结合于一体，即在同一工程中既有泄水型，又有水密型的一种防水形式。

（二）地下工程防水的内容

地下工程的防水防潮是一项综合性的技术，其防水的内容包括地下工程的结构防水、注浆防水、排水、渗漏水防治以及基坑围护结构防水等。其中结构防水又细分为混凝土结构主体防水、混凝土结构细部构造防水、采用特殊施工法的结构防水。地下工程防水的内容如图1-2-1所示。

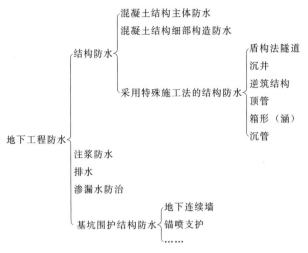

图 1-2-1　地下工程防水的内容

（三）地下工程防水措施的类别

地下工程的防水方法按其设防的方法，可分为构造防水和材料防水。

1. 构造防水

构造防水是依靠建（构）筑物的结构材料（如底板、墙、顶板等）自身的密实性以及采用合适的构造形式（如采取坡度、离壁式衬砌、底板设置盲沟排水系统、伸缩缝等构造措施）来阻断水的通路，以达到结构件自身防水目的的一类防水措施。

2. 材料防水

材料防水是依靠采用不同的建筑防水材料来阻断水的通道，以达到防水目的或增强抗渗漏能力的一类防水措施。材料防水依据所采用的防水材料材性的不同，可以分为刚性防水（如涂抹防水砂浆、浇筑防水混凝土）和柔性防水（如铺设防水卷材、涂刷防水涂料等）。材料防水依据所采用的防水材料品种可分为防水混凝土防水、防水砂浆防水、卷材防水、涂膜防水、塑料板防水、金属板防水等。

地下工程的防水，无论采取何种设防方法，都应立足于混凝土结构的自防水效能，即防水混凝土的质量。

（四）地下工程防水的基本方法

由于地下工程所处的位置不同，所遇到的地下水的类型和埋藏的条件也各不相同，因此必须针对地下水存在的特点，采取相应的防水措施，其主要方法有隔水、排水、堵水等几种，可根据情况单独使用，也可以几种措施综合使用。

1. 隔水

隔水是利用不透水材料或弱透水材料，将地下水（包括无压水、承压水、毛细水等）隔绝在建筑空间之外，隔水可以通过材料防水起作用，也可以利用结构自防水起作用。地下工程多在迎水面设置防水砂浆防水层、卷材防水层、涂膜防水层，其目的是增强结构的自防水，混凝土结构自防水的关键是施工时必须确保混凝土的密实性及防止混凝土产生裂缝。

2. 排水

排水是建筑防水的重要措施之一，是将水在渗漏进地下工程内部之前加以疏导和排除，其内容包括地表水的排除、人工降低地下水位或将水引入地下工程后再有组织地排走。

3. 堵水

堵水是指向岩石体内注入防水材料，堵塞水流通路而形成一个隔水层，即注浆止水；堵水也是指当防水结构和防水构造受到破坏而发生渗漏时，向破坏处（如孔隙、裂隙等）

及其附近注入防水材料而起到修复作用，即堵漏。

（五）各类型地下工程所采取的防水措施

地下工程采取的防水措施是多种多样的，其工程分类、设计所采取的结构形式、主体防水方案以及采用的防水材料见表1-2-5。

表1-2-5　各类型地下工程设计所采取的结构形式、主体防水方案以及采用的防水材料

工程类型	结构形式	重要防水部位	主体防水方案	主要防水材料种类
隧道工程	喷锚结构 衬砌结构（复合式衬砌、离壁式衬砌、衬套、贴壁式衬砌）	内衬砌的垂直施工缝 内衬砌的变形缝（诱导缝）、衬砌管片的接缝、灌浆孔、预留通道接头	喷射防水混凝土衬砌 防水混凝土衬砌 注浆防水 衬砌防水砂浆抹面 衬砌防水涂层 自流、机械排水系统 渗排水与盲沟排水 衬砌防水卷材	喷射防水混凝土、防水混凝土及衬砌管片、防水剂、防水砂浆、防水卷材、防水板、防水涂料、注浆堵漏止水材料、接缝与密封材料（可卸式止水带、密封胶、遇水膨胀止水条）等
地下构筑物	钢筋混凝土结构 防爆结构 砌体结构 防水混凝土结构	施工缝 变形缝 构造节点 穿墙管（盒） 埋设件	防水混凝土结构防水层（包括防水砂浆、卷材、涂膜、金属防水层） 构造节点等部位止水堵漏处理 排水系统	防水混凝土、注浆堵漏止水材料、密封材料、防水剂、防水砂浆、防水卷材、防水板、金属板、防水涂料等
地下建筑物	防水混凝土结构 钢筋混凝土结构 砌体结构 衬套结构	桩头 施工缝 后浇带 变形缝 穿墙管（盒） 埋设件 预留空洞 孔口 出入口	防水混凝土结构防水层（包括防水砂浆、卷材、涂膜防水层）、构造节点等部位止水堵漏处理 排水系统	防水混凝土、膨胀混凝土、普通防水砂浆与改性防水砂浆、高聚物改性沥青防水卷材、合成高分子防水卷材、防水涂料、密封材料（橡胶类止水带、遇水膨胀止水条、密封胶）等

1. 隧道工程

隧道工程围护结构的衬砌材料主要是钢筋混凝土，因此，必须采取各种措施来提高混凝土自身的防水性能，所用的防水混凝土其抗渗等级不得低于P6。同时还应周密处理衬砌各部位的接缝防水，尤其是现浇混凝土衬砌的施工缝和变形缝以及预制混凝土衬管片的接缝与注浆孔，这对保证衬砌防水质量尤为重要，隧道衬砌结构有喷射混凝土（喷锚支护）衬砌结构或现浇钢筋混凝土衬砌结构、预制钢筋混凝土管片（盾构法施工）衬砌结构、喷射混凝土衬砌或现浇钢筋混凝土衬砌附加离壁式墙体（衬套）结构三种基本形式。

这三种隧道衬砌结构所采用的混凝土材料都以使用级配法防水混凝土为主，有些工程还掺加适量的防水剂。其中喷射混凝土衬砌结构或现浇钢筋混凝土衬砌结构在做好预注浆防水和周密处理施工缝、变形缝的情况下，一般不易出现大面积渗漏，当衬砌和接缝局部存在孔洞、孔隙出现涌水时，可采用甲凝、丙凝、氰凝等注浆止水材料进行后注浆封堵，可获得较好的效果。预制钢筋混凝土管片衬砌结构主要应用于越江隧道、取水隧道及地铁

工程。离壁式墙体结构则较多地应用于隧道洞口区段、地铁车站、地下厂房、人防工程等。这两类衬砌结构的防水效果，主要取决于是否具备正确合理的防水设计方案和周密精湛的施工技术条件。

2. 地下构筑物

地下构筑物的类型很多，对防水功能的要求应根据工程的性质、用途及其防水等级与标准而定，按当前可供选用的防水材料和技术水平是不难解决各种防水问题的。重点是要处理好工程的施工缝、变形缝、构造节点、出入口、穿墙管件、预埋件等部位的防水，精心施工则是十分重要的环节。

3. 地下建筑物

地下建筑物的防水等级和使用要求随着社会的发展日趋提高。民用建筑和公共建筑地下工程的防水等级均应达到一级防水等级标准。根据国内外地下建筑防水的实践，除了围护结构均已普遍采用掺加外加剂的防水混凝土外，防水等级为一级、二级的围护结构主体迎水面还应选用2～3种防水材料做防水层，以满足多道设防的要求，其中卷材防水层的基本做法（外防外贴法，外防内贴法）仍是卷材防水层的基本施工方法。

（六）地下防水工程分项工程的划分

根据国家标准《建筑工程施工质量验收统一标准》（GB 50300）规定，确定地下防水工程为地基与基础分部工程中的一个子分部工程。地下防水工程可划分为地下建筑防水工程、特殊施工防水工程、排水工程和注浆工程等主要内容。《地下防水工程质量验收规范》（GB 50208）根据施工的实际工作内容对子分部工程进行分项，设定主控项目、一般项目。这有利于及时纠正施工中的质量问题，有利于工程质量的提高。

地下防水工程子分部工程的分项工程划分见表1-2-6。

表1-2-6　　　　　　地下防水工程子分部工程的分项工程划分

子分部工程	分 项 工 程
地下防水工程	（1）地下建筑防水工程：防水混凝土、水泥砂浆防水层、卷材防水层、涂料防水层、塑料板防水层、金属板防水层、细部构造。 （2）特殊施工防水工程：锚喷支护、地下连续墙、复合式衬砌、盾构法隧道。 （3）排水工程：渗排水、盲沟排水、隧道排水、坑道排水。 （4）注浆工程：预注浆、后注浆、衬砌裂缝注浆

六、变电站地下室防水工程施工案例

××××变电站地下室防水工程施工方案

1 编 制 依 据

1.1 《地下防水工程质量验收规范》（GB 50208）。

1.2 变电站工程地下室防水工程图纸。

2 工 程 概 况

变电站工程为条形基础，应采用大开挖。总建筑面积为 2566.31m²，其中综合配电楼地下一层，地上二层，总高 11.4m，结构为框架结构。

3 施 工 进 度

基础垫层施工完毕，立面施工做到保护墙等同高度，其余立面随土建混凝土墙面进度进行。

4 施 工 设 备

4.1 施工面的水泥砂浆找平层应压平抹光，坚实平整，含水率施工面的水泥找平层应压平抹光，坚实平整，含水率 9%，以保证材料牢固。

4.2 底板平面涂一遍冷底油，干燥 4h。

5 材 料 准 备

材料选用一层 SBS 防水卷材 4mm，应带有出厂合格证、随料出厂质检单、材料进现场日期，不得交叉叠放。

6 施 工 方 法

6.1 底板平面由北向南采用热熔粘贴法铺贴一层卷材，第二层卷材的搭接缝应与第一层的错开 15～10cm，卷材之间长边与短边的搭接均为 10cm，阴阳角的附加层为 30cm。立面永久性保护墙采用空铺法，主体下沉时可以避免拉断主体与保护墙的连接处材料，立面空铺到永久性保护墙相同高度时，甩出 20～25cm 预留茬，预留茬应搭在保护墙的平面，茬头抹 2～3cm 泥巴砌红砖保护层以免损坏，主体超出永久性保护墙后，接茬搭接 10cm 热熔翻贴在主体墙上。

6.2 热熔法铺贴卷材时应符合下列规定：

6.2.1 火焰加热器加热卷材均匀，不得过分加热或烧穿卷材。

6.2.2 卷材表面热熔后应立即滚铺卷材，捶除卷材下面的空气，并辗压黏结牢固，不得有空鼓、皱折。

6.2.3 滚铺卷材时接缝部位必须溢出沥青热熔胶，并应随即刮封接口使接缝黏结严密。

6.2.4 铺贴后的卷材应平整、顺直，搭接尺寸正确，不得有扭曲。

7 成 品 保 护

7.1 底板防水施工完成后，在做防水保护层时，应防止土建施工工具等尖锐物损坏防水层，一旦发现防水层被破坏，如无特殊要求应及时修补，杜绝隐患。

7.2 立墙甩出的预留头，用泥巴粘合并砌两层砖予以保护，立面防水施工结束后，应及时回填，严防架子管、施工工具等抛落造成防水层破坏。

8　质　量　标　准

对于 SBS-Ⅰ防水卷材，复测检验标准应与出厂随料质检单一致。

9　安　全　措　施

喷灯、燃料施工时分开放置，专人看管。

第三节　变电站地下工程排水和渗漏水治理

一、地下工程排水

(一) 排水和排水工程

(1) 排水是采用疏导的方法，将地下水有组织地经过排水系统排走，以削弱地下水对地下工程结构的压力，减少水对地下结构的渗透作用，从而辅助地下工程达到防水的目的一种方法。

(2) 排水工程是专指工业与民用建筑地下室、隧道、坑道的构造排水，即指设计采用各种排水措施，使地下水能顺着预先设计的各种管沟被排到工程外，以降低地下水位，减少地下工程的渗漏水。

(二) 排水措施

对于重要的、防水要求较高的大型工业与民用建筑的地下工程，在制订防水方案时，应结合排水一起考虑。

制订地下工程防水方案时，应根据工程情况选用合理的排水措施。

(1) 凡具有自流排水条件的地下工程，都可采用自流排水的方法进行排水，如无自流排水条件、防水要求较高且具有抗浮要求的地下工程，则可采用渗排水、盲沟排水、盲管排水、塑料排水板排水或机械抽水等排水方法，但应防止由于排水而造成水土流失危及地面建筑物及农田水利设施。

(2) 通向江、河、湖、海的排水口其高程如低于洪（潮）水水位时，应采取防倒灌措施。

(3) 隧道、坑道宜采用贴壁式衬砌，对防水防潮要求较高的地下工程则应优先采用复合式衬砌，也可采用离壁式衬物或衬套。

(4) 地下工程的排水应形成汇集、排出等完整的排水系统。地下工程应根据工程地质、水文地质及周围环境保护要求进行排水设计。

(三) 渗排水防水

渗排水防水是地下工程防水采用疏水法排水的一种形式，其原理是采用疏导的方法，将地下水有组织地经过排水系统排走，以削弱水对结构的压力，减少水对地下工程结构的渗透作用，从而辅助地下工程达到防水目的。对于重要的、面积较大的地下防水工程，采用"以防为主，防排结合"的原则，更能保证防水结构的正常使用。

地下工程渗排水防水主要采用渗排水层排水、盲沟排水、内排法排水三种形式，如图1-3-1所示。

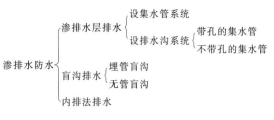

图1-3-1　渗排水防水的形式

二、隧道、坑道排水

隧道、坑道排水是采用各种排水措施，使地下水能够顺着预设的各种管、沟被排到工程外，以降低地下水位和减少地下工程中渗水量的一类排水工程。

隧道、坑道排水可采用贴壁式衬砌排水、离壁式衬砌排水以及复合式衬砌排水等，对于防水要求高的则宜采用离壁式衬砌排水。

（一）贴壁式衬砌排水

贴壁式衬砌是指衬砌的背部紧贴围岩或其与围岩之间的超控部分应进行回填的衬砌。一般采用现浇整体式防水混凝土结构，其具有较好的整体性和防水性，在构造上采用防排结合的防水技术。按地质条件的不同，贴壁式衬砌又可分为拱形半衬砌、厚拱薄墙衬砌、直墙拱形衬砌及曲墙拱形复合型衬砌等几种形式。

贴壁式衬砌围岩渗漏水可通过盲沟、盲管（导水管）、暗沟导入基底的排水系统。

（二）离壁式衬砌排水

离壁式衬砌是指顶拱边墙与围岩分离，其两者之间的空隙不做回填，拱肩（水平支撑）与围岩顶紧的衬砌。

离壁式衬砌防水、排水与防潮效果均较好，防水、防潮要求高的工程均可采用离壁式衬砌。离壁式衬砌适用于地质条件稳定或基本稳定的围岩及静荷载区段，不适用于动荷载区段以及8～9级地震区（这些地区为防止发生较大的塌方，最好采用贴壁式衬砌为宜）。

（三）复合式衬砌排水

复合式衬砌是指衬砌背部紧贴围岩表面缓冲排水层的衬砌。

（1）对于初期支护与内衬结构中间设有塑料防水板的复合式衬砌的排水系统设置，除要求纵向集水盲管应设置在防水板外侧并与缓冲排水层连接畅通外，其他均应符合《地下工程防水技术规范》（GB 50108）的有关规定。

（2）初期支护基面清理完后，即可铺设缓冲排水层，缓冲排水层用暗钉圈固定在初期支护上。暗钉圈的设置应符合《地下工程防水技术规范》（GB 50108）的有关规定。

（3）缓冲排水层选用的土工布应符合下列要求：

1）具有一定的厚度，其单位面积质量不宜小于$280g/m^2$。

2）具有良好的导水性。

3）具有适应初期支护由于荷载或温度变化引起变形的能力。

4）具有良好的化学稳定性和耐久性，能抵抗地下水或混凝土、砂浆析出水的侵蚀。

（4）塑料防水板可由拱顶中心向两侧铺设，铺设要求应符合《地下工程防水技术规范》（GB 50108）的有关规定。

（5）内衬混凝土应用防水混凝土浇筑。防水混凝土及细部构造的施工要求应符合《地下工程防水技术规范》（GB 50108）的有关规定。浇筑时如发现防水板损坏应及时予以修补。

（四）衬套

（1）衬套应采用防火、隔热性能好的材料制作，接缝宜采用嵌缝、粘接、焊接等方法密封。

（2）衬砌外形应有利于排水，底板宜架空。

（3）离壁衬套与衬砌或围岩的间距不应小于 150mm，在衬套外侧应设置明沟。半离壁衬套应在拱肩处设置排水沟。

三、地下工程渗漏水治理

（一）渗漏水原因

渗漏水是由于结构层中存在着孔洞、裂缝和毛细孔等原因，从而导致的孔洞漏水、裂缝漏水、防水面渗水或综合上述几种渗漏，因此进行地下工程渗漏水的修堵时，首先必须查明其渗漏的原因，确定其位置，明确其水压大小，方可根据不同的渗漏情况采取不同的修堵措施。

（二）堵漏方法

目前较常用的堵漏方法主要是抹面堵漏法和注浆堵漏法。

1. 抹面堵漏法

抹面堵漏法是先堵漏后抹面，抹面堵漏法还可以作为柔性防水层渗漏的补救做法。堵漏的原则是逐步把大漏变小漏，将面漏变成线漏、线漏变成点漏、片漏变成孔漏，使漏水集中于一点或数点，最后一堵成功。堵漏后还应进行抹面防水施工，这一工序与堵漏同等重要，这可以防止因地下水位的变化以及堵漏施工不周所致的在原漏点以外的薄弱部位又产生渗漏，这种做法适用于大面积渗漏的修堵治理，目前普通的防水抹面五层做法已被掺有各种外加剂、防水剂和聚合物乳液的砂浆所代替，且效能高、施工简便。

2. 注浆堵漏法

注浆堵漏法是根据工程渗水的具体情况（如水的流量、流速以及渗漏部位）布置注浆孔，并选择适宜的注浆设备和注浆材料，将浆液压入裂缝及孔的深部，注满并固化，从而达到治理渗漏目的的一种渗漏水堵漏方法。

（三）渗漏水治理的原则和堵漏材料的选用原则

（1）地下工程渗漏水治理应遵循"堵排结合，因地制宜，刚柔相济，综合治理"的原则。

（2）治理过程中应选用无毒、低污染的堵漏材料。

（四）渗漏水治理的顺序及一般规定

1. 现场调查

渗漏治理前应进行现场调查，地下工程渗漏水的现场量测宜符合现行国家标准《地下防水工程质量验收规范》（GB 50208）的规定，现场调查宜包括以下内容：

（1）工程所在的周围环境。

（2）渗漏水的水源及其变化规律。

（3）渗漏水发生的部位、现状及影响范围。

（4）结构的稳定情况及损害程度。

（5）气候变化和自然灾害对工程的影响。

（6）现场作业条件。

2. 收集资料

按照现行规范的要求，在渗漏水治理前应先掌握工程的原防排水系统的设计施工及验收的有关资料，包括防水设计等级，防排水系统、使用的防水材料性能试验数据，工程所在位置周围环境的变化。调查渗漏水的现状水源及影响范围，渗漏水的变化规律，衬砌结构的损害程度，结构的稳定情况及监测资料，运营条件、季节变化、自然灾害对工程的影响。

渗漏水治理前应收集的具体工程技术资料宜包括下列内容：

（1）工程设计相关资料。

（2）原防水设防构造使用的防水材料及其性能指标。

（3）渗漏部位相关的施工组织设计或施工方案。

（4）隐蔽工程验收记录及相关的验收资料。

（5）历次渗漏水治理的技术资料。

3. 渗漏水的检查

地下工程渗漏水情况归纳起来主要有三种，即面的渗漏、点的渗漏、缝的渗漏。从漏水情况大小可分为慢渗、快渗、急流和高压急流四种。

（1）慢渗的渗水现象不太明显，用布将漏水处抹干，不能立即发现漏水，需经3～5min后才发现有漏水湿痕，再隔一段时间后才集成一小片水。

（2）快渗的漏水现象明显，用布或毛刷将漏水处擦干后，立即又出现湿痕，并很快集成一片，顺墙流下。

（3）急流的漏水现象明显，可看到有水从缝隙孔洞急流而下。

（4）高压急流漏水严重，水已形成水柱从漏水处喷出。

在渗漏工程修补前，首先找出渗漏水的准确位置，并做出标记，然后再进行处理。其处理方法如下：先将基层表面擦干，立即均匀撒一层干水泥，若表面有湿点或印湿线，即为漏水孔、缝；如果出现湿一片现象，用上述方法不易发现渗漏水的具体位置，可采用在基层表面均匀铺一层水泥浆（水泥：水玻璃＝1∶1），其上再撒干水泥粉一层，当干水泥表面出现湿点或湿线时，该处即为渗漏部位。

（五）渗漏水原因的分析

结合现场调查结果和收集到的技术资料，从设计、材料、施工、使用管理等方面综合分析渗漏的原因，并提出书面报告。

（1）掌握工程原设计、施工资料，包括防水设计等级、防排水系统及使用的防水材料性能、试验数据。

（2）工程所在位置周围环境的变化。

（3）运营条件、季节变化、自然灾害对工程的影响。

（六）渗漏治理方案设计

（1）渗漏治理前应结合现场调查的书面报告进行治理方案设计，治理方案宜包括下列内容：

1）工程概况。

2）渗漏原因分析及治理措施。

3）所选材料及其技术指标。

4）排水系统。

（2）有降水或排水条件的工程治理前宜先采取降水或排水措施。

（3）工程结构若存在变形和未稳定的裂缝时，宜待变形和裂缝稳定后再进行治理，接缝渗漏的治理宜在开度较大时进行。严禁采用有损害结构安全的渗漏治理措施和材料。

（4）当渗漏部位有结构安全隐患时，应按国家现行有关标准的规定进行结构修复后，方可再进行渗漏治理，渗漏治理应在结构安全的前提下进行。

（5）渗漏治理宜先止水或引水后，再采取其他治理措施。

（七）堵漏材料的选用

（1）衬砌后注浆宜选用特种水泥浆以及掺有膨润土、粉煤灰等掺和料的水泥浆、水泥砂浆。

（2）工程结构注浆宜选用水泥浆液，有补强要求时可选用改性环氧树脂、注浆材料，裂缝堵水注浆宜选用聚氨酯或丙烯酸盐等化学浆液。

（3）防水抹面材料宜选用掺各种外加剂、防水剂、聚合物乳液的水泥净浆、水泥砂浆、特种水泥砂浆等。

（4）防水涂料宜选用水泥渗透结晶类、聚氨酯类、硅橡胶类、水泥基类、聚合物水泥类、改性环氧树脂类、丙烯酸酯类、乙烯-醋酸乙烯酯共聚物类（EVA）等与基面粘接强度高和抗渗性好的材料。

（5）导水、排水材料宜选用塑料排水板，铝合金、不锈钢金属排水槽，土工织物与塑料复合排水板，渗水盲管等。

（6）嵌缝材料宜选用聚硫橡胶类、聚氨酯类等柔性密封材料或遇水膨胀止水条（胶）。

（八）渗漏水治理的步骤

地下工程渗漏水治理施工应按制订的方案进行，在治理的过程中应严格要求每道工序的操作，上道工序未经验收合格，不得进行下道工序施工。在查找到渗漏水源后，即着手进行堵漏。渗漏水治理施工时应按先顶（拱）后墙面再底板的顺序进行，在治理过程中应随时检查治理效果，并应做好隐蔽施工记录，应尽量少破坏原有完好的防水层。地下工程渗漏水治理除应做好防水措施外，还应采取排水措施，有降水和排水条件的地下工程，治理前应做好降水和排水工作。

（九）渗漏水治理的措施和注意事项

（1）大面积严重渗漏水可采用下列处理措施：

1）衬砌后和衬砌内注浆止水或引水，待基面无明水或干燥后，用掺外加剂防水砂浆、聚合物水泥砂浆、挂网水泥砂浆或防水涂层等加强处理。

2）引水孔最后封闭。

3）必要时采用贴壁混凝土衬砌加强。

（2）大面积轻微渗漏水和漏水点，可先采用速凝材料堵水，再做防水砂浆抹面或防水涂层加强处理。

（3）渗漏水较大的裂缝，宜采用钻孔法或凿缝法注浆处理。干燥或潮湿的裂缝宜采用骑缝注浆法处理。注浆压力及浆液凝结时间应按裂缝宽度和深度进行调整。

（4）结构仍在变形、未稳定的裂缝，应待结构稳定后再进行处理。

（5）有自流排水条件的工程，除应做好防水措施外，还应采用排水措施。

（6）需要补强的渗漏水部位，应选用强度较高的注浆材料，如水泥浆、超细水泥浆、自流平水泥灌浆材料、改性环氧树脂、聚氨酯等浆液，必要时可在止水后再做混凝土衬砌。

（7）锚喷支护工程渗漏水部位，可采用引水带或导管排水，也可喷涂快凝材料及化学注浆堵水。

（8）细部构造部位渗漏水处理可采用下列措施：

1）变形缝和新旧结构接头，应先注浆堵水或排水，再采用嵌填遇水膨胀止水条、密封材料或设置可卸式止水带等方式处理。

2）穿墙管和预埋件可先用快速堵漏材料止水后，再采用嵌填密封材料、涂抹防水涂料，水泥砂浆等措施处理。

3）施工缝可根据渗出水情况采用注浆、嵌填密封防水材料及设置排水暗槽等方法处理，表面增设水泥砂浆、涂料防水层等加强措施。

（9）治理过程中的安全措施、劳动保护必须符合有关安全施工技术规定。在治理过程中应选用无毒、低污染的材料。

（10）地下工程漏水治理，必须由防水专业设计人员和有防水资质的专业工队施工。

（十）工程验收

（1）渗漏水治理过程中，应严格每道工序的操作，上道工序未经验收合格，不得进行下道工序施工。

（2）随时检查治理效果，做好隐蔽施工记录，发现问题及时处理。

（3）竣工验收应符合下列要求：

1）施工质量应符合设计和规范要求。

2）施工资料齐全，包括施工技术总结报告、所用材料的技术资料、施工图纸等。

第四节　变电站电缆沟和变压器事故油池

一、变电站电缆沟

1．电缆沟的结构形式和材料选择

电缆沟的结构形式和材料的选择应根据工艺布置要求、地下水位、工程地质和气象条件等因素综合考虑确定。

（1）室内电缆沟可采用砖砌体、素混凝土或钢筋混凝土结构。但在严寒地区、湿陷性黄土以及地下水对砖砌体有腐蚀作用的地区，不宜采用砖砌体电缆沟。

（2）地下水较低而土壤透水性又较好的场地，其室外电缆沟可采用可渗性电缆沟。

（3）当电缆沟沟宽小于 1.20m 时可采用砖砌电缆沟。

（4）当电缆沟需过路并有车辆通行要求或沟宽大于 1.20m 时宜采用素混凝土或钢筋混凝土侧壁的电缆沟。

（5）当电缆数量较少的 220kV 及以下变电站的电缆沟或支沟并无过路要求的可采用地面电缆沟。

2．电缆沟盖板

电缆沟盖板根据不同情况和需要可采用预制钢筋混凝土、钢丝网水泥板、钢盖板、铝合金盖板或其他新型、成熟的材料盖板等多种形式。

（1）钢盖板、铝合金盖板和钢丝网水泥盖板不宜用在户外。

（2）预制钢混凝土和钢丝网水泥盖板宜在板四边侧预埋型钢（角钢、扁钢、槽钢）边框。预制钢筋混凝土盖板宜双面配筋，当单面配筋时应有正反面的明显标识。

（3）电缆沟盖板盖在电缆沟壁上可采用沟壁顶带槽口、不带槽口等形式，当采用沟壁顶带槽口时，宜在槽口阳角处预埋角钢以保证盖板搁置的平整和沟壁槽口的完整。

（4）砖砌体侧壁在支承盖板处上口宜设混凝土边梁，梁高宜不小于 150mm。

（5）需穿越道路并有车辆通行要求的电缆沟盖板应采用钢筋混凝土盖板。

（6）电缆沟盖板及沟内的外露钢预埋件、支架等均应做防锈处理。

3．电缆沟、电缆隧道的设计应满足的要求

（1）满足工艺要求，主要包括支架埋设、转弯半径、接地及电缆防火等的要求。

（2）应结合场地的竖向布置，雨水排水以及地下水位和工程地质条件等因素，统一考虑电缆沟的排水措施。

（3）位于地下水位以下的电缆隧道必须有可靠的防水、防渗漏及排水措施。

（4）长度超过 100m 的电缆沟或电缆隧道应采取防止电缆火灾蔓延的阻燃或分隔措施，可按照《火力发电厂与变电站设计防火标准》（GB 50229—2019）的有关规定执行。

（5）对通过道路的电缆沟宜与道路一次建成。

（6）电缆沟的断面不宜小于 300mm×300mm，宽度不宜大于 1200mm，必要时可采用双沟并列布置的电缆沟。

（7）电缆沟应设置纵向排水坡度，一般不宜小于 5‰，在局部困难地段不应小于 3‰，电缆沟的纵向坡度宜与地面坡度一致。电缆沟内的积水应排至站区雨水排水系统。

（8）为防止地面雨水流入沟内，电缆沟的沟壁应高出地面不小于 100mm，但在过路处的电缆沟盖板上平面宜与路面齐平。

（9）沿电缆沟（或隧道）纵向每隔 50～100m 或区段的最低处宜设集水坑（井），并将积水排至站区雨水排水系统，当自然排水有困难时，可设置机械排水装置。

（10）当电缆沟切断站区排水通道时，应设置过水装置，如过水盖板、排水导管等；当采用地面电缆沟时，可采用沟底面（或局部）高出地面 100～150mm 等措施，以利场地排水畅通。

（11）电缆隧道应设置带有爬梯的人孔出入口，相邻两个人孔之间的距离不应大于75m；端部人孔距离端部不宜超过 5m，人孔的直径不应小于 700mm；人孔的出口应高出周围地面 100～150mm。

二、变压器事故油池

1. 变压器基础

主变压器基础可采用大块素混凝土基础、钢筋混凝土板式基础，必要时主变压器基础也可采用人工地基。

2. 储油坑

变压器基础周围应设置储油坑。

（1）油坑尺寸应比设备外轮廓尺寸大 1.0m，油坑四周挡油坎宜高出地面 50～100mm。

（2）储油坑内应铺设不小于 250mm 厚的卵石层，其间隙应能吸收 20% 的油量，基础顶面应高出卵石层 100mm 以上，油坑底面应设置坡度，将油排至集油坑，并用管道与事故油池相连接。

3. 总事故油池

主变压器除应设置储油坑外，还应设置总事故油池。

（1）事故油池的容积应能满足储存最大一台主变油量的 60%，并应能使油水分离，将分离出的水排出池外。

（2）事故油池宜采用自流式，根据需要可采用砌体结构、钢筋混凝土结构。

（3）事故油池进油管的直径不应小于 100mm，其标高应高出出水口标高，并要求出水口的流速要小于进水口流速，以保证油水分离，自流排水。

（4）自流式事故油池对底板及侧墙均无抗渗要求，连通孔宜高出底板 100～200mm。

（5）当多台变压器共用一个事故油池时，进油管标高应一致，以防发生倒灌现象。

（6）在地下水位较高地区，应验算事故油池的抗浮能力，若不能满足抗浮要求时，宜在建成后立即灌水，不宜采用加厚底板或结构自重等措施。

（7）当室外油浸变压器或电抗器之间的距离不满足防火规范要求时，应在变压器或电抗器之间设置耐火等级为一级的防火隔墙，墙应高出油枕顶，墙长应不小于储油坑两侧各1.0m。防火隔墙可采用钢筋混凝土板墙、砌体、框架结构等。

第五节　变电站防水工程维护管理

一、施工过程中的防水工程成品保护与管理

1. 防水工程成品保护管理要求

（1）工程施工中需对防水工程施工的各个阶段、各个工序制定详细的成品保护规定和严格的成品保护奖罚制度。

（2）对职工进行成品保护培训，提高职工成品保护意识，做好本工种和其他专业（工

种）的成品保护。

（3）分区指定成品保护负责人，明确责任范围，防水层施工中或防水保护层未完成时，应派专人巡视施工现场。

（4）施工作业完成后要做到场清、料净，不影响其他工种的施工。

（5）施工时杜绝野蛮施工，爱护设备，爱护工具，节省材料。

2. 防水工程成品保护基本规定

（1）在施工过程中，要注意防水工程成品保护，防止防水层受到破坏，影响防水层的质量，避免日后使用时出现渗漏，影响人们的工作及生活，确保建筑工程的整体质量。

（2）在防水层施工中或防水保护层未完成阶段是成品保护的关键时期，防水施工要与有关工序作业配合协调，防水专业分包单位与总包单位及其他分包单位相关操作人员共同保护防水层不遭破坏。

（3）存放防水材料地点和施工现场必须通风良好，以保证工程质量的最终施工效果。

3. 防水工程成品保护的具体要求

成品保护是防水工程成败的关键，为确保防水工程达到理想的效果，需对成品采取保护措施，具体要求如下：

（1）施工工序要组织得当，工序搭接合理。防水层施工前，基层的各种预留孔洞与穿墙套管均已经安装好，做好穿墙管、电线管、电器盒及预埋件等的保护，防止预埋件移位。预留管口的临时封堵不得随意打开，以防掉进杂物造成管道堵塞。防水层施工时不得碰坏其他专业成品，细部节点已处理好，并做好加强层。施工时进行"自检、互检、交接检"，仔细检查各道工序质量，并有完善的检查记录。

（2）在防水层施工中或防水保护层未完成时，严禁非本工序人员进入现场。施工人员应穿软质胶底鞋，严禁穿带铁钉、带掌的鞋进入现场，以免扎伤防水层。防水施工物料进入，必须遵守轻拿轻放的原则，防水层上堆料放物，应以方木铺垫。严禁尖锐物体撞击扎伤防水层。

（3）热熔法或热粘法铺贴的卷材与冷粘法及自粘法铺贴的卷材复合施工时，需要热作业的卷材应设在冷作业卷材的下面。

（4）焊接法和机械固定法铺贴的防水卷材，与冷粘法或自粘法铺贴的防水卷材复合施工时，应将焊接法和机械固定法铺贴的防水卷材设置在下部。

（5）卷材、涂膜与刚性材料复合使用时，刚性材料应设置在柔性材料的上部。

（6）涂膜防水层施工中，不得污染已做好饰面的墙面、卫生洁具、门窗等，注意保护成品防止污染。涂膜防水层未固化前，不允许有人行走踩踏，不得在防水层上堆放物品或进行其他施工作业，以免破坏防水层造成渗漏。

（7）卷材铺贴后2h内不得扰动、上人踩踏。柔性防水层完成后必须及时做好保护层，宜采用细石混凝土作保护层。细石混凝土防水保护层与柔性防水层之间宜设置隔离层。

（8）为保证已做好的防水层在支模、绑扎钢筋、浇筑混凝土、回填土等工序中不受损伤，防水层上应设置保护层。防水层验收合格后，及时作好保护层，保护层施工时，应采取有效的保护措施，避免破坏防水层。施工时必须防止施工机具如手推车或铁锹等损坏防水层，布料用的钢筋马凳的铁腿和手推车的支腿应用胶皮或麻布包扎好，以免扎破防水层。

（9）大降板卫生间采用两道涂膜防水层，一般毛坯房交工时通常做好底层的涂膜防水层交工，上部的涂膜防水层一般交由业主装修时再施工，交房说明书需有专门的说明。已涂刷好的涂膜防水层，要做好保护措施，在入口处设置防护或不得进入的标识，以免防水层损坏。

（10）防水砂浆、防水混凝土、细石混凝土防水保护层浇筑后应及时进行养护，养护时间不宜少于 7d。养护初期防水层不得上人。

（11）外墙防水层采用聚合物水泥防水砂浆时，应对聚合物水泥防水砂浆及时养护，以防有细微裂缝或空鼓。

（12）外墙防水层采用聚合物水泥防水涂料，需待聚合物水泥防水涂料完全成膜后，方可继续施工。

（13）水泥基渗透结晶型防水涂料涂层表干后应立即进行湿润养护。

（14）接缝密封防水采用冷嵌法施工密封材料时，对嵌填完毕的密封材料应避免碰损及污染，固化前不得踩踏。

（15）接缝外露的密封材料表面上，应按设计要求设置保护层，冷嵌的密封材料表干后方可进行保护层施工。

（16）防水层施工完毕后，不能在防水层上开洞或钻孔安装机器设备。因设计变更或收尾工作，在已完工防水屋面上增加或换型安装设备及广告牌搭设项目，需要在防水屋面上作业，应有补救方案，经批准后实施，并做好记录。必须事先做好防水屋面成品质量保护措施方能施工，作业完毕后应及时清理现场，并进行质量检查复验。施工中若有局部防水层破坏，应及时修补，修复时应做防水加强层处理，以确保防水层的质量。

（17）在吊运其他构件时不得碰坏施工缝企口、撞动止水带。

（18）防水施工完工后应清理干净，不得在防水屋面上堆放材料、什物、机具，散落材料及垃圾应工完场清，施工中应防止杂物掉入地漏或排水口内，确保排水畅通，防止水落口堵塞。

（19）装卸溶剂的容器，必须配软垫，不准猛推猛撞。使用容器后，其容器盖必须盖严。

（20）库房及施工现场严禁吸烟。使用明火操作时，申请办理用火证，并设专人看火。配备灭火器材，周围 30m 以内不准有易燃物。

4. 地下室防水工程成品保护技术措施

（1）地下防水施工工序要组织得当，防水施工完成验收后应及时组织保护层施工，车库、地下室外墙防水保护层施工完成后，要及时组织回填土施工，使卷材防水及其保护层及时隐蔽保护。

（2）严禁在防水卷材附近或防水层上使用电焊、火焊，在防水卷材上部高空部位进行电焊作业时，应设防护措施或设接火盆或防火垫，并对防水层进行临时覆盖保护，以避免电焊火花将防水层烧坏。焊接前应做好动火审批，准备好灭火器等消防用品。

（3）卷材施工完后应将现场物品清理干净，并不得有重物和带尖物品直接放置在卷材防水表面。

（4）底板、顶板、屋面的细石混凝土保护层在施工前和施工后未达到设计强度前，严禁在防水层上堆放各种材料。

（5）为避免刚性保护层变形时，柔性防水层受变形影响，防水层与保护层之间应设置隔离层。

（6）底板防水层上要进行底板钢筋施工、支模、浇筑混凝土等工作，底板卷材防水层上的保护层宜用细石混凝土，其厚度不应小于 50mm。

（7）地下室顶板卷材防水层的保护层宜用细石混凝土，厚度不应小于 70mm。

（8）底板浇筑混凝土保护层时，不得将混凝土直接倒在防水卷材上，底板混凝土保护层采用商品混凝土，若使用溜槽运送混凝土到浇筑部位时，溜槽底部应铺设胶合板或薄钢板，混凝土卸在胶合板或薄钢板上再推开，之后可先卸在已铺开的混凝土上，再扩大铺开到混凝土作业面，防止混凝土直接冲击卷材防水层。

（9）进行底板防水保护层施工时，如有手推车在防水层上行走，手推车的支腿、钢筋马凳的铁腿应用胶皮或麻布包扎好，以免扎破防水层。如发现防水层有破损的，应及时进行修补。

（10）浇筑混凝土过程中应随时清扫撒落的混凝土石子等杂物，防止扎坏防水层。

（11）地下室外墙的止水穿墙螺栓孔需及时修补，完成后才可进行外墙防水层施工。

（12）迎水面外墙施工的立墙防水卷材的甩茬部分一定要保护好，防止碰坏或损伤，以方便立墙防水层的搭接。

（13）车库、地下室外墙防水层施工完成后，应及时做好保护层，车库、地下室外墙外防外贴防水材料的保护层有 3 种做法，即砖保护墙法、软保护层法和水泥砂浆保护层法。车库、地下室外墙防水软保护层法宜采用挤塑型聚乙烯泡沫塑料板等软保护，如图纸设计要求采用挤塑板作为防水保护层，则必须采用强度满足要求、阻燃性较好的板材。

（14）车库、地下室应及时进行回填土施工，回填土施工应确保回填土料的质量，严禁回填土中掺杂尖锐性杂物、石块等重物，避免引起防水层破坏。回填土应分层夯实，每层回填土厚 0.5m，严禁回填土只进行表面夯实，防止因回填土方不密实引起不均匀沉降而致使防水层拉裂。

（15）车库、地下室外墙立面防水层施工至顶部时，翻过顶面长度不应小于 300mm，并用压条固定。

（16）卷材、涂膜与刚性防水层复合施工时，底层的防水卷材或防水涂膜验收合格后，方可施工上面的刚性防水层。

5. 预铺防水卷材的成品保护

预铺防水卷材施工的关键在于预铺防水卷材的成品保护，特别是在底板钢筋施工时尤其要注意，具体要求如下：

（1）预铺防水卷材施工前应按照相关方案做好预铺防水卷材的成品保护交底，预铺防水卷材的成品保护措施未做到位，不得进行下一道工序施工。

（2）预铺防水卷材应合理安排施工流水段，钢筋尽量堆放在防水卷材外，上料钢筋尽量不要摆放在预铺防水卷材上，钢筋堆放点应用木方等垫好，避免钢筋扎破预铺防水卷材；进行钢筋吊运时应缓缓放下，避免钢筋放下时冲击预铺防水卷材。

（3）水平运输时也应遵循轻拿轻放的原则，人工搬运钢筋时，不能在防水层上拖动，避免破坏预铺防水卷材。

（4）绑扎钢筋时，采用混凝土垫块时需在其下增设 100mm×100mm 卷材增强层，钢筋施工过程中，如需移动钢筋而使用撬棍时，应在其下设垫木保护，以免破坏预铺防水卷材。

（5）基础钢筋上如有电焊作业时，需在焊接操作面下设接火盆或防火垫，以避免电焊火花将防水层烧坏。焊接前应做好动火审批，准备好灭火器等消防用品。

（6）在施工过程中，如不慎破坏了防水层，应及时进行修补。

二、交付使用中地下室防水工程的维护管理

1. 发生地下室钢筋混凝土底板渗漏的可能原因

（1）地下室底板没有按要求设计迎水面防水，使用不合格的防水材料，拉伸性能等指标达不到要求，未按规范要求设置后浇带，建筑物不均匀沉降，防水层被拉裂。

（2）大体积混凝土承台底板混凝土未按大体积混凝土要求设计配合比，施工中未按要求控制温差，由于混凝土配合比不合理及环境温差导致水化热过高，引起钢筋混凝土结构开裂，形成渗漏通道。

（3）混凝土浇筑过程中产生冷缝，继续浇筑前未对冷缝进行处理。浇筑混凝土时，未按要求分层浇筑，混凝土振捣不到位，导致混凝土不密实，产生渗漏。

（4）混凝土养护不及时、养护方法不当或者未进行二次压光导致钢筋混凝土底板出现收缩裂缝。

（5）拆模时混凝土强度未达到规定要求，或是过早承受荷载导致钢筋混凝土底板产生裂缝。

（6）防水层施工前未清理干净基层的浮尘、杂物、积水，地下室降水不到位，作业面有明水，为赶工期强行施工防水层；未按规定涂刷基层处理剂，导致防水层与基层黏结不良，造成空鼓。

（7）基层含水率过高，防水涂膜未干就涂刷上层涂料，受热时水分蒸发而水汽无法排出，造成涂膜防水层空鼓。

（8）防水层厚度不足或不均匀，细部节点防水加强层处理未满足要求。

（9）防水层基层强度不够，表面起砂、开裂，基层的阴阳角未做圆弧、未设置防水附加层，防水层易开裂。

（10）卷材翘边、起皱导致施工中起鼓，基层胶粘剂与卷材不匹配，或铺贴工艺不合理，导致卷材铺贴不严密，造成空鼓。

（11）柔性防水层施工完成后因成品保护不到位致使柔性防水层开裂。

（12）防水卷材接头处黏结不严、搭接宽度不够。卷材铺贴后搭接部位未压实压平，导致黏结不严；卷材在运输及堆放过程中平放，由于挤压导致出现折角，铺贴时无法黏结牢固。

2. 预防地下室钢筋混凝土底板渗漏的若干措施

（1）地下室底板抗渗等级应符合设计及规范要求，宜在迎水面设置外防水层。

（2）大体积混凝土要求设计配合比，预拌混凝土应控制入模温度，大体积混凝土施工中严格控制内外温差，降低水化热。

（3）预拌混凝土应检查入模坍落度，取样频率同混凝土试块，但对坍落度有怀疑时应随时检查，并做好检查记录。严禁现场加水改变水灰比，提高混凝土的坍落度。

（4）混凝土浇筑前应做好人员、材料、设备的准备工作，合理组织施工，避免出现冷缝。

（5）混凝土浇筑完毕后 12h 以内进行养护，应优先采用蓄水养护；混凝土强度达到 1.2N/mm² 后方可堆放材料。

（6）模板拆除时间应符合规范要求，拆除时混凝土强度以同条件养护试块强度为判断依据。

（7）应安排专人了解天气情况，合理安排混凝土浇筑时间。

（8）基层应平整、干燥、清洁，且应具有足够强度，不起砂、不开裂；基层的阴阳角应做成圆弧，圆弧半径不小于 50mm；基层处理剂应涂刷均匀，不得露底，表面干燥后方可施工防水层；阴阳角及变形缝等部位应增设防水附加层，附加层检查验收合格后方可进行大面积防水施工。

（9）防水材料储存环境应符合产品说明书要求，卷材运输时要防止侧斜和横压，在现场储存时应按规格型号分别直立整齐堆放，且不超过两层；基层处理剂、胶粘剂、密封材料等均应与铺贴的卷材相匹配；防水材料进场需组织验收，并见证取样，送检合格后方可使用。

（10）防水涂膜的配比应符合产品说明书要求，防水涂膜应分层涂刷，涂刷应均匀，不得漏刷、漏涂，待先涂刷的涂料干燥成膜后，方可涂刷后一遍涂料。

（11）卷材表面不得翘边、起皱，卷材施工时应排气，使卷材与基层粘贴牢固。自粘卷材铺粘时，应将自粘胶底面的隔离层完全撕净，如环境温度过低时，可适当加热；冷粘法铺贴卷材时，卷材及接缝部位应采用专用胶粘剂或胶粘带满贴，材性与卷材相匹配，接缝处应用密封材料封严，其宽度不应小于 10mm；热熔法铺贴卷材时，卷材接缝部位应溢出热熔的改性沥青胶，立即滚铺，排除卷材下面的空气，并粘贴牢固。

（12）卷材的搭接宽度应根据规范及产品说明书确定，铺贴前根据卷材宽度及搭接宽度在基层上弹线并复核，确保搭接宽度满足要求；铺贴双层卷材时，上下两层和相邻两幅卷材的接缝应错开 1/3～1/2 幅宽，且两层卷材不得相互垂直铺贴。

（13）防水层施工完后应及时施工保护层，在养护期不得上人行走、堆放材料。

（14）地下室防水层施工期间，地下水位应降至垫层底以下不少于 500mm 处，直至施工完毕。

（15）严禁在雨天、雪天、五级及以上大风时施工。

3. 对已发生地下室钢筋混凝土底板渗漏的维修方法

（1）地下室底板渗漏宜用高压灌浆堵漏，堵漏前必须进行现场查勘，摸清现场施工情况，分析渗漏水的原因，查清漏水部位、裂缝、裂纹或穿孔的宽度、长度、深度和贯穿情况，并了解雨天和晴天的漏水情况，测量漏水的流量与流速等，通过充分调查，正确拟订堵漏方案，做好技术、材料、机具、人员等各项准备工作。

（2）高压灌浆堵漏利用机械的高压动力，将水溶性聚氨酯化学灌浆材料注入混凝土裂缝中，当浆液遇到混凝土裂缝中的水分会迅速分散、乳化、膨胀、固结，这样固结的弹性体填充混凝土内的裂缝，将水流堵塞在混凝土结构体之外，以达到止水堵漏的目的。

（3）聚氨酯类堵漏浆料一般由甲苯二异氰酸酯和水溶性聚醚进行聚合反应而成的高分子化合物，浆液在注入漏水裂缝中与裂缝的水产生化学反应并膨胀凝固，通过堵塞渗漏通道，达到堵漏修漏之目的。由于水参与了反应，浆液不会被水稀释冲走，浆液在压力作用下，灌入混凝土缝隙或孔洞，同时向缝隙周围渗透，继续渗入混凝土缝隙，最终形成网状结构，成为密度小、含水的弹性体，有良好的适应变型能力，止水性能良好。

（4）堵塞混凝土漏水通道的聚氨酯凝结体在长期有水的地方是比较稳定的，而在屋面混凝土结构缺陷内的泡沫状凝固体却伴随着天气的变化而变化，即雨天遇水膨胀，晴天干燥收缩。一段时间后，便失去止水性能，很多屋面注浆堵漏当时效果很好，过段时间又出现渗漏，多因采用水溶性聚氨酯化学灌浆材料所致。因此，在屋面、墙体灌注浆堵漏中多用普通丙烯酸酯类浆料，效果较好，普通丙烯酸酯类浆料灌注时漏浆容易封堵，其干燥后凝结成橡胶状弹性固结体，性能稳定。

4. 对已发生地下室钢筋混凝土底板渗漏的维修工艺要求

（1）配制注浆液时，采用经计量准确的计量工具，按照设计配方配料。

（2）首先找出地下室底板的裂缝漏水点，沿漏水点周围500mm处将面层、砂浆层铲除，露出混凝土结构层。

（3）用钢刷子将漏水缝（点）刷干净，表面不得有浮尘、砂子等。

（4）将所有裂缝及漏点先用渗透结晶型防水堵漏砂浆勾缝封堵。

（5）在布孔点部位打孔，布置注浆嘴，对接注浆机。

（6）把注浆液搅拌均匀开始注浆，混凝土结构裂缝、蜂窝状缺陷渗漏水用（非）水溶性聚氨酯灌注浆堵漏修补，灌注浆用0.3MPa漏水压力为宜。

（7）注浆结束后用渗透结晶型防水堵漏砂浆封孔。

（8）注浆时，根据要求，严格控制每孔注浆量、提升速度、注浆压力，注浆还应密切关注浆液流量。

（9）经检查无漏水现象时，卸下注浆头，用涂刷渗透结晶型防水涂料等材料将注浆孔抹平。

（10）进行灌注施工时，为确保安全需戴手套及防护眼镜，使用厂商配套的注浆头及相关配件。

（11）每次施工完成后，若无连续灌浆需要应及时将机器清洗干净。

（12）蓄水试验无渗漏后恢复面层。

5. 发生地下室后浇带渗漏的可能原因

（1）地下室后浇带部位无防水加强附加层或防水加强附加层水平宽度不够。

（2）地下室后浇带止水钢板或止水条安装不连续；止水钢板接缝焊接搭接长度不足，未采用双面焊接，或焊缝质量差；止水条采用搭接连接时，搭接长度不足。

（3）未严格按设计及规范要求的时间间隔封闭后浇带，高层建筑后浇带两侧有沉降差。沉降未稳定时提前浇筑后浇带混凝土，后浇带两侧混凝土继续收缩或两侧结构不均匀沉降导致后浇带开裂。

（4）后浇带混凝土施工前未凿毛或凿毛时未凿除表面松动石子和浮浆层，特别是底板后浇带止水钢板以下的部位容易遗漏。

（5）后浇带浇筑混凝土前，新旧混凝土交接处未冲洗干净，未刷水泥浆，后浇带有垃圾、木屑、渣滓、积水等。

（6）后浇带混凝土未使用比原混凝土高一等级的补偿收缩混凝土。

（7）后浇带浇筑混凝土时漏振或振捣不密实。

6. 预防地下室后浇带渗漏的措施

（1）后浇带采用补偿收缩混凝土，强度等级比两侧混凝土提高一级。

（2）后浇带宜设置防裂钢筋，增加构造筋，提高抗裂性能，在地下室外墙水平筋应尽量采用小直径、小间距的，可有效提高抗裂性能。基础底板后浇带钢筋宜采用100%搭接，方便后浇带清理。

（3）后浇带防水层施工时应增设防水附加层。

（4）后浇带宜优先采用止水钢板。止水钢板厚度不应小于3mm，宽度不应小于300mm且应满足规范及设计要求。止水钢板两侧弯折角度应为135°，不得采用生锈、厚度不足、有裂纹的止水钢板。

（5）后浇带处应预埋止水钢板或安装遇水膨胀止水条。止水钢板安装应居中，翘曲面应面向迎水面安装，固定牢固；钢板接缝焊接搭接长度不得小于20mm，必须采用双面焊接，焊缝要求饱满、无夹渣和沙眼，焊缝处钢板无变形、无翘曲。中间不得有空鼓、脱离等现象。

（6）选用的遇水膨胀橡胶止水条应具有缓胀性能，其7d的膨胀率应不大于最终膨胀率的60%。止水条安装前必须先将预埋的木条剔凿干净；止水条应牢固地安装在后浇带内，与基面应密贴，在清理好的预埋槽内满涂胶粘剂，然后将止水条安放进去，用手压实，中间不得有空鼓、脱离等现象；止水条采用搭接连接时，搭接长度不得小于30mm。

（7）后浇带混凝土浇筑前应先将旧混凝土层凿除，要凿除混凝土表面浮浆和松弱层，露出混凝土内石子粒径不小于1/3。凿毛后应用清水冲洗干净，混凝土浇筑前不得有明水。

（8）后浇带两侧的接缝表面、快易收口网内杂物清理干净后，涂刷混凝土界面处理剂或水泥基渗透结晶型防水涂料。

（9）后浇混凝土的浇筑时间应符合设计要求，若设计无具体要求，收缩后浇带应在两侧混凝土浇筑45d后浇筑，沉降后浇带应在主体结构封顶后且两侧差异沉降趋于稳定时才能浇筑。

（10）地下室底板后浇带混凝土浇筑前，必须将后浇带内明水抽取干净，浇筑方向应从离集水坑最远的一端开始，浇筑过程中集水坑内应设置水泵连续排水。

（11）后浇带混凝土振捣应先采用振动棒振捣，后再采用平板震动器振捣。后浇带混凝土要振捣到位，振捣要密实，严禁漏振。特别注意新旧混凝土交界部位及止水带下口处的混凝土振捣。

（12）后浇带混凝土应一次浇筑，不得留施工缝；混凝土浇筑后应及时养护，养护时间不得少于 28d。

7. 对已发生地下室后浇带渗漏的维修施工要求

（1）清除后浇带渗漏处附近的面层。

（2）清理结构表面缺陷，将所有疏松结构清除，冲洗干净。

（3）基层表面的突出部分应凿除，混凝土基层中若残留有螺栓、钢筋头等突出物，则应在其周围向内刨出圆锥形足够深度的底部割断，再按照上述的规定，用水泥基渗透结晶型防水材料半干料团填平、捣实、压光。

（4）若混凝土基层有不小于 0.4mm 宽度的裂缝时，则应沿裂缝方向凿成 U 形槽，除净槽内碎渣，润湿而无明水后，在槽内及周边连续涂刷浆料至初凝后，用水泥基渗透结晶型防水材料半干料填平捣实。

（5）地下室后浇带渗漏通常采用注浆处理后涂刷渗透结晶型防水涂料的施工方法。

8. 发生地下室外墙止水螺杆部位渗漏的可能原因

（1）止水螺杆中间止水片过小、厚度不足；止水片焊缝不饱满，局部有砂眼。

（2）止水片表面未清理干净，有严重浮皮、锈污等。

（3）拆模过早，拆模过程中止水螺杆受到扰动导致止水螺杆与外墙之间产生微裂缝，形成渗水通道。

（4）混凝土浇筑过程中，振捣棒碰撞止水螺杆，导致止水螺杆受到破坏。

（5）地下室外墙螺杆周边剔凿后，未采用防水砂浆进行封堵、封堵不饱满或未刷防水涂膜。

9. 预防地下室外墙止水螺杆部位渗漏的措施

（1）所有地下室外墙对拉螺杆均应采用止水螺杆。

（2）止水片应用厚度不小于 3mm 的钢板制作，尺寸不小于 50mm×50mm。

（3）螺杆部位封堵材料应采用聚合物防水砂浆。

（4）止水螺杆上的止水片必须双面满焊，需经验收合格后方可使用。

（5）止水螺杆上的止水片应居中设置。

（6）混凝土振捣时振捣棒避免碰撞止水螺杆。

（7）地下室外墙混凝土达到一定强度后方可拆模，模板拆除过程应避免对止水螺杆造成扰动。

10. 对已发生地下室外墙止水螺杆部位渗漏维修施工要求

（1）在地下室内墙处将渗漏的穿墙螺杆孔渗漏部位用人工凿成喇叭形，喇叭口深度不小于 30mm，直径不小于 50mm。

（2）将喇叭口混凝土清理干净，湿润后，用聚合物防水砂浆封堵混凝土墙内侧喇叭口，表面抹平压光。

（3）封堵的孔洞周边涂刷不小于 1.0mm 厚聚合物水泥防水涂料防水层，涂刷范围应大于孔洞周边 80mm；封堵完工后，应进行现场淋水试验，不得有渗漏现象。

（4）也可以采用注浆处理后涂刷与渗透结晶型防水涂料结合的施工方法。

（5）面层需按要求恢复。

三、交付使用中外墙防水工程的维护管理

1. 外墙施工孔洞封堵不严引起的渗漏原因分析

（1）封堵施工孔洞时，洞口内的杂物清理不干净，封堵不实。

（2）封堵材料选用不当。

（3）采用细石混凝土封堵施工孔洞时，用钢丝对拉模板，拆模后钢丝留在墙体内形成渗漏通道。

（4）施工时孔洞处混凝土面未凿毛或凿毛不规范，新旧混凝土交界处未涂刷水泥浆或涂刷不均匀。

2. 预防外墙施工孔洞封堵不严引起渗漏的措施

（1）当施工孔洞尺寸小于 80mm 时，封堵材料选用干硬性水泥砂浆（添加防水剂及膨胀剂）。

（2）当施工孔洞大于 80mm 时，封堵材料优先选用比原结构混凝土高一强度等级的微膨胀细石混凝土。

（3）外墙孔洞封堵施工时，必须先将孔洞内的杂物清理干净，封堵严实。

（4）细石混凝土封堵施工孔洞时，洞口应先凿毛，清洗干净，并均匀涂刷水泥浆一道。两侧支模且下料口模板高出洞口，严禁采用钢丝对拉模板；混凝土浇筑前应充分润湿模板，浇灌混凝土时需插捣密实；拆模后，凿除表面凸出的多余混凝土，并修补平整；封堵的孔洞处涂刷不小于 1.0mm 厚聚合物水泥防水涂料防水层，涂刷范围应大于孔洞周边 80mm；封堵完工后，应进行现场淋水试验，不得有渗漏现象。

（5）外墙穿墙螺杆孔外侧用人工凿成喇叭形，喇叭口深度不小于 30mm，直径不小于 50mm，将喇叭口内外露的螺杆头割除，提前将喇叭口混凝土清理并湿润后用聚合物防水砂浆封堵挡土墙内外侧喇叭口，表面应抹平压光。

3. 对已发生外墙施工孔洞封堵不严引起渗漏的维修施工要求

（1）为了减少对周边面砖、砂浆的破坏，用切割机将渗漏范围周边 300～500mm 面层及砂浆与完好部分切开，然后再用凿子或电锤将渗漏范围的面层、粘接层以及砂浆找平层等凿除，直至墙体结构层。

（2）清理基层，聚合物防水砂浆封堵混凝土墙外侧喇叭口，按预防措施对外墙孔洞进行封堵。

（3）若渗漏处多时，也可采用采用注浆处理后涂刷聚合物防水砂浆的施工方法。

（4）涂料墙面恢复。涂刷聚合物防水涂料或高分子益胶泥，之后均匀涂刷与原外墙颜色一致的外墙涂料。

（5）面砖墙面恢复。采用与原墙面颜色、品种规格一致的面砖用高分子益胶泥或聚合物水泥防水砂浆粘贴。

（6）清理面砖表面浮灰、污垢，清洗后在渗漏修补处周边 600～1000mm 范围的面砖外墙上均匀喷涂一遍主要成分为聚硅氧烷的透明防水剂，在外墙饰面砖上形成憎水保护层，防止雨水的渗入。

4. 外窗框与窗边墙体接缝处出现渗漏、上下窗台出现渗漏原因分析

（1）因结构留洞尺寸不准确造成结构与窗框间缝隙过大，难以保证塞缝质量。

（2）外窗为凸窗且上部设有空调位的，凸窗顶板未向外找坡或找坡层与窗边收口未一次施工，抹灰接槎处形成渗水通道。

（3）凸窗侧壁施工质量控制不好。采用砌体时，顶头砖砂浆不饱满及勾缝不到位；采用混凝土时，二次结构施工时侧壁顶部浇筑不密实，导致窗边渗漏。

（4）外窗楣未做鹰嘴、滴水线（槽），或鹰嘴坡度小，滴水线宽度、深度不足，未起到截水作用。

（5）窗台未向外找坡，导致窗边积水形成渗漏。

（6）未严格按使用说明配制塞缝聚合物防水砂浆。

（7）窗框安装时使用的木垫块在塞缝时没有拆出，或窗边塞缝砂浆填塞不密实，尤其是金属固定片与结构之间的夹角缝隙处塞缝砂浆填塞不密实。

（8）外窗塞缝及养护完成后，外侧未做防水层或防水层做法不符合细部做法要求。

（9）铝合金材料选用不满足设计要求，刚度不够；铝合金窗制作和安装时存在缺陷，由于本身存在拼接缝隙，形成渗水通道。

（10）铝合金窗框未留设泄水孔或泄水孔过小、泄水孔堵塞，导致窗框内的水不能及时排出。

（11）铝合金窗框与窗边墙体接缝处未留缝，也未用防水密封胶填缝封闭，外窗框与窗边墙体接缝处出现裂缝，在风压中心，雨水沿缝隙渗入室内，引起渗漏；窗缝打胶不严、密封材料品质差，易老化变形。

5. 预防外窗框与窗边墙体接缝处出现渗漏、上下窗台出现渗漏的措施

（1）外窗楣的抹灰或饰面砖应做成鹰嘴或滴水线（槽），外窗台必须向外找坡。

（2）窗洞口两侧须按要求设置预制混凝土砌块，洞口宜深化为四周混凝土抱框。

（3）外窗框底部应设计有泄水孔，泄水孔大小满足要求。

（4）不得使用贯通式金属固定片固定窗框，窗框的金属固定片宜采用两段式内外错位设计，避免形成贯通式的渗水通道。

（5）外窗边应设计聚合物水泥基防水层，防水层应分层涂刷避免一次成型，涂刷厚度不得小于1.2mm。

（6）塞缝材料宜使用不低于M5的成品聚合物干粉砂浆，并调制成干硬性防水砂浆，手抓成团，落地散开。

（7）聚合物水泥基防水涂料应送检合格后方可使用，现场配制比例必须符合产品使用说明书的要求。

（8）窗边使用耐候胶打胶应符合现行标准《硅酮和改性硅酮建筑密封胶》（GB/T 14683）的相关规定，现场取样送检合格后方可使用。

（9）进场的窗框除了应检查窗尺寸以及是否有损坏情况外，还必须检查泄水孔的留设是否有遗漏，如有遗漏必须通知专业分包单位进行整改，未整改补设泄水孔的窗户不得安装。

（10）凸窗侧壁如为砌体，顶头砖应在填充墙砌筑14d后进行，且砂浆饱满，勾缝密

实；如为混凝土，宜深化随主体结构一次性浇筑，如不能一次浇筑时，在二次施工时必须在上口留设喇叭口，以确保上口混凝土浇筑密实，同时侧壁周边新旧混凝土交界处处进行凿毛处理，减小渗漏隐患。

（11）窗洞口两侧应留设混凝土砌块，窗框不得固定在普通砌块上。如采用副框时，严格按设计安装点将主框与副框用螺钉连接牢固，主框与副框的空隙必须用聚氨酯发泡剂填塞，并在内外两侧打胶。

（12）外窗楣的抹灰或饰面砖必须做成鹰嘴或滴水线（槽），外窗台必须向外找坡，坡度＞20％。

（13）塞缝砂浆必须严格按使用说明配置，不得随意改变施工配比。塞缝应由具有丰富经验的专人负责，项目部技术人员应组织其进行专项技术交底。施工时在窗口与结构缝隙间填入砂浆，然后在窗框两侧对压，挤压密实，尤其是金属固定片与结构之间的夹角缝隙处应重点填压；塞缝时，需要将安装窗户时固定用的临时木垫取出。

（14）遇到凸窗且上部有百叶的，需要重点控制，百叶内板面做好坡向避免积水，百叶立杆处应采用聚氨酯防水涂料做防水加强处理，如果立杆是内空的，还应对立杆根部的内空进行注胶填封，百叶内的凸窗顶板应向外找坡且找坡层与外立面装修材料的收边应搭接，避免在凸窗顶板面留下不同材料的交接缝。

（15）施工人员应仔细核查每一扇窗的窗缝是否使用耐候胶打胶到位。

（16）待塞缝防水砂浆养护完成后，如窗框四周表面不平整应采用防水砂浆修补找平，然后对外侧窗框四周均匀涂刷 1.2mm 厚聚合物水泥基防水涂膜（配合比必须符合产品使用说明书的要求），涂刷遍数不少于两遍，涂膜必须压住铝框边不小于 5mm，并至窗洞口外边不小于 50mm。涂膜表面应密实无气孔。防水涂膜应浇水养护，养护时间不少于 7d。

6. 对已发生外窗框与窗边墙体接缝处出现渗漏、上下窗台出现渗漏的维修施工要求

（1）为了减少对周边面砖、砂浆的破坏，用切割机将外侧窗框周边 3～5 块面砖宽度或周边 300～500mm 涂料及砂浆与完好部位切开，然后再用凿子或电锤将窗框周边的面砖或涂料、粘接层以及砂浆找平层等凿除，直至墙体结构层。

（2）沿窗框与墙体连接处剔槽，剔槽深度 20～30mm，清理干净后封堵严实。

（3）若基层为砌体结构，基层清理后提前湿润，挂网抹聚合物防水砂浆；若基层为混凝土墙面，基层清理修补后涂刷聚合物水泥防水砂浆，增强基面强度及抗渗强度。

（4）涂料墙面恢复。涂刷聚合物防水涂料或高分子益胶泥，之后均匀涂刷与原外墙颜色一致的外墙涂料。

（5）面砖墙面恢复。采用与原墙面颜色、品种规格一致的面砖用高分子益胶泥或聚合物水泥防水砂浆粘贴。

（6）清理面砖表面浮灰、污垢，清洗后在窗框周边 600～1000mm 范围的面砖外墙上均匀喷涂一遍主要成分为聚硅氧烷的透明防水剂，在外墙饰面砖上形成憎水保护层，防止雨水的渗入。

7. 女儿墙根部发生渗漏原因分析

（1）钢筋混凝土女儿墙不是一次浇筑的，女儿墙水平施工缝位置留设不合理，位于屋面构造层完成面标高以下。

（2）女儿墙为砌体结构，且墙体根部未设置与屋面结构同时浇筑的混凝土反坎，止水效果差。

（3）女儿墙施工缝凿毛不认真，或后浇混凝土的浇筑质量差，在女儿墙根部形成渗水通道。

（4）女儿墙泛水处涂料未做防水增强层，卷材未做防水附加层。

（5）女儿墙泛水处的防水层未铺贴或涂刷至压顶下，且收头不符合现行相关标准的要求。

（6）女儿墙泛水处防水层收头不严或防水收头老化失效，雨水透过防水收头、老化防水层和混凝土渗水通道渗到女儿墙外。

8. 预防女儿墙根部发生渗漏的措施

（1）女儿墙宜全部设计为现浇钢筋混凝土结构，屋面结构板以上不小于600mm高的墙体混凝土应与屋面板同时浇筑。如女儿墙设计为砌体墙时，墙体根部也应设置不小于600mm高钢筋混凝土反坎，反坎应与屋面板同时浇筑。

（2）女儿墙泛水卷材保护层宜采用砌体砌筑，当采用水泥砂浆作为防水保护层时，应掺抗裂纤维，并满挂玻纤网。

（3）女儿墙上防水层收头距屋面最终完成面不应小于300mm。

（4）防水卷材可选用合成高分子防水卷材或高聚物改性沥青防水卷材，其外观质量和品种、规格应符合国家现行有关材料标准的规定。

（5）种植屋面应选用耐根穿刺防水卷材。

（6）卷材防水层的最小厚度应根据屋面防水等级、选用材料种类确定。

（7）女儿墙混凝土浇筑。女儿墙随屋面梁板混凝土一次浇筑高度不少于600mm，应采用振动棒振捣，振动棒插入点水平间距不大于400mm，不得漏振，确保女儿墙混凝土浇筑密实。

（8）防水层施工前，应做好基层的检查验收；屋面板结构须先做闭水试验；女儿墙压顶横向坡度不小于6%且应向内倾斜；应检查女儿墙上防水层收头的凹槽或飘线质量，并把女儿墙根部作为渗漏情况检查的重点部位，若发现渗漏，应制订专门的修补措施并经技术负责人同意后实施。

（9）女儿墙立面防水层施工前，应先施工墙根阴角部位防水附加层，附加层在平面和立面的宽度均不小于250mm。

（10）涂膜的泛水端头应每遍退涂20～30mm，泛水立面铺贴防水卷材时应采用满粘法，并压入墙体凹槽或飘线底采用金属或塑料压条钉压固定，钉距不宜大于300mm，端头用密封材料密封。女儿墙根部与平面层交接处设水平分隔缝、女儿墙泛水飘线以下立面应设置竖向分格缝。

（11）防水层施工完成后进行淋水、蓄水试验，确保无渗漏。

9. 对已发生女儿墙根部渗漏的维修施工

（1）女儿墙立墙与屋面基层的连接处卷材开裂、张口、脱落，割除原有卷材，清除原有的胶粘和密封材料、水泥砂浆层，露出坚实的混凝土基层。

（2）清理结构表面缺陷，将所有疏松结构清除，表面突出部分剔平，用防水砂浆填平压实。

（3）干燥后涂刷一道基层处理剂，基层处理剂涂刷应均匀，不露底，不堆积。

（4）女儿墙根阴角部位施工防水加强层，防水加强层在平面和立面的宽度均不小于250mm。

（5）重新满粘卷材，卷材压入墙体凹槽或飘线底采用金属或塑料压条钉压固定，钉距不宜大于300mm，端头用密封材料密封，上部应采用金属板材进行覆盖，并应钉压固定，用密封材料密封。

（6）女儿墙外侧将渗漏点周边的面砖或涂料、粘接层以及砂浆找平层等凿除，直至墙体结构层。

（7）若基层为砌体结构，基层清理后提前湿润，挂网抹聚合物防水砂浆；若基层为混凝土墙面，基层清理修补后涂刷聚合物水泥防水砂浆，增强基面强度及抗渗强度。

（8）涂料墙面恢复。涂刷聚合物防水涂料或高分子益胶泥，之后均匀涂刷与原外墙颜色一致的外墙涂料。

（9）面砖墙面恢复。采用与原墙面颜色、品种规格一致的面砖用高分子益胶泥或聚合物水泥防水砂浆粘贴。

（10）面砖墙面清理表面浮灰、污垢，清洗后在渗漏修补处周边600～1000mm范围的面砖外墙上均匀喷涂一遍主要成分为聚硅氧烷的透明防水剂，在外墙饰面砖上形成憎水保护层，防止雨水的渗入。

四、交付使用中室内防水工程的维护管理

1. 发生卫生间降板或墙体根部渗漏原因分析

（1）结构施工时，降板位置吊模支撑（钢筋马凳）直接落在底板模板上。

（2）固定侧模用的钢丝贯穿沉箱侧壁且无法拆除，形成渗水通道。

（3）卫生间反坎未随主体结构同时浇筑，且在二次浇筑前未凿毛或者凿毛、刷浆等工序施工质量差，导致渗漏。

（4）混凝土浇筑过程中，卫生间降板侧壁、上部墙体反坎振捣不密实，造成渗漏。

（5）卫生间穿板（墙）管的套管未设置止水环，管道安装及封堵工序施工质量差，导致渗漏。

（6）卫生间防水层厚度不足或防水材料不合格、配比不合理造成防水层的耐久性达不到要求。

（7）降板底部未向地漏找坡、找坡坡度不符合设计要求，导致积水渗漏。

（8）大降板卫生间未设置侧排地漏或地漏最低点高于地面。

（9）给水管从卫生间门底部穿过，无法做防水处理。

2. 预防卫生间降板或墙体根部渗漏的措施

（1）卫生间墙体根部应设计混凝土反坎，且混凝土反坎高度应满足防水构造要求，一般反坎高度不低于200mm，厚度同墙厚，宜与主体结构同时浇筑；确实无法整体浇筑时，应在支模前对反坎部位充分凿毛，凿毛面积不得少于95%，凿毛深度以露出半石子为宜。

（2）施工中降板部位侧模支撑（钢筋马凳）不得直接置于模板上，下部应设置垫块；

严禁采用钢丝贯穿沉箱侧壁固定侧模。

（3）混凝土浇筑前应做好交底，浇筑过程中加强监督，确保卫生间降板侧壁、上部墙体反坎混凝土振捣密实，不得出现漏振现象。

（4）卫生间穿板立管处埋设套管时，必须使用带有止水环的套管。

（5）卫生间防水层施工前，应先将楼板四周清理干净，阴角处做圆弧，防水层的上返高度应高出最终完成面 300mm 以上。管道根部、转角处、墙根部位应做防水附加加强层。

（6）卫生间防水层施工应分层进行，每层涂膜厚度要均匀，涂刷方向要一致，不得漏涂。按要求进行验收，确保防水层厚度。

（7）卫生间结构施工完成后应做结构蓄水试验，防水层施工完成后再次进行蓄水试验，确保无渗漏。

（8）地面找平层朝地漏方向坡度为 $1\% \sim 3\%$，地漏口标高应低于相邻地面标高 $5 \sim 20mm$。

（9）大降板式卫生间应设置侧排地漏，且地漏底部不得高出结构面。

（10）给水管安装应避开卫生间门底部。

3. 发生卫生间周边墙面发霉、地板空鼓原因分析

（1）卫生间防水层厚度未达到设计要求，地面防水层未沿墙面上翻到设计高度。

（2）卫生间未做混凝土反坎或反坎未随主体结构同时浇筑。

（3）卫生间墙面与地面转角处做成圆弧形，涂料未做防水增强层。

（4）卫生间地砖粘贴采用干硬性砂浆。

4. 预防卫生间周边墙面发霉、地板空鼓的措施

（1）卫生间墙体根部应设计混凝土反坎，且混凝土反坎高度应满足防水构造要求，一般反坎高度不低于 200mm，厚度同墙厚，宜与主体结构同时浇筑。

（2）卫生间防水层施工前，应先将楼板四周清理干净，阴角处做圆弧，防水层的上返高度应高出最终完成面 300mm 以上。

（3）卫生间墙面与地面转角处做成圆弧形，管道根部、转角处、墙根部位应做防水附加加强层。

（4）卫生间地面铺贴地砖不得采用干硬性砂浆，应采用聚合物防水砂浆满浆粘贴。

5. 对已发生卫生间周边墙面发霉、地板空鼓的维修施工要求

（1）为了减少对周边面砖、砂浆的破坏，应在确定维修范围后，用切割机将卫生间地面周边 $300 \sim 600mm$ 地砖、砂浆与完好范围切开，卫生间地面以上 $300 \sim 600mm$ 墙面面砖、砂浆与完好范围切开，然后再用凿子或电锤将墙砖、地砖、找平砂浆凿除，直至结构层。

（2）用切割机将卫生间外发霉的客厅、房间墙面、空鼓的地板与完好部分切开，然后再用凿子或电锤将墙面发霉、地板空鼓的部分进行凿除，直至结构层。

（3）地面用聚合物水泥砂浆找平、找坡，墙面用聚合物水泥砂浆或高分子易胶泥抹平。

（4）卫生间门槛与墙面、地面结合处打胶处理，胶缝均匀。

（5）恢复卫生间地面的面砖、墙砖、客厅及房间的涂料。

五、交付使用中屋面防水工程的维护管理

1. 钢筋混凝土屋面板渗漏原因分析

（1）由于混凝土配合比不合理或环境温差引起钢筋混凝土屋面板开裂，形成渗漏通道。

（2）混凝土浇筑过程中产生冷缝，继续浇筑前未对冷缝进行处理。

（3）斜屋面施工难度大，因混凝土的滑动流淌或振捣不到位，导致混凝土不密实产生渗漏。

（4）混凝土养护不及时、养护方法不当或者未进行二次压光导致钢筋混凝土屋面板出现收缩裂缝。

（5）拆模时混凝土强度未达到规定要求，或是过早上荷载导致钢筋混凝土屋面板产生裂缝。

（6）屋面板转角处未设计放射筋或施工过程中漏设放射筋。

（7）屋面板负弯矩钢筋在混凝土浇筑过程中下沉，保护层过大，易开裂。

（8）出屋面管道未埋设止水套管，或管洞封堵不严。

（9）使用不合格的防水材料，拉伸性能等指标达不到要求，导致开裂，种植屋面未选用耐根穿刺防水材料，植物根系穿透防水层。

2. 预防钢筋混凝土屋面板渗漏措施

（1）屋面板应采用抗渗混凝土，抗渗等级应符合设计要求，屋面板转角处应按规范要求设置放射筋。

（2）预拌混凝土应检查入模坍落度，取样频率同混凝土试块，但对坍落度有怀疑时应随时检查，并做好检查记录。严禁现场加水改变水灰比，提高混凝土的坍落度。

（3）混凝土浇筑前应做好人员、材料、设备的准备工作，合理组织施工，避免出现冷缝。

（4）屋面混凝土采用振动棒振捣完毕后，应再采用平板振动器进行复振，在混凝土终凝前应进行表面二次抹压。

（5）混凝土浇筑完毕后12h以内进行养护，应优先采用蓄水养护；混凝土强度达到1.2N/mm² 后方可堆放材料。

（6）模板拆除时间应符合规范要求，拆除时屋面板混凝土强度以同条件养护试块强度为判断依据。

（7）雨期施工应事先了解天气状况，合理安排混凝土浇筑时间。

（8）出屋面管道应预埋防水套管，穿过防水层管道处的找平层应从管道根部向外做排水坡度，距离管道周边100mm范围内，找平层应抹出高度不小于30mm的圆台，且圆台排水坡度不小于5%。

（9）管道周围与找平层和细石混凝土保护层之间，应预留宽10mm、深20mm的凹槽，应用密封材料嵌填严密。

（10）附加涂料增强层应涂向管壁，厚度不应小于2mm，宽度和高度均不应小于300mm，防水层与管壁应粘牢，管道上的卷材防水层收头处，应用金属箍撞紧，并用密封材料封严，管道周边应设置保护层。

（11）当管道穿越的屋面为普通屋面时，穿出上人屋面的透气管套管高出屋面完成面

高度 $h=800\mathrm{mm}$，穿屋面给排水管套管高出屋面完成面 $h=300\mathrm{mm}$，当屋管道穿越的屋面为种植屋面时，穿屋面透气管套管高出覆土面高度 $h=800\mathrm{mm}$，穿屋面给排水管套管高出覆土面高度 $h=300\mathrm{mm}$。

（12）屋面竖向管道及水平管道支架根部需做护墩。护墩顶面应向外 10% 找坡，水泥砂浆顶面应密实平整，收压抹光。护墩与管道、支架结合处打胶处理，胶缝均匀。

3. 对已发生钢筋混凝土屋面板渗漏维修施工要求

（1）割除原有卷材，清除原有的胶粘和密封材料、水泥砂浆层，露出坚实的混凝土基层。

（2）清理结构表面缺陷，将所有疏松结构清除，表面突出部分剔平，用防水砂浆填平压实。

（3）干燥后涂刷一道基层处理剂，基层处理剂涂刷应均匀，不露底，不堆积。

（4）细部防水附加层处理。阴阳角、管根、墙根、后浇带及设计有要求的特殊部位等均先铺贴一道防水卷材附加层，防水附加层卷材宽度为：阴阳转角部位不小于 $500\mathrm{mm}$，防水附加层在平面和立面的宽度均不小于 $250\mathrm{mm}$。管根部位不小于管直径加 $30\mathrm{mm}$ 并平分于转角处；后浇带和变形缝部位每侧外加 $300\mathrm{mm}$。

（5）重新满粘卷材，防水卷材铺贴应平整、顺直、不褶皱，铺贴时应排出卷材下的空气，并应压粘贴牢固；铺贴的卷材应平整顺直，搭接尺寸应准确，不得扭曲、皱折；搭接缝口应采用材性相容的密封材料封严。

4. 发生屋面变形缝渗漏原因分析

（1）变形缝两侧墙体水平施工缝位置留设不合理，位于屋面构造层完成面标高以下。

（2）变形缝处卷材未预留成 U 形槽，无衬垫材料，卷材拉裂破坏引起渗漏。

（3）变形缝两侧墙体混凝土浇筑振捣质量差，根部混凝土疏松；变形缝两侧墙体的水平施工缝凿毛不认真，形成渗水通道。

（4）变形缝预制盖板接缝处或现浇盖板分格缝处防水节点做法不规范，混凝土盖板未做滴水处理。

（5）变形缝水平盖板与竖向构件交接处防水做法不规范。

5. 预防屋面变形缝渗漏措施

（1）种植屋面变形缝两侧墙体应高出种植土顶部不小于 $100\mathrm{mm}$。

（2）变形缝两侧泛水墙体应设计为现浇钢筋混凝土结构，现浇混凝土水平盖板厚度不小于 $80\mathrm{mm}$；变形缝水平盖板下口必须做鹰嘴，鹰嘴坡度大于 20%。水平盖板与泛水墙体相交处打耐候密封胶，密封严实。

（3）泛水卷材保护层宜采用砌体砌筑，当采用水泥砂浆作为防水保护层时，应掺抗裂纤维，并满挂玻纤网。

（4）变形缝防水层做法。泛水墙体卷材施工前，先施工阴角部位防水附加层，附加层在平面和立面的宽度不小于 $250\mathrm{mm}$；泛水墙体的卷材在变形缝顶面收口；变形缝中应预填聚苯乙烯泡沫板等不燃保温材料作为卷材的承托，在其上覆盖一道卷材并向缝中凹伸，上放圆形的塑料泡沫棒，再铺设最上层卷材防水层。变形缝顶部防水卷材长边平行于变形缝方向，应与泛水墙体卷材搭接，搭接长度大于 $100\mathrm{mm}$。

（5）非等高变形缝防水层做法。泛水墙体阴角应设置防水附加层，附加层在平面和立面的宽度不小于250mm；泛水墙体卷材在泛水墙体顶部收头，并用密封膏密封；泛水墙体与盖板的缝隙间填塞泡沫板；变形缝处水平盖板上部从高跨向低跨抹灰找坡，坡度10%，抹灰层最薄处8mm；上部钉镀锌薄钢板，并用耐候胶分2遍密封。

（6）防水卷材可选用合成高分子防水卷材或高聚物改性沥青防水卷材，种植隔热屋面应选用耐根穿刺防水卷材，其外观质量和品种、规格应符合国家现行有关材料标准的规定。

（7）卷材防水层的最小厚度应根据屋面防水等级、选用材料种类确定。

（8）变形缝两侧泛水墙体应与屋面板混凝土同时浇筑，与屋面混凝土同时浇筑的墙体高度不小于屋面板结构完成标高以上600mm，且不小于屋面最终完成面以上300mm。

（9）屋面板必须做结构闭水试验。若发现变形缝墙体根部渗漏，应制订专门的修补方案并经技术负责人同意后实施。

（10）泛水墙体阴角部位、非等高变形缝的水平盖板根部应做成圆弧，半径不小于100mm。

（11）变形缝盖板应现浇，每2m设置一道分隔缝，分格缝宽20mm；盖板两端与女儿墙相交处必须设分格缝；分格缝镶贴PVC分格条或打耐候密封胶，胶缝均匀顺直。

6. 对已发生屋面变形缝渗漏维修施工要求

（1）屋面水平变形缝渗漏维修时，先清除变形缝内原有卷材防水层、胶粘材料和密封材料。

（2）清理变形缝基层，并剔除松散石子，露出坚实的混凝土基层，清洗干净。用聚合物防水砂浆填补并压实。

（3）泛水墙体阴角设置防水附加层，防水附加层在平面和立面的宽度不小于250mm，防水卷材应铺贴至泛水墙体顶部，用密封膏在泛水墙体顶部收头密封，并用聚合物水泥防水砂浆作保护层。

（4）干燥后涂刷基层处理剂，变形缝中预填聚苯乙烯泡沫板等不燃保温材料作为卷材的承托，在其上覆盖一道卷材并向缝中凹伸，卷材预留变形余量，上放圆形的衬垫材料（泡沫塑料棒），再铺设上层合成高分子卷材附加层。顶部做砂浆保护层后用现浇混凝土盖板覆盖并固定好，不得损坏防水层。

（5）变形缝顶面必须采用两层高分子卷材覆盖，卷材应与泛水墙体防水层搭接，搭接长度大于100mm。

（6）变形缝水平盖板下口必须做鹰嘴，鹰嘴坡度大于20%。水平盖板与泛水墙体相交处打耐候密封胶，密封严实，如图1-5-1所示。

7. 发生屋面雨水口渗漏原因分析

（1）雨水口杯处预留洞表面凿毛或凿毛后未清理干净便灌入封堵材料，原混凝土与封堵材料结合不严密，导致渗漏。

（2）封堵预留洞用的混凝土未掺加膨胀剂，浇灌完成后混凝土收缩，在新旧混凝土结合处产生裂缝，导致渗漏。

（3）雨水口杯周边未设置防水附加层，防水层日久老化失效；防水卷材未深入水落口杯内或深入后粘贴不密实，形成渗漏通道。

（4）雨水口标高控制不精准，屋面排水坡度不够或反坡，在雨水口周围长时间积水，

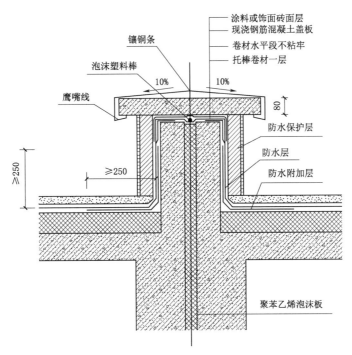

图 1-5-1 屋面等高变形缝及盖板施工工艺（剖面图）（单位：mm）

并透过老化失效防水层和结构裂缝渗漏到板下。

8. 预防屋面雨水口渗漏措施

（1）直排式雨水口杯顶面标高及侧排式雨水口底面标高应与结构顶面平齐或略低。

（2）雨水口周边应增设一道防水附加层，防水层伸入雨水口杯内不应小于50mm。

（3）雨水口周围直径500mm范围内坡度不应小于5％，并采用防水材料封闭。

（4）雨水口杯与基层接触处应留宽20mm、深20mm凹槽，并嵌填密封材料。

（5）在屋面工程开始施工前，必须进行屋面图纸深化，明确屋面落水口位置、标高，明确屋面排水流向及坡度等。

（6）雨水口预留洞应使用微膨胀细石混凝土封堵，若采用其他新型材料，必须经过论证后方可实施。

（7）防水卷材可选用合成高分子防水卷材或高聚物改性沥青防水卷材，其外观质量和品种、规格应符合国家现行有关材料标准的规定，种植隔热屋面应选用耐根穿刺防水卷材，卷材防水层的最小厚度应根据屋面防水等级、选用材料种类确定。

（8）直排式雨水口宜在屋面结构混凝土浇筑前埋设，侧排式雨水口预埋件宜在女儿墙混凝土浇筑前埋设。当在结构板上预留洞口，后安装雨水口杯时，雨水口杯与结构预留洞之间应用微膨胀细石混凝土分两次封堵，做法如下：

1）先将结构预留洞凿成约120°的喇叭口，并剔除松散石子，清洗干净。

2）第一次先封堵至结构板厚的50％～70％，并进行第一次蓄水试验。若发生渗漏，则应进行修补。

3）确定第一次封堵无渗漏后，在第一次封堵材料及预留洞侧壁做一道聚合物水泥基防水涂料。

（4）进行第二次封堵，封堵完成面上口应与结构屋面板平齐。封堵后进行第二次蓄水试验，确认无渗漏后，方可进行下道工序施工。

（9）屋面找坡层施工前，必须先按照深化设计标高打灰饼，灰饼间距不大于 2m。找坡层施工时，严格按照灰饼控制标高，确保屋面排水坡度正确，避免雨水口周边积水。

（10）雨水口周边直径 500mm 范围内找坡，坡度不应小于 5%。

（11）找平层完成后，先铺贴雨水口杯处的附加防水层，再铺贴屋面防水层。附加防水层与屋面防水层均应深入雨水口杯内 50mm，并封闭严密。

9. 对已发生屋面雨水口渗漏维修施工要求

（1）清除周边已破损的防水层和凹槽内原密封材料。

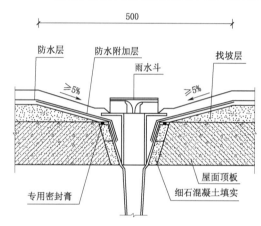

图 1-5-2　直式水落口施工工艺
（剖面图）（单位：mm）

（2）清理雨水口杯基层，将所有疏松结构除掉，顶面标高略低于结构顶面。

（3）直排式雨水口杯上口的标高应设置在沟底的最低处，落水口周围直径 500mm 范围内坡度不应小于 5%，附加防水涂膜厚度不应小于 2mm，防水层贴入落水口不应小于 50mm。

（4）雨水口杯四周与面层之间要留宽 20mm、深 20mm 的凹槽，用高弹性、耐候的密封材料封堵。

（5）封堵后需做蓄水试验，若发生渗漏，则应进行修补。

（6）雨水口面层恢复。蓄水试验无渗漏后选择与原屋面颜色、品种相同的面层，勾缝光滑平整，雨水口处无积水现象，水篦子起落方便，如图 1-5-2 所示。

第六节　变电站电气设备防水

一、电气设备防水等级

（一）防护等级规定

《电机、低压电器外壳防护等级》（GB 1498）规定了防护电机、低压电器产品外壳有以下两种防护形式：第一种防护形式是防止固体异物进入内部及防止人体触及内部的带电或运动部分的防护；第二种防护形式是防止水进入内部达到有害程度的防护。

产品外壳防护等级的标志由英文字母"IP"及两个数字组成。IP（Ingress Protection）防护等级系统是由国际电工组织 IEC（International Electro Technical Commission）所起草颁布的。IEC 将电器依其防尘、防止外物侵入、防水、防湿气之特性加以分级。这里所指的外物包含工具、人的手指等均不可接触到电器内之带电部分，以免触电。

IP防护等级由两个数字组成，第一个数字表示电器防尘、防止外物侵入的等级；第二个数字表示电器防湿气、防水侵入的密闭程度。数字越大，表示其防护等级越高，两个标示数字所表示的防护等级见表1-6-1和表1-6-2。

产品的外壳按防止固体异物进入内部及防止人体触及内部的带电或运动部分的防护等级分为7级，各级的定义见表1-6-1。

表1-6-1　　产品的外壳按防止固体异物进入内部及防止人体触及内部的带电或运动部分的防护等级

防护等级	简　称	定　义
0	无防护	没有专门的防护
1	防护大于50mm的固体	能防止直径大于50mm的固体异物进入壳内；能防止人体的某一大面积部分（如手）偶然或意外的触及壳内带电体或运动部分，但不能防止有意识地接近这些部分
2	防护大于12mm的固体	能防止直径大于12mm的固体异物进入壳内；能防止手指触及壳内带电体或运动部分
3	防护大于2.5mm的固体	能防止直径大于2.5mm的固体异物进入壳内；能防止厚度（或直径）大于2.5mm的工具、金属线等触及壳内带电体或运动部分
4	防护大于1mm的固体	能防止直径大于1mm的固体异物进入壳内；能防止厚度（或直径）大于1mm的工具、金属线等触及壳内带电体或运动部分
5	防尘	能防止灰尘进入达到影响产品不正常运行的程度；完全防止触及壳内带电体或运动部分
6	尘密	完全防止灰尘进入壳内；完全防止触及壳内带电体或运动部分

产品的外壳按防止水进入内部达到的有害程度的防护等级分为9级，各级的定义见表1-6-2。

表1-6-2　　产品的外壳按防止水进入内部达到的有害程度的防护等级

防护等级	简　称	定　义
0	无防护	没有专门的防护
1	防滴	垂直的滴水应不能直接进入产品内部
2	15°防滴	与铅垂线成15°角范围内的滴水，不能直接进入产品内部
3	防淋水	与铅垂线成60°角范围的淋水不能直接进入产品内部
4	防溅	任何方向的溅水对产品应无有害的影响
5	防喷水	任何方向的喷水对产品应无有害的影响
6	防海浪或强力喷水	猛烈的海浪或强力喷水对产品应无有害影响
7	浸水	产品在规定的压力和时间下浸在水中，进水量应无有害影响
8	潜水	产品在规定的压力下长时间浸在水中，进水量无有害影响

第一位数表示上述第一种防护形式的等级,第二位数字表示第二种防护形式的等级。如只需要单独标志一种防护形式的等级时,则被略去数字的位置应以"×"补充。对电机产品,还可以采用下列附加字母:R——管道通风式电机;W——气候防护式电机;S——在静止状态下进行第二种防护形式试验的电机;M——在运转状态下进行第二种防护形式试验的电机。字母 R 和 W 应标于 IP 和两个数字之间。字母 S 和 M 应标于两个数字之后,如不标志字母 S 和 M,则表示电机是在静止和运动状态下都进行试验。管道通风和气候防护两种形式电机的技术试验要求和试验方法,应在其产品标准中规定。

(二)防护等级的标志方法举例

防护等级标志应在产品铭牌上或外壳明显位置上标明。如整个产品各部分外壳不属于同一防护等级,则应按其中最低的防护等级标志或分别进行标志。

如 IP22 中:第一位数字(表 1-6-1)"2"表示防止大于 12mm 的固体物体侵入;第二位数字(表 1-6-2)"2"表示倾斜 15°时仍可防止滴水侵入。

(三)事故案例

在 330kV 朱家变电站"8·19"事故中,开关机构箱进水造成加热器短路,致使交流电压串入直流系统,导致两台 330kV 系统变压器开关跳闸。通过分析事故原因并提出改进措施,可确保电力系统供用电设备在良好环境下安全、稳定、可靠运行。根据变电站投运的户外 GIS 设备验收及检查情况,针对防水(防雨)、防潮(封堵)和防凝露(高湿度和大温差)等问题,对户外 GIS 汇控柜、断路器和刀闸机构箱等存在的缺陷进行整改,可大幅提高变电站设备的安全运行水平。另外,分析 500kV 花都变电站 HGIS 汇控柜箱体结构,结合凝露产生机理,提出变电站 HGIS 汇控柜防潮技术改进措施,并在易发生凝露的典型天气,验证了改造方法的有效性。

二、电缆沟防水技术措施

解决电缆沟进水问题的主要方法是封堵、排水和密封。电力电缆穿过电缆沟时,会在电缆沟中留下空隙,应使用水泥或密封材料完全密封间隙,以防止室外水或雨水进入电缆沟。

油浸纸绝缘电缆受运行环境的影响极易受潮,可能造成极其严重的事故。因此,但凡工程涉及油浸纸绝缘电缆,从电缆出厂、工地储存再到投放使用的各个环节,都必须严格防范电缆进水,导致其绝缘材料受潮。这在一定程度上造成电缆敷设施工难度大,后期维护成本较高。近年来,交联聚乙烯电缆逐渐推广,替代了过去的油浸纸绝缘电缆。由于交联聚乙烯电缆的绝缘是挤塑的整体,使得这种电缆具有一定的防水、防潮性能,人们也往往忽略了其防水、防潮问题。施工过程中,电缆穿墙孔洞、电缆管道等不做密封处理,或利用速干水泥、胶泥、发泡胶以及充气式柔性气囊等封堵材料进行简单处理的情况普遍存在,结果是电缆在长时间运行过程中极易被积水浸泡,受水汽侵蚀。电缆受潮,不仅不能达到额定使用寿命,还会给电力系统的安全运行埋下隐患。

户内变电站的电气设备基本不具备防浸水能力,而户外变电站的电气设备也仅具有防淋雨的能力,并不具备防浸水的能力;电力电缆均具有横向阻水能力。根据设备及装置性材料的特性,只需在变电站、开闭所的进站沟道处采取相应措施,防止雨水或污水灌入站内电缆夹层、开闭所电缆沟内即可隔绝雨水或污水对电气设备的浸泡，从而保证设备的安全可靠运行。

（一）变电站进站沟道防水技术措施

1．变电站进站沟道防溢流室

变电站外的进站沟道设置为上翻防溢流型，并新建厂房（防溢流室）罩在上翻外露段上，以便运行维护及保持环境美观。

2．集水井及水泵强排

变电站进站沟道设置专用集水井及强排水泵，采用强制排水的方式将过量雨水或污水排入市政排水系统中。

3．砌墙封堵

在变电站的进站沟道口处设置整堵砌墙进行封堵，砌墙需做好防水措施，墙体上按照沟道规模预留好穿电缆的孔洞。

（1）一般封堵。已穿电缆的孔洞采用防渗素混凝土对空余间隙进行封堵，未穿电缆的空孔洞采用专用橡胶堵头进行封堵。

（2）专业公司封堵。由专业防堵漏公司采用专用材料对砌墙上的孔洞进行封堵。

4．砌墙及防水门

在变电站的进站沟道口处设置防水砌墙及专业防水门进行封堵。砌墙上已穿电缆的孔洞采用防渗素混凝土对空余间隙进行封堵，未穿电缆的空孔洞采用专用橡胶堵头进行封堵。防水门采用承接航空、航运业务专用防水门的生产厂家定制，并安装于防水砌墙上形成防水整体。

5．砌墙及特种模块封堵

在变电站的进站沟道口处设置整堵砌墙进行封堵，砌墙需做好防水措施，墙体上按照沟道规模预留好穿电缆的孔洞。已穿电缆及未穿电缆的孔洞均采用特种模块进行封堵。

（二）技术经济分析比较

1．变电站进站沟道防溢流室

（1）优点：①防溢流倒灌效果好；②便于运维及施工人员从进站沟道进入变电站内巡视检修施工。

（2）缺点：①变电站进站沟道上翻防溢流段及防溢流室占地面积较大，征地问题突出，实施困难；②目前变电站、开闭所设计均遵照国家电网公司典型设计执行，若设置防溢流室，则突破国家电网公司典型设计范畴，审批立项困难；③工程造价高。

（3）适用于特别重要或有严重缺陷的站所。

2．集水井及水泵强排

（1）优点：①防溢流倒灌效果较好；②便于运维及施工人员从进站沟道进入变电站内巡视检修施工。

（2）缺点：①需新征地新建集水井和水泵房，并接入市政排水系统，实施有一定难度；②若降雨量超过了市政排水系统的承受能力，则强排系统也难以发挥作用；③需有专人维护集水井和强排水泵；④工程造价较高。

（3）适用于较为重要或现状有缺陷的站所。

3. 砌墙封堵

（1）优点：防渗漏效果较好。

（2）缺点：①变电站进站沟道口设置整堵防水砌墙，不便于敷设电缆施工，也不便于运维人员从进站沟道进入变电站内巡视检修；②因电力电缆（尤其是高压电力电缆）在运行中存在热膨胀与电动力的问题，长时间运行后砌墙墙体上孔洞的封堵，无论是采用素混凝土还是由专业堵漏公司制作的封堵，均会出现不同程度的松动，容易发生渗漏现象，且封堵效果较为一般，能起到一定作用，但不排除有被水冲开的可能性，需加强日常巡视及维护；③站内有新建进出线时，需让施工方做好穿缆后的封堵工作；④工程造价较低。

（3）适用于一般站所。

4. 砌墙及防水门

（1）优点：①防渗漏效果较好；②较便于运维及施工人员从进站沟道进入变电站内巡视检修施工。

（2）缺点：①因电力电缆（尤其是高压电力电缆）在运行中存在热膨胀与电动力的问题，长时间运行后砌墙墙体上孔洞的封堵，无论是采用素混凝土还是由专业堵漏公司制作的封堵，均会出现不同程度的松动，容易发生渗漏现象，且封堵效果较为一般，能起到一定作用，但不排除有被水冲开的可能性，需加强日常巡视及维护；②站内有新建进出线时，需让施工方做好穿缆后的封堵工作；③工程造价较高，专用防水门造价高。

（3）适用于较为重要或现状有缺陷的站所。

5. 砌墙及特种模块封堵

（1）优点：①防渗漏效果好；②一次投入免维护。

（2）缺点：①变电站进站沟道口设置整堵防水砌墙，不便于敷设电缆施工，也不便于运维人员从进站沟道进入变电站内巡视检修；②工程造价较高。

（3）适用于特别重要或有严重缺陷的站所。

综上所述，5种方法均有各自的优缺点与适用范围，在使用中应根据变电站及进站电缆沟道的实际情况进行选择，确定最佳方案，实现防水封堵，保证变电站安全可靠运行。

三、防水配电箱

电力系统运转的时候特别需要注意的一点就是防水，在下雨天渗漏的雨水可能会导致电气元件或线路出现短路，损坏电力系统。为了满足远距离输电的要求，许多的电力系统设备都是设在户外的。可通过箱门阻挡雨水，但是箱门无法避免在连接处有缝隙，有部分雨水会透过配电箱门的缝隙渗入，导致配电箱内部进水，使得内部的电气元件或线路出现短路，损坏电力系统。

魏玮、邢启超等为了解决现有的配电箱箱门无法避免在连接处有缝隙，有部分雨水会透过配电箱门的缝隙渗入，导致配电箱内部进水，使得内部的电气元件或线路出现短路，损坏电力系统的缺点，研发了一种防水配电箱装置。

（一）技术方案

这种新型防水配电箱的结构，如图1-6-1所示。

配电箱上方的集水壳体的两侧均固定连接有侧板，集水壳体的一侧固定连接有倾斜壳体，集水壳体的另一侧固定连接有倾斜板，倾斜壳体上开设有第一集水槽。第一集水槽与集水壳体相接通，倾斜壳体的底部开设有安装口，安装口内滑动安装有垂直壳体，垂直壳体上开设有第二集水槽。第二集水槽与第一集水槽相接通，集水壳体的底部开设有两个安装孔，两个安装孔内均固定安装有矩形杆，两个矩形杆的底端均开设有滑槽，配电箱的顶部固定连接有两个支撑杆，两个支撑杆的顶端分别滑动安装于两个滑槽内，集水壳体的一侧接通有排水软管的一端，侧板上开设有通孔，排水软管的另一端贯穿通孔延伸至侧板的外侧。

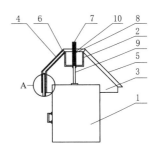

图 1-6-1　新型防水
配电箱的结构
1—配电箱；2—集水壳体；3—
侧板；4—倾斜壳体；5—倾斜板；
6—第一集水槽；7—矩形杆；
8—滑槽；9—支撑杆；10—弹簧

两个滑槽的顶部内壁上均固定连接有第一弹簧的一端，两个第一弹簧的另一端分别与两个支撑杆的顶端固定连接，第一弹簧可以带动矩形杆复位。

垂直壳体的底部开设有螺纹孔，螺纹孔内螺纹安装有水塞，水塞上开设有水孔，通过螺纹孔可以方便地将水塞取下。

第一集水槽的一侧开设有滑动槽，滑动槽内固定连接有滑杆，且滑动槽内滑动安装有滑块，滑块的一侧与垂直壳体的一侧固定连接，且滑块上开设有滑孔，滑杆滑动安装于滑孔内，滑块可以在滑杆上滑动。

滑杆的外侧套设有第二弹簧，第二弹簧的一端与滑动槽的顶部内壁固定连接，第二弹簧的另一端与滑块的顶部固定连接，第二弹簧可以带动滑块复位。

（二）该装置与现有技术相比的优点

（1）通过集水壳体与排水软管相配合，支撑杆通过第一弹簧与矩形杆相配合，使得雨水较大的情况下排水软管会来不及排水导致集水壳体盛满雨水，由于雨水的重量使得集水壳体带动矩形杆向下移动且第一弹簧受力形变。

（2）通过垂直壳体与滑块相配合，第二弹簧与滑块相配合，垂直壳体与水塞相配合，使得集水壳体盛满后雨水会通过第一集水槽流入第二集水槽内，当水塞上的水孔来不及排水时，就会逐渐使得第二集水槽内盛满水。由于雨水的重量导致垂直壳体向下移动并使得第二弹簧形变，且垂直壳体将配电箱箱门挡住，雨水就无法通过箱门进入配电箱的内部。本实用新型中通过设置垂直壳体和集水壳体，使得在雨水较大的天气下防水装置可以自动下降将配电箱箱门挡住，使得雨水无法通过缝隙渗入，提升了配电箱的防水性能，保证了电器元件的安全。

第二章

变电站防洪防涝技术

第一节　洪　涝　灾　害

一、洪水及其灾害

1. 洪水

洪水是指江河水量迅猛增加及水位急剧上涨的自然现象，洪水也是指河流、湖泊、沼泽和人工水库等地表水体所含的水量超过多年平均水量的一种水流现象。

洪水的形成往往受气候、下垫面等自然因素与人类活动因素的影响。洪水经常来势凶猛，具有很大的自然破坏力，可淹没河中滩地，毁坏两岸堤防等水利工程设施。因此，应研究洪水特性，掌握其变化规律，积极采取防治措施，尽量减轻洪灾损失。

2. 洪涝

当洪水、涝渍威胁到人类安全，影响到社会经济活动并造成损失时，通常就认为发生洪涝灾害。洪涝灾害是自然界的一种异常现象，一般包括洪灾和涝渍灾，目前中外文献还没有严格的"洪灾"和"涝渍灾"定义，一般把气象学上所说的年（或一定时段）降雨量超过多年同期平均值的现象称之为涝。

我国古代洪、涝是不分的，后来人们在河道湖泊的岸边修筑了堤防、圩垸等防洪工程，改变了河道的排泄条件，天然来水受到了人为控制，才逐步有了洪、涝之分。一般认为河流漫溢或堤防溃决造成的灾害为洪灾；当地降雨过多，长久不能排去的积水灾害为涝灾。"洪"与"涝"是相对的，很难严格区分开来，世界各国均把淹没厉害的水灾称为洪水。虽然洪涝难以区分，但洪水和内涝在水文特性、灾害特点以及防洪治涝对策措施等方面均有明显的区别。一般来说，洪水来势迅猛，河流来水超常，而雨涝来势较缓，强度较弱；洪水可以破坏各种基础设施，淹死或伤害人畜，对农业和工业生产会造成毁灭性破坏，破坏性强；而涝灾一般影响农作物和部分对水环境有要求的建筑设施。防洪对策措施主要依靠防洪工程措施（包括水库、堤防和蓄滞洪区等），汛期还有一整套临时防汛抢险的办法，而治涝对策和措施主要通过开挖沟渠并动用动力设备排出地面积水。

3. 洪灾、涝灾、渍灾

（1）洪灾一般是指河流上游的降雨量或降雨强度过大、急骤融冰化雪或水库垮坝等导致的河流突然水位上涨和径流量增大，超过河道正常行水能力，在短时间内排泄不畅，或暴雨引起山洪暴发、河流暴涨漫溢或堤防溃决，形成洪水泛滥造成的灾害。

（2）涝灾一般是指本地降雨过多或受沥水、上游洪水的侵袭，河道排水能力降低、排水动力不足或受大江大河洪水、海潮顶托，不能及时向外排泄，造成地表积水而形成的灾害，多表现为地面受淹、农作物歉收、建筑物内部积水。

（3）渍灾主要是指当地地表积水排出后，因地下水位过高，造成土壤含水量过多，土壤长时间空气不畅而形成的灾害，多表现为地下水位过高，土壤水长时间处于饱和状态，导致农作物根系活动层水分过多，不利于作物生长，使农作物歉收。实际上涝灾和渍灾在大多数地区是相互共存的，如水网圩区、沼泽地带、平原洼地等既易涝又易渍。山区谷地以渍为主，平原坡地则易涝，因此不易把它们截然分清，一般把易涝易渍形成的灾害统称涝渍灾害。

4. 洪涝灾害分类

洪涝灾害可分为直接灾害和次生灾害。

（1）在灾害链中，最早发生的灾害称原生灾害，即直接灾害，洪涝直接灾害主要是由于洪水直接冲击破坏、淹没所造成的危害。如人口伤亡、土地淹没、房屋冲毁、堤防溃决、水库垮塌，交通、电信、供水、供电、供油（气）中断，工矿企业、商业、学校、卫生、行政、事业单位停课、停工、停业以及农林牧副渔减产、减收等。

（2）次生灾害是指在某一原发性自然灾害或人为灾害直接作用下，连锁反应所引发的间接灾害。如暴雨、台风引起的建筑物倒塌、山体滑坡、风暴潮等间接造成的灾害都属于次生灾害。次生灾害对灾害本身有放大作用，它使灾害不断扩大延续，如一场大洪灾来临，首先是低洼地区被淹，建筑物浸没倒塌，然后是交通、通信中断，接着是疾病流行、生态环境的恶化，而灾后生活生产资料的短缺常常造成大量人口的流徙，增加了社会的动荡不安，甚至严重影响国民经济的发展。

二、防洪和防汛

1. 防洪

防洪学是水利科学的一个分支，防洪学的主要研究对象包括洪水自然规律，河道、洪泛区状况及其演变。

防洪是指人们为防御洪水危害人类的对策、措施和方法。

防洪工作的基本内容可分为建设、管理、防汛和科学研究。防洪多指汛期到来之前，组织建造的河堤、堤坝、清淤等工程，以及帐篷、救生衣、舟船等储备物资，侧重于措施和方法。

2. 汛期

汛期是一个水利名词，是指河水在一年中有规律显著上涨的时期。"汛"就是水盛的样子，"汛期"就是河流水盛的时期，汛期不等于水灾，但是水灾一般都发生在汛期。

根据洪水发生的季节和成因不同，一般可分为以下 4 种汛期：

（1）夏季暴雨为主产生的涨水期称为伏汛期。

（2）秋季暴雨（或强连阴雨）为主产生的涨水期称为秋汛期。

（3）冬、春季河道因冰凌阻塞、解冻引起的涨水期称凌汛期。

（4）春季北方河源冰山或上游封冻冰盖融化为主产生的涨水期以及南方春夏之交进入雨季产生的涨水期称为春汛期。在黄河上，由于上游开河的凌洪传到下游，正值桃花盛开的季节，故又称春汛期为桃汛期。因为伏汛期和秋汛期紧接，又都极易形成大洪水，一般把两者合称为伏秋大汛期，通常简称为汛期。

3. 我国各地汛期起止时间

中国多数江河的暴雨洪水发生在伏秋大汛期，暴雨洪水的季节性与雨带南北移动和台风频繁活动有密切关系，所以各地区汛期的起止时间不一样。汛期（主要指伏秋大汛）起止时间的划分，一般用该时段洪水发生的频率来反映。超过年最大洪峰流量多年平均值的洪水称为"大洪水"。汛期时段的确定，是要保证90％以上的"大洪水"出现在所划定的时段内；主汛期则以控制80％以上的"大洪水"来确定时段。例如，江南地区4—9月是汛期，5—6月是主汛期；珠江4月中旬至9月为汛期，其中4—6月为前汛期，7—9月为后汛期，5—6月是主汛期；长江5—10月中旬为汛期，7—8月是主汛期；淮河6—9月为汛期，7—8月是主汛期；黄河7—10月为汛期，7—8月是主汛期；海河7—8月为汛期，7月下旬至8月上旬是主汛期；松花江7—9月为汛期，8月下旬至9月上旬是主汛期。分析表明，中国各地汛期开始时间随雨带的变化自南向北逐步推迟，而汛期的长度则自南向北逐渐缩短；珠江、钱塘江、瓯江和黄河、汉水、嘉陵江等有明显的双汛期，前者分前汛期和后汛期，后者分伏汛期和秋汛期；7—8月是全国大洪水出现频率最高的时间。

另外，由于暴雨比洪水超前，加上防汛工作的需要，政府部门规定的汛期一般要比自然汛期时间长一些。如政府部门规定珠江汛期起止时间为4月1日—9月30日，长江为5月1日—10月31日，黄河为7月1日—10月31日，松花江为6月1日—9月30日等。

4. 防汛

防汛是指在江河涨水时期采取措施，防止泛滥成灾。

防汛的主要内容包括长期、中期、短期天气形势预报，洪水水情预报，堤防、水库、水闸、蓄滞洪区等防洪工程的调度和运用，出现险情灾情后的抢险救灾，非常情况下的应急措施等。

防汛多指汛期来临之前，组织人员巡视防洪设施，疏导可能受灾的百姓，分发救灾物资等，属于资源调配和人事安排方面的工作，侧重于统筹安排的范畴，防汛与防洪既有区别又有联系，只是侧重点不同。

第二节　变电站整体防洪防涝要求

一、变电站选址的重要性

变电站站址选择和确定，必须建立在科学的、符合客观实际的基础上，要深入细致地调查研究，不仅要注重项目本身的微观经济效益，更要注重项目的宏观经济效益，通过多方案的比较和敏感性分析，筛选出最佳方案。国家相关规范、规程也对变电站选址提出较高的要求和条件，《变电站总布置设计技术规程》（DL/T 5056）、《城市防洪工程设计规范》（GB/T 50805）也对变电站选址提出较高的要求和条件。

在选择站址时，首先应收集和分析研究国家及地区已有的资料，如卫星照片、航摄照片、地震分析、工程勘测等，并在分析原有资料的基础上进行现场踏勘和勘探，特别是在条件复杂而又缺乏资料的山区，更需要分阶段有计划地多做勘探工作，充分做好站址防洪排涝条件的考察。

1. 变电站选址的基本要求

变电站选址的基本要求主要有以下12个方面：

（1）靠近负荷中心。

（2）节约用地。

（3）良好的地质条件。

（4）线路走廊要与城镇规划协调。

（5）具备交通运输条件。

（6）满足水源的要求。

（7）绕避污秽地段。

（8）利于防洪排水。

（9）利于环境保护。

（10）适应城乡规划。

（11）利于施工。

（12）利于后续发展。

变电站的选址主要涉及电力系统、城市（镇）规划、土地资源、自然资源等内容。伴随国民经济的发展，工业与民用电力负荷逐年增大，加之国家用地政策收紧，环保要求加大，自然环境恶化，洪涝灾害频繁，变电站的选址和防洪防涝问题日趋严重，尤其低洼地段的变电站，其防洪形势越来越严峻。考虑到洪水、内涝灾害多来自山区型、盆地型、沿江型城市，对位于该类城市变电站进行站址选择时应注意以下事项：

（1）确定该地 50（100）年一遇洪水位、站址邻近市政道路的中心标高，尽量避免在城市低洼地区建设变电站。

（2）确定城市外围、山边、江边有无防洪坝等设施。如确实需要在沿江、低洼等地区进行变电站建设时，需要根据洪水位在变电站外围采取可靠有效的防洪措施，同时应避开滑坡、泥石流等不良地质构造及历史上洪水易发地等自然灾害多发区，建设变电站时需要综合考虑土石方、变电站外围防洪坝、边坡支护等因素。

（3）此类城市变电站选址时应充分考虑城市整体建设规划，避免因市政、铁路等建设原因导致变电站陷入低洼地区。

2. 站址防洪防涝要求

选址的地形地貌对变电站防汛有很大的影响，合适的地理条件必将大大减小防汛投入，节约建设成本和运营成本，缩短建设周期。在选址阶段，应为站址方案的技术经济比较和下阶段初步设计搜集必要的基础资料。搜集资料工作要认真、严格、细致，必须落实和分析资料的可靠性和准确性，从实际出发，避免繁琐。针对变电站防汛，重点搜集站址的地形、地貌、水文有关的基础资料，并充分考虑变电站所处水系流域、周边湖泊水库等情况。

部分变电站建设在易受水淹的地势低洼点，采用地下式或半地下式建设，在面对严重灾害天气时，可能会因积水而无法正常供电，甚至引发安全事故。为降低城市输、配电网防洪防涝风险，应该进一步规范变电站、配电房选址。对已建变电站、配电房开展受灾隐患点排查和治理。对已建设于易受水淹的地下、半地下或地势低洼点处的变电站及配电房，开展受灾安全隐患排查，登记造册，巡查防洪排涝设施，备足沙袋、抽水机等防汛设备，督促并指导住宅小区、高层建筑群、商业区、商务区物业管理机构做好地下、半地下变电站防水防淹应急措施，必须迁移的应当有计划地逐步迁移至安全地带，消除隐患。

在变电站建设规划时，应该充分重视洪涝对变电站站址的影响，选址时应尽量避开不利于防洪防滞的地段。对于难以避免而处于防洪防涝不利地段的站址，设计单位必须提出防洪防涝的有效措施。位于内涝地区的变电站，防涝设施标高应高于历史最高内涝水位0.5m，也可采取措施使主要设备底座和生产建筑的室内地坪标高不低于上述高水位，并对防洪防涝解决方案作专题报告。变电站的场地标高最低处宜高于站外自然地面（参考进站道路起点）最低处 0.5m 以上，保证变电站的排水畅通。变电站建设工程可研设计审查时，运行单位应详细核查是否满足防洪防涝要求；在变电站投产前，设计单位应向运行单位移交准确、完整的地质勘察资料、水文资料。

变电站设计应严格执行《防洪标准》（GB 50201）中关于变电站防洪防涝的规定，220kV 及以上电压等级变电站站区场地设计标高应高于频率为 1%（重现期 100 年一遇）的洪水或历史最高内涝水位，其他电压等级的变电站站区场地设计标高应高于频率为 2%（重现期 50 年一遇）的洪水水位或历史最高内涝水位。当变电站场地标高不满足要求时，应采用可靠的防洪防涝措施。

当站址标高不能满足上述标准时，若技术经济合理时，也可考虑采用下列安全措施：

（1）堤。利用已有的江、河、湖、海沿岸的防洪大堤，但必须调查清楚其防洪标准，特别是要了解现有防洪能力是否满足变电站要求。

（2）围。环绕站址四周设置防洪堤（墙），尤其临近河、湖地势低洼站区应设防洪墙，防洪墙堤应在初期工程中一次建成，因为分期建设既不安全又不经济，且施工期间也易受水淹；也可将围墙适当加固，使之兼作防洪堤。

（3）填。重要的电气设备或整个变电站宜置于洪水位标高以上，即将主要建、构筑物地面标高用土回填、垫高，抬升至洪水位以上 0.5m，沿江、低洼等防汛重点变电站可适当提高抬升高度。

（4）堵。围墙大门及建筑物入口处设置防水板、沙袋等，以防止洪水由大门进入或由于破堤时洪水流入建筑物。此外，底层窗户的底部标高应设计在防洪水位以上（或临时用土袋堵）。

（5）排。站区内排水系统应与站区外部排水系统分隔开，按一定的标准增配相当容量的排水泵房。

当在山区选址时，应注意站址附近山洪口冲刷及排洪情况，并应根据地形图和当地水文气象、地质等资料，计算汇水面积和降雨量，作为设置防排山洪的依据。有时也可在站址周围设置一定排洪能力的排洪沟拦截疏导洪水，避免洪水对变电站的威胁。变电站防洪防涝是山区选址应特别慎重考虑的一个问题。当在平原地区选址时，由于地势较平坦，往往容易忽略排水问题。对于平原地区选址，解决排水的一个重要方面是站址场地标高要比周围地面高，通常不应低于常年洪水位或历年最高内涝水位，并应考虑采取有效的排出站内废水和地面水的措施。如部分平原变电站为了解决积水及洪水内涝的问题，在满足土方平衡的前提下，尽量提高站址标高，甚至有的从外地取土填高场地，或是抬高主控制楼及 10kV 屋内配电装置的零米标高，使室内外高差达 0.45m。有的变电站洪水期间要考虑关闭地面排水沟，雨水改引至水池用水泵抽升，内涝时改为机械抽排等。因此，选址时对防洪排水问题应引起足够的注意。此外，排水不能只考虑排出站址围墙外，还应结合地区规划排水统一考虑，顺势设沟引排至站外适当地点。依据调查、勘察的区域洪水流量或内涝水位，对变电站周边的排水沟渠进行断面估计，因地制宜地采取加宽沟槽或筑堤挖深等措施，确保输水顺畅和设施坚固。城市变电站应结合城市整体规划情况，提前计算变电站周边因市政工程等原因造成的排水能力变化，保证变电站安全运行。

二、合理安排变电站、配电房的布局

合理安排变电站、配电房的布局，预留符合电力安全运行标准的站址用地。在审查建设项目工程设计方案时，要将变电站、配电房作为审查重点，综合各方尤其是电力部门的专业意见，规范新建变电站、配电房设置，各地电力部门要及时出具科学、合理的专业技术意见，并会同城乡规划主管部门共同编制电力设施专项规划和年度实施计划，及时纳入城市建设，统筹实施。电力部门要严格按照国家和省的有关规范和技术标准设置变电站、配电房等电力设施，原则上不采用全地下式，避免设置于地势低洼点处，严禁设置于建筑物最底层。特别是处于高危、易引起次生灾害、特别重要地段的配电设施，应置于地上。如受客观条件所限，必须采用全地下式或半地下式建设的，要进行充分论证，严格按照有关规定和技术规范的要求，设置防水排涝设施，降低防洪防涝风险。

城乡规划、住房城乡建设、电力部门要协作配合，加强变电站、配电房等电力设施的安全宣传教育，做好"邻避效应"设施的公示，消除公众对变电站、配电房产生环境影响的疑虑，积极化解变电站、配电房选址的"邻避矛盾"。

总平面布置是一项综合性的设计工作，政策性、科学性强，涉及面广，需要考虑的问题也较多。因此，应从全局出发，全面地对待各方面的要求，协调各专业间的密切配合，共同研讨，权衡利弊，通过多方面技术经济比较，选择占耕地少、投资省、建设快、运行安全经济、生活方便的最佳布置方案。

总平面布置应从实际情况出发，因地制宜，努力创新，提高设计水平，要重视每个工程的具体特点，深入现场调查研究，搜集必要的基础资料，这些是做好总布置设计的必要条件。

变电站防汛总布置设计主要包括以下内容：

（1）总平面布置。总平面布置主要解决和协调全站建（构）筑物、道路在平面布局上的相互关系和相对位置。

（2）竖向布置。竖向布置主要解决站区内各建（构）筑物、道路、场地的设计标高及其在竖向上的相互关系。

（3）管、沟布置。全面统筹安排站区地下设施，处理好管线、沟道之间以及与建（构）筑物道路之间的综合关系。

（4）道路布置。合理确定站内外道路的布置及形式，满足运行、检修、施工运输要求，解决排水管线布设与道路的关系。

以上内容相互之间有密切的联系，是有机的整体。在确定建（构）筑物平面位置时，也要考虑地下管线和接地网等地下设施的布置，以及它们在竖向标高上的关系。

第三节　变电站防洪防涝设计

一、变电站防洪防涝设计基本要求

1. 一般要求

变电站设计应严格执行《变电站总布置设计技术规程》（DL/T 5056—2007）中关于变电站防洪防涝的规定，220kV 及以上电压等级变电站站区场地设计标高应高于频率为 1％（100 年一遇）的洪水或历史最高内涝水位，其他电压等级的变电站站区场地设计标高应高于频率为 2％（50 年一遇）的洪水水位或历史最高内涝水位。当变电站场地标高不满足要求时，可按 DL/T 5056—2007 的规定采用可靠的防洪防涝措施。

2. 山区变电站要求

（1）山区（包括丘陵地带）变电站地基的设计应考虑岩土、岩溶、土洞、边坡、滑坡、填土等特征，根据地形、地质条件，结合总平面布置和竖向布置，尽量使地基条件与上部结构的要求相适应。

（2）山区变电站建设中，应充分利用和保护山区天然排水和山地植被，建立可靠的防排水系统，应防止地面水和工业水渗漏而导致的滑坡、溶蚀等不良现象产生。在受山洪影响的地段，应采取相应的排洪措施。

（3）山区变电站建设中，必须重视边坡设计。边坡设计应注意边坡环境的保护与整治，边坡水系应因势利导，设置可靠的排水设施。边坡设计前，应进行详细的工程地质勘察，并应对边坡的稳定性作出准确的评价：对岩石边坡的结构面调查清楚，取得边坡设计所需要的必要参数。

（4）当设置挡土墙时，应结合当地经验、材料和现场施工条件，可选用重力式挡土墙、钢筋混凝土挡土墙、锚杆挡土墙等结构，并应做好挡土墙的排水处理。挡土墙的主动土压力、抗滑移、抗倾覆、基底合力偏心矩和基底压力等的计算，按《建筑地基基础设计规范》（GB 50007）的有关规定进行。

（5）当地基受力层内有软弱层或位于陡坡地段的挡土墙，尚应采用圆弧滑动面法对地基稳定性进行验算，抗滑力矩与滑动力矩之比应不低于 1.2。

（6）在保证山坡整体稳定情况下，人工开挖边坡距离可按照《建筑边坡工程技术规范》（GB 50330）的有关规定执行。

二、对设计单位的基本要求

（1）设计单位应充分重视洪涝对变电站站址的影响，选址应尽量避开不利于防洪防涝的地段。对于难以避免而处于防洪防涝不利地段的站址，设计单位进行防洪防涝专题分析，提出防洪防涝的有效措施。

（2）变电站的场地标高最低处宜高于站外自然地面最低处 0.5m 以上，保证变电站的排水畅通。

三、其他要求

（1）变电站建设工程可研设计审查时，审查及运行单位应详细核查是否满足防洪防涝要求。

（2）在变电站投产前，设计单位应向运行单位移交准确、完整的地质勘察资料、水文资料。

第四节　变电站防洪防涝评估

一、变电站防洪标准

防洪标准就是防洪保护对象要求达到的防御洪水的标准，通常以防御的洪水的重现期来表示，对特别重要的防护对象，可采用可能最大洪水表示。

变电站的防洪标准是依据电压等级不同按三个防护等级设计的，防洪重现期分别为50年、100年和大于100年。随着变电站运营时间的推移和极端暴雨天气的加剧，变电站当前的防汛形势与期初的设防标准将发生变化。变电站防汛应依据实际站址环境、气象条件等综合确定防汛措施，以确保变电站运营安全。从变电站运行维护、管理的角度看，变电站防汛的重点是安全隐患的排查，评估各项设施是否满足当前自然环境下可能发生的洪涝灾害，然后采取合适的预防措施。考虑变电站防洪防涝评估的特殊性，首先采用普遍的安全评价方法，再结合国家以及电网变电站防汛的具体要求，分析各个项目的具体指标，以定量为主、定性为辅、定量定性相结合的方法评定具体指标的完成情况，综合确定变电站安全等级。

二、变电站洪涝灾害风险分级

基于变电站场地标高与所在地区历史洪水位、历史最高水位比较，与站外自然地面高低比较，500m范围内是否有水库泄洪通道，变电站历史水浸情况，变电站防洪防涝设施情况5个维度的评估结果，将变电站洪涝灾害风险分为三级。

（1）一级风险变电站为原设计或因外部环境变化不满足《变电所总平面布置设计技术规程》（DL/T 5056）要求，或在变电站周边500m范围内有水库泄洪通道或在运行期间曾发生过因外部水位高倒灌导致高压场地或电缆层发生水浸的变电站。

（2）二级风险变电站为除一级风险变电站外，在运行期间曾发生过因排水设施不完善导致站内、电缆层积水的变电站，或因受各种自然灾害、地质变化、设施老化等原因影响导致站内外防洪防涝设施破坏的变电站。

（3）三级风险变电站为除一级、二级风险外的其他变电站。

三、变电站运行单位职责

（一）变电站防汛评价检查

运行单位应掌握变电站与周边水利设施的距离、与水库泄洪通道距离、与堤岸的高差、河流的流向等情况。当涉及变电站的水文情况、地质灾害情况发生变化时，应重新评估变电站防洪防涝能力，并采取有效应对措施。变电站防汛评价检查中，重点是站址隐患、重要负荷、防汛措施这 3 类指标的检查和评价。

1. 站址隐患的评价

符合以下条件之一的变电站，即可评定为存在站址隐患：

（1）场地标高低于现行国家相关设计标准和规范的。

（2）场地标高最低处低于站外地面的。

（3）周边 500m 范围内有河道、湖泊、水库或泄洪通道的。

（4）运行期间曾发生过因外部积水倒灌，导致场地、电缆层或室内电缆沟发生严重水浸情况的。

（5）变电站因水文、地质变化等灾害导致防洪排涝设施破坏，而无相应的防洪防涝能力评估报告，也无设备更新或完善的应对措施。

2. 重要负荷的评价

重要负荷的评价按《关于加强重要电力用户供电电源及自备应急电源配置监督管理的意见》（电监安全〔2008〕43 号）相关规范、政策文件执行。

3. 防汛措施的评价

一般地，对于具有防汛要求的变电站，防汛设施、防汛物资和防汛管理，均满足上级主管部门的要求，可评定为防汛措施完备。

防汛措施不完备的评定比较复杂，由于变电站的规模、功能、防汛要求不尽相同，难以统一界定。为此，可对每一变电站，上级主管部门针对各自变电站特点详细列出相适应的防洪防涝的具体措施的清单，当完好数量低于 80% 时，可认定为防汛措施不完备。防汛措施完备的具体内容如下：

（1）防汛排涝设施。指集水井、排水系统、防洪墙等防汛设施，满足防汛功能要求，各类设施完好，能够满足正常使用要求。

（2）防汛物资。指水泵、挡水板、沙袋等防汛物资，满足应急响应要求。

（3）管理。应急管理队伍、现场处置方案等管理措施健全，责任落实具体详细，满足防汛应急要求。

（二）汛期结束后的整改

（1）在每年汛期结束后，运行单位应分析总结所辖变电站当年防洪防涝工作中存在的问题，制订并采取有效应对措施。

（2）运行单位根据变电站洪涝灾害风险评估结果开展防洪防涝改造项目建设以及物资的配备。

第五节 一级风险变电站防洪防涝改造和物资配备

一、防洪防涝改造

1. 对变电站围墙进行防洪加固改造

（1）场地标高低于《变电所总平面布置设计技术规程》（DL/T 5056）要求 0.5m 以

内的变电站，砖砌围墙应采用 M7.5 以上水泥砂浆砌筑，厚度不小于 240mm；场地标高低于《变电所总平面布置设计技术规程》（DL/T 5056）要求 0.5～1.0m 的变电站，围墙应加厚至 370mm；当砖砌围墙不能满足要求时，可考虑采用钢筋混凝土防洪墙。

（2）所有围墙（防洪墙）应做好墙间分缝的封堵，分缝位置可用沥青等柔性密封材料填堵，并用 V 形不锈钢板封盖。

（3）对变电站围墙四周底部的排水口进行封堵。

（4）变电站所有对外的排水排污管道应装设单向逆止阀或手动阀门，若设置手动阀门应明确开合条件。如无法装设阀门时，应装设挡水闸板。当站外水位高时，应封闭并能可靠防止洪水倒灌。

（5）进站电缆沟在围墙位置用水泥砂浆砌墙，中间预埋 PVC 管作为电缆通道，电缆 PVC 管间用水泥或胶状材料封堵，空 PVC 管两侧用封盖封闭。

（6）对进站电缆沟中已敷设的电缆，整理后用水泥灌浆形式进行固封，固封长度不低于 300mm。固封前宜用 PVC 管剖开后套上电缆进行保护，电缆沟其余空位用预埋 PVC 管的水泥墙封堵，旧电缆作废后不再抽出。固封前，应按直埋敷设方式校核电缆载流量。

2. 抽排水站

对于场地地面设计标高未能达到设计规程要求的变电站，应设置抽排站。在抽排站建成之前，可采取以下措施：

（1）在站内容易积水和积水最深的位置设置集水井。

（2）在集水井处放置潜水泵，集水井侧设置水泵电源箱和通往站外的专用排水通道，排水通道出水口应高于地面 1.2m 以上，电源箱应高于地面 1.5m，采用独立电源并采取防雨措施。

（3）全站潜水泵的排水总量按变电站所在地区历史最大降雨时站区范围的积水量考虑配备，排水容量大时可设置专用泵房，与集水井潜水泵统筹考虑。

3. 改造措施

（1）对场地设计满足《变电所总平面布置设计技术规程》（DL/T 5056）要求仍然发生过水浸的变电站，应采用加高支架和抬高设备基础的措施，增加的高度不低于发生历史最大水浸高度时场地的最大积水深度。

（2）对已有综合改造计划的变电站，应综合考虑经济性原则确定设备基础抬高高度。

（3）改造时，户内设备可根据实际情况采用将设备迁移到第二层的措施，对户内设备无法迁移的，应做好户内设备与电缆层的防水隔离封堵，并在室内装设排水泵，电源开关在主控室集中控制。

二、物资配备

1. 防水挡板

应在变电站门口和行人通道门口处配置防水挡板。

（1）防水挡板可采用不锈钢夹板形式，防水挡板高 1.2m，厚度不小于 25mm，按站门长度可分为多块连接，挡板上装设提手，两侧和底部装设便于连接、装拆的卡口与密封胶条。每块挡板重量不宜超过 60kg。

（2）大门两侧装设挡板卡槽，变电站内侧配置若干三脚架支撑挡板，支撑的每个构件重量不宜超过 50kg。三脚支撑架根据挡板距离每 1～2m 均匀设置，地面装设三脚支撑架固定位和连接棒孔位，连接棒孔深不低于 0.5m，固定位和连接棒孔位汛期前应检查维护，确保随时可投入使用。

（3）在防水挡板底部堆砌沙包封堵缝隙，堆砌沙包高度应不低于 0.3m。

2. 卡槽

在站内建筑物一楼出入口以及有排水通道的设备室门口应装设防水挡板卡槽，卡槽不低于 1m。防水挡板可采用不锈钢夹板形式，每块高 0.5m，厚度不小于 25mm，挡板两侧和底部装密封胶条，在门两侧和地面做挡板槽，槽与挡板应连接紧密。日常使用时现场挡板重叠摆放，当站内水位上升时可将挡板拼接叠高到 1m，应采用防水布包裹，并在内侧堆砌沙包。

3. 沙包袋

在变电站内根据应急装备配置标准配置足够的沙包袋和防水布，沙包袋应经久耐用，不易破损，方便搬运。

4. 警示牌和标志

（1）以政府相关部门提供的高程基准点为基准，在站内容易观察的可靠位置设置水位标尺和警示牌，便于观察、记录及标记水位情况和历史最高水位点，标尺底色根据水浸对设备影响情况分别用黄色标识警戒水位、红色标识停电水位，字体用黑色。

（2）在一楼的设备室和地下的电缆层中显眼位置设置标记，标记底色根据水浸对设备影响情况分别用黄色标识警戒水位、红色标识停电水位，字体用黑色。

5. 其他

（1）防洪器材应就近集中放置。

（2）变电站应急装备按应急装备配置标准进行配置。

（3）完善变电站视频监控系统，实现对站外环境、进站道路、站内场地等水情的监控。

第六节　二级、三级风险变电站防洪防涝改造和物资配备

一、二级风险变电站防洪防涝改造和物资配备

在做好一级风险变电站防洪防涝改造和物资配备的基础上再做好以下工作：

（1）变电站应配置一定数量的沙包袋和防水布，沙包袋应经久耐用，不易破损，方便搬运。

（2）所有围墙（防洪墙）应做好墙间分缝的封堵，分缝位置可用沥青等柔性密封材料填堵，并用 V 形不锈钢板封盖。

（3）对变电站围墙四周底部的排水口进行封堵。

（4）变电站所有对外的排水排污管道应装设单向逆止阀或手动阀门，若设置手动阀门，应明确开合条件。如无法装设阀门时，应装设挡水闸板，当站外水位高时应封闭并能可靠防止洪水倒灌。

（5）进站电缆沟在围墙位置用水泥砂浆砌墙，中间预埋 PVC 管作为电缆通道，电缆与 PVC 管间用水泥或胶状材料封堵，空 PVC 管两侧用封盖封闭。

（6）对进站电缆沟中已敷设的电缆，整理后用水泥灌浆形式进行固封，固封长度不低于 300mm。固封前宜用 PVC 管剖开后套上电缆进行保护，电缆沟其余空位用预埋 PVC 管的水泥墙封堵，旧电缆作废后不再抽出。固封前，应按直埋敷设方式校核电缆载流量。

（7）在站内容易积水和积水最深的位置设置集水井。

（8）在水井处放置潜水泵，集水井侧设置水泵申源箱和通往站外的专用排水通道，排水通道出水口应高于地面 1.2m 以上，电源箱应高于地面 1.5m，并采用独立电源并采取防雨措施。

（9）全站潜水泵的排水总量按排出发生所在地区历史每小时最大降雨量时站区范围的积水量配备，排水容量大时可设置专用泵房，与集水井潜水泵统筹考虑。

二、三级风险变电站防洪防涝改造和物资配备

在做好一、二级风险变电站防洪防涝改造和物资配备的基础上再做好以下工作：

（1）变电站应配置一定数量的沙包袋和防水布，沙包袋应经久耐用，不易破损，方便搬运。

（2）所有围墙（防洪墙）应做好墙间分缝的封堵，分缝位置可用沥青等柔性密封材料填堵，并用 V 形不锈钢板封盖。

（3）对变电站围墙四周底部的排水口进行封堵。

（4）变电站所有对外的排水排污管道应装设单向逆止阀或手动阀门，若设置手动阀门，应明确开合条件。如无法装设阀门时，应装设挡水闸板，当站今水位高时应封闭并能可靠防止洪水倒灌。

（5）进站电缆沟在围墙位置用水泥砂浆砌墙，中间预埋 PVC 管作为电缆通道，电缆与 PVC 管间用水泥或胶状材料封堵，空 PVC 管两侧用封盖封闭。

（6）对进站电缆沟中已敷设的电缆，整理后用水泥灌浆形式进行固封，固封长度不低于 300mm。固封前宜用 PVC 管剖开后套上电缆进行保护，电缆沟其余空位用预埋 PVC 管的水泥墙封堵，旧电缆作废后不再抽出。固封前，应按直埋敷设方式校核电缆载流量。

第七节　变电站防洪涝新技术和新型防洪涝物资

一、防汛预警系统技术

（一）气象汛情预警技术
在计算机网络环境下，可对主要江河流域建立暴雨信息预报的应用软件系统，如中国

电科院电力气象服务系统围绕"可视、直观、精细、智能"的理念，为电力安全平稳运行、科学调度提供科学气象保障，提升电力气象防灾减灾综合能力。通过定制量化电力气象服务信息系统，逐时提供电力调度相关气象要素预报，如降水、风力、气温、雷电、覆冰、辐照强度等，实现汛情监视、基本信息支持、暴雨预报、洪水预报、暴雨洪水辅助分析功能等。该系统暴雨洪水信息预报模块，可通过制作暴雨洪水预报，使整个暴雨洪水信息预报工作进一步系统化、科学化，更好地为防汛决策提供信息支持。

（二）遥感技术及现代通信技术

遥感作为一项综合性的高新技术，观测空间大，可远离被测物体，不受气候条件限制，在世界范围内环境与灾害的监测中一直被优先选用。遥感技术是从一定距离对地表和近地表的目标物，从紫外到微波的某些波段的电磁波发射和发射现象进行探别，从而识别目标物的理论和方法。按照传感器的运载工具（遥感平台）不同，可以分为地面遥感、航空遥感（飞机、气球）和航天遥感（资源卫星、航天飞机等）。从20世纪80年代末期开始，我国即开展了遥感技术在洪涝灾害监测中的应用研究。全国范围内逐步建立了全国水利系统专业通信网，主要包括架空明线载波系统、短波和超短波无线通信系统、数字微波系统、交换系统、移动通信系统、卫星通信系统等，在历年防洪抢险中起到了重要作用。目前，我国已初步建成10.4万个水文监测站，水情预警发布基本实现国家、流域、省、市、县五级覆盖，全国报讯站自动测报率超过90％。仅2016年，各流域、省级水文部门向国家防总报送雨水情信息7.6亿条，关键预报准确率超过95％，预见期延长至7d。

我国水位监测系统的建设包括3个阶段：初级阶段、发展阶段和网络化阶段。20世纪90年代后期，为适应防汛和水利调度现代化、信息化的要求，以及近代通信、计算机和网络技术高速发展的时代特点，水位监测系统的建设进入了网络化阶段，已经在电力、水利、房地产等行业得到运用。

（三）变电站移动式水位监控预警技术

针对无人值守变电站运行特点，当突发的台风暴雨等灾害性天气出现时，为防止不具备水位监控或监控系统故障时变电站外的降水通过排水管道倒灌变电站，电力防汛充分利用现代通信技术、防汛监测预警功能，基于3G/4G的远程监测水位、基于电力移动4G专网的变电站电缆沟水位监测系统应运而生。

雨季来临时，可根据实际需要，在变电站内快速布置移动式水位监控系统，如不具备市电接入，还可以采用蓄电池供电，有极高的灵活性。采用云站信息技术和物联网通信技术建立变电站防汛预警系统，充分利用传感、采集、物联网通信、互联网软件技术完成防汛监测预警功能。变电站移动式防汛预警系统是由防汛传感器检测设备、信息处理系统（报警信息）、云数据报警平台、Web或手机监测终端等组成。该系统主要具有以下功能：

（1）实时报警。接收到下辖变电站的预警信号后，在平台系统上显示出来，可进行实时监测、数据分析。如选择定时段内进行各站的预警次数比较，可以选择饼图、棒图的方式来呈现，从而给出该辖区内故障频次最高的站点，为决策改进提供数据积累。

（2）历史数据基于Web查询。为了便于现场人员查询方便，预警平台系统布置在云端，任何智能终端，如智能手机、平板电脑等均可以凭用户名和密码进行查询数据分析、历史数据等内容。

（3）微信推送功能。收到预警信息后，按预置的权限约定，把信息推送到相应人员的手机上。

（4）报表功能。可按月、按年度提供预警、数值报表。智能防汛预警系统的用户登录到云端监测平台后，可以实时查询报警情况。当平台发现有报警时，也会推送报警信息到设定的微信号上，提醒相关人员注意。运行管理人员在手机上收到微信预警信号后，及时前往变电站处理预警信息；也可以在 Web 上登录平台，进一步查询详细预警信息、处理情况等。

二、速凝膨胀水泥封堵技术

（一）速凝膨胀水泥的特点

混凝土防渗墙在堤防、土坝等工程中有着广泛的应用。混凝土防渗墙渗透系数小，可截断流路，延长渗径，降低浸润线，可用于变电站电缆沟防渗、漏水封堵等，对堤防因渗水、管涌、裂缝、洞穴等造成的险情，能起到较好的防护作用。速凝膨胀水泥堵塞材料由速凝专用粉、膨胀剂和普通硅酸盐水泥组成，可用于构筑物的孔洞、裂缝及其他缺陷的修补与抢护，也可用于各种地下工程渗漏水的封堵。该技术有着凝结时间短、早期强度高的特点，初凝时间为 $2\sim4$min，终凝时间不大于 7min，1d 抗压强度可达 10MPa。与其他速凝材料相比，具有 28d 抗压强度不降低、密实性能好的特点，速凝专用粉与水泥水化产物氢氧化钙生成一种不溶于水的凝胶状结晶物质，这种物质呈悬浮状充填于水化结构的空洞中，起到改善内部组织、提高密实性的作用。该技术在变电站电缆沟封堵、围墙封堵等方面具有较好的应用前景，能快速有效地应对突发的渗漏情况。

（二）速凝膨胀水泥堵塞材料施工方法

速凝膨胀水泥堵塞材料操作简单，使用方便，可用水直接拌和使用，也可制成大小不同的药卷备用。

（1）采用拌和方法堵水时，将该材料与水按 $1:0.45$ 的比例拌和均匀后，快速堵入漏洞或裂缝中并按压 2min 左右即可，这种方法用于较小的裂缝和孔洞渗漏水处理，效果较好。

（2）采用药卷堵漏时，药卷材料可用透水性较好的土工布、棉布等制作，药卷的形状及尺寸视漏洞大小调整。施工时直接将大小合适的药卷塞入漏洞即可。药卷堵塞法可用于江河大堤、水工建筑物洪水季节的孔洞漏水抢护及地下工程的涌水封堵。

三、装配式防洪墙技术

（一）装配式防洪墙技术的优越性

变电站防汛应结合工程实际条件，因地制宜，通过对多种建造方式、装配方案进行比选，确定本站构筑物建造方式、装配范围、装配方案、建材选择，达到安全可靠、经济合理、施工便捷、节能环保的目的。

一般常规砖砌围墙造价较低，但存在大量湿作业，施工工期长，且水泥砂浆粉刷墙面容易开裂，不满足防汛防洪要求。预制混凝土装配式围墙施工虽然能实现装配化，但单件重量较重，吊装不便，造价较高。综合比较，采用型钢柱 AAC 板装配式围墙，可实现"标准化设计、工厂化加工、装配式建设"理念，施工方便快捷。

装配式混凝土结构是指由预制混凝土构件通过可靠的连接方式装配而成的混凝土结构，包括装配整体式混凝土结构、全装配混凝土结构等。在建筑工程中，简称装配式建筑，在结构工程中，简称装配式结构。预制构件是指在工厂或现场预先制作的混凝土构件，如梁、板、墙、柱等。

装配式围墙一般采用型钢柱（HW125×125）＋AAC 板（120mm 厚）装配式围墙，基础与钢柱地脚螺栓连接，实现快速装配施工，围墙柱间距为 3～5m。

（二）装配式防洪墙墙柱

1. 混凝土墙柱

墙柱采用预制混凝土柱，柱两侧设置凹槽用于固定墙板，下侧固定预制地梁。优点是柱与墙材料统一、美观，可以采取二次粉刷饰面，结构可靠，较钢柱抗腐蚀性好。其缺点是凝土较重，运输吊装困难。

2. 型钢墙柱

型钢墙柱多采用 H 形钢，两侧上下翼缘之间可用于固定墙板。其优点是制作简单，重量较轻，便于运输吊装。

3. 墙柱基础

墙柱基础作为围墙的受力构件，其与基础的固定较为重要，目前主要采用地脚螺栓基础和杯口基础两种做法。地脚螺栓连接较为方便，可以干作业施工，实现快速装配施工。变电站防汛过程中，装配式防洪墙一般采用型钢柱加地脚螺栓基础的形式。

（三）装配式防洪墙墙板

1. 预制混凝土实心板

预制混凝土实心板取材方便，加工制作简单，但自重较大，运输和安装都较困难，影响施工安全；且作为支挡结构，受力要求并不高，不够经济，造成混凝土材料浪费。

2. 蒸压轻质加气混凝土板

蒸压轻质加气混凝土板是以石英砂、水泥、石灰等为主原料，以铝粉为发泡剂，经高压蒸压养护而成的多气孔混凝土成型板材（内含经处理的钢筋增强体）。这种板材习惯上称为 AAC 板、ALC 板、NALC 板，既可作为墙体材料，又可以做屋面板，是一种性能优越的新型环保节能材料。其主要优点有容重轻，干体积密度小（619kg/m³），密封及耐火性优良，其使用年限可以和各类建、构筑物的使用寿命相当。主要缺点有运输路途需要加强成品保护，否则易碰撞脆裂。相比混凝土预制板，AAC 板具有较大优势，取材方便，可回收利用，节能环保，造价经济，施工方便，隔声性能好，耐久性好，适合作为装配式防洪墙墙板使用。

AAC（Autoclaved Aerated Concrete）板源于欧洲，属于欧洲的传统产品板材。在 20 世纪 80 年代，蒸压加气混凝土在日本得到推广，日本的加气混凝土公司为了让自己的产品更有特色，并跟欧洲的传统产品有区分度，便将日本生产的蒸压加气混凝土改名为 Autoclaved Lightweight Concrete，即 ALC。中日合资南京旭建新型建筑材料公司开始引进蒸压加气混凝土，这种加气混凝土技术主要来自日本。同样，为了让自己的产品名称与其他公司的产品有所区分，便起名为 NALC，N 代表南京。

ALC 板、NALC 板和 AAC 板的特点如下：

（1）抗渗性较好，是标准砖抗渗性的 5 倍。

（2）是一种不燃的无机材料，有很好的耐火性能。

（3）抗冻性好，经冻融试验后强度损失小于 5%（国家标准小于 20%）、质量损失小于 1.5%（国家标准小于 5%）。

（4）表面质量好、不开裂，采用干法施工，板面不存在空鼓裂纹现象。

（5）生产标准化、工业化，安装产业化，可锯、切、刨、钻，施工干作业，速度效率高。

（6）具有完善的应用配套体系，配有专用连接件、勾缝剂、修补粉、界面剂等。

（7）属于一种无机硅酸盐材料，不老化，耐久性好，使用年限可以和各类建筑物相当。

四、新型吸水膨胀袋技术

（一）新型吸水膨胀袋技术的应用范围

新型吸水膨胀袋技术主要用于洪水堵漏、截流等紧急情况，可广泛应用于防洪抢险、堤坝漏洞、淹水浸溢，暗沟和暗洞的堵塞，以及防洪堤坝的临时性加高、防水围墙等防汛工程临时构筑。该项防汛抢险新式技术在欧美、日本等地已经得到了广泛应用，其实际功效已经得到广泛认可。

（二）新型吸水膨胀袋特点

吸水膨胀袋是一种运用最新的吸水材料作为填充物而制成的高科技产品，是用"高吸水树脂"人工合成的无毒无味、不融水、难燃烧的高分子聚合物，具有很高的吸水性。膨胀剂装在具有透水性能好的无纺布制作而成的外层袋内，当与水接触时，短时间内树脂溶胀且凝胶化，体积快速膨胀，重量快速增加。膨胀袋 2～3min 达到最大膨胀体积，可达原体积的 80～100 倍。在不同险情的抢护和险情所处的环境条件不同，所需用的膨胀袋体积也有所不同。

吸水膨胀袋在干燥时形似普通布袋可以折叠储存，也可堆砌，避免了传统沙土袋使用前需大量准备沙石土块、使用中需要花费时间人力进行装填运输、使用后需要进行清理等缺点。由于吸水膨胀袋具有操作简单、携带方便、膨胀迅速、重量增加快、不需依赖沙土、劳动强度轻等特点，吸水膨胀袋技术的应用，提高了无人值班变电站应急抗洪抢险的机动性和灵活性。

五、变电站预制式电缆沟的排水技术和防渗技术

预制式电缆沟长度由于受模具限制，现场施工中会有明显的分段接缝，因此预制式电缆沟的排水和渗水处理技术尤为重要。

（一）变电站预制式电缆沟的排水技术

1. 顺场地坡向的电缆沟排水

电缆沟坡度与场地坡度保持一致，即在预制混凝土电缆沟构件铺设前，顺着场地坡

度，浇筑混凝土垫层时形成沟道纵向排水坡度，沟道排水纵坡与场地坡度保持一致，一般不宜小于 0.5%，在局部困难地段不应小于 0.3%。

2. 垂直于场地坡向的电缆沟排水方案

采取加深电缆沟方式，在安装完成后用水泥砂浆找坡，即预制电缆沟本身是零坡度，安后在沟底用水泥砂浆找坡形成排水坡度。

3. 沟道顶部过水解决方法

电缆沟安装完成后，其顶面高出沟外站区场地地面 150mm，局部电缆沟会切断站区排水通道，因此需考虑电缆沟顶的过水问题，设置过水装置。为保证电缆沟的有效使用净空高度，在预电缆沟侧壁上预埋套管，套管内径 110mm，套管数量根据排水流量大小确定。电缆沟预制件就位及电缆安装完毕后，安装 PVC 过水管。过水管与预埋套管之间的缝隙用硅酮耐候密封。

（二）变电站预制式电缆沟的防渗技术

1. 发泡剂与硅酮耐候胶防渗技术

在每段预制混凝土电缆管槽的两端沿端面内外壁边缘（底板下部除外）预留 20mm× 3mm 槽口。考虑制作及施工偏差，拼缝宽度取 5mm，预制电缆沟拼接就位后，在预留槽口内填充发泡剂，再用硅酮耐候胶勾缝形成止水缝。一旦外层硅酮耐候防水胶遭到破损时，能有效防止沟外泥浆渗入沟道内。该方法施工简单，没有湿作业，施工速度快，经济实用。

2. 外侧螺栓拉结与止水橡胶条防渗技术

每段预制沟的沟壁外侧预设螺栓孔，每侧安装 2 个对拉螺栓，孔径 20mm，螺栓外径 16~18mm。预制电缆沟端面中心位置均预设梯形或半弧形公槽或母槽，安装前将 6mm 厚的橡胶条固定在每段电缆沟端部的母槽内，构件就位后拧紧外侧对拉螺栓挤压橡胶条形成止水缝。该方法止水效果较为可靠，缺点是需设置螺栓拉结并挤压橡胶条，成本增加，安装时橡胶条容易跑动，增加了安装的难度。

3. 微膨胀浆料灌缝防渗技术

预制电缆沟沟壁端面及底板端面中心位置均预设 1/2 圆弧凹槽，直径 40mm，构件就位后从顶部浇灌微膨胀浆料形成止水缝。在微膨胀浆料灌缝前，事先固定好拼缝外侧的专用止浆橡胶条及夹具，以防漏浆。专用止浆橡胶条及夹具制作简单，且可重复使用。浇灌前保证孔道及排气孔畅通，必要时可采用钢筋浇捣，以保证灌缝浆料浇灌密实。该方法施工较为简单，成本不高，缺点是存在湿作业，电缆沟底部存在漏浆的可能。

六、变电站防洪涝新型物资

（一）排水机器人

排水机器人是将柴油机、自吸泵、控制系统、照明系统等集成在橡胶小履带上可以自由行走的一种排水设备，其行走时不会破坏路面。排水机器人整车体积小，移动灵活，可在窄小空间作业，可远程遥控；吸程高，准备时间短，节能高效，性能稳定，使用寿命长；履带底盘可适用于各种复杂路况，可进行全地形环境作业；行走采用液压驱动，无用电安全隐患；自带照明系统，可满足夜间环境工作需求。

自吸水泵由柴油机直联驱动，无需其他动力源，减少部件数量，降低能耗，配有流量、扬程、转速、燃油表和机油报警基于一体的控制系统，可满足小区、弄堂、地下车库等狭小区域积水排出需求，并且适用于烂泥、沼泽等全地形环境作业；设备移动灵活，便于运输（用一般载货汽车运输即可），使用方便；照明可以满足夜间操作的需要和安全性；控制系统防水（防水等级 IP66，涉水深度 500mm），能全天候长时间作业。

（二）垂直供排水抢险车

垂直供排水抢险车适用于河道、立交桥、隧道、水坝及城市积水等大面积排水作业。垂直供排水抢险车主要由二类底盘、油泵、水泵、平移、旋转、举升、滑动、伸缩作业装置，伸缩管，支撑架，支腿，排水软管，绞盘收放系统和驱动控制系统等构成。此抢险车采用全液压驱动技术，在排水作业中无用电安全隐患；单泵大流量，扬程高；水泵流道简单，具有很强的防堵塞性，可用于各种复杂工况；工作范围大，机动性强，布置时间短，操作便捷。如某品牌排水抢险车的主要参数如下：排水量不小于 3000m³/h，扬程不小于 15m；轴距为 4000+1350mm；输水管径为 300×2mm；平移距离为 800mm；作业平台举升角度为 −10°～+60°；作业平台旋转角度为 −90°～+90°；最大抽水深度离地面距离为 6.8m。

（三）水陆两栖车（船）

水陆两栖车（船）是结合了车辆和船舶的特点，可在复杂水、陆环境下安全、快速的切换操控方式，进行勘察、抢险、救援等工作的特种交通工具。水陆两栖艇在陆地和浅水区可以作为救援车；在深水区可以作为救援船，车船合一，灵活多变，反应迅速。两栖艇凭借三体船的独特设计，在水面具有较高的稳定性和宽敞的甲板平台，可以满足救援、军事、工程等不同领域的水陆两栖无缝连接需求。

水陆两栖车为满足复杂地形需要，均具备四驱越野能力和水上行驶能力，目前高端的水两栖全地形搜索救援车具备 8 轮驱动，具备优良的操控性能和多种地形适应能力，可广泛应用于各类救援现场。可选配的橡胶履带能实现松软路面或雪地的最佳牵引力。

（四）救生护腕

救生护腕主要用于溺水自救和施救，不充气状态时小巧轻便，不影响正常工作，充气后气囊比人肩膀略宽，为长条形，有安全锁，可脱卸，易单手抱合，防旋转，也便于施救，可伸出合适距离。

救生护腕一般重量小于 200g，有大小号可供选择。产品配备气瓶，气瓶充液态压缩二氧化碳气体；瓶身钢质，表面做隔温处理，气瓶整体符合国际安规；紧急情况时开启，1～3s 即可使气囊瞬间充满气体。

腕带一般选用硅胶材质，气囊使用双层复合材料，所有材料符合助浮器的安全要求，通过充气耐压、穿刺、表带拉力、浮力、摩擦、盐雾、耐热等方面的测试，确保使用过程安全可靠。充气后可以在水中保持承受 120kg 体重的成年人 8h 的浮力。

（五）移动式防洪板

移动式防洪板是专为防范瞬间发生的暴雨洪水设计的，适用于坚硬平整的地面上快速阻水堵水，迎面而来的洪水重量压制在挡板底部，将重量转化为压力，即便是洪水已达到挡板的顶部，隔板仍然可非常稳固地站立而不倾倒，水位越高，挡水效果越牢靠。移动式防洪板一般每片隔板重量不超过 5kg，使得搬运过程更加轻松便利，一人即可安装使用，阻隔洪水侵袭。移动式防洪板适用于城市环境或瞬间洪水改道作业，可完整保护仓库厂房、停车场、地下商场、地铁口、居民小区、商业街区等，甚至交通要道等环境免受洪患威胁，也可用于类似山洪暴发等较快、较湍急的水流，可将突然倾流而出的洪水进行改道，或延缓洪水针对某些重要区域的侵害。

移动式防洪板可取代淹水沙包成为快速防洪首选，因其具有灵活铺设、安装简易快速、存储搬运便利等运用特性，避免传统沙袋需要耗费大量人力搬运和储放空间及无法循环利用的困扰，有效阻隔瞬间暴雨洪水的侵袭，更可作为固定式防水闸门的临时补强措施，让防洪设施更加完善。

（六）智能防汛挡板

变电站防汛挡板在初期均为手动安装，在班组管辖变电站较多时，可能无法及时安装到位。目前利用液压动力技术和信息通信技术，可以实现防汛挡板的自动化、智能化安装，减少人员工作量，加快布置速度。

智能防汛挡板在无人值守的重要场所常态竖立，起到防汛、防盗、防暴、防小动物的作用；在车辆、人员频繁进出的门口，常态平放，汛期自动升起阻水，实现远程监控、自（手）动控制。

常用的智能防汛挡板包括拉索式智能防汛挡板和垂直升降地埋式智能防汛挡板。

1. 拉索式智能防汛挡板

在变电站大门处开挖相当于防汛挡板厚度的凹槽，不使用时将防汛挡板置于其中，钢板常态下平躺于地面，与地面持平。智能控制部分与不锈钢智能挡板相通，两边采用变频电机加编码器，确保两边电机同时同步启动运转。电动机带动主转轮卷拉钢绳，钢绳借助过度转轮拉动钢板上升至与立柱上固定的密封橡胶片上。底部转轴处也设有密封胶条，确保三面密闭防水。钢板底部加厚，能够承重 100t。

2. 垂直升降地埋式智能防汛挡板

在变电站大门处开挖相当于防汛挡板高度的凹槽，不锈钢挡板正常状态下埋于地下，当水位探测器探测到水位阈值时，系统起动电动机。整套系统为双变频电动机加编码器，确保两个电动机同时启动，同步运转。电动机带动螺旋杆旋转，螺旋杆套在固定于挡板两侧的螺套内。通过电动机的正转与反转，抬升或者下降挡板。挡板的两端置于两头的固定中空立柱内，与挡板接触部分加装橡胶密封条。整个挡板在地面以下置于混凝土的长条空腔内。地面开口处加装凹式加厚槽钢，槽钢与挡板接触部位加装橡胶密封条。

（七）救援照明无人机

救援照明无人机将摄像、照明、喊话、应急通信等功能模块集成于系留滞空救援无人机上，能较好地解决公安、消防、电力、农林、公路、桥梁、建筑等部门在复杂环境下的应急救援、群体性事件处置、晚间作业、施工等难点。该系统功能强大，效果明显，可以不受电能限制而长时间停留在空中，应用于特定情况（尤其是一些突发事件情况）下，长时间不间断地进行空中监控和应急通信、救援照明等。该系统有别于普通系留平台，改进了普通系留平台体积大、携带不便、部署困难、掉落安全隐患大等缺点，采用了集成创新、整体优化的独创性设计思想。无人机系留滞空救援系统对挂载的照明设备和通信设备进行了优化设计，提高了系统的轻量化、安全性、响应度和可携带性。在多组电源协调或采用发电机状态下可 24h 不间断连续照明。

第八节　变电站防洪防涝管理

一、变电站防汛物资管理

防汛物资管理是防汛管理的重要内容，应遵循"统筹管理、科学分布、合理储备、统一调配、实时信息"的原则。

（一）防汛物资的购置

防汛物资的采购标准应满足相应的国家标准、行业标准以及《防汛物资验收标准》（SL 297—2004）各项技术要求。应根据现有防汛物资储备库存情况，综合考虑本年度调用和所在地区突发事件情况，依据储备定额、储备方案，按统一的预算管理规定，编制含年度消耗在内的下一年度防汛物资需求计划。

（1）大型防汛装备一般采取集中统一采购；一般物资由各生产机构从变电站专项运维费进行列支采购。

（2）应急救援抢险过程中，当防汛物资不能满足抢险需要时，可以采取其他紧急采购方式。对于因防汛应急抢险而消耗的物资，应由储备物资管理单位在抢险过后及时按已消耗物资的规格、数量、质量重新购置。

（二）防汛物资的验收

购置的防汛物资到货后，各级物资需求单位应根据装备情况组织成立验收小组，进行抽样检测。防汛物资经验收合格后，各储备单位应指定专人管理，登记造册，分类储存。

（1）对于大型机械装备，一般按照相应的国家标准或行业标准进行质量验收。

（2）对于挡水物资、照明工具、柴油发电机等专用防汛物资，应对照《防汛物资验收标准》（SL 297—2004）进行质量验收。

（三）防汛物资的仓储管理

1. 防汛物资储备库的设立

防汛物资储备仓库应按照区域辐射性强、库容量扩展性强、交通方便、仓储设施齐备的原则科学布局，合理选择，各级单位可参照如下方式设立：

（1）省电力公司根据地理特征、交通状况等实际情况在辖区内选择建立 3～4 个省级公司防汛应急物资一级储备库，每个储备库覆盖供应 3～4 个地市供电范围。

（2）各市、县电力公司应在物资仓库内建立防汛应急物资储备库，由物资部门统一保管维护，负责本地区（含省检修、市检修）电力设施防汛应急物资的统一调配和补充供应。

（3）运维室作为防汛分级响应的第二级机构，建立专业性的物资储备库，存放部分大型或不常用防汛物资。

（4）运维班组作为变电站防汛应急抢险的基本单位，主要配置个人防护用品及处理小规模险情所需的防汛物资。

（5）330kV 及以上变电站及其他有人值守变电站均应配置防汛物资，220kV 及以下无人值守变电站根据所处的地理特征、设备及建筑状况选择配置防汛物资。

2. 防汛物资仓储管理要求

（1）防汛物资到货验收入库后，应设立防汛物资台账，并指定专人负责管理。

（2）仓储物资应分类摆放，定置管理。对于与其他物资共用仓库的，需划定专门区域进行存储。

（3）定期对储备物资进行检查、试验、维护、保养，保证应急储备物资长期处于良好可用状态。对易腐物资如麻袋、麻绳等要定期翻晒，保证质量，救生器材要防止胶皮老化。涉及专业保养、试转的设备、工具，应委托专业人员提供人力资源及技术支持。

（4）各级物资部门在每年汛期到来前，组织对各级储备库存物资进行全面检查，核对储备品种、数量，检查易腐物资质量，对丧失其原应具备的使用功能物资及过期物资按流程进行报废。

（5）仓库管理人员做好储备物资日常维护、检修记录，做好抢险时验收、领发、使用、退还等手续，做到账物相符，汛后将耗用、存储情况上报领导及单位防汛办。在汛期要随时做好发放、领用的各项准备。

（四）防汛物资的使用

防汛物资均属专项储备，非防汛应急救援需要，任何部门和个人不得挪用；应完善防汛储备物资的流动性管理，实行先入库先调用的原则进行使用。

储备物资调拨实行使用快捷、保障急需、重点保障的原则。防汛物资使用单位根据防汛抢险需要，首先使用就近的储备物资，因工程重大险情需要，当储备的防汛物资不足时可向所属单位主管部门提出申请，由主管部门统一调度。非消耗性物资必须退还。

防汛储备物资应设立轮换周期，按周期要求及时更新；轮换出来的应急储备物资，按闲置物资相关管理办法要求管理。

二、变电站防汛运维管理

针对存在积水隐患的变电站，应提高防汛能力。可采取加固围墙、增强排水能力、安装防水挡板等措施；针对变电站排水设备隐患问题，应及时修理排水设施，更换大功率排水泵或加装排水泵，改造排水通道；针对电缆沟、电缆层渗漏问题，应做好电缆防水封堵，从源头控制电缆沟积水隐患。

变电站防汛设备的运行与维护主要任务是正确、高效、有序地处置暴雨、洪水等灾害造成电网设备较大范围损坏、停役或重要设备损坏的事件，最大限度地防范和减少事故造成的损失和影响，保障电网正常的生产经营秩序，维护国家安全、社会稳定和人民生命财产安全。

（一）巡视管理

变电站汛前日常巡视应有针对性地对生产建筑防水、电缆管沟封堵、防汛设施等方面进行巡视检查，做好防汛隐患登记、跟踪处置等工作，确保房屋防水措施到位、设备封堵良好、排水设施可用、排水管道畅通。在汛期应做好特巡，重点对存在隐患变电设施及低洼变电站进行持续跟踪，发现站内积水、电缆沟（道）积水、雨水倒灌、房屋渗漏等缺陷隐患及时采取措施，确保电力设施安全。

1. 汛期前巡视项目

每年汛期前对防汛设施、物资进行全面巡视，其巡视项目和要求如下：

（1）潜水泵、塑料布、塑料管、砂袋、铁锹、防汛挡板、吸水膨胀袋等完好充足。

（2）应急灯处于良好状态，电源充足，外观无破损。

（3）站内地面排水畅通、无积水。

（4）站内外排水沟（管、渠）道应完好、畅通，无杂物堵塞。

（5）变电站各处房屋无渗漏，各处门窗完好，关闭严密。

（6）集水井（池）内无杂物、淤泥，雨水井盖板完整，无破损，安全标识齐全。

（7）防汛通信与交通工具完好。

（8）雨衣、雨靴外观完好。

（9）防汛器材检验不超周期，合格证齐全。

（10）变电站屋顶落水口无堵塞；落水管固定牢固，无破损。

（11）站内所有沟道、围墙无沉降、损坏。

（12）水泵运转正常（包括备用泵），主备电源、手自动切换正常。控制回路及元器件无过热，指示正常。变电站内外围墙、挡墙和护坡有无异常，无开裂、坍塌。

（13）变电站围墙排水孔护网完好，安装牢固。

（14）变电站围墙防护支撑（护坡）完好。

（15）集水井（池）、电缆沟水位报警系统工作正常。

2. 大雨前后特殊巡视检查项目

（1）地下室、电缆沟、电缆隧道排水畅通，无堵塞，设备室潮气过大时做好通风除湿。

（2）变电站围墙外周边沟道畅通，无堵塞。

（3）变电站房屋无渗漏、无积水；下水管排水畅通，无堵塞。

（4）变电站围墙、挡墙和护坡无异常。

（二）防洪防涝设施维护

1. 电缆沟、排水沟、围墙外排水沟维护

（1）在每年汛前应对水泵、管道等排水系统、电缆沟（或电缆隧道）、通风回路、防汛设备进行检查、疏通，确保完好通畅。

（2）对于损坏的电缆沟、排水沟，要及时修复。

2. 水泵维护

（1）每年汛前对污水泵、潜水泵、排水泵进行启动试验，保证处于完好状态。

（2）对于损坏的水泵或工作异常的控制模块，要及时修理、更换。

三、变电站典型故障和异常处理

（一）排水沟堵塞、站内排水不通畅

1. 现象

排水沟堵塞、站内排水不通畅。

2．处理原则

（1）清除排水沟内杂物，使排水沟道畅通。

（2）排水沟损坏，及时修复。

（二）站内外护坡坍塌、外护坡开裂、围墙变形、围墙开裂、房屋渗漏

1．现象

站内外护坡坍塌、外护坡开裂、围墙变形、围墙开裂、房屋渗漏。

2．处理原则

（1）应将损坏情况及时汇报上级管理部门。

（2）对运行设备造成影响的，应采取临时应急措施。

（3）在问题没有解决前，应对损坏情况加以监视，及时将发展情况汇报上级管理部门。

四、变电站防汛检查

（一）变电站防汛检查表

为加强变电站防汛管理，使变电站防汛工作标准化、规范化、制度化，确保电网稳定运行以及变电站设施安全度汛，根据《中华人民共和国防洪法》《中华人民共和国防汛条例》等有关法规，制订变电站防汛检查表，见表2-8-1。

表2-8-1　　　　　　　　变电站防汛检查表

变电站名称：　　　　　　　　　　　电压等级（kV）：

设计标准地面高程：　　　　　　　　实际地面高程：

控制线路：

序号	检 查 内 容	检查结果	存在问题及处理措施
1	防汛资料档案		
2	汛前自查及检查整改完成情况		
3	上级有关部门的防汛文件		
4	设备完好率与消缺情况		
5	排水设施与排水能力		
6	场地孔洞清理及紧急封堵措施		
7	电缆沟排水及渗漏		
8	防洪水淘刷与侵蚀能力		
9	围墙、挡墙和护坡的稳定性		
10	汛期未完工变电站度汛措施		
11	通信与交通工具		
12	防洪水、防台风、防暴雨、防倒灌预案（措施）		
13	防汛物资储备与管理		
14	重要用户供电事故预案		
15	设备抢险与人员转移预案		

序号	检 查 内 容	检查结果	存在问题及处理措施
16	防汛设备平面图、人员转移路线图、排水系统图		
17	指挥、联络网络图		
18			
19			
备注：			

（二）变电站防汛检查方法

依据防汛检查表，采取现场查看和资料检查的形式检查变电站防汛工作准备情况。重点关注隐患排查整改情况、物资管理情况和应急管理情况等方面。要强化防汛工作隐患整改闭环机制落实，确保隐患治理工作落实到位、未消除隐患管控到位。年度防汛排查过程中应认真梳理前一年防汛隐患排查治理结果，逐一核实各类隐患是否已按时间节点完成整改。未按时完成的各类隐患，应纳入本年的隐患排查结果中，并落实有效管控措施。

五、信息管理

（一）落实防汛管理信息系统在变电站方面的应用

防汛管理信息系统实用化是变电站防汛工作的重要抓手，应建立并维护变电站防汛基础数据库，包括防汛隐患、防汛物资、防汛人员、防汛文件、防汛重要设备台账等基础数据。

（1）要明确系统维护及实用化的管理职责，落实系统常态化应用机制，做好防汛基础数据维护，并及时更新，确保数据真实、完整，为做好防汛预警和落实防汛针对性措施提供数据支撑。

（2）要充分依托系统，强化汛期信息报送，掌握汛期雨情、汛情、隐患排查治理、物资库存等重要信息，做好应急资源调配和应急抢修工作。

（3）设备管理部门将定期通报系统维护应用情况，全面提升防汛工作信息化和智能化水平。

（二）变电站防汛数据收集和统计

防汛基础数据库收集非常重要，防汛基础数据包括变电站历史水位、标高、是否为低注变电站、是否设置防洪墙、是否安装防汛挡板、历史受淹情况、重要用户全停风险等。通过防汛数据查询统计，可快速掌握重点防汛设备和历史汛情，为设立大修、技改项目以及针对性落实预防措施提供支撑。

第九节　变电站运行中的防洪防涝实践

一、变电站防洪防涝运维规定

严格执行《××电网公司 35kV 及以上变电站运行管理标准实施细则》，做好变电站防洪防涝各项工作。

（1）每年汛期前和汛期后，应分别对变电站内、外防洪排涝设施和地质灾害情况进行全面检查，包括一次设备和构架基础、围墙、护坡、挡土墙是否完好，排水沟是否通畅，水泵运转是否正常，建筑物有无渗漏，户外设备仪器仪表防雨措施是否完好，端子箱、机构箱密封是否完好，发电机（车）、沙包袋、照明设施等防洪物资储备是否足够、状态是否良好等。

（2）每年汛期前，针对每个一级风险变电站实际情况修编防水浸处置方案和水浸后抢修复电处置方案。每年组织运行人员开展一次专题培训和演练，使运行人员熟悉装备的操作、物资的使用和各项防洪防涝的工作要求。

（3）汛期应每月对站内潜水泵、水泵、冲锋舟、对讲机等装备进行试运行启动，确保其处于良好可用状态。

（4）汛期应每月对站内集水井、站内外排水沟、排水管进行清理，确保排水畅通。每月对电缆沟封堵情况进行检查，防止站外积水通过电缆沟倒灌站内。

（5）运行单位应掌握变电站排水管与站外市政排水管道的连接点位置，做好标识和登记存档。每年汛期应对连接位置进行检查，防止连接点排水受阻，造成站内积水内涝。

（6）位于水库大坝泄洪影响范围内的变电站，应作为防洪隐患风险点重点关注，在汛期应及时与地方水利部门、三防机构沟通，掌握泄洪时间、范围等信息，及时监控附近河流的水文情况，为变电站值守、紧急停电等提供决策参考。

（7）运行单位应对所有变电站做好站用电全停后发电机（车）接入方案，明确接入点和接入方式。

二、变电站防洪防涝应急预案

运行单位根据实际灾害情况，及时启动防风防汛应急预案，并按照预案要求做好人员驻站值守、隐患排查等各项工作。

（1）发布防风防汛预警或启动防风防汛应急响应后，运行单位应立即开展变电站防洪专项检查，重点检查变电站围墙、护坡、高压室、蓄电池室、户外设备的防洪措施是否落实，站内外挡水、排水设施是否良好，户外设备机构箱、端子箱是否密封完好，应急装备功能是否正常。

（2）启动Ⅱ级防风防汛应急响应时，220kV及以上电压等级重要无人值班变电站应安排运行人员值守，必要时安排检修、继保自动化、通信等专业人员驻站值守。启动Ⅱ级、Ⅰ级防风防汛应急响应时，220kV及以上电压等级无人值班站和存在一级洪涝灾害风险的变电站应安排运行人员值守，必要时安排检修、继保、自动化、通信等专业人员驻站值守。

（3）防风防汛应急响应期间，运行单位应及时向气象部门了解天气变化趋势，向水利部门了解江河水位变化情况、水库大坝泄洪安排，并及时向变电运行部门通报，指导变电站值班人员采取有效应对措施。

（4）变电站值班人员应实时观察站内外水浸情况，发现站外积水有涌入变电站的趋势时，应及时关闭排水排污管道出水口，在变电站大门、一楼设备室门口装设防洪挡板和堆砌防水布、沙包，适时开启排水泵，避免站内积水影响设备运行。站内积水可能危及设备运行时，应及时向上级汇报，并采取停电等防范措施，防止发生设备短路故障。

（5）设备遭水浸后，应根据变电站现场受灾情况及时修订灾后抢修复电处置方案，指导现场恢复处置工作。在抢修工作开始前，应先验电，确认无电后立即合上进站各线路的接地刀闸或挂接地线，防止倒送电。站内水退后，要及时清理场地泥沙，同时对全站消毒防疫；评估全站设备构架基础是否牢固，必要时立即进行应急加固处理。对遭水浸设备要逐一进行清理、烘干、检查，试验合格后方予投运。

（6）防洪抢险时应首先确保人身安全，做好防触电措施，注意做好排水井口的标识和防坠落措施，严禁单人巡视或作业，乘坐冲锋舟时必须穿上救生衣，确保人身安全。

（7）抢修复电时，应严格遵守安规和"十个规定动作"要求做好现场安全技术交底，完成安全组织和技术措施。在攀爬变压器外台架和移位时应系安全带，注意设备表面湿滑，确保抢修期间的人身安全。

第十节　变电站防洪涝应急处置

一、防洪涝应急管理目标和管理体系

（一）防洪涝应急管理目标

防汛应急管理的主要目标是在汛期最大限度地防范和减少汛情造成的损失和影响，在变电站设施、设备损坏后，正确、快速、有序、高效地抢修恢复，确保灾情发生时的安全，做到"水进、人退、电停"，确保灾后修复的效率，做到"水退、人进、电通"，保证变电站正常的生产经营秩序，维护国家安全、社会稳定和人民生命财产安全，实现汛期"不发生35kV及以上变电站水淹事故""不发生防汛人身伤亡事故"等目标。

（二）防洪涝应急管理体系

防汛领导小组统一领导防汛应急处置工作，组长由企业负责人担任。防汛领导小组下设防汛办公室，其工作组成员应由财务、安全、运行、营销、通信、建设、物资、外联、后勤、电力调控等部门人员组成。

根据汛情灾害级别和防汛应急处置工作需要，防汛领导小组可研究成立电网调度、现场抢修、安全保障、物资供应、客户服务、后勤保障、新闻宣传、现场理赔等相应应急工作组，一旦发生突发事件，在防汛领导小组的统一指挥调度下，开展变电站应急处置工作。

（三）防汛领导小组成员职责

（1）接受有管辖权的政府应急处置指挥机构及上级单位的领导。

（2）根据处置防汛工作的需要，向有管辖权的政府和上级提出援助请求。

（3）统一领导抢险救援、恢复重建工作，执行有管辖权的政府和上级相关部署和决策。

（4）决定启动、调整和终止事件响应。

（5）决定发布相关信息。

（6）负责承担所辖变电站防汛管理责任。

（四）防汛办公室成员职责

（1）落实防汛工作领导小组布置的各项工作。

（2）开展信息搜集、统计汇总、上报工作。

（3）协调各部门开展变电站应急处置工作。

（4）负责与政府相关部门、上级单位防汛办公室沟通联系，汇报相关应急工作。

（5）协助发布有关信息。

（6）负责本单位的防汛组织管理，组织落实变电站防汛管理要求。

（五）防汛工作组成员职责

（1）落实变电站各项防汛任务。

（2）加强应急抢修队伍技能培训，定期开展应急演练。

（3）根据防汛应急抢修部署要求，电网调度、现场抢修、安全保障、物资供应、客户服务、后勤保障、新闻宣传、现场理赔等相应部门的应急工作组成员，依据职责组织好防汛抢险队伍，开展防汛应急抢险。

二、洪涝灾害的预防与预警

（一）洪涝灾害预防与预警的基本要求

（1）变电站规划、设计、建设和运行过程中，应充分考虑暴雨、洪水等汛情灾害影响，持续改善布局结构，使之满足防汛减灾要求，符合国家预防和处置汛情灾害的需要。应建立健全汛情风险评估、隐患排查治理常态机制，掌握各类风险隐患情况，落实防范和处置措施，减少突发事件发生，减轻或消除突发事件影响。

（2）各专业管理部门及防汛办公室应密切监测汛情风险，建立和完善与政府防汛指挥机构、气象部门、水利部门等的沟通协作和信息共享机制，积极开展汛情突发事件预测分析，落实风险预控措施。

（二）洪涝灾害突发事件预测分析

洪涝灾害突发事件预测分析主要包括以下内容：

（1）事件的基本情况和可能涉及的因素。如发生的时间、地点、电网和供电影响情况及涉及范围，可能引发的次生、衍生事故灾害等。

（2）事件的危害程度。包括可能造成的人身伤亡、电网受损、财产损失，对经济发展和社会稳定造成的影响和危害等。

（3）事件可能达到的等级以及需要采取的应对措施。

预测分析应形成风险监测报告，若发生一般、较大突发事件的概率较高，应及早采取预防和应对措施；若发生重大、特别重大突发事件的概率较高，在采取预防和应对措施的同时，应及时分别向上级公司和政府有关专业管理部门报告。

（三）汛情预警级别

根据汛情的发生性质、可能造成的危害和影响范围，汛情预警级别分为四级：一级、二级、三级和四级，依次用红色、橙色、黄色和蓝色表示，一级为最高级别。

1. 一级预警

当出现下列情况之一，为一级预警：

（1）当地气象、水利、防汛指挥机构等相关应急管理部门或上级部门发布汛情一级预警。

（2）公司应急领导小组视汛情预警情况、可能危害程度、救灾能力和社会影响等综合因素，研究发布一级预警。

2. 二级预警

出现下列情况之一，为二级预警：

（1）当地气象、水利、防汛指挥机构等相关应急管理部门或上级部门发布汛情二级预警。

（2）公司应急领导小组视汛情预警情况、可能危害程度、救灾能力和社会影响等综合因素，研究发布二级预警。

3. 三级预警

出现下列情况之一，为三级预警：

（1）当地气象、水利、防汛指挥机构等相关应急管理部门或上级部门发布汛情三级预警。

（2）公司应急办公室视汛情预警情况、可能危害程度、救灾能力和社会影响等综合因素，研究发布三级预警。

4. 四级预警

出现下列情况之一，为四级预警：

（1）当地气象、水利、防汛指挥机构等相关应急管理部门或上级部门发布汛情四级预警。

（2）公司应急办公室视汛情预警情况、可能危害程度、救灾能力和社会影响等综合因素，研究发布四级预警。

（四）汛情预警信息内容和发布单位

（1）汛情预警信息内容应包括事件名称、预警级别、预警期、可能影响范围、警示事项、应采取的措施和发布机关等。根据汛情可能影响范围、严重程度、紧迫性，预警信息可通过传真、邮件、信息系统等多种方式及时发布。

（2）一级、二级预警需经防汛应急领导小组批准后，由防汛办公室负责发布。

（3）三级、四级预警由防汛办公室直接发布。

（4）相关等级预警发布后，应向上级主管部门报送汛情预警发布情况。

三、洪涝灾害应急响应与后期处置

（一）洪涝灾害应急响应准备

预警发布后，相关单位应根据防汛预案的要求，开展预警行动，做好各项应急响应准备。

（1）变电站管理单位应提前对所辖变电站进行特巡，确保站内各类防汛设施设备可用，确保站外排水通道畅通，无危及站内设备的超高树木、塑料大棚、广告牌等。

（2）检查储备的防汛物资装备，必要时提前装车待用。

（3）通知运维人员做好应急值班和恢复变电站有人值守准备。

（4）通知外协队伍做好应急抢修准备。

（5）根据事态的发展，应适时调整预警级别并重新发布。有事实证明突发事件不可能发生或者危险已经解除，应立即发布预警解除信息，终止已采取的有关措施。

（二）洪涝灾害应急响应

根据汛情事件的性质、级别，按照"分级响应"要求，变电站应启动相应级别的应急响应措施，组织开展突发事件应急处置与救援。

变电站管理单位应根据汛情开展以下应急处置工作：

（1）检查站内防汛设施设备完好情况，包括水位监测是否正常显示、水泵是否正常运转、站外排水通道有无堵塞等。

（2）变电站大门装设防水挡板及沙袋（吸水膨胀袋）。

（3）提前调集便携式水泵、照明灯具、汽柴油发电机等待用。

（4）要求相关外协队伍做好应急准备。

（5）向重要用户供电的低洼变电站存在风险的，及时与营销部门沟通，做好告知工作。

（6）提前与政府相关部门沟通，做好获取外部应急支援准备。

（7）做好站区积水严重时拉停设备的准备。

（8）只有当气象部门、水利部门、防汛指挥机构宣布气象、水利条件恢复正常状态后，变电站方可依据指令恢复供电。

（三）后期处置

1. 恢复与重建

贯彻"考虑全局、突出重点"原则，对善后处理、恢复重建工作进行规划和部署，制订抢修恢复方案，认真开展设备隐患排查和治理工作，避免次生事故的发生，确保电网安全稳定运行，加快抢修恢复速度，提高抢修恢复质量，尽快恢复正常生产秩序。

2. 保险理赔

各单位及时统计设施设备损失情况，会同相关部门核实、汇总受损情况，按保险公司相关保险条款理赔。

3. 事件调查

公司组织设计、建设、运维、科研等部门调查收集灾情详细资料，研究灾害事故发生的原因，分析灾害事故发展过程，吸取教训，优化和提高建设标准，提出具体抗灾减灾对策、措施及加强变电站运行维护的工作建议。

4. 处置评估

洪涝灾害事件应急处置结束后，由防汛办公室组织对应急救援处置过程进行全面地总结、评估，找出不足并明确改进方向，及时对应急预案的不足之处予以修订。

5. 奖惩

对在洪涝灾害事件处置过程中作出突出贡献的人员，应给予表彰和奖励。在突发事件处置过程中工作不力，造成恶劣影响或严重后果的人员，应按照有关规定追究其责任。

四、洪涝灾害应急保障

（一）应急队伍保障

（1）按照"平战结合、反应快速"的原则，建立健全应急队伍体系，规范应急队伍管理，加强专业化、规范化、标准化建设，做到专业齐全、人员精干、装备精良、反应快速，持续提高突发事件应急处置能力。

（2）按照"平战结合"原则，建立快速反应机制，组建应急抢修队伍，并加强应急抢修队伍技能培训，定期开展应急演练。加强与社会救援力量的联动协调，提高协同作战能力。

（3）建立应急专家库，加强专家之间的交流，并进行培训，为应急抢修和救援提供技术支撑。

（4）在机构、人员变化时，系统应及时更新应急指挥机构及应急救援队伍名称和联系方式。

（二）通信与信息保障

（1）重视汛期通信和信息安全问题，明确组织机构和应急抢险队伍联系人、联系方式，做好防汛通信保障各项工作。

（2）建立有线和无线相结合、基础公用网络与机动通信系统相配套的应急通信系统，确保应急处置过程中通信畅通。

（三）其他保障

明确相应的应急交通运输保障、安全保障、治安保障、医疗卫生保障、后勤保障及其他保障的具体措施。

五、防洪涝灾害应急预案管理

为做好预防和处置因暴雨、洪水、台风、潮汛等自然灾害造成的电网设施设备损坏、电网停电事故，最大限度地减少事故损失的影响程度和范围，建立紧急情况下快速有效的抢险和应急处理机制，确保电网安全运行，指导和组织开展洪涝台灾害预警、防范、抢险、抢修和电力供应恢复等工作，应结合公司实际情况，编制相关防洪涝灾害应急预案。

防洪涝灾害应急预案可由专项应急预案和现场应急处置方案构成，应满足"横向到边、纵向到底、上下对应、内外衔接"的要求。

（一）防洪涝灾害专项应急预案的培训演练和修订

1. 预案培训

运维人员要加强应急理论知识和技能学习，熟知防汛预案的具体内容，利用多种形式进行培训，不断提高对汛情的处置能力和指挥协调能力。将应急专业培训列入年度培训计划，积极组织开展培训工作。

2. 预案演练

根据实际情况组织防汛应急预案演练，增强应急处置的实战能力。通过演练，不断增强预案的有效性和操作性。开展涵盖交通运输、后勤保障、卫生防疫等全方位的应急演练，确保突发异常能反应快速、组织有序、保障到位。加强大型防汛装备的实操演习，保证大型应急装备良好状态，提高实际操作技能。

防汛专项预案的演练每年至少组织一次，应急预案演练分为综合演练和专项演练，可以采取桌面推演、现场实战演练或其他演练方式。除内部演练外，管理部门应积极与地方政府相关部门沟通，参与政府防汛指挥机构组织的联合防汛演练，明晰政府防汛抢修的流程，了解汛情抢修中电力保障的需求，验证政企联动机制的顺畅。

3. 预案修订

坚持以防为主、防抢结合的原则进一步优化防汛应急专项预案。确定重点防护设备，明确抢险救灾人员的组织、任务及流程，切实提高应急预案的可操作性。防汛预案应定期修订，原则每两年修订一次。当出现以下情况时，应及时开展预案修订工作：

(1) 变电站（所）周围条件发生重大变化。

(2) 通过演练和实际应急反应取得了启发性经验。

(3) 公司应急领导小组提出修订要求的。

（二）变电站现场处置方案

变电站应根据现场实际制订防洪涝灾害现场处置方案，现场处置方案可依据站外环境、站内设备情况、防汛设施设备配置情况、供电重要用户等进行编制，要有较强的针对性和可操作性。变电站应按照各站的不同情况编制相应的现场处置方案，保证现场处置方案切实可行。各现场处置方案的培训和演练每半年至少组织一次。

某变电站防洪涝灾害现场处置方案如下：

×××110kV变电站防洪涝灾害现场处置方案

1 事 件 特 征

变电站运维人员在汛期按照发布的特殊气象条件预警通知要求进行变电站特巡时，突降暴雨或遭遇洪水，站内水位持续上升，危及设备和人身安全，需要应急处置。

2 岗 位 应 急 职 责

2.1 变电运维值班负责人职责。

2.1.1 组织指挥防汛抢险，遇有作业人员受伤，立即组织现场救助伤员，必要时组织人员撤离。

2.1.2 保证抢险人员人身安全，尽量保全电网与设备。

2.1.3 对设备运行和灾情信息进行判断分析，逐级汇报。

2.1.4 根据水情，必要时提醒当值调度员对受灾严重的设备停役或转移负荷。

2.2 变电运维值班员职责。

2.2.1 保障自身安全，尽量保全电网与设备。

2.2.2 服从防汛抢险指挥，协同应急处置。

2.2.3　配合值班负责人收集设备运行和灾情信息。

2.3　变电站门卫（无人值守变电站无此项）

2.3.1　保障自身安全。

2.3.2　服从防汛抢险指挥，协同应急处置。

3　现场应急处置措施

3.1　值班负责人立即下令停止站内所有作业，撤离所有工作人员至安全区域，并清点人数。组织人员进行排水作业。

3.2　变电运维值班人员发现变电站内突发水灾情况时，应利用固定排水设施或安装临时排水设施进行排水，安排专人看护，同时对进水点进行封堵。

3.3　检查下水管、排水渠等设施通畅情况。

3.4　观察变电站周围水位情况。

3.5　检查设备运行情况，重点检查处于低位、易进水的电缆沟、端子箱、机构箱、汇控柜等。

3.6　若有人员被困变电站现场或有意外发生，立即拨打120求救，并向事发地附近公安、医院求救。

3.7　安排专人密切关注站内外水灾发展态势，做好防护措施方可进入现场，当水位上涨威胁人身安全时要及时撤离，撤离前应采取设备停电等相关安全措施。

3.8　隔离事发现场，设置警示标志，并设专人看守。禁止任何无关人员擅自进入隔离区域。

3.9　逐级汇报事件发生、发展和应对、处置情况。必要时请求人员、物资、装备支援。

4　注　意　事　项

4.1　信息报告内容应包括灾情信息、人员情况，抗灾物资情况，现场处置情况。

4.2　保持与当地防汛指挥部及气象部门的联系，实时掌握该地区汛情。

4.3　现场处置遇有雷电时，不准靠近避雷针和避雷器。

4.4　安装临时排水泵应确保电缆线连接回路绝缘良好，并加装开关及漏电保护器，防止漏电触电。

5　现场应具备条件

5.1　固定安装立式排水泵2台；便携式抽水泵4台；水管8盘。

5.2　沙包100袋；塑料编织袋20个；钢杆1根；板锄2把；尖锄2把；铁锹4把；簸箕6个；雨靴4双；铁丝2圈；救生衣2套。

5.3　常用急救药品箱1只；饮用水2箱；食品若干。

5.4　室外照明探灯若干；应急照明灯1副；防水手电筒4副；应急通信手机2只，防水袋数只。

第三章

变电站防潮技术

第一节　露天变电站防潮

一、潮湿对电气设备的影响

在变电站中，潮湿对电气设备的影响主要是降低绝缘强度、滋生霉菌、腐蚀金属。

1. 湿度对绝缘强度的影响

湿度提高，可降低电气设备绝缘强度。空气中的水分附着在绝缘材料的表面，使电气设备的绝缘电阻降低，设备的泄漏电流增大，造成绝缘击穿，产生电气故障。

2. 湿度对霉菌生长的影响

潮湿的空气有利于霉菌孢子发芽生长。霉菌形成后，霉菌细胞中含有大量的水分，当菌丝呈网状布满绝缘体表面时，不仅电气设备绝缘性能大大降低，而且还会影响设备外观和标志。霉菌在代谢的过程中，往往会分泌出酸性物质，使导电金属和电接触材料产生一层晦暗膜，导致接触电阻增大。如果设备长期处在这样的环境中，电路会被腐蚀，仪器精度将会降低，或造成设备故障，甚至烧毁仪器。

3. 湿度对金属腐蚀的影响

电气设备中的导电金属、导磁硅钢片受到腐蚀后，设备的性能和使用寿命将受到严重影响。当相对湿度达到一定数值后，金属的腐蚀会突然加快。钢铁因腐蚀发生的性状改变，就是平常说的"生锈"。

二、变电站高压室防潮

（一）变电站高压室设备防潮的必要性

变电站高压室设备作为电力传输环节中的重要组成部分，其运行是否正常直接关系到电网的安全稳定。目前，大部分变电站高压室均设置玻璃窗、轴流风机和百叶窗，用来通风散热。但这种设计存在一个很大的弊端，即防潮防湿效果较差。尤其在南方地区，前半年多雨，在梅雨季节即使门窗关闭，也由于百叶窗的存在使高压室内空气与外界空气直接相通，户外高湿度的空气直接渗透进高压室。

同时，由于高压室通常布置在一楼，地表潮气、电缆沟潮气汇集，造成高压室湿度非常大，严重危及电气设备的安全运行。遇到返潮天气，有些高压室的室内湿度能达到95％以上，使高压设备绝缘水平严重下降。凝露可能引起柜内放电，甚至会造成开关柜爆炸。另外，由于电气设备长时间（南方地区每年雨季至少4个月）在高湿度环境下运行，会造成各种金属材料严重锈蚀，最直接的危害是造成开关拒动以及影响刀闸的正常操作。特别是对于室内单列布置的开关柜，往往由于墙体百叶窗对称设计，使开关柜腹背湿空气形成对流，凝露导致的绝缘事故大大增加。

（二）变电站高压室设备防潮措施

针对变电站高压室在雨季存在潮气重、湿度大的状况，提出以下几项防治措施。

（1）对电缆沟和开关柜孔洞进行封堵。对进出高压室的电缆沟应采用防水和封堵措施，保证高压室电缆沟内外隔绝，防止电缆沟的积水流入高压室。同时，对每个柜的电缆穿孔进行封堵，防止电缆沟潮气直接侵入到高压室开关柜设备上。在每年雨季来临前，由运行值班人员进行全面检查。

（2）对高压室门窗、外墙进行检查。要求现有门窗密封状况良好，墙体无渗漏，防止雨水飘入高压室或户外潮气渗入。

（3）对高压室内屋顶进行检查。要求无渗漏，同时对母线排外露在柜顶的高压室，屋顶内层不宜使用石灰粉刷，防止因潮气引起石灰层脱落而掉落在开关柜顶上。

（4）在雨季高湿度时段，紧闭高压室的门窗，且不宜开启通风装置。

（5）检查轴流风机户外叶片。要求其在轴流风机未工作时，叶片处于闭合状态，防止潮气通过轴流风机渗透进高压室。

（6）对高压室百叶窗加装玻璃窗。在户外湿度较大时，关闭这些窗户，阻止户外潮湿空气侵入；在正常天气条件下，玻璃窗保持敞开，以保证高压室的通风散热。对于无人值守变电站，可以加装自动开窗机，根据室内湿度大小自动开启、关闭玻璃窗，也可人工遥控。

（7）在设计上，对于开关柜单列布置的高压室，百叶窗不宜采用两侧对称布置，以避免湿空气形成对流。

（8）安装功率与室内空间大小相匹配的工业除湿机对室内空气进行除湿。经济条件允许的话，可以在高压室安装集中控制装置，根据室内的温湿度，自动开启、关闭窗户和除湿机，则效果更佳。

三、变电站开关柜室除湿装置的有效应用

（一）根据温度应用除湿装置

空气冷却至露点温度，水蒸气结露析出，根据变电站开关柜室管控规范，室内湿度应控制在35％左右，以该参数为依据选择除湿装置及其运转时间，保障空气湿度达标，继而落实变电站开关柜室除湿防潮目标。

（二）除湿装置类型

变电站开关柜室除湿常用装置主要为空调及工业除湿机。

（1）空调兼具制热、制冷功能，具备除湿功能的空调在调控温度时可以除湿，在空气流进装置内蒸发器发挥作用，降低空气露点温度，部分水蒸气形成水，保障室内湿度达标。

（2）工业除湿机主要由风扇、热交换器、压缩机、机壳、盛水器、控制器等构件组成，室内空气由风扇吸入该装置经由过滤网过滤，在蒸发器作用下降温除湿，使变电站开关柜室多余水蒸气转化为水，降低空气湿度。基于该装置在应用进程中会流失一定热量，降低室内温度，为此工业除湿机具有加热升温功能，可使室内环境温度达标，提高除湿防潮有效性。工业除湿机装置类型的选择与开关柜室空间大小有一定关系，例如，DH－820B 型工业除湿机适用于 $20\sim45m^2$ 房间，除湿量为 20L/d；TD－690L 型工业除湿机适用于 $70\sim120m^2$ 房间，除湿量为 90L/d；CFZ－7S 型工业除湿机适用于 $150\sim240m^2$ 房间，除湿量为 168L/d。通过合理选择装置提高开关柜室除湿防潮质量。

（三）设备保养

一方面需关注变电站开关柜室内设备元件质量，一旦发现出现质量问题，如绝缘皮破损、管路渗漏等，需及时予以解决，避免出现安全隐患。另一方面针对空调、工业除湿机等除湿装置进行保养，例如定期清洁空气过滤网，将长期不用装置水箱内的水清除干净，定期清除过滤网尘埃，确保装置处于正常运转状态，可以做好除湿防潮工作。

（四）科学管理

（1）变电站运行维护人员需树立开关柜室及柜体本身除湿防潮意识，从实际出发关注室内空气湿度、温度，做好参数记录工作，有预见性地管控空气湿度、温度。

（2）组建管理小组，负责变电站开关柜室防潮除湿，确保有关工作专人专管，推行责任制。一旦发生事故，可追溯责任主体，使工作人员更加重视除湿防潮。

（3）规范工作流程，营造稳定运行氛围，通过管理提高其除湿防潮质量。

（4）进行培训管理，组织工作人员学习并掌握除湿防潮知识及技能，鼓励工作人员创新进取，丰富变电站开关柜室除湿防潮措施，助推除湿防潮工作良性发展。

综上所述，变电站开关柜结构紧凑，应用广泛，当环境湿度对该结构稳定性、安全性带来消极影响，尤其在雨季空气湿度较高时，开关柜室出现爆炸等故障概率上涨，工作人员需引起重视，做好除湿防潮装置选择及日常管理工作，避免开关柜结构出现锈蚀、破损等问题，降低断路器拒动概率，使刀闸开关操作更为稳定。通过开关柜改造落实除湿防潮目标，同时做好工作人员培训工作，确保其能够预见风险、规避风险、参与管理，使变电站开关柜室更为安全稳定。

第二节 户内变电站防潮

一、变电站防潮防湿对建筑的要求

（1）高压配电室宜设置不能开启的固定自然采光窗户，窗台距室外地坪不宜低于 1.8m。

（2）低压配电室可设置能开启的自然采光窗，但配电室临街的一面不宜开窗。

（3）变压器室、配电室、电容器室的门应向外开启。相邻配电室之间有门时，此门应能双向开启。

（4）配电所各房间经常开启的门、窗，不宜直通相邻的酸、碱、蒸汽、粉尘和噪声严重的场所。

（5）变压器室、配电室、电容器室等应设置防止雨、雪和蛇、鼠类小动物从采光窗、通风窗、门、电缆沟等进入室内的设施。

（6）配电室、电容器室和各辅助房间的内墙表面应抹灰刷白。地（楼）面宜采用高标号水泥抹面压光。配电室、变压器室、电容器室的顶棚以及变压器室的内墙面应刷白。

（7）长度大于 7m 的配电室应设两个出口，并宜布置在配电室的两端。长度大于 60m 时，宜增加一个出口。当变电所采用双层布置时，位于楼上的配电室应至少设一个通向室外的平台或通道的出口。

（8）配电所、变电所的电缆夹层、电缆沟和电缆室，应采取防水、排水措施。

二、户内变电站防潮措施

（1）对电缆沟和开关柜孔洞进行封堵。对进出高压室的电缆沟应采用防水和封堵措施，保证高压室电缆沟内外隔绝，防止电缆沟的积水流入高压室。同时，对每个柜的电缆穿孔进行封堵，防止电缆沟潮气直接侵入到高压室开关柜设备上。在每年雨季来临前，由运行值班人员进行全面检查。

（2）对高压室门窗、外墙进行检查。要求现有门窗密封状况良好，墙体无渗漏，防止雨水飘入高压室或户外潮气渗入。

（3）对高压室户内屋顶进行检查。要求无渗漏，同时对母线排外露在柜顶的高压室，屋顶内层不宜使用石灰粉刷，防止因潮气引起石灰层脱落而掉落在开关柜顶上。

（4）在雨季高湿度时段，紧闭高压室的门窗，且不宜开启通风装置。

（5）检查轴流风机户外叶片。要求其在轴流风机未工作时，叶片处于闭合状态，防止潮气通过轴流风机渗透进高压室。

（6）对高压室百叶窗加装玻璃窗。在户外湿度较大时，关闭这些窗户，阻止户外潮湿空气侵入；在正常天气条件下，玻璃窗保持敞开，以保证高压室的通风散热。对于无人值守变电站，可以加装自动开窗机，根据室内湿度大小自动开启、关闭玻璃窗，也可人工遥控。

（7）在设计上，对于开关柜单列布置的高压室，百叶窗不宜采用两侧对称布置，以避免湿空气形成对流。

（8）安装功率与室内空间大小相匹配的工业除湿机对室内空气进行除湿。经济条件允许的话，可以在高压室安装集中控制装置，根据室内的温湿度，自动开启、关闭窗户和除湿机，则效果更佳。

第三节　变电站端子箱防潮方法

一、变电站端子箱常规防潮方法的缺陷

变电站端子箱防潮的常规方法包括电加热器法、驱潮剂法、风机法、胶泥封堵法等，这些方法均能短时间内解决柜内湿气、凝露等问题，但是不能根治柜内的潮湿问题。原因如下：

（1）用电加热器对设备内部进行加热只是增加空气中水蒸气的不饱和程度，并没有将柜内的水汽排出。

（2）在柜体内悬挂硅胶袋等驱潮剂或者是其他的吸水材料的方法，因为其吸水效果有限，且吸收的水分很难排出，所以效果往往并不明显，反而增加了维护工作量。

（3）通过开动风机使箱柜内的空气对流与外界干燥的空气进行交换达到降低电气柜内

湿度的方法，当环境湿度较大时不起作用，且易造成尘土、污秽进入，不能实现防潮目的。

（4）用胶泥封堵的方法，只可以减少水汽进入，并无法杜绝潮湿空气的进入。例如，可封堵电缆进入柜体端子箱的通道，如图3-3-1所示。

二、简单有效的端子箱防潮方法

去除箱柜内湿气比较长期有效的方法是在端子箱柜里安装SPR-CN-S1型智能除湿器。该智能除湿器体积很小，可以把柜体内的湿气通过软管排出柜体外。安装SPR-CN-S1型智能除湿器后，即使在低温状态下也能实现对端子箱内湿气的控制，预防端子箱内湿气凝露，从而提高电网运行的安全性。除湿器

图3-3-1　封堵电缆进入
柜体端子箱的通道

可实现除湿自动化，当柜体内湿气超标的时候，除湿器会自动工作。这是目前比较简单的变电站端子箱防潮办法，很多电网单位都在使用。图3-3-2所示为SPR-CN-S1型智能除湿器在端子箱的安装位置，图3-3-3所示为SPR-CN-S1型智能除湿器的外形。

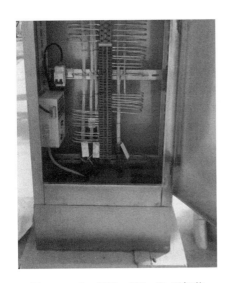

图3-3-2　SPR-CN-S1型智能
除湿器在端子箱的安装位置

图3-3-3　SPR-CN-S1型
智能除湿器的外形

第四节　变电站防潮、防雨专项检查工作

进入雨季后，供电企业应组织开展变电站防潮、防雨专项检查，以确保春检、秋检期间变电设备安全运行。

一、工作内容

（1）健全相关组织机构，各班组必须迅速行动，制订检查计划，落实人员分工，对所属变电站开展全方位检查。

（2）明确检查重点。专项检查重点为变电站内机构箱、端子箱、户外电源箱等密封是否良好，是否存在凝露或积水，是否安装有驱潮装置，温控器和电阻器运行是否正常，柜体通风口是否堵塞，电缆夹层、电缆沟是否存在积水，设备基础有无下沉，各高压配电室有无渗漏雨等。

（3）抓好所查问题的整改。制订整改措施，落实整改时间和责任人，限期整改，属上级协调处理的问题，上报并积极配合相关部门进行整改，确保所查问题整改到位。

二、春秋防潮、防雨专项检查注意事项

变电站在春季、秋季的时候，都会把防潮、防渗、防污闪、防凝露当作一项非常重要的工作来落实。需要注意的重点事项如下：

（1）变电站防潮、防雨专项检查的时候，要对各变电站的开关室、配电室、户外端子箱的防潮设备进行细致巡检。

（2）认真观察高压设备的端子箱和机构箱内有无积水凝露等现象。

（3）一定要细致地排查有问题的设备，对出现的孔洞、疏漏等要及时封堵，可使用高分子防潮封堵剂、防漏堵料等防潮封堵材料进行封堵。

（4）仔细检查工具柜内的各种安全绝缘器具的干燥程度。

（5）对控制室各屏柜内的封堵情况，各处房间墙面、窗户、天花板等有无渗水情况进行检查。

（6）检查变电站内外防汛沟道，确保雨季排水畅通。

三、变电站防潮、防雨专项检查中应采取的措施

（1）针对各个变电站的防水、防雨、防潮等设施进行排查，确保运行正常。

（2）检查高压室门窗封闭状态是否良好，屋顶、墙壁无渗漏，防止雨水和潮气入侵。

（3）对电缆沟和开关柜采取防水、防潮及封堵措施，防止电缆沟内潮气进入高压开关设备。必要时，可在高压开关柜内安装智能除湿设备——SPR-CN-S1 型智能除湿器，该除湿器为满足电气柜内久聚潮湿空气的除湿治理要求而研制，按体积小、便携安装的设计原则，采用模块化结构设计。采用半导体制冷技术除湿，通过在局部制造凝露条件降低柜内的相对湿度，直接排出凝结的水分，既安全又方便。

（4）检查户外端子箱、控制箱、机构箱的防潮装置是否处于正常稳定状态。

（5）加强设备巡视，将防潮除湿工作落实到每一台设备，查看设备外绝缘是否有爬电、放电现象。一旦发现问题，及时上报、及时排除缺陷，做好应急机制和人员安排，保证变电站设备处于良好的运行状态，为春检、秋检期间安全可靠供电提供有力保障。

四、变电运维人员防潮防湿重点防护措施

（1）注重及时对电缆沟和开关柜孔洞采取防水、防潮以及封堵措施。保证变电站电缆沟内外绝缘，防止电缆沟潮气侵入高压开关设备中。

（2）对高压室门窗、外墙进行细致检查，确保门窗封闭状况良好，墙体无渗漏，防止雨水飘进高压室或户外潮气侵入。

（3）对无人值守的变电站，应加装自动开窗装置，根据室内湿度大小自动开启、关闭玻璃窗，也可通过人工操作来控制开启与关闭玻璃窗。

（4）安装功率和室内空气湿度相匹配的工业除湿设备，随时对室内空气进行除湿。

第五节　运行中的变电站防潮管理措施

一、变电站防潮专项排查

天气降雨、降温时，温差变化大，对户外电气设备正常运行是一种严峻考验。为避免出现端子排凝露或进雨受潮、气体压力降低、结冰等现象，各运维班组应结合所辖变电站实际，总结历年设备防潮经验，对存在的问题加以防范，加强阴雨天气特巡。全面检查所有设备户外机构箱、端子箱有无进水痕迹，箱门关闭、密封情况；确认机构箱、端子箱内的加热电源是否开启，各个加热装置是否正常工作，亲手感知加热器的加热功能是否完好；对运行状况较差的机构箱、端子箱，在雨季采用防雨套进行包裹；对封堵不严电缆进线孔洞，及时采取有效措施重新封堵，更换受潮的干燥剂，防止因环境温差较大，电缆沟内潮气侵入端子箱，产生凝露现象，引起直流系统接地、二次回路短路。

要组织专人对除湿效率不高的老式加热驱潮装置进行改造，更换新型冷凝式驱潮装置，通过专项防潮防凝露排查活动，进一步完善了管辖变电站的预防措施，及时消除阴雨潮湿天气给变电设备带来的安全隐患，为电网的安全运行构筑一道牢固防线。

×××变电站防潮工程施工方案如下。

×××变电站防潮工程施工方案

当高压室湿度达 95% 以上时，凝露常常引起高压柜内电气放电，甚至造成开关柜爆炸。高压室电气设备长时间处在高潮高湿环境中运行，极易造成各种金属材料严重锈蚀，最直接的危害是造成开关拒动及影响刀闸的正常操作。

变电站防潮防湿的关键场所就是变电站的高压室。

高压室通常布置在变电站一楼，地表潮气、电缆沟潮气汇集后，极易造成高压室湿度非常大，从而严重影响电气设备的安全运行。特制订变电站防潮工程施工方案。

1　变电站温湿度计、除湿机、空调的配置

1.1　温湿度计是监测环境温度和湿度的表计，能很好地监测约 $80m^2$ 面积封闭的室内

温度和湿度的环境变化情况。变电站内的主控室、计算机室、继电保护小室、高压室、电容器室、通信室、站用电室、蓄电池室、交直流配电室、安全工器具室、备品备件室、资料室等根据面积大小应设置1～3支温湿度计。

1.2 对温湿度有要求的室内场所,应配置除湿机或有除湿功能的空调,如安全工具室、继电保护室、高压室等。

2 安全工器具室的防潮办法

2.1 根据安全工器具的存放要求,室内应长期保持较高干燥度,要求室内相对湿度应不大于60%。若相对湿度大于60%时,必须及时打开室内的驱潮设备(如红外线驱潮灯、除湿机、空调机等),确保室内工器具保持干燥不潮湿。

2.2 除湿机正常运行时一般设定在湿度60%自动启动,风速设定为中风。若室内相对湿度仍大于60%时,设定在湿度40%连续启动或湿度50%自动启动,除湿机风速设定为高风。

2.3 智能安全工具柜正常运行时一般设定为温度20℃、湿度60%启动。

2.4 对装设的除湿机必须定期检查,及时倒掉除湿机水箱内的存水,防止水满溢出。

2.5 交接班、巡视时应检查驱潮设备(如红外线驱潮灯、除湿机、空调机等)是否在完好状态,若有损坏,必须及时汇报,以便及时更换或修理。

2.6 安全工器具室严禁开窗,出入必须随手关门。

2.7 梅雨季节、潮湿天气,应采用干扫方式进行安全工器具室的清洁工作。

3 主控室、继电保护小室、高压室、电容器室的防潮办法

3.1 主控室、继电保护小室、高压室室温宜控制在10～26℃,电容器室温不宜超过35℃。在室温符合要求时,应考虑对室内空调进行轮换使用。

3.2 每年5—11月,主控室、继电保护小室的空调一般设置为"制冷挡",温度为20℃、风量设为"中挡"(可根据实际需要设为"高挡"或"低挡")。每年5—11月,高压室、电容器室的空调一般设置为"制冷挡",温度为26℃、风量设为"中挡"(可根据实际需要设为"高挡"或"低挡")。

3.3 每年12月至次年4月,主控室、继电保护小室、高压室、电容器室一般设置为抽湿、风量设为"中挡"。

3.4 在梅雨季节及环境相对湿度大于70%时,主控室、通信机房、继电保护小室、高压室、电容器室严禁开窗,进出时应随手关好门。

3.5 巡视检查时应检查室内空调机是否完好,若有损坏需要及时汇报处理。

4 端子箱、机构箱(开关闸)、汇控箱、电源箱、检修电源箱的防潮办法

4.1 端子箱、机构箱(开关闸)、汇控箱、电源箱、检修电源箱门平常应关严上锁。

4.2 端子箱、机构箱(开关闸)、汇控箱、电源箱、检修电源箱的电缆入口必须封堵严密。

4.3 在暴雨、大雾等特殊气象条件下（气象条件以气象台发布信息为准），220kV 及以上变电站应在发生特殊气象的前后进行一次特巡。

4.4 对于仅有手动或直热型的驱潮装置，每年 12 月至次年 4 月设置在"投入"位置，其余时间设置在"退出"位置。如巡视检查发现该设备存在受潮或水珠现象，则手动投入驱潮装置，并在潮湿水珠消除后退出。

4.5 对于有"手动/自动"功能温湿控器的驱潮装置，正常情况下设为"自动"位置。如巡视检查发现该驱潮装置的自动功能失效，则退出该驱潮装置并报缺陷。

4.6 温湿控器的整定规定如下：

4.6.1 对于同时具有湿度及温度启动功能的温湿控器，其设定为：相对湿度达到75％时启动，60％时返回；温度低于 10℃时启动，高于 20℃时返回。

4.6.2 对仅有湿度启动功能的温控器，其设定为相对湿度达到 75％时启动，60％时返回。

4.6.3 对仅有温度启动功能的温控器，其设定为温度低于 10℃时启动，高于 20℃时返回。

4.6.4 温湿控器的控制线圈出厂时已设定且为不可调的，在运行过程中不须调节。

5　变电站全面防潮的措施

5.1 变电站主控室防潮措施。

变电站主控室配有带有除湿功能的空调，使其室内温度控制在 10～26℃。运行值班人员应定期对空调室内机进行巡视检查，如有问题及时报修。

5.2 变电站高压室防潮措施。

5.2.1 对电缆沟和开关柜孔洞进行封堵。对进出高压室的电缆沟应采用防水和封堵措施，将电缆沟内外隔绝，防止电缆沟的积水流入高压室。同时，对每个柜内的电缆穿孔进行封堵，防止电缆沟湿气直接侵入到高压室开关柜设备上。在每年雨季来临前由运行值班人员进行全面检查。

5.2.2 对高压室外墙、门窗进行检查，要求墙体无渗漏，现有门窗密封状况良好，防止雨水飘入高压室或户外潮气渗入。

5.2.3 对高压室户内屋顶进行检查，要求无渗漏。同时，对母线排外露在柜顶的高压室，屋顶内层不宜使用石灰粉刷，防止因潮气引起石灰层脱落而掉落在开关柜顶上。

5.2.4 在雨季高湿度时段，紧闭高压室的门窗，且不宜开启通风装置。

5.2.5 检查轴流风机户外叶片，要求其在轴流风机未工作时，叶片处于闭合状态，防止潮气通过轴流风机渗透进高压室。

5.2.6 对高压室百叶窗加装玻璃窗。在户外湿度较大时，关闭这些玻璃窗户，阻止户外潮湿空气侵入。在正常天气条件下，玻璃窗保持敞开，以保证高压室的通风散热。对于无人值守变电站，可以加装自动开窗机，根据室内湿度大小自动开启、关闭玻璃窗，也可人工遥控。

5.2.7 对于开关柜单列布置设计的高压室，不宜同时开启两侧对称布置的百叶窗，以免湿空气对流。建议对于开关柜单列布置的高压室不要两侧都设置窗户。

5.2.8 安装功率与室内空间大小相匹配的工业除湿机对室内空气进行除湿。经济条件允许的话，则可以在高压室安装集中控制装置，根据室内的温湿度，自动开启、关闭窗户和除湿机，效果更佳。

5.3 端子箱、机构箱、汇控柜防潮措施。

5.3.1 在端子箱、机构箱、汇控柜的内壁上面加上防潮垫。设置防潮设施要比未设置防潮措施的端子箱要干燥很多，并且能确保在雨季的时候减少内壁冷凝积水现象。

5.3.2 端子箱、机构箱、汇控柜的密封问题。端子箱上不可避免的有许多孔洞，在封堵孔洞时候应该采用防火板和无机堵料。在灌注无机堵料的时候，由于无机堵料具有良好的流动性，可以很容易将电器之间狭小的缝隙填满。另外，无机堵料在凝固之后，本身也是具备一定的吸湿功能，达到防潮功能。

5.3.3 湿度控制风扇以及加热片是防潮不可缺少的措施。将户外端子箱、机构箱、汇控柜进行改造，把全封闭式空间改造成带有防雨防尘功能的排气窗柜体，这样能快速的降低柜内的湿气，达到防潮的目的。

二、变电站高压开关柜防潮预案

（一）变电站高压开关柜防潮除湿的重要性

在电能进行接收以及分配的过程中，最为重要的控制组成部分就是高压开关柜设备，一旦变电站的高压开关柜出现问题，就有可能影响到电能的正常传输。高压开关柜具有占地面积小、操作简便等优势，逐渐在变电站电能运输分配系统中得到比较普遍的应用。不过在实际的工作过程中，因为设备的各个部件距离紧凑，容易受到不同部件的干扰，并且会受到周边环境因素的影响，例如温度、潮湿等，这样很容易造成绝缘下降，严重时还会出现放电事故，危害到工作人员的人身安全。以往对于高压开关柜的凝露现象进行处理的方法都是提高其温度，但空气中包含的水分并没有明显减少，所以在周边环境温度急速降低之后，还是会出现凝露现象，从而影响到高压开关柜的正常安全运行。现如今，很多变电站高压开关室都装备了保护玻璃窗、轴流风机以及百叶窗，其主要功能在于通风散热，不过在整体的设计中还存在很明显的问题，那就是设备以及空间的防潮防湿效果不佳，进而容易造成高压开关柜设备的运行故障。

（二）事故案例

1. 事故描述

某变电站的工作人员在进行日常运行维护的时候，发现变电站的一条10kV馈出线显示B相接地。在这种情况下，为了尽快排除故障，检查维修人员开始对相关设备进行针对性巡视。在巡视期间，工作人员发现了高压室的一条馈出线柜内部有着放电声音，并且持续性地放射出火光，引发开关动作，进而对此条馈出线进行了停运处理，不过此时的手车开关已经无法进行正常的摇出。

检测人员对其进行了初步的分析，将柜门打开之后经过检查，发现此开关柜内部支撑母线的B相支持立瓶有着比较明显的闪络放电现象，并且已经被击穿。从而能够判断出具体的故障点就是在这个方位。持续不断的放电引发了电流互感器的电源侧相间短路，导致总受柜后备保护动作，对Ⅰ断母线进行切除处理。手车开关无法正常摇出，也是因为开关柜母线侧静触头受热变形造成的。

2. 事故处理

为了尽快地解决事故问题，早日恢复电力用户的正常用电，工作人员决定把所有的故障开关柜全部进行隔离处置，使用周边临时备用开关柜进行供电，经历了大约一整天的抢修，将损坏的设备进行了有效的修复，然后进行设备使用前的试验工作。将母线侧静触头盒单独进行耐压测试的时候，其耐压低于5000V。通过检测发现静触头盒以及母线的绝缘罩表面出现潮湿情况，降低了整体的绝缘水平，必须要对此段母线开关柜的所有触头盒以及母线绝缘罩进行降湿处理。由于潮湿位置处于封闭状态，很不方便进行拆卸作业，也不容易擦拭，于是采用大功率的暴风枪吹出微热的强风，按照顺序对不同的开关柜进行干燥处理，有效地达成了排潮目标。大概持续了1h左右，将绝缘恢复到了标准数值以上，恢复正常送电。

3. 原因分析

从上述的事故案例不难发现，潮湿的空气对于室内开关柜的正常运行有着很大影响，如果在柜内部件表面出现凝露现象，很容易造成开关柜绝缘性能降低，从而使得运行过程中的设备受到损坏，甚至出现严重的放电事故。

（三）开关柜出现潮湿的原因分析

（1）开关室设置的百叶窗在通风散热的同时，也很容易造成室外潮湿空气的大量涌入，在雨水相对较多、大气潮湿的时候容易造成开关柜潮湿。

（2）在进行电缆沟封堵的时候，由于封堵材料质量问题以及工程施工问题导致电缆沟封堵损坏，这样在雨水天气室内排水较为困难时，就容易出现积水往变电站内倒灌的现象。因为开关柜底部的封堵无法进行彻底的密封，所以积聚在电缆沟内的水产生水汽，从开关柜底部进入到柜内，导致柜内潮湿现象严重。

（3）因为开关柜整体为密封结构，缺少通风口设置，所以当水汽进入到柜中之后很难采用有效方法进行外排，通常会积聚到开关柜体的上部空间，也就是母线仓中，当柜体内表面或绝缘体表面温度低时就会出现凝露现象。另外，开关柜内部件的表面有着较多污垢的时候，也比较容易出现凝露。

（四）开关柜防潮措施

1. 电缆沟封堵修复

在雨水较多的季节来临之前，对室外电缆沟进行排查。检查是否按要求进行了封堵，已封堵的是否有空隙。针对检查情况，对电缆沟进行封堵修复。在电缆沟进入开关柜室的墙壁交界处采用一定的防水手段，避免室外水位过高倒灌进入室内电缆沟内。对于室内电缆沟到开关柜之间的封堵，可以结合开关停电的机会进行修复，对于有可能进入潮湿气体的柜底，使用阻燃材料进行封堵，从而避免潮湿气体进入，并且可以使用生石灰等干燥剂对室内电缆沟进行降潮处理。

2. 安装工业除湿机

通常情况下，10kV开关柜中都会安装相应的保护装置，而保护装置对于外界环境温度又有着较高的要求，因此很多高压开关柜室内都安装调节温度的空调。空调能够控制温度，但是难以调节湿度，特别是在夏季的时候吹冷风降温，有可能造成开关柜内外温度不均匀，进而出现凝露现象。因此，空调是无法代替除湿机进行降潮工作的。建议在一些空气湿度较大区域的开关室内部安装工业除湿机，并且设置一定的工作启动值，如果空气的湿度大于启动值，那么工业除湿机就会自动启动进行除湿。

3．开关柜内加装小型抽湿机

小型抽湿机可以除湿的原理如下：通过湿度传感器对开关柜内的湿度进行监测，当监测结果发现柜内湿度达到了需要处理的程度时，抽湿机就开始启动工作，把开关柜内的潮湿空气抽到抽湿机的凝露区进行水汽分离，再把冷凝出来的水经过排水管排到室外，防止在开关柜内积聚。安装柜内抽湿机能够有效地减小开关柜内的空气湿度，不过由于开关柜内结构紧凑，在进行安装时应该考虑内部绝缘问题，现如今大部分都是将抽湿机安装在开关柜下部的电缆仓中。

4．加装排风装置

排风装置一般安装在开关柜母线仓顶部，使其内部空气能够迅速进行循环，如果柜内的水汽受热上升，就能够通过排风装置将水汽排出柜外，从而起到良好的除湿效果。此外，也可以在柜顶开设通风口，不过这样一来对于防尘、防爆灯要求较高，必须符合相关标准。

5．定期检查高压室门窗、外墙

在春夏雨水较多的季节，需要对高压室的门窗以及外墙及时进行定期检查，保证墙体上没有渗漏的地方，门窗的密封性能良好，从而防止雨水或者室外的湿气渗入到高压室内部。对于安装了百叶窗的高压开关室，可以在百叶窗上再加一扇玻璃窗，或者把百叶窗改成能够闭合的类型。在雨水天气将其密封，防止潮湿气体的进入。在正常天气时，将百叶窗打开进行通风散热，如果条件允许的话还可以加装自动开窗系统，能够实现远程遥控开关窗。

6．加强变电站高压开关室运维管理

一方面，在雨水较多的天气中，运行维护工作人员需要对变电站内部的水泵运转情况及时进行检查，并且对电缆沟内积水情况以及室内除湿机运行情况进行检查。另一方面，工作人员在进行日常检查的时候需要遵守操作标准，防止出现人为因素造成的问题，特别注意养成随手关门的好习惯。另外，应该定期检查记录室内温度湿度测试数值。

综上所述，为了避免变电站高压开关柜出现绝缘事故，必须要充分重视开关室内的潮湿问题，采取相应的措施降低开关室内潮湿度，从而有效排除不安全隐患。此外，相关工作人员还要重点掌握开关柜内部结构原理，从技术、设计等多个层次预防绝缘事故，提升设备的持续运行水平，进而保证变电站的安全稳定运行。

三、变电站防潮检查

变电站防潮检查的主要内容如下：

（1）要加强对运行年限长、陈旧的设备进行检查和维修。

（2）阴雨天时，应该加强巡检工作，全面检查所有设备户外机构箱、端子箱是否有进水情况，箱门是否关闭，密封情况是否良好。

（3）户外设备机构箱内是否安装智能除湿装置，已安装除湿装置的应检查设备是否正常运行。

（4）检查端子箱是否有进水，对有进水的端子箱及时进行清扫。

（5）检查电缆沟进出线孔洞是否封堵严实，对封堵不严的电缆进出线孔洞及时采取有效措施重新封堵。

（6）检查电缆沟内是否有积水，电缆沟内潮气是否侵入端子箱、产生凝露现象，引起直流系统接地、二次回路短路，需及时处理电缆沟内积水。

（7）对运行状况较差的机构箱、端子箱，检查在雨季是否采用防雨套进行包裹。

（8）还有很多变电站在使用加热器进行驱潮，对于这种情况，应该及时检查各个加热装置是否正常工作，亲手感知加热器的加热功能是否完好。如果有条件，建议还在使用加热器驱潮的变电站及时撤换加热器，因为大多数电气柜封闭比较严密，加热器加热后蒸汽不能及时排出箱外，这样就会使有凝露的地方越来越严重，而凝露较少的地方也会加重产生凝露的速度。长期下去，会造成严重的后果，出现电缆、端子排发生锈蚀、发霉等现象，设备的使用寿命也会大大降低，严重时出现短路、设备误动等现象。对于凝露现象比较严重的变电站端子箱，可能会使水珠滴落在端子上，发生接地故障。

目前市面上有很多智能除湿器是专门针对变电站驱潮而研发的，驱潮更加智能化，凝结水直接排出柜体外，不会在柜内聚集，可以从根本上解决电气柜潮湿问题，如比较常用的有 SPR - CN - S1 型智能除湿器、SEPRI - CS - NL 型防凝露装置等，都是可以给变电站驱潮除湿的。

第六节　变电站铠装式金属封闭开关柜防潮除湿对策

铠装式金属封闭开关柜具有操作简便、结构紧凑等特点，在电网变电站中得到广泛应用，然而开关柜室极易受空气湿度影响而出现异响、内部放电等故障，严重时会导致设备停止运行，甚至爆炸。因此，做好变电站开关柜室除湿防潮工作，保障该结构运行安全稳定，维护变电站综合效益很有必要。

一、铠装式金属封闭开关柜

1. 铠装式金属封闭开关柜柜体及柜内设备

铠装式金属封闭开关柜柜体及柜内设备如图 3 - 6 - 1 所示。

2. 铠装式金属封闭开关柜事故现象

某年 6 月中旬某变电站 10kV 开关柜室发生爆炸事故，铠装式金属封闭开关柜柜体形变严重，顶部压力过大使盖板冲开，天花板随之被冲破。现场发现该结构湿度较大，设备、地面、天花板均有明显水迹，手车断路器静触头盒、动触头、极柱等构件水迹较多，部分水迹汇集成为水珠。同时多处静、动触头存在放电现象，静触头盒部位击穿，对壳体放电，开关柜母线仓也存在多处放电现象。

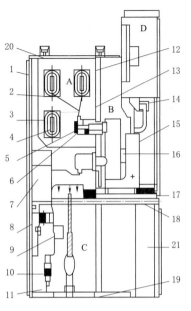

图 3-6-1　铠装式金属封闭开关柜
柜体及柜内设备

A—母线室；B—断路器手车室；C—电缆
室；D—继电器仪表室；1—外壳；2—分
支母线；3—母线套管；4—主母线；5—静
触头装置；6—触头盒；7—电流互感器；
8—接地开关；9—电缆；10—避震器；
11—接地母线；12—装卸式隔板；13—
隔板（活门）；14—二次插头；15—断
路器手车；16—加热装置；17—可抽
出式水平隔板；18—接地开关操作机
构；19—底板；20—泄压装置；
21—控制导线槽

3. 原因分析

当时正值雨季，雨后大量的水被蒸发，变电站结构吸附大量水汽，开关柜室湿度加大，手车断路器绝缘结构受损，静触头附近电弧转变为爬弧，电流迅速上升，开关柜室绝缘欠佳处陆续放电，拉弧使母线舱出现三相短路现象并诱发爆炸。电气值班工作人员未能重视除湿防潮，缺乏针对性的管理，使除湿防潮工作质量随之降低，最终诱发爆炸事故。

二、变电站开关柜室防潮除湿具体对策

（1）设计优化。为避免出现案例中天花板水汽聚集形成水珠现象，在变电站基建时应设计一定角度，指引水流向指定位置，并非垂直低落。若屋顶未安置天花板，则不应用石灰进行粉刷，降低石灰层受潮脱落概率。

（2）结构密闭。开关柜室受外部气流、湿度等因素影响，使之出现受潮现象，影响柜内整体结构安全稳定性，这就需要加大该结构的密闭力度，同时在开关柜室设置窗体，在天气条件较好时开窗通风、蒸发水汽。在雨季则紧闭窗体，不宜开启通风换气装置。定期检查开关柜室墙体、窗体、套管结构，保障各结构密闭性良好，穿墙管路无泄漏现象，提高防潮除湿质量。

（3）开关柜防潮除湿。在柜体内壁温度较低时，柜体内壁将凝结水珠，即出现凝露现象，为规避出现该现象需保持柜体内侧温度高于外侧，在柜体内部适

当位置安置加热器，在该柜体顶端安装防尘罩及换气扇。针对开关柜进行耐压测试，根据试验结果判断绝缘套筒是否符合质量标准，及时更换不符合规定及质量标准的元件。接入电缆后，开关柜电缆沟应做好封堵处理，避免积水经由电缆沟流入开关柜内部，同时封堵电缆穿孔，避免潮气倒灌进入柜体，达到防潮除湿目的。

第七节　变电站高压室除潮除湿环境的改善

一、变电站环境改善案例

1. 变电站运行环境

某供电公司 35kV 渔村变电站、110kV 远门变电站及 110kV 连庄变电站位于陕西省

汉中市境内。汉中市位于陕西省西南部，为亚热带气候区，北部有秦岭作屏障，寒流不易入侵，气候温和湿润。整个汉中地区年平均相对湿度分布为南大北小。汉江平坝、巴山山地为 70%～80%，秦岭山地为 73%。一年中，冬春季较小，夏秋季较大。9 月和 10 月是全年之冠，从 80%～86% 不等；冬季（12 月、1 月和 2 月），汉江平坝、巴山山地为 75%～80%，秦岭山地为 58%～66%。

35kV 渔村、远门两个变电站有高压开关柜室 20 个，110kV 莲庄变电站有开关柜室 10 个，35kV 渔村变电站有开关柜室通风格栅 7 个、排风机 6 台、除湿机 2 台。钓鱼营地有 2 个室外接线盒，奥尼斯营地有 8 个室外接线盒。高压室密封比较严密。当环境湿度较大，温差较大时，潮湿空气容易沿门窗、电缆沟、透气栅间隙进入室内，部分潮湿空气沿柜体间隙进入开关柜。易在拐角处聚集，无法排出，易发生安全操作事故。

该供电公司决定对 35kV 渔村变电站、110kV 远门变电站的开关柜进行除潮除湿检修，其目的是降低开关柜内空气的湿度，使相对湿度小于 60%，满足高压电力设备安全运行的环境湿度指标。

2. 潮气水雾严重的原因分析

（1）变电所高压室有门窗、通风格栅，部分密封不严，影响防潮。

（2）雨季或外部环境湿度较大时，墙体通风格栅和门窗缝隙使高压室内空气直接与外部空气连通，室外高湿度空气直接进入高压室，这会增加室内湿度，且部分潮湿空气容易沿柜体间隙进入开关柜。

（3）当柜内湿度高、温差大时，柜内环境空气中的不饱和水汽瞬间饱和，在柜内各部件上冷凝。

（4）开关柜与母线桥连接。柜内潮湿空气继续蒸发向上，进入开关柜上方的母线桥。公共母线桥上没有暖气或湿气驱动装置，虽然母线管有不同的通风孔，但大多位于母线管两侧，母线管内外的气压相对较小。因此，采用自然通风方式来达到通风驱潮的目的基本上是不可行的，也达不到良好的通风驱潮效果。

（5）控制柜结露的主要原因如下：

1）下雨时，雨水流入电缆沟，电缆沟中的潮湿空气进入机柜，形成冷凝现象。

2）在雨天、高湿度环境下，接线盒结露更为严重。柜门及内部设备结露是高压电器安全的重大安全隐患。

3）在冬季，冷凝形成的水在室内结冰。当天气温度升高时，水蒸发成水蒸气。在适当的温度下，它又开始凝结。

3. 电力设备现行除湿方法

（1）室内安装工业除湿机。

（2）柜内设有风机，与外界干燥空气交换、对流，降低柜内湿度。

（3）用水泥密封电缆和机柜之间的间隙，用胶带密封柜门。

4. 问题分析

（1）由于室内通风口未密封，室内外空气可循环，所以在室内安装工业除湿机的除湿效果很小。

（2）电气柜的湿度可通过空气对流降低，并与外界干燥空气交换。当环境湿度较大时，不起作用，容易造成灰尘和污垢进入，达不到防潮的目的。

（3）水泥封堵只能减少水汽进入，不能防止潮湿空气进入。

综上所述，以上方法均不能解决冷凝现象。

二、高压室整体除潮除湿措施

变电站高压室设有开关柜、母线桥和通风格栅，与外界空气循坏，以满足电力系统对环境湿度的要求。目前，较好的解决办法是对电力设备运行环境进行整体除湿，不仅对内部动力设备进行除湿，而且对动力设备的大环境进行除湿。根据电力设备的特点和运行要求，可选用不同的除湿器。根据变电站的运行环境的实际情况，制订如下方案：

（1）在每个开关柜内安装 2 台除湿器，柜内除湿装置是专为解决电气柜内的空气潮湿问题而研制的。根据小型化、便携化安装的设计原则，除湿器采用模块化结构设计，通过485 接口将柜内温度、湿度和工作状态等信息传送到系统软件，通过系统软件实现自动除湿装置。可实现远程控制，采用半导体制冷技术对机柜进行除湿。通过局部设置冷凝条件，降低柜内相对湿度，冷凝水直接排出。装置的电源也由交直流宽范围开关电源模块供电，保证装置在低环境温度下正常工作。安装原则是满足安全绝缘距离的要求，柜壁居中向下，电源和电缆敷设方便。

（2）对排水管道进行集中收集和敷设，可收集和排放室外所有除湿装置的冷凝水。

（3）在电缆穿过电缆沟时，会在电缆沟中留下缝隙，使用水泥或密封材料对间隙进行密封，以防止室外或雨水进入电缆沟。

（4）室内通风改造。渔村变电站高压房内设有通风机，通风机由传感器控制。当室外湿度小于室内湿度时，启动通风机降低室内空气湿度。当室外湿度大于室内湿度时，关闭通风机并停止通风以保持室内湿度，但通风出口未密封，通风、减湿效果不佳。因此，需要密封未密封的通风口。

（5）35kV 渔村变电站、远门变电站和 110kV 连庄变电站风机出口共安装 13 个电动百叶窗、3 台风机、1 套百叶联动控制装置及 6 个自垂直百叶窗。风机和百叶窗由控制装置自动控制，电动百叶窗和通风机协同工作。当室外湿度小于室内湿度时，启动通风机，打开电动百叶窗，使室内外空气充分交换，降低室内空气湿度。当室外空气湿度大于室内空气湿度时，通风机停止工作，关闭电动百叶窗以保持室内湿度。通风机出口配有 6 个自垂直百叶窗，风机启动时百叶窗自动打开，风机停止工作时百叶窗自动关闭。

对以上变电站的电气环境进行了全面除湿改造后，电气运行状况良好，站内湿度问题得到妥善解决，为电力安全运行提供了有力保障。

三、变电站高压室的除潮除湿方法

1. 变电站除潮除湿方法存在的问题

（1）用电加热器对设备内部进行加热，可解决凝露问题，但是这种方法并不能从根本上消除凝露，原因在于这种方法只是增加空气中水蒸气的不饱和程度，并没有将柜内的水汽排出。

（2）在柜体内悬挂硅胶袋或者是其他的吸水材料可以除潮，但因为其吸水效果有限，且吸收的水分很难排出，所以效果往往并不明显，而且维护工作量还会增加。

（3）用风机通过空气的对流与外界干燥的空气进行交换可降低电气柜内湿度，但环境湿度较大时不起作用，还易造成尘土、污秽进入，并不能实现防潮目的。

（4）用胶泥封堵时，可以减少水汽进入，但无法杜绝潮湿空气的进入。

2. 变电站除潮除湿的新方法

（1）利用停电机会清擦设备，使开关柜内保持清洁。

（2）密闭高压室。高压室的通风窗、内通风口按规程规定安装空气过滤措施，使高压室内空气保持清洁。

（3）高压室安装除湿机或除湿空调，装设自然通风排潮通道，保持高压室内空气干燥。

（4）对开关柜下边的电缆沟、电缆隧道、电缆孔洞进行防水密封，加装自然通风排潮通道，保持电缆隧道空气干燥。

（5）改进高压室建筑设计，高压室房顶墙顶部加装沿板，出线穿墙套管上方增设雨搭。

（6）出线穿墙套管固定钢板应顺墙体中心线距外墙面至少 100mm 处安装。出线穿墙套管固定钢板和框架之间的缝隙，应采用搪锡高压密封。框架与墙体窗口之间的缝隙，应使用建筑防水材料密封。

（7）及时消除高压室房顶漏雨缺陷。

（8）户内封闭式母线桥底部铁板改为钢丝网板，或横向开一个 100mm 的缝隙（靠近墙体的部位），雨水由出线穿墙套管固定钢板处进入时，可以从缝隙排出，不能进入开关柜。

（9）对于绝缘裕度不高、运行环境差的开关柜，加装 SPR－CN－S1 型智能除湿器/除湿装置，根据湿度自动控制，排除柜内水分。

第八节　开闭所环网柜潮湿治理实践

一、开闭所环网柜潮湿现象

某公司承担了某园区开闭所环网柜的潮湿治理工程。中标后施工团队备足材料，来到园区开闭所环网柜进行封堵施工。到达现场打开柜门，映入眼帘的景象让人吃惊，里面的电缆就跟竖着的"冰棍"一样，潮湿现象非常严重，经过施工队员仔细勘察辨别，发现柜体底部没有隔板，电缆处于冷热交替的外部温度环境中，加之柜门长期关闭，设备运行产生的无法及时散去的高温与底部上来的湿气相遇形成的露水凝结在电缆上，如图 3-8-1 所示。电缆长期处于浸水状态，会严重影响其使用安全，缩短使用寿命。

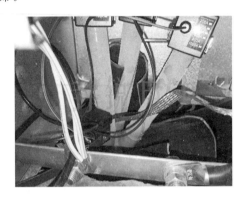

图 3-8-1　封堵施工前环网柜内
严重的潮湿凝露现象

图 3-8-2　防潮防湿防
凝露封堵施工

二、开闭所环网柜封堵施工工艺

针对此种情况，无法直接浇注某公司生产的 BBS 封堵组料，施工队员现场使用环氧板做出一个底板，留出电缆的孔洞，再将防凝露封堵材料浇于其上，等待发泡膨胀，形成固体密封。某公司生产的防凝露封堵材料具有自动流平特性，可以深入到各个缝隙角落，达到完全密封的效果，将潮气阻隔在柜体之外，如图 3-8-2 所示。

尽管柜体小、空间狭窄，不便于施工操作，但在施工团队合力协作下，仅用 1 大时间完成了此次项目的施工任务，图 3-8-3 所示为封堵施工完毕的开闭所环网柜。

图 3-8-3　封堵施工完毕的开闭所环网柜

第九节 变电站户外机构箱防潮防水解决方案

一、变电站户外机构箱潮湿结露原因

变电站电气设备一般置于户外，其机构箱内部环境受环境气候、箱内结构、密封情况等因素影响，运行环境较差。当空气湿度较大、内外温差较大时，箱内容易形成凝露，使电气设备的绝缘水平下降，导致电气设备放电、短路，会严重影响电气设备的安全稳定运行。

机构箱凝露现象是指柜体内壁表面或母排表面温度下降到露点温度以下时，内壁或母排、绝缘器件等表面发生的水珠凝结现象。机构箱潮湿结露原因如下：

（1）对于长期处于备用或未安装加热器的机构箱，由于柜内温度经常低于柜外温度，在空气湿度大的环境中，柜外湿气侵入柜内，容易形成凝露。对于备用间隔的柜门，可采取加装加热器的方法，提高柜内环境温度，使空气能容纳更多水分，并通过排气孔带走柜内水汽。

（2）在进线电缆密封不严的机构箱电缆层有积水的情况下，如果柜门底部进线电缆密封不严，湿气容易进入柜内，使柜内的湿度加大，导致柜内凝露。针对进线电缆较多的柜门，应仔细排查柜内的防封堵情况，做到不留死角，密封严实。

（3）机构箱通气孔堵塞。户外设备置于敞开的环境中，蚊虫、蚂蚁、蜜蜂等进入通气孔做窝或冬眠，导致通气孔堵塞。当柜内湿气较大时，不能及时将湿气排除。

二、变电站户外机构箱防潮解决方案

（一）高分子防潮封堵剂

1. 高分子防潮封堵剂特点

某公司研制的高分子防潮封堵剂如图 3-9-1 所示，是专门用于配网户外环网柜、箱式变压器、电缆分支箱、配网控制柜及变电户外端子箱等的新型环保防潮密封剂。高分子防潮封堵剂应用高分子聚合物混合技术，采用高活性化学物质配方，具有黏度低、流动性好、容易渗透、不变形、不变质、不开裂等特点，可对电气设备底部缝隙形成充分密封，能耐受自然温度冻融循环和各种恶劣环境，有效防止小动物等从地下进入封闭柜内，是为保障电网电气设备安全运行进行防潮封堵作业的优良封堵剂。

2. 高分子防潮封堵剂产品优势

（1）安全性高：防水、防潮、防尘、防止小动物侵袭，防火阻燃。

（2）操作简便：施工简便，单人操作，无需辅助（电、火和水等）。

图 3-9-1 高分子防潮封堵剂

（3）流动性好：固化前在密封面上充分流动并自动找平。

（4）耐受各种恶劣环境：抗腐蚀，可耐受各种恶劣环境。

（5）紧密黏合：与电缆护套及周围建筑结构紧密结合，无腐蚀反应。

（6）结构坚固：坚固分子闭孔矩阵结构，成型后有韧性、重量轻，不会破碎或跌落。

（7）效果持久：固化成型后不变形、不变质、不开裂，使用寿命不少于 10 年。

（8）施工方便：可作用于悬垂楼板或直接用于底板上，是电气设备安全防护的理想选择，且二次开孔简易方便。

3. 高分子防潮封堵剂使用方法

高分子防潮封堵剂的使用方法如图 3-9-2 所示。

图 3-9-2　高分子防潮封堵剂使用方法

（二）智能防凝露除湿装置

受潮是设备恶化的最常见因素，常规加装加热器、增强通风等各种除湿措施，效果不显著。智能防凝露除湿装置采用冷凝除湿模式，能够有效降低机构箱内的空气湿度。变电站机构箱加装智能除湿器，通过实验验证和现场测试，确实可行、有效。加装智能除湿器可为设备提供一个干燥的环境，提高了设备运行的可靠性和安全性，确保了变电站的安全稳定运行。

某公司研制的 LH3000 型智能防凝露除湿机采用先进的半导体冷凝技术，把柜内的潮湿空气遇冷凝结成水珠，最后通过排水管排出柜外。LH3000 型智能防凝露除湿装置可以彻底排除机构箱内的湿气。智能防凝露除湿装置采用冷凝除湿模式，具有功耗低、使用寿命长、稳定性高的优点，智能防凝露除湿装置还具有多种除湿工作方式。智能防凝露除湿器配有监控主机及手机 APP 应用终端，系统以云服务为平台充分挖掘现场设备物联感知能力，对配电房内除湿机、温湿度传感器、排风机、消防烟感探测装置、水浸监测装置、红外入侵探测装置等现场设备的实时数据实现了低成本远程采集，如图 3-9-3 所示，大大方便了运维人员对配网终端运行状态信息的随时掌握。

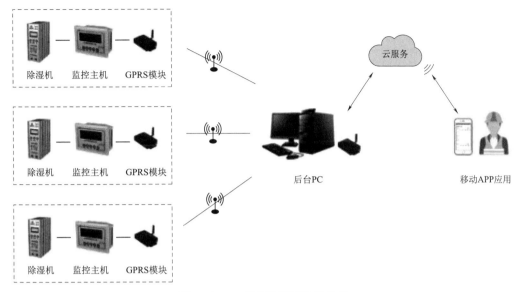

图 3 - 9 - 3 智能防凝露除湿装置

第十节 变电站端子箱防潮防凝露策略研究

一、变电站端子箱防潮防凝露的重要性

在变电站内，端子箱作为室外电气设备与室内测控、保护、通信等设备连接的中间环节，通常会就近安装在设备旁边。在变电站内，由于端子箱看似只是一个简单的附属设备，所以常因疏忽造成管理和维护的缺失，也会因操作维护不当造成变电设施故障及损毁。但最常出现的端子箱故障还是由于本身防潮防凝露措施不到位，出现积水，在通电状态下出现短路所致，所以如何做好端子箱的防潮、防凝露工作对变电站而言是至关重要的。

二、加热驱潮装置由分散控制变为集中控制的改进方案

低温潮湿恶劣天气容易使变电站室外设备的端子箱和机构箱内产生凝露，造成停电事故。而目前的驱潮装置均采用独立布置，功能范围仅限于本箱体。在运行中存在着维护工作量大，可靠性和经济性较差等问题。有关技术人员提出了变电站加热驱潮装置由分散控制变为集中控制的改进方案，在某供电公司的一个变电站进行试点运行，效果良好。

三、变电站端子箱的防潮防凝露新技术

（一）端子箱潮湿的原因及防潮的重要性

因为端子箱在变电站内起到连接室外电气设备与室内测控、保护、通信等设备的作用，是户外设施，且箱体常为铸铁材质。当室外温差大时或在空气温度高时（尤其是在雨

季），室外端子箱内易形成凝露积水，导致直流二次回路对地绝缘电阻下降，形成直流正电源或负电源接地，而一旦直流两点接地，就会引起直流保险的熔断，造成设备损坏，严重时还将威胁到电网的安全运行。因此，确定端子箱受潮原因并采取有针对性的措施对变电站来说是非常重要的一项工作。

目前电力系统内常用的各种电气设备的端子箱在材质、制作或安装工艺以及驱潮回路等方面都存在一些问题。例如，因箱内潮气重，导致端子牌的端子、螺丝等锈蚀；箱体多为铸铁材质，本身也易产生锈蚀情况；端子箱在安装时工艺把关不严谨，造成箱体防水封堵不严密而进水；有些端子箱驱潮回路没有接电源或回路不通导致驱潮效果大打折扣；甚至有不少端子箱因设计缺陷，导致驱潮极不便捷，这些都是导致端子箱出现潮湿或凝露的原因。另外，端子的接触不良会导致测控、保护装置运行异常，误发的信号会使运行人员作出错误的分析和判断，进而影响到变电站的日常工作和正常输配电业务，给用电安全带来隐患。

（二）现有端子箱受潮的处理方法及不足

1. 现有处理方法

（1）在端子箱内加装电加热设备，通过对设备内部进行加热的方式，提高柜内温度，降低柜内湿度。

（2）在端子箱内安放驱潮剂，例如在箱内悬挂硅胶袋、吸潮剂或其他吸水性能好的材料，以此来吸收箱内的湿气，降低湿度和减少凝露的产生。

（3）在端子箱外安装风机，通过箱体内外空气对流的方式，增加箱内空气与外界干燥空气的交换，以此来达到降低湿度的目的。

（4）做好箱体的封堵工作，例如对箱体上进出电缆的位置的缝隙使用胶泥封堵，箱体门增加密封胶条密封等。

2. 现有方法存在的不足

（1）电加热设备对内部进行加热解决凝露现象问题的方法只是增加了箱内空气中水蒸气的不饱和程度，并不是指导水汽排出。

（2）使用硅胶袋、吸潮剂或吸水性能好的材料时，由于材料本身的吸水能力和效果有限，且吸收到的水分仍在箱体内，并没有排出，所以防潮防凝露效果并不明显，相反却会增加维护的工作量。

（3）使用风机通过空气交换来降低湿度的方法在外部环境湿度较大时是不起作用的，而用在湿度低的环境中，又会把外部尘土、污秽带入箱内，增加湿气凝结。

（4）封堵工作确实可以起到减少水汽进入的目的，但对于因环境温差造成的箱内自身产生的凝露是无法解决的，也不能完全杜绝潮湿空气的进入。

（三）半导体冷凝除湿技术

以上方法都不能很好地解决潮湿和凝露现象，因此需要研究新的效果显著的防潮防凝露技术和措施。目前，有两种技术也已被引入到变电站端子箱的防潮防凝露工作中来，即半导体冷凝除湿技术、加热板加热除湿技术，这两种技术也是各有利弊。

半导体冷凝除湿是利用半导体电子元件制冷的原理，把空气中的水分、蒸汽等凝结成水，然后通过导水管排出，以此达到为端子箱内部除潮除湿的目的。半导体冷凝除湿方法使用直流电，耗电量很小，安全、稳定、环保，除湿力强。经测定，3h 左右可以除湿40％，而且该方法重要的一点是除湿的过程不会回潮，而且半导体冷凝技术可以与当前先进的电子电脑技术配合，以电脑来进行控制。当箱体内的湿度值超过规定数值时，自动调整进行除湿工作。由于这种方式可以提前设定一个端子箱的适合湿度范围，所以只要不存在电脑设备的故障，就无需担心湿度出现过高或过低的问题，所以它的优点比较明显，但相对来说价格会略高些。

（四）采用加热板进行连续加热进行除湿防潮技术

考虑到当前阶段大部分变电站所用的户外端子箱的具体情况，另一种防潮防凝露的方法也逐渐在广泛使用，这种方法就是采用加热板进行连续加热的方法来进行除湿除潮，并已在试点变电站取得良好的效果。加热板除湿方法是根据电工原理设计的，在通电时，加热板的表面温度会比端子箱外的环境温度高出 20～50℃。在除湿效果上，以 110kV 变电站中常见的高度为 1m 的端子箱为试验对象，在验证效果时，使用两串即 4 只 75W（分两层，底部及中部各两只）的加热板均匀分布在端子箱里，使用时的发热功率为 75W，按这种方法配装加热板的端子箱内的温度会比箱外温度高 5～20℃。试验结果表明，使用加热板的除湿防潮效果是良好的。当然，这并不代表不需要做好端子箱的封堵工作。良好的封堵会使采用加热板进行除湿防潮的端子箱的除湿防潮性能更加显著。不过加热板加热除湿的方法在夏季炎热天气下使用不当也会造成箱内设备的损坏，所以在使用时还是有一定的限制条件的。

（五）半导体冷凝除湿技术与加热板加热除湿技术结合

综上所述，变电站端子箱内潮湿、冷凝水积存的现象不仅会降低端子箱的使用寿命，还会形成变电站设备的安全隐患，因此需要找到切实可行的处置措施开展端子箱的防潮防凝露工作，以保障变电站工作的正常开展。在现阶段看来最有效、最经济的方式就是合理地把半导体冷凝除湿与加热板加热除湿两种方法结合起来，利用各自的长处，摒弃各自的劣势，真正把变电站端子箱的防潮防凝露措施落实到位。

第十一节　新型端子箱组合式防潮防凝露系统

一、当前端子箱防潮防凝露技术存在的问题

目前端子箱的防潮防凝露设备按正常气候配置，没有考虑气候条件突变时的加强配置策略。我国南方区域雨水多，端子箱多为金属箱体，在高温天气下突然暴雨降临，持续几小时甚至更长，箱内温度会迅速下降，此时防潮防凝露设备无法及时加大加热功率，会导致箱内湿度升高，产生凝露。

目前端子箱防潮防凝露设备配置是单独配置加热器或半导体除湿机的其中一种，二者之间没有有机组合起来，没有根据不同的环境条件、设备本身的特点进行使用控制，导致存在以下严重不足：

（1）加热器在夏季高温高湿时使用，会导致端子箱内温度过高从而加速绝缘老化。

（2）半导体除湿机在低温高湿时冷凝片会结霜，效率变得很低或无法工作，导致箱内湿度偏高，产生凝露。

二、端子箱组合式防潮防凝露系统组成和工作原理

广东电网有限责任公司清远供电局技术研发人员于 2017 年发明了一种新型端子箱组合式防潮防凝露系统及方法，解决了目前端子箱的防潮防凝露设备按正常气候配置，使得加热器在夏季高温高湿时使用会导致端子箱内温度过高从而加速绝缘老化，除湿机在低温高湿时冷凝片会结霜，效率变得很低或无法工作，导致箱内湿度偏高产生凝露的技术问题。

1. 组成

（1）本端子箱组合式防潮防凝露系统包括温湿度监控器、双功率模式控制电路。双功率模式控制电路包括两个加热器、除湿机和开关；温湿度监控器与双功率模式控制电路连接，用于根据温度和湿度控制双功率模式控制电路的加热器和除湿机启动或关闭；除湿机与加热器并联连接；两个加热器通过开关串联连接或并联连接。除湿机选择半导体除湿机，加热器选择电阻丝加热器。

（2）本端子箱组合式防潮防凝露系统设定了低温定值、高温定值、除湿设置值、回差值和湿度极高值。

2. 优点

本端子箱组合式防潮防凝露系统，通过设置温湿度监控器的逻辑功能控制双功率模式控制电路组合使用加热器和半导体除湿机，在高温高湿气候时使用除湿机，在低温高湿气候时使用加热器，实现按需灵活调节加热功率，并明确除湿机和加热器的工作范围，克服了单独使用时不可避免的高温、凝露隐患，适应了各种气候环境，保证端子箱防潮防凝露的最佳效果。

3. 工作原理

图 3-11-1 所示为本端子箱组合式防潮防凝露系统的逻辑图。

当气温 T 超过高温定值 TH 时，且湿度高于除湿设置值 $RHV1$，选择半导体除湿机工作，湿度降到 $RHV1$-回差值时退出工作。

图 3-11-1　端子箱组合
式防潮防凝露系统
的逻辑图

T—端子箱内空气温度；
TH—高温判断设置定值；
TL—低温判断设置定值；
RH—端子箱内空气湿度；
$RHV1$—湿度高动作设置
定值；$RHV2$—湿度极高
增强加热动作设置定值

当气温 T 低于低温定值 TL 时，且湿度高于除湿设置值 $RHV1$，选择加热器并在常态加热模式下工作，湿度降到 $RHV1$-回差值时退出工作。

其中，定值设置时要求 $TL > TH$，避免产生盲区，当温度在 TH 与 TL 之间且湿度高于除湿设置值 $RHV1$ 时，半导体除湿机和加热器同时满足启动条件，同时工作。例如 $TH = 20℃$，$TL = 23℃$，当温度在 $22℃$ 时，半导体除湿机和加热器同时工作，当温度高于 $23℃$ 时，半导体除湿机工作，当温度低于 $20℃$ 时，加热器同时工作。

当湿度高于湿度极高值 $RHV2$ 时，不管当前是半

导体除湿机工作还是加热器工作，均马上启动加热器增强加热模式工作，此时有可能是除湿机和加热器全部投入工作，除湿防潮能力最大；当湿度降到 $RHV2$ －回差值时退出工作。例如，湿度极高值 $RHV2$ 设置为 $80\%RH$，回差值为 $10\%RH$，当箱内湿度超过 80% 时，启动增强加热模式，直到湿度降到 $70\%RH$ 以下，退出增强加热模式。

本端子箱组合式防潮防凝露系统，通过设置温湿度监控器的逻辑功能控制双功率模式控制电路组合使用加热器和半导体除湿机，在高温高湿气候时使用除湿机，在低温高湿气候时使用加热器，实现按需灵活调节加热功率，并明确除湿机和加热器的工作范围，克服了单独使用时不可避免的高温、凝露隐患。适应了各种气候环境，保证端子箱防潮防凝露的最佳效果。解决了目前端子箱的防潮防凝露设备按正常气候配置，使得加热器在夏季高温高湿时使用，会导致端子箱内温度过高从而加速绝缘老化，除湿机在低温高湿时冷凝片会结霜，效率变得很低或无法工作，导致箱内湿度偏高产生凝露的技术问题。

4. 技术特征

（1）端子箱组合式防潮防凝露系统的特征在于包括温湿度监控器、双功率模式控制电路，双功率模式控制电路包括两个加热器、除湿机和开关，温湿度监控器与双功率模式控制电路连接，用于根据温度和湿度控制的双功率模式控制电路的加热器和除湿机启动或关闭，除湿机与加热器并联连接，两个加热器通过开关串联连接或并联连接。

（2）除湿机为半导体除湿机。

（3）加热器为电阻丝加热器。

（4）端子箱组合式防潮防凝露方法的特征还在于设定了低温定值、高温定值、除湿设置值、回差值、湿度极高值。

1）当温湿度监控器测得气温超过高温定值且湿度高于除湿设置值时，控制除湿机启动工作并在湿度降到除湿设置值与回差值的差值时退出工作。

2）当温湿度监控器测得气温低于低温定值且湿度高于除湿设置值时，控制两个加热器串联启动工作并在湿度降到除湿设置值与回差值的差值时退出工作。

3）当温湿度监控器测得湿度高于湿度极高值时，控制两个加热器并联启动工作并在湿度降到湿度极高值与回差值的差值时退出工作。

第四章

变电站防凝露技术

第一节　凝露和凝露对电气设备的危害

一、凝露和湿空气焓湿图

1. 凝露的含义

凝露是指凝结的露珠，所以凝露又称为结露。

（1）凝结的露。汉繁钦《蕙咏》："葩叶永雕瘁，凝露不暇晞。"晋江逌《咏秋》："高风催节变，凝露督物化。"北魏萧综《悲落叶》诗："夕蕊杂凝露，朝花翻乱日。"唐冯宿《鲛人卖绡赋》："皓如凝露，纷若游雾。"

（2）凝聚成露。晋潘岳《寡妇赋》："天凝露以降霜兮，木落叶而陨枝。"

（3）凝结成露珠。戴望舒《山行》诗："却似凝露的山花，我不禁地泪珠盈睫。"

2. 凝露现象

凝露现象是指当空气中的水蒸气达到饱和程度时，就会在温度相对较低的物体上凝结为水珠的一种现象。通常将这个温度称为露点温度。

在温暖季节的清晨，人们在路边的草、树叶及农作物上经常可以看到的露珠，露和霜一样，也不是从天空中降下来的。露的形成原因和过程与霜一样，只不过它形成时的温度在0℃以上罢了。在0℃以上，空气因冷却而达到水汽饱和时的温度叫做露点温度。在温暖季节里，夜间地面物体强烈辐射冷却时，与物体表面相接触的空气温度下降，在它降到露点以后就有多余的水汽析出。因为这时温度在0℃以上，这些多余的水汽就凝结成水滴附着在地面物体上，这就是露。

露和霜一样，也大都出现于天气晴朗、无风或微风的夜晚。同时，容易有露形成的物体，也往往是表面积相对较大的、表面粗糙的、导热性不良的物体。有时，在上半夜形成了露，下半夜温度继续降低，使物体上的露珠冻结起来，此时的露叫做冻露。有人把它归入霜的一类，但是它的形成过程是与霜不同的。

露一般在夜间形成，日出以后，温度升高，露就蒸发消失了。

3. 湿空气焓湿图

湿空气焓湿图如图4-1-1所示。

（1）湿空气是指含有水蒸气的空气。

（2）含湿量和相对湿度均是表征湿空气中水蒸气含量的参数。

1）含湿量表示每千克干空气中水蒸气的含量，是表示水蒸气含量的绝对值，在焓湿图中用横坐标表示。

2）相对湿度（RH）是表示湿空气的绝

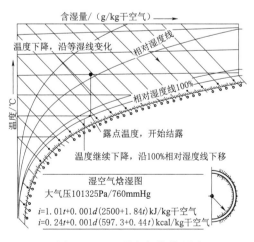

图4-1-1　湿空气的焓湿图

对湿度（含湿量）与相同温度下可能达到的最大绝对湿度（最大含湿量）之比，是表示空气中水蒸气含量的相对值，在焓湿图中为一系列抛物线。

（3）饱和空气是指一定温度和压力下，能够容纳最大限度水蒸气的湿空气状态，其相对湿度为 100%，在焓湿图中位于最下方。

（4）露点温度是指空气在含湿量和气压都不改变的条件下，将湿空气冷却到饱和时的温度，在焓湿图中与相对湿度线 100% 对应的纵坐标温度即为该含湿量对应状态下的露点温度。

4. 凝露机理

如果湿空气接触的物体表面温度低于该空气的露点温度，空气将热量传递给接触的物体，空气温度下降，同时其相对湿度提高，物体表面温度升高，但两者升高速率不同，通常空气热容量低，降温速度大于固体物体吸热后的升温速度。当空气温度降至露点温度时仍高于物体表面温度，空气温度将继续下降，此时空气中的水蒸气将从空气中以液态形式析出，进而在物体表面形成凝露。

通过上述分析可以发现，形成空气凝露的条件包括湿空气（水分）、物体与空气的温差，如果两个条件都不满足，则不会出现凝露。

二、凝露对电气设备的危害

1. 危害后果

配电设备作为电能传输、分配的重要组成部分，直接面向用户，其运行可靠性与用户的用电体验密切相关，因此保证配电设备安全稳定运行是供电部门的重要工作内容。通过对近年来运行环境因素导致的配网故障进行详细分析，发现设备本体及周边环境潮湿是导致配电设备产生凝露，从而引发配网一次、二次设备（特别是户外箱式变电站、开闭器、分支箱等封闭式结构设备）故障的主要因素之一。南方空气湿度大的地区极易发生凝露现象。北方（以北京为例）气候属于典型的北温带半湿润大陆性季风气候，夏季高温多雨，冬季寒冷干燥，四季相对分明，但在夏季，高温、高湿、闷热，秋冬季节处于长时间大雾、清晨空气中湿度饱和及积雪难化的天气情况下，也经常发生配电设备的凝露与积水现象。如果任由配电设备上凝结水滴加重不予处理，就会危害设备的正常运行。轻则会使错误保护信号频繁上传，重则会导致开关误动或拒动，进而造成停电事故的发生。

2. 危害形式分类

配电设备凝露故障按照其危害所呈现出的形式，主要分为以下三类：

（1）一次设备绝缘性能降低类故障。一次设备（如电缆终端、非封闭母线等）发生凝露后，其绝缘性能有可能大幅度降低，给闪络和爬电现象的产生创造了条件，严重时甚至会使得设备不能正常运行或诱发设备内在缺陷提前发展为运行故障。

（2）二次设备误动或拒动类故障。与一次设备相似，二次设备（如配电自动化、通信终端及相关二次系统等）也需承载相应的电流和电压，当凝露黏附或以掉落的方式在二次设备表面聚集，特别是在端子箱内微动开关等类似部件及二次接线端子排上形成时，将直接或与杂质结合后导致交、直流回路出现短路（或接地）情况，从而发生误报警等故障，严重时将造成开关的误动作，引发停电事故。

（3）金属材料功能失效类故障。凝露将导致设备的金属部件加速腐蚀，缩短设备的设计运行寿命，特别是没有防腐措施的裸露金属部件，在酸性空气中更是被腐蚀的重点对象。如果腐蚀发生在设备内部的传动机构等关键部件，则会导致机构卡涩，致使刀闸、开关等在进行分、合动作时运行不到位，从而减缓静动触头的速度，最终引发极为严重的事故。

三、发生凝露现象的环境因素

1. 发生配电设备凝露现象的大环境因素

（1）在环境温度易发生大幅度变化的时节。例如秋冬或冬春之交，一旦设备周围环境温度发生明显变化，空气中的水蒸气便会以凝露的形式出现在设备内部。秋冬之交形成的凝露甚至会以冰霜状态在设备内部持续留存。

（2）在环境相对湿度较大的地区。环境湿度较大时，一旦空气中的水蒸气达到饱和状态，则会以凝露的形态在设备表面析出。例如沿海海洋性气候地区的设备，常年处于潮湿环境之中，空气中水分含量较高，水蒸气达到饱和的概率较大。

2. 发生配电设备凝露现象的小环境因素

（1）安装在绿地、泥地或低洼地段处的户外配电设备。由于此类配电设备（如户外开闭器、箱式变电站、电缆分支箱等）常年运行在户外，在夏季多雨、绿地灌溉等情况下，设备基础井内极易积水，水蒸气蒸发上升到位于地面的柜体内，特别是在设备柜体内外温差较大时将造成水蒸气过饱和，进而发生凝露现象。

（2）运行在建筑物地下室内的户内配电设备。由于此类配电设备（如户内高低压开关柜、箱式变电站、综合控制柜等）常年运行在潮湿阴冷的环境中，特别是在夏天，其运行温度比户外设备低，再加上附近有自然或人工水源渗漏、电力排管渗漏等情况导致电缆夹层积水时，上升到柜体内的水蒸气将极易凝结析出。

（3）处于暂时停运状态的设备。此类设备由于柜内温度比周围环境温度低，无论是处于户内还是户外，都较同环境下的在运设备易发生凝露现象。

第二节　防凝露措施和凝露治理技术

一、配电室内防凝露措施

针对配电室面临电缆夹层被电缆隧道中积水倒灌的风险，提出如下防凝露措施。

1. 修建防水台

对于部分处于地势低洼、蓄水池景观或泵房等设施周边的地上配电站（室），要修建防水台，从而尽量避免雨水、积水等外部水源流入室内。

2. 平改坡

如果地上配电站（室）为独立平顶房，可对其平屋顶进行"平改坡"改造，坡度设计为15％，屋面防水Ⅰ级。对于"平改坡"工程，建议遵循以下基本技术原则：

（1）"平改坡"工程尽量采用节能环保型新产品、新材料、新技术和新工艺。

（2）"平改坡"工程应按规程设计、施工、监理和管理，且需符合国家现行的有关标准的规定。

（3）"平改坡"工程的坡面形式应考虑结构的安全性，尽量与周围环境和建筑风格相协调。

（4）"平改坡"工程对原有配电站（室）安全性产生威胁时，应考虑其他屋面防水措施。

3. 开展电缆管孔封堵

采用阻水橡胶、防火封堵腻子、速干水泥等材料，对电力隧道与配电站（室）电缆夹层或站室建筑内部用于 10kV 及以下电力电缆进（出）管孔进行有效的防水封堵，从而阻断电缆隧道内积水进入电缆夹层的路径，达到防凝露的目的。对于电缆管孔的封堵，建议遵循以下基本技术原则：

（1）电缆管孔封堵装置应与电力设施同时设计、同时施工、同时验收、同时投运。

（2）电缆管孔封堵应具有与实际要求相适应的防水、防汛、防尘、防火、防小动物等功能。

（3）电缆管孔封堵装置采用的原材料、预制品等应符合安全、环保、消防和劳动保护等国家现行的强制性规定，应有合格证、出厂说明书等技术文件，现场安装的成套装置应有厂家识别标识。

（4）电缆管孔封堵装置在安装、使用、拆除时，不能对与其接触的合格电缆造成腐蚀或机械破坏，且应符合国家现行相关标准的规定。

4. 加装溢水报警系统

对于地下配电站（室）及具备自动化系统的电缆分界室，利用探测元件、监测主控单元、站端远动通信模块等功能组件，组成一套可以监测站室电缆夹层侵水情况的系统，采集实时水位数据，并及时上传后台，第一时间掌握动态汛情。对于溢水报警系统，建议遵循以下基本技术原则：

（1）配电站（室）溢水报警系统宜与电力设施同时设计、同时施工、同时验收、同时投运。

（2）35kV 及以上变电站、位于地下的开闭站、配电室及具备自动化系统的电缆分界室均应安装站室溢水报警系统。

（3）溢水报警探测元件宜使用电极式探测元件，且宜采用冗余配置方式，分别接入不同的监测主控单元。

（4）在条件具备的情况下可考虑加装水泵自启动系统，实现溢水报警与水泵启动的联动功能。

二、户外配电设备的防凝露措施

箱式变电站、环网柜、电缆分支箱等设备是城市电网最常见的户外配电设备，此类设备暴露在自然环境中，运行环境复杂，凝露现象最为普遍，因此也是现场运维人员关注的重点。早期针对此类设备的防凝露手段主要集中在调整设备内部水蒸气的饱和度和温度两个方面，部分措施在特定环境下取得了不错效果。针对户外配电设备，采取的措施主要包括以下几项：

1. 设备底部采用不锈钢底板封堵

采用不锈钢板对户外箱式变电站、环网柜底板进行封堵，使设备壳体内空间与电缆井隔绝，不锈钢板以上井壁滚涂防水涂料，以防止由土层向设备壳体内渗水；不锈钢板上填充保温材料，隔绝空气，防潮保温；设备底脚做防水，墙体做防水八字脚。用不锈钢板封堵户外箱式变电站、环网柜底板的示意图如图 4-2-1 所示。

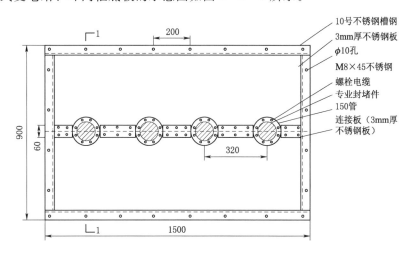

（a）俯视图

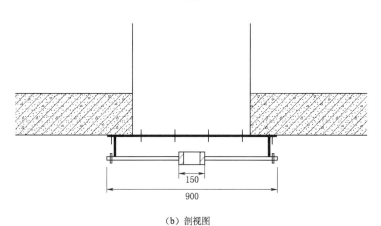

（b）剖视图

图 4-2-1 用不锈钢板封堵户外箱式变电站、环网柜底板的示意图

对于不锈钢底板封堵，建议遵循以下基本技术原则：

（1）设备底板已有电缆孔及预留电缆孔直径的测量误差需尽量小，一般要求不超过实际孔径的 5mm。

（2）不锈钢底板表面应光滑无毛刺，避免割伤电缆。

（3）在开展底板封堵时，建议同步对电缆井内电缆支架进行检查和消缺，重点开展螺栓紧固与支架防锈处理工作。

（4）保温隔热材料的厚度应根据所使用材料的性能及现场施工情况确定，但其必须具备良好的耐火性。

（5）不锈钢底板安装完毕后，务必密封所有缝隙接口，且密封材料应具有良好的耐候性。

2. 电缆井内部通风

通过安装类似烟囱结构的管道，构建从设备底部电缆井到户外空间的通路，形成烟囱效应，使水蒸气从电缆井中沿通道自由排出，以此来阻塞电缆井内水蒸气向柜体设备内部飞逸的可能，降低柜体内的水蒸气绝对含量。电缆井内部通风装置的示意图如图 4-2-2 所示。

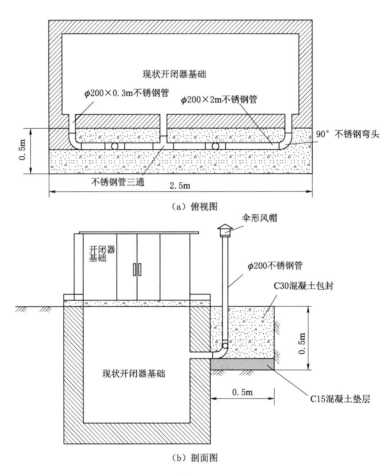

图 4-2-2　电缆井内部通风装置的示意图

对于电缆井内部通风，建议遵循以下基本技术原则：

（1）通风管道的材料应具备良好的耐腐蚀性与机械强度。

（2）通风管道顶部必须做好防雨措施。

（3）通风管道需具备防小动物的功能。

（4）通风管道的安装位置要根据现场实际情况选择，样式尽量与周围环境和建筑风格相协调。

（5）要做好电缆管井基础侧壁铁孔的密封，避免水分沿通风管道外表面和孔洞内表面的缝隙进入管井。

3．柜体内加装加热器

利用传感器实时监测设备柜体内部的温度和湿度，采取一定的控制策略，使设备内部温度高于环境空气的露点温度，进而在一定程度上防止凝露的产生。图 4-2-3 所示为典型环网柜内用加热器和加热控制器的实物图。

（a）加热器

（b）加热控制器

图 4-2-3　典型环网柜内用加热器和加热控制器实物图

对于柜体内加装加热器的方式，建议采用温度与湿度联合控制策略，即在一定程度低温或高湿状态下启动加热器的控制方式：

（1）当传感器监测温度（一般为柜体内表面温度）低于设定好的温度下限，或传感器监测湿度大于设定好的湿度上限时，启动加热器。

（2）当传感器监测温度高于设定好的温度上限，或传感器监测湿度小于设定好的湿度下限时，关闭加热器。

（3）在环境温度变化较频繁地区，可适当提高低温启动读值。

（4）在相对湿度较高的地区，可适当降低湿度启动读值。

4．柜体内加装冷凝除湿系统

该方法基于珀尔帖效应，利用半导体热电元件，实现制冷功能，再通过风扇辅助将空气中水分子凝结析出，最后经集液漏斗汇集并排至设备柜体外，在一定程度上实现了降低凝露发生概率的目的，如图 4-2-4 所示。

冷凝除湿系统一般应包括控制器、除湿装置、取电单元、电池及安装附件。

（1）控制器一般安装在设备内部易于观察的地方，主要功能是收集传感器信号，根据预设控制逻辑启停除湿装置，且一个控制器可控制多台除湿装置。

（2）除湿装置一般分散安装在设备内部不同分区空间内，主要功能是实时监测设备内部相对湿度值，并上传至控制器。

（3）除湿装置可执行控制器下发指令，利用半导体热电元件将空气中的水蒸气转化成

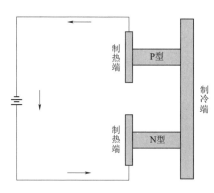

| (a) 半导体热电偶制冷原理 | (b) 冷凝除湿装置的实物图 |

图 4-2-4　柜体内现场安装的冷凝除湿装置

液态水，并排出设备。

（4）取电单元一般包含 TA 取电控制器和 TA 取电模块两部分。

5. 防凝露措施的总体评价

防凝露措施的总体评价见表 4-2-1。

表 4-2-1　　　　　　　　　　防凝露措施总体评价

序号	防凝露措施	效　果	优　点	缺　点
1	修筑防水台、平屋顶改造成坡屋顶	有防雨水、积水效果，防凝露效果不明显	可以在一定程度上减少站室外积水或降低雨水进入室内的可能性	无法防止凝露产生
2	电缆管孔封堵	有效防止电缆井积水进入，防凝露效果不明显	可以在一定程度上减少电缆隧道或管孔内积水进入电缆夹层	无法防止凝露产生
3	加装溢水报警系统	只有报警效果，提请有关人员注意，没有防凝露作用	可以第一时间掌握电缆夹层进水情况	无法防止凝露产生
4	设备底部采用不锈钢底板封堵	在一定范围内有防凝露效果，且防凝露效果十分明显	可以在一定程度上阻止电缆管井内水蒸气进入设备内部，降低设备内部的空气相对湿度	施工难度大，费用高，效果受施工工艺影响，且后期扩建工程实施难度大，特别是钢筋混凝土预制式底板封堵措施难度更大
5	电缆井内部通风	在一定范围内有防凝露效果，但效果不明显	可以在一定程度上将电缆管井内的水蒸气排出	施工难度大，且费用高，防凝露效果不明显
6	柜体内加装机械通风装置	在一定范围内有防凝露效果，且效果明显	可以在一定程度上减小设备内部空气的相对湿度	需耗费电能，且安装及运行费用高，无电气隔离，后期维护工作量大

续表

序号	防凝露措施	效　果	优　点	缺　点
7	柜体内加装加热器	在一定范围内有防凝露效果，且效果明显	可以在一定程度上提高设备内部露点温度，降低凝露发生的概率	需耗费电能，且安装及运行费用高，无电气隔离，后期维护工作量大
8	柜体内加装冷凝除湿系统	在一定范围内有防凝露效果，且效果明显	可以在一定程度上降低设备内部空间的相对湿度	需耗费电能，且安装及运行费用高，无电气隔离，后期维护工作量大

从表 4-2-1 可以看出，所有措施的有效性均有其适用范围，并不能包治百病。例如，设备底部采用不锈钢底板封堵，可阻断电缆管井内水蒸气进入设备内部，降低设备内部相对湿度，但无法解决环境温度变化较大导致的设备凝露问题。再如，柜体内加装加热器，可以在一定程度上提高设备内部露点温度，但无法解决极端高湿度状态下导致的设备凝露问题。由此可见，配电设备的防凝露问题是一个复杂的系统性工程，必须从理论和实际两个方面出发，深入分析凝露机理，广泛开展试验验证，最终才能提出一套较为合理的解决方案。

三、凝露治理新技术

1. 防凝露治理新技术的选择原则

根据近几年的应用经验，结合现场实际情况，建议配电设备在选择防凝露治理新技术时应遵循以下原则：

（1）安全性。治理技术本身的安全性至关重要，不能因为采取了相应技术而威胁到设备的安全运行，例如流动封堵技术虽然密封效果好，但也要继续研究类似封堵材料对电缆表面是否具有腐蚀性的问题，确保设备的可靠运行。

（2）有效性。治理技术能否起到防凝露的作用是衡量该技术能否投入使用的基础，即不仅能够在设计阶段得到理论验证，而且需要在实验室和试点应用现场得到有效的验证。

（3）经济性。由于目前国内配电网发展迅速，设备数量持续增长，每年耗费的维护检修费用也水涨船高，因此各类治理措施在先期安装与后期使用的综合费用就成为一项必须考虑的问题。

（4）易实施。不管是对于存量还是增量配电设备，都难免涉及现场施工问题，治理技术的实施必须具有难度小、容易控制和保证施工质量等特点；否则不但会增加施工费用，而且还会增加用户的停电风险。

（5）免维护。随着国家电网公司管理精益化水平的不断提高，无论从提高设备供电可靠性，还是从减少设备运行维护工作量的角度出发，治理措施本身都不易增加一线班组的运行维护工作量，或至少其对运行维护的要求及周期要等同或优于现状一次、二次设备的维护要求及周期。

（6）易扩展。由于配电网网架结构复杂，运行方式灵活，线路切改或用户增扩容等情况时有发生，难免会经常对存量配电设备进行改造，因此治理措施应满足后期电缆易接入等扩展需求。

2. 无源化防凝露新技术的"三道防线"

国网北京电力公司首次在防凝露新技术的研发上提出配网设备无源化防凝露"三道防线"概念，依此作为相关技术的应用建议。所谓"三道防线"，即"封堵""疏导"和"本体防护"，分述如下：

（1）第一道防线为"封堵"，即对设备底部进行封堵，隔绝沟道与设备本体。其作用一是从源头上避免大量地下潮湿空气进入设备内部，减少空间中绝对水蒸气的含量；二是减小设备空间与壳体内表面的温度差（在冬季，沟道内的水蒸气温度一般都高于设备内部空间的温度）。典型的措施包括各类设备底板缝隙、穿墙电缆孔洞封堵等。

（2）第二道防线为"疏导"，即采取主动措施及时排除设备内部湿空气或已形成的凝露。其目的在于在第一道防线无法完全隔绝沟道内水蒸气的前提下，尽量降低设备内部空间的绝对湿度及设备内外温度差。典型措施包括壳体自然通风、改变箱体顶部结构、加装固定位置导流槽、放置驱潮剂和吸湿剂等。

（3）第三道防线为"本体防护"，即第一道和第二道防线都无法阻止凝露滴落至一次、二次电气设备本体时，采用特定手段提高一次、二次设备（特别是二次设备）自身的防护等级，避免电气故障的发生。典型措施包括采用密封手段封闭二次端子排，设备表面加装防腐涂层等。

其中，第一道防线主要用于凝露发生前，属于主动防护措施；第二道防线可以使用在凝露发生前，也可使用在凝露发生后，同样属于主动防护措施；第三道防线则为被动防护措施，主要在发生凝露后起作用。

3. 以"无源化"为核心的原因

国网北京电力公司认为主要原因是可达到投入回报率最优。

以各类防凝露治理措施的全寿命周期支出为投入量，以被保护设备不发生因凝露引起的故障或缺陷为考虑问题的出发点，对于数量庞大的配电设备而言，考虑目前的运维技术水平，有效无源化治理措施的整体投入成本（至少包括安装和运维成本）相对较低，安全可靠性相对可控，其治理效果只要在可接受的范围之内，就不失为一种合理的手段。在这里并不是否认有源化治理措施的效果，类似加热除湿、冷凝除湿等治理手段同样具有很好的防凝露效果，如果仅从治理效果层面出发，也可将具有效果明显的有源化治理措施与"三道防线"相结合或单独使用，以求达到最佳的治理效果。总之，在具体应用层面，建议无论采用何种单一治理措施或多种措施的组合，都应根据自身的核心需求及配电设备现场的具体情况，充分考虑治理措施的整体成本与实施效果，最终选择符合实际的最优解决方案，尽量达到产出与投入的最优比。

第三节　变电站高压开关柜防凝露及小动物综合措施

一、变电站高压开关柜凝露现象

（一）开关柜室内壁凝露形成的原因

凝露现象对于电器柜来讲是指柜体内壁表面温度下降到露点温度以下时，内壁表面会发生水珠凝结现象，这个现象称之为开关柜室结露。电气设备凝露需要两个条件，一是空气中含水率高，二是基面和空气存在温度差。一旦含水率高的空气遇到低温的基面，因为热交换的原因，接近基面的空气温度就会急剧下降，从而迅速达到空气露点温度，空气中的水蒸气就会凝结成液态水珠。通常在环境温度比较低、比较光滑的材质上容易产生，比如金属面、瓷砖面、玻璃面、靠土的混凝土面等，如图 4-3-1 所示。

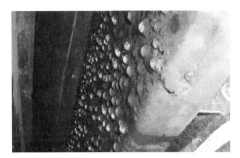

图 4-3-1　基面上的凝露

因此，形成凝露的一个主要因素就是湿度较大，其原因主要如下：

（1）控制柜底部潮湿，甚至有的电缆沟有积水，水蒸气上升至柜内导致柜内湿度较大。

（2）地区湿度高，气候温差变化大，形成凝露。

（3）控制柜空间较大，而设备内除湿加热器功率较小，在高湿度的环境下不能有效地除湿，造成凝露。

（二）凝露和小动物的危害

开关柜内部凝露时会降低电气设备的绝缘强度，引发放电甚至短路燃弧；小动物进入开关柜内，可能导致内部短路，都是存在较大风险的安全隐患。国网安徽省电力有限公司安庆供电公司徐媛、汪来宝、杨昆等撰文，从内部、外部以及运维职责多个方面进行探讨，提出了变电站高压开关柜防凝露及小动物的综合措施。

二、高压开关柜在运行过程中的常见故障

开关柜是变电站最常见的一种设备，它是按照设计的接线方案将一次、二次设备成套组装在一起的一种配电装置，在电力系统进行发电、输电、配电和电能转换的过程中起到开合电路、实时监测、控制和保护用电等作用。开关柜内主要由断路器、隔离开关、负荷开关、操作机构、互感器以及各种保护装置等部件组成，在电网安全运行中起着至关重要的作用。

高压开关柜在运行过程中的常见故障如下：

（一）绝缘故障

开关柜中的绝缘故障常由两种原因导致：一是开关柜设计不合理，柜内爬距及空气间隙不够，且未采取有效的绝缘隔离的工艺；二是受运行环境的影响，当开关柜内部一直处于高湿度的环境时，内部可能出现凝露现象，进而降低柜内设备的电气绝缘性，引发设备绝缘闪络。

（二）小动物进入柜体导致短路

由于高压开关柜的电缆层、开关层、保护仪表层二次电缆孔相互连通，而一次电缆孔洞通往电缆沟，若电缆沟封堵不严实，小动物会通过一次、二次电缆孔洞进入柜内，引发放电或短路故障。尤其是在秋冬季节，开关室内比室外温度较高，则可能出现小动物沿着

封堵不严的孔洞进入柜内导致设备短路的问题。

（三）机械故障

操动机构及传动系统的机械故障或电气辅助和控制回路的异常会造成拒动、误动、开断关合异常等故障，主要包括机构卡涩、脱扣失灵、部件变形或损坏，分合闸铁芯松动、卡涩，轴销松断等，以及二次接线松动、操作电源丢失、合闸接触器损坏等。

除第三类常见故障外，其余两类故障都是属于凝露及小动物引发的，也就是说都是由于运行环境导致的问题。

三、防凝露及小动物的综合措施

（一）防小动物综合措施

变电站开关柜防小动物工作的开展要从两方面着手，既要完善各种防小动物措施，同时运维人员也必须主动落实职责，这样才能真正做好开关柜防小动物工作。

1. 防小动物措施

（1）做好开关室整体防小动物措施，完善防鼠挡板、粘鼠板、鼠药等设施。做好电缆沟封堵，检查门窗、排气扇等设施的密封性能，在大环境上做好防小动物措施。

（2）高压开关柜安装时，应将开关柜保护仪表层一次和二次电缆孔、电缆层、开关层用绝缘物完全封堵，防止小动物通过电缆孔洞进入柜内，引发放电或短路故障。

（3）开关柜及电缆在停电检修维护期间应严防小动物，做好临时封堵。

（4）高压开关柜内母线及各支引线宜采用绝缘措施，如采用可靠的绝缘材料包封。

2. 落实运维人员职责

（1）加强设备主人制职责落实，变电站内防小动物措施由设备主人负责验收、落实。

（2）加强变电站防小动物执行力度，各级领导和专责要定期到变电站检查防小动物记录及落实情况，加强对运维人员安全教育和考核，提高其安全意识和工作责任心。

（3）禁止检修及运行人员在工作现场随意拆除防鼠挡板。

（4）禁止在开关室内吃饭或存放食品。

（5）禁止施工现场堆放杂物等，保持工作现场的清洁。

（6）一旦发现站内有老鼠等小动物时，必须及时捕捉消灭。

（7）建立变电站防小动物分布图，根据厂房设施、设备间隔的实际位置画出鼠药、鼠夹等放置布置图，避免巡检时发生遗漏现象。定期检查室内门窗、排气扇等设施是否密闭完好。

（8）严格抓好施工场所的验收管理，把好基建、扩建施工关，把好电气设备安装关，把好设备验收检查关。进入高压室内的电缆沟、管道口在施工时，要封堵严密，不留间隙，打开的孔洞，要封堵严密等。

（二）高压开关柜防凝露综合措施

高压开关柜防凝露措施需综合考虑设备全寿命周期。在设备全寿命周期的各个阶段均应落实防凝露措施，确保严格执行到位，才能有效保证开关柜运行的良好环境，提高设备使用寿命。以下就开关柜运行维护的三个阶段从三个方面阐述开关柜防凝露综合措施。

1. 改善开关柜外部环境

所谓开关柜外部环境原因是指潮气进入开关柜内部，柜内空气绝对湿度受外部因素影响上升，导致湿度饱和产生凝露。解决外部环境问题就是解决潮气进入柜内的问题。潮气进入开关柜主要有两个途径，一是地下环境电缆沟，二是开关室室内整体环境。

(1) 电缆沟的湿度较高，湿气通过开关柜底部渗透到开关柜内部，所以封堵开关柜底部的缝隙，尽量保持电缆沟内部干燥，是解决电缆沟湿气进入开关柜内部比较有效的方法。在检修施工后，应及时检查电缆沟内的封堵是否严实，并且需经常检查电缆沟内是否存在积水等问题。

(2) 开关室室内环境空气中的湿气会通过开关柜的门缝或散热通风孔等缝隙进入开关柜内部，故降低开关室内环境空气的湿度会是一种行之有效的方法。应保证开关室内配备有满足面积要求的空调机、除湿机等设备，对环境空气进行干燥。空调在使用中不能直接对着开关柜吹冷气，否则会导致开关柜内壁温度低于其他地方，产生凝露。开关室内通风设备最好是上下分布，并须设有通风口关闭装置。

2. 改善开关柜内部环境

所谓开关柜内部环境原因是指保留在开关柜内空气绝对湿度保持一定值不变化，开关柜内的空气因环境温度变化而产生凝露。解决内部原因，主要有以下措施：

(1) 在开关柜内安装除湿装置，如低功率长投型加热驱潮装置、冷凝除湿装置等成熟产品，装置表面材质满足长期可靠性要求，有检测合格证；装置电源回路独立，用单独的空开控制。

(2) 做好开关柜密封检查，保证开关柜密封性能，及时更换密封条等设施。

(3) 由于开关柜运行时带电，无法检查安装在柜内的除湿装置的运行情况，最好是设置开关柜除湿装置综合实时监测系统，将每台开关柜内温湿度状态数据传输至安装在开关室内的后台上，直接从后台即可监测开关柜内的温湿度状态。

3. 加强运维巡视检查

开关柜防凝露治理工作还必须认真落实到日常的运行巡视和维护工作中去。

(1) 运维人员需定期测量加热驱潮回路电源正常。

(2) 定期检测温控器好坏，温控性加热器可根据季节特点进行人工投。

(3) 周期性巡视检查开关柜封堵及密封情况。结合设备停电检修，对温控性加热驱潮装置性能进行检查，保证其性能，并完善开关柜内封堵。

4. 涂刷防凝露涂料

(1) 防凝露方案一。采用 PANH00301 防凝露涂料在冷的基面上涂刷两遍，可以有效提升冷的基面的环境温度，避免其结露。PANH00301 是一种高效的阻热传导材料，它能阻止冷面的热量流失，从而让其避免引起接近它的空气温度急速下降，从而避免空气达到露点温度产生结露。

(2) 防凝露方案二。采用 PANH00302 防凝露涂料在冷的基面上涂刷两遍，可以有效调节基面附近的空气湿度，避免其结露。PANH00302 是一种高效的吸水性材料，它能快速降低接近基面的空气湿度，从而让空气在温度降低的情况下也不能达到空气露点，从而避免空气达产生结露。PANH00302 涂料一般和 PANH00301 涂料一起使用，效果会更好。

　　总而言之，开关柜内部凝露会降低电气设备的绝缘强度，引发放电甚至短路燃弧。小动物进入开关柜内，也可能导致内部短路，都是存在较大风险的安全隐患。开关柜防凝露要从多方面进行控制，一方面通过电缆沟的干燥和围堵防止潮气进入开关柜内，另一方面通过对开关室内空气湿度的控制，间接降低开关柜内出现凝露的概率。开关柜防小动物需做好各项防小动物措施。同时，无论是防凝露还是防小动物，落实运维人员的运维职责都是极为关键的一环，制定实际有效的管理制度，抓好日常维护管理，多措并举，才能做好开关柜防凝露和防小动物工作，提高电力系统运行的可靠性和安全性。

第四节　箱式变电站防凝露技术

　　箱式变压器是 20 世纪六七十年代发达国家推出的一种集高压电器设备、电力变压器设备组合为一体的新型变电设备，它具有组合灵活，便于运输、迁移，安装方便，无污染，运行安全可靠，维护方便等诸多优点。但是箱式变压器本身的结构决定了箱变柜体内部电气设备通风条件差，从而造成箱变内部的空气湿度较高，甚至在箱壁或电气元件上有凝露现象。对箱变特别是其内部电气元件长期安全稳定的运行产生很大影响，为保证设备的可靠工作，对柜体内防潮、防凝露提出了更高要求。

一、箱式变电站的先天缺陷

　　以美式 ZGS11－ZF－1600/36.75 型箱式变压器为例，此变压器为全密封式，高、低压侧分别有独立操作室，箱变外壳均用烤漆的钢板制成，箱变整体坐落在混凝土基础上。为保证高低压侧地埋电缆的进出，在箱变底部有深约 2m 的电缆沟。箱变底部因高压操作室内有电缆沟进出口。由于部分箱变基础与混凝土连接处密封不严，夏季雨水会渗入电缆沟内。潮湿的电缆沟使箱变底板腐蚀、生锈严重，高低压电缆受潮绝缘下降。同时，积水井内的积水会不断蒸发，潮气顺着电缆沟盖板处进入操作室，导致操作室湿度较大，操作室内部的断路器、智能控制器等电气设备长期在潮湿的环境下运行，电子元件加速老化，严重影响其使用寿命。

　　由于秋季日温差大、箱变运行产生热量，早、晚时柜体内壁表面温度下降到露点温度，操作室内壁表面、顶部就会发生水珠凝结现象。冬季内壁就出现成片结冰现象。但天气转暖时，冰珠融化成片（水珠）掉落，特别操作室顶部的冰珠融化时，易造成箱变低压侧铜排短路事故，并在开关设备内部引起爬电、闪络事故。

二、箱式变电站凝露的预防措施

　　根据箱式变电站凝露的形成原因及防凝露的原理，可采取以下防范措施。

1. 柜体中采用自动加热除湿控制器

我国在柜体中采用自动加热除湿控制器防止凝露已有十几年历史，这种加热除湿控制器在抗潮湿、防凝露，保证高压设备可靠运行起到了积极作用。

通常箱变自带凝露控制器及配套的功率为 150W 的除湿加热器。如果箱式变电站变压器的高低压侧操作室用钢板进行简单隔离，两室空气可以相互流动的话，两室空间为 5m²，在这样大空间、高湿度的情况下，150W 的除湿加热器不能起到明显的除湿效果。如果将除湿加热器更换为大功率的，对除湿可能会起到明显效果，但操作室内空气流动慢，大功率的加热器会造成局部过热引起火灾等安全隐患，所以这一方法可行性低。

2. 将操作室进行隔离，防止湿气进入操作室内

在高压操作室侧有一电缆沟盖板封堵的电缆沟进出口，及用防火泥封堵的电缆穿引孔洞，如果将其密封，必定会减小操作室的湿度。但是如果将电缆沟进出口完全密封会给电缆的检修、预试带来困难。所以要用一种简单的方法，既能减弱潮气上升，又能降低电缆检修、预试的难度。

为减小电缆沟内的潮气进入上方的操作室内，同时方便电缆的检查、试验，可在电缆沟盖板下方铺一层塑料，可对电缆的进出口用防火泥进行重新封堵。

为防止雨水进入电缆沟内，可将箱变底部与混凝土基础连接处的缝隙用密封胶进行密封，外侧用水泥重新进行封堵。

3. 对箱变基础与混凝土结构连接处进行密封，防止雨水进入电缆沟内

如果将箱变基础与混凝土连接处进行密封，夏季雨水不能进行入电缆沟内，电缆沟的湿度一定会减小，但有地窖效应存在，此方法只能在一定程度上减小湿度，不能有效抑制。

为抑制地窖效应带来的潮湿，要增加电缆沟内的空气流动。为形成空气对流增加电缆沟空气流动，可在箱变两侧散热片下方，箱变底部与电缆沟连接处各加装一个通风孔。为了防止老鼠、虫子、柳絮等进入电缆沟，可在通风口处加装纱网。

4. 增加操作室的通风，降低操作室内的湿度来防止凝露

如果外界没有雨水进入电缆沟，同时增加电缆沟的通风来减弱地窖效应，电缆沟内湿度必定会有明显减小，其上方的操作室湿度也会有明显降低。

为了降低控制室湿度，也可在操作室上部两侧开出 50mm×150mm 长方形导气孔，根据设备防尘及防雨的需要，在外侧装有防雨罩。但观察内部湿度无明显改观，而且春季顺着此通风孔会进入操作室大量灰尘，会影响设备的运行环境，所以不建议采用。

5. 增加电缆沟的通风，减少电缆沟的湿度

将操作室进行隔离后，如果增加操作室的空气流动，操作室的湿度会进一步降低。

6. 防锈处理

对锈蚀的箱变底板进行锈点打磨，并喷涂防锈漆。防止锈蚀恶化，造成不必要的损失。

第五节　地下变电站防凝露措施

国网上海松江供电公司、中国能源建设集团江苏省电力设计院有限公司、无锡赛孚电力环境控制设备有限公司的研究人员陈玉辉、戴人杰、刘明涛、承方等，在 2019 年第 10 期《电气技术》上撰文阐述了防止地下变配电站开关柜凝露的主要措施。

一、地下变电站内引发开关柜凝露成因

地下二层结构变配电站因环境控制问题导致的开关柜故障主要是由凝露引起的。

随着经济发展和城市建设的不断推进，城市用电负荷密度的增加和城市建设用地面积的下降，越来越多的城市供配电设施从地面转向地下，给供配电设施的运行维护增加了难度。随着"互联网＋"技术的发展，智能变配电站的建设对变配电站运行环境的控制也提出了更高的要求。

对于长江流域及长江以南地区地下变配电站，运行过程中在开关柜和开关室内会出现空气凝露问题，布置在电缆层上的开关柜室产生凝露的主要因素是外部水分的进入和室内温差的出现。要防止凝露的出现，就必须系统地构建城市地下变配电站低能耗智能环境控制解决方案，为变配电站提供安全稳定的运行环境。研究者们在对开关柜运行故障现象分析的基础上，通过对凝露机理的分析，找出变电站内引发开关柜凝露成因，提出防止开关柜凝露的主要措施。应用可控弱气流通风设计技术，结合智能环境控制系统，构建二层结构变配电站开关室的环境控制工程方案。

工程应用后的运行结果表明，该系统可以有效地控制变配电站开关室内的温度和湿度，防止潮湿凝露的产生。与常规的环境控制技术相比，运行能耗显著下降，室内空气品质得到有效控制，维护工作量显著降低，变配电站的运行环境得到有效改善，环境控制的智能化水平得到提高。

二、防止地下变电站凝露发生的措施

根据凝露产生的机理，可以从减少水分进入、防止温差产生这两个方面，有效阻止地下开关站凝露的产生。

1. 有效控制室外热湿空气进入

通过对室外空气的温湿度进行监测，当室外的湿空气的相对湿度升高时，应逐步减少室外空气的进入量，直至关闭室外进风。此时，通过空调降温系统，维持室内温度。为了实现有效控制，必须将传统的自然进风改为有组织的机械进风，通过对机械进风装置的控制，实现对进风量的控制。

2. 控制温差

既然凝露是由温差引起的，消除室内温差，特别是开关柜内空气温度与电气或柜体结件间的温差，即为防止凝露产生的重要途径。

3. 加强地下结构的防水措施

为减少地下结构内水汽的产生，除了防止室外大量热湿空气的入侵外，还应做好地下围护结构或电缆沟壁的防水隔潮。包括以下两个方面：

（1）及时完善地下室的防潮隔水层，防止地下水或土壤中的水分通过电缆沟或墙体渗透进室内。

（2）对于已经进入电缆沟或电缆夹层的水分及时排除，防止其缓慢蒸发进入室内，对开关柜等电气设备产生潜在危害。

三、控制地下变电站开关室温差的重要途径

1. 维持开关室内的温度均匀

室内温度场分布的均匀性主要取决于室内的气流组织，维持室内合理的气流组织是维持室内温度均匀的重要途径。

现有的地下开关室采用通风空调系统来维持室内温度。通风系统采用自然进风或机械进风、机械排风，由于室外空气中的灰尘随着新风进入室内，随着运行时间的增加，在开关室地面、开关柜表面和开关柜内部都存在灰尘积聚的问题，增加了运维工作量。为此，可安装柜式空调机，循环冷却室内空气，带走设备散热量，维持室内温度。

无论是机械通风系统还是柜式空调降温系统，均没有结合开关室的布置特点设置合理的气流组织，仅仅是根据热量平衡的原则，进行通风量和空调设备容量的计算和设备选型。由于没有合理的气流组织，使得室内温度不均，导致局部地点因热空气无法扩散，气温上升，而某些地点因处在送风口或其影响区域范围内，温度偏低。

为了有效控制室内的气流组织，采用正压送风、自然或机械排风的气流组织。采用机械送风方式更有利于控制室内的气流组织。

根据开关室的电气设备发热特性，可引用热置换通风的原理，从房间下部送入较低温度的空气，这些空气沿地面扩散，蔓延至整个房间，到达开关柜后，吸收开关柜的热量后缓慢上升，在送风设备的风压与开关设备散热形成的热压双重作用下，送风源源不断地补充到发热的开关柜处，而没有散热的开关柜因少了设备发热引起的热压作用，送风达到该区域的量就较少，从而保证了开关柜间周围空气温度均匀性。

为了实现这样的气流组织，需要对传统的柜式空调机进行改造。因为传统的柜式空调机是为人员舒适性服务的，一般采用前下回风，前上出风，以避免出风口对着人员高度直吹而产生不适，但用于变配电站开关室降温时，这种方式将导致室内气流组织的混乱，热空气位于开关柜顶部区域，理想的回风方式应是从开关柜顶部上方回风，送至开关室地面。这样空调机、开关柜之间形成一个空气循环，不仅有效地排除开关柜散发的热量，也能因回风温度的升高有效地提高空调设备的能效。

2. 控制电缆沟/电缆夹层与开关室的温度差

对于电缆沟/电缆夹层进线的开关室，应控制电缆沟/电缆夹层与开关室的温差，以减少凝露的发生。最直接的办法就是将二者的空气进行有效地混合。由于开关室的热特性，决定了开关室上部的温度要高于开关室下部的温度，因此将开关室柜顶上部温度相对较高的空气通过通风设备送入电缆沟/电缆夹层内，与电缆相/电缆夹层的空气混合后，空气温

度升高，相对湿度下降，并通过排风口再次进入开关室，保持电缆沟/电缆夹层干燥的同时，也使开关室内的空气温度更趋均匀。

3. 维持开关柜内外的温度均匀

为了防止热湿空气在开关柜内积聚，应保持开关柜内外的空气流通。现有部分开关柜本体没有设置必要的通风装置，一旦有潮湿空气进入（如柜门开启），难以有效及时排出，将会有随着柜体的温度变化而产生凝露的危险。

因此建议开关柜箱体生产商应根据柜内电气设备的功能和防尘、防潮的要求，设置合理的通风设施。这些通风措施包括但不限于：柜体下部上部开设进排风百叶；柜体下部设置百叶，上部设置温控排风机；下部设置过滤进风机，上部开设散热通风口。

现有采用电加热器的防凝露措施，只能通过提高空气温度，降低空气的相对湿度，并不能将变配电间内多余的水分排除。水分的排除还有赖于通风系统或除湿机的运行，但电热器的运行，加大了柜内空气与柜体的温差，增加了潜在的凝露风险。

四、地下双层结构变配电站智能环境控制系统

研发人员研发出的地下双层结构变配电站智能环境控制系统可作为优良的工程解决方案。该系统基于空气动力学、流体力学及传热学的基本概念，通过置换、诱导及变风量等复合通风方式和智能控制，实现在可控弱气流作用下的稳态对流换热，建立散热体与周围空气的动态热平衡，形成良好的室内气流组织，维持室内的温度均匀性（平面）和温度梯度（垂直面），提高通风排热效率。同时，由于采用弱气流方式，降低了气流强度，从而降低系统运行能耗、噪声，也为空气净化、品质控制等多元功能的实现提供必要条件。

双层布置的地下变配电站负一层为设备层，是环境控制的重点区域，负二层为电缆层，其环境控制的要求相对可以低一些。为此，研发人员提出的系统方案如图 4-5-1 所示。

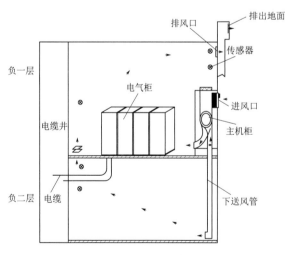

图 4-5-1 地下双层结构变配电站
智能环境控制系统方案图

该系统设计思路是将开关室上部区域的室内空气和室外新风根据各自参数和室内温、湿度控制要求，按比例混合后经环境控制设备（具有过滤、加压、分配、加热、降噪等功能）处理加压后，根据开关柜室和电缆夹层的温湿度参数，按比例分别送入电缆夹层和开关室底部。

在电缆夹层内，进入室内的空气与围护结构墙体、地面进行对流换热后，送入的空气温度降低，而夹层的温度升高，达到降低二层空气湿度的目的。源源不断送入的空气使电缆夹层的压力上升，通过在电缆夹层与开

关室开设的防火通风口进入开关室，与直接送入开关室的空气一起，吸收开关柜的热量，维持室内的温度均匀。

随着运行时间的延长，开关室上部空气状态参数超过设定值时，系统自动调整回风和新风比例，同时控制排风机起动，将上部高温的热湿空气排出室外。

为了实现上述设计思路，研发人员将环境控制设备、排风装置等与室内温湿度传感器集成在一个智能系统平台，并固化在环境控制设备上。通过监测开关室、电缆层和室外大气的状态参数，自动调整新风（室外进风）、回风（开关柜顶部区域空气）和排风（开关室顶部的热湿空气）的风量，从而阻止室外大量热湿空气的侵入，保持室内干燥，彻底杜绝凝露的产生。

五、地下双层结构变配电站智能环境控制系统实际运行效果评价

上海某地下双层布置的变电站，下层（负二层）为电缆层，层高 2.5m，上层（负一层）为设备层，层高 5m。单层面积约 $180m^2$。配置有 800kVA 配电变压器 2 台，高低压配电柜、开关柜 17 台，电容器柜 2 台。总发热量 28kW 左右。

由于设备高度大多在 2m 左右，故将工作区高度设为 2.5m（热力分层最低高度），2.5m 以上区域可以不作考虑。工作区温度兼顾设备运行需要和短期有人工作的舒适度需要，设定为 25～30℃（在 20～35℃ 范围内均可调）。

工程投运后，经权威部门检测，各项指标均符合设计要求。其中工作区温度在 25℃±2℃ 范围内，湿度小于 85％，1.5m 水平方向温度梯度最大值小于 0.7℃，达到甚至超过预期效果。

除了上述温湿度参数得到准确控制外，该系统带来的附加效应还表现在以下方面：

（1）有效阻止室外热湿空气的侵入。当室外空气处于高热高湿状态时，智能环境控制系统通过减少或关闭新风进风口，采用大比例回风或短时全回风系统运行，阻止热湿空气进入，防止凝露现象出现。

（2）系统运行能耗显著下降。由于充分利用地下空间冬暖夏凉的特性，将室外空气送入电缆夹层，可对室外空气进行预冷，减少了空调冷却所需能耗。

（3）减少变配电站开关室的运行维护工作量。由于室外空气的进入得到有效的控制和处理，随室外空气进入室内的灰尘量大大减少，开关站地面和开关柜表面积灰的可能性下降，既能预防因灰尘积聚产生的污闪，也减轻了运行维护工作量。

（4）改善了电缆层的空气品质。由于将开关室上部的干热空气送入电缆夹层，加强了电缆层空气流通的同时，降低了电缆层内的空气相对湿度，减小了电缆层与开关室内空气的温差，从而有效地防止了凝露的产生。

综上所述，在现有的地下二层结构变配电站运行故障分析的基础上，根据对凝露机理的分析，总结出布置在电缆层上的开关柜室产生凝露的主要因素是外部水分的进入和室内温差的出现，从防止水分进入和消除温差两个方面，提出了防止开关室凝露产生的主要措施，并提出了采用以可控弱气流通风技术为核心，结合温湿度传感器、控制风阀、空气处理设备等，构建智能控制系统，形成变电站智能环境控制系统。通过在工程中的应用，表明该系统可以有效地控制开关室内的温度和湿度参数，消除凝露产生的因素，降低开关柜

因凝露发生故障的风险。环境控制系统运行能耗显著下降，室内空气品质得到有效控制，变配电站的运行环境得到有效改善，维护工作量显著降低，环境控制的智能化水平得到提高。

第六节　采用电缆沟进线的高压开关柜内
消除凝露的技术实施方案

国网江苏省电力有限公司扬州供电分公司、中国能源建设集团江苏省电力设计院有限公司、无锡赛孚电力环境控制设备有限公司的研究人员顾晨、尤婷婷、刘明涛、承方等，在 2019 年第 11 期《电气技术》上撰文指出，柜内空气凝露是变电站开关柜运行中出现闪络故障的主要诱因。基于凝露形成的机理分析，本节提出了采用电缆沟进线的高压开关柜内消除凝露的技术实施方案，通过使电缆沟与开关室内空气温湿度参数趋于均匀，有效避免了高压开关柜内凝露的产生。经工程实践检验，该技术方案切实可行。

一、高压开关柜运行环境现状分析

越来越多的城市变配电设施从户外转向室内，电力输送线路也从架空敷设转向地下电缆沟敷设。通过对现有变配电站高压开关柜运行故障分类分析发现，开关柜内空气凝露是引起绝缘强度下降、引发开关柜故障的主要因素之一。

图 4-6-1　电缆沟盖板凝露现象

现有变电站开关室采用的是机械通风、空调降温、除湿机等方式，可以满足变电站全年大部分时段的要求。但对于某些特殊时段，由于室外气候的突变（主要指空气温度、湿度以及含尘浓度的变化），会引起电缆沟和开关柜内电气元器件或电气盘柜结构件上产生凝露，如图 4-6-1 所示。凝露可引起设备锈蚀，加速设备老化，造成设备的绝缘性能大幅度降低，同时还可能产生局部放电，乃至击穿，损坏元器件。

（一）开关柜运行环境特征

1. 开关柜进线电缆沟存在的问题

采用电缆沟进线、开关柜地面布置方式，开关柜室与室外大气相通，室内外温差变化较大。而电缆沟处在地下，其内部的温度则更多受土壤温度影响而变化较小。但因电缆沟的沟底、沟壁水分渗透蒸发，沟内的空气相对湿度较大，其露点温度与沟内空气温度差较小，通常在 9~12℃。

冬季当开关室内的温度低于 10℃时，电缆沟内的潮湿空气将在电缆沟盖板内侧及开关柜底板形成凝露；夏季当室外潮湿空气进入室内时，室内空气的露点温度升高，当其超过电缆沟盖板温度时，室内空气将在电缆沟盖板上表面结露。

2. 开关柜结构存在的问题

《国家电网公司十八项电网重大反事故措施》12.3.2.2 中规定："为防止开关柜火灾蔓延，在开关柜的柜间、母线室之间及与本柜其他功能隔室之间应采取有效的封堵隔离措施。"因开关柜本身就缺少空气流通条件，导致进入到设备内部的水蒸气不能自行排出，夜晚当金属壁板温度低于空气露点温度的时候，就产生了凝露，而白天凝露蒸发后变成水汽，湿空气又长期积聚，凝露将反复出现。

《国家电网公司十八项电网重大反事故措施》12.3.1.6 中规定："应在开关柜配电室配置通风、除湿防潮设备，防止凝露导致绝缘事故。"常见的开关柜温湿度控制器装于开关柜的上柜门面板上，温湿度传感器嵌入控制器内，加热器安装于开关柜后柜侧壁上，这种安装方式无法根据温湿度的变化有效控制加热器。当开关柜内外的空气温差较大时易在开关柜内引起凝露。

3. 开关柜室环境分析

常规的开关柜室通风系统运行时，室外空气经进风百叶或门窗缝隙等进入室内，吸收室内开关柜等设备散发的热量后，经风机排出室外。因缺乏温湿度联锁控制系统，通风系统的起停控制需运维人员手动操作，遇到春秋季节尤其是雨季，空气湿度大，冷热交替变换频繁，高湿空气无法经通风系统有效排出，使得开关柜长期处于高湿环境。

（二）凝露对开关柜的影响分析

1. 对空气绝缘的影响

试验表明，当温度保持不变，球间隙放电电压在 80%RH 以下低湿条件下，随着相对湿度的增加逐渐增加；在 80%RH 以上高湿条件下，随着相对湿度的增加逐渐减小，高湿并不会造成放电电压严重降低。因此，空气相对湿度小于 95%RH 时对开关柜的空气绝缘没有显著的影响，但有凝露时，球间隙放电电压几乎降为正常值的一半。

2. 对导体的影响

大量的开关柜内绝缘故障分析发现，故障开关柜有大量断路器手车触头及母排氧化现象，是潮湿空气腐蚀作用的结果。断路器手车的动静触头氧化后，一方面会有粉状氧化物落在触头盒内，降低爬电距离；另一方面加大动静触头之间的接触电阻，易发生热故障，发热后绝缘材料受热分解，绝缘性能下降。

3. 对绝缘材料的影响

开关柜的绝缘件有绝缘支柱、母线套管和触头盒 3 种，通常采用环氧树脂压铸而成。在潮湿环境下，由于材料内部结构基团极性及吸水性，容易与水分子结合形成氢键，使导电性增加，表面电阻率和体积电阻率降低。

凝露会在绝缘材料表面形成结晶水，当空气中粉尘溶解于结晶水后，由于局部电子的快速运动和结合，会在绝缘材料表面形成小电弧燃烧，破坏绝缘材料的表面绝缘。随着不断分解效应和闪络效应的累积，绝缘表面会形成灰白色的粉末印痕，彻底破坏绝缘性能，并最终导致设备相间或对地短路。

根据对扬州地区的变配电站运行故障的汇总分析，电缆沟内潮湿凝露与开关柜绝缘性能下降的相关性较大，因此消除电缆沟内的潮湿凝露有利于防止开关柜出现凝露引起绝缘下降。

二、防止凝露发生的措施

（一）控制电缆沟与开关室的温度差

控制电缆沟内空气温度与其上开关室的空气温度差，减少凝露发生，最直接的办法就是将两者的空气进行有效的混合。开关室的热特性决定了开关室上部区域的空气温度要高于开关室下部的温度，因此将开关室顶部温度相对较高的空气通过通风设备送入电缆沟内，与电缆沟内的空气混合后，空气温度升高，相对湿度下降，并通过排风口再次排入开关室，从而在保持电缆沟干燥的同时，也使开关室内的空气温度更趋均匀。

（二）维持开关室内的温度均匀

室内温度场分布的均匀性主要取决于室内的气流组织，维持室内合理的气流组织是维持室内温度均匀的重要途径。

为了有效地控制室内的气流组织，采用正压送风、自然或机械排风的气流组织系统。根据开关室的电气设备发热特性，从开关室下部送入较低温度的空气，这些空气沿地面扩散，蔓延至整个房间，到达开关柜后，吸收开关盘柜的热量后缓慢上升，在送风设备的风压与开关设备散热形成热压双重作用下，送风源源不断地补充到发热的开关柜处，而没有散热的开关柜因少了设备发热引起的热压作用，送风达到该区域的量就较少，从而保证了开关柜间周围空气温度的均匀性。

（三）维持开关柜内外的温度均匀

为了防止热湿空气在开关柜内积聚，应保持开关柜内外的通风顺畅。现有部分开关柜没有设置必要的通风装置，一旦有潮湿空气进入，难以有效及时排出，随着柜体内外的温度变化，有产生凝露的危险。

在制造开关柜时，应根据开关柜内电气设备的功能和防尘、防潮的要求，设置合理的通风设施，如定制预留喷气孔，利用过滤进风机加压，使得柜内空气强制流动，实现柜内整个空间均有干燥空气流通，消除防潮死区；同时，通过喷嘴角度布置，驱动空气产生旋转流动增强除湿效率，可向特定狭小部位供气，实现全柜防潮、防凝露。

三、工程技术方案

（一）解决方案设计

基于上述分析结果，研发人员提出如图 4 - 6 - 2 所示的系统方案。该系统的设计思路是将开关室上部区域的室内空气（必要时引入部分室外新风）根据各自参数和室内温、湿度控制要求，按比例混合后经环境控制设备（具有过滤、加压、分配、加热、降噪等功能）处理加压后，送入电缆沟内。

进入沟内的空气与围护结构墙体、地面进行对流换热后，送入的空气温度

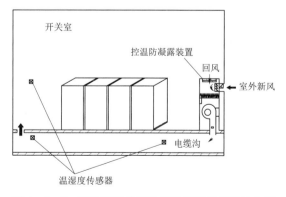

图 4 - 6 - 2　开关室开关柜除湿防凝露系统设计方案

得到降低，而沟内的空气温度得到提升，降低了沟内空气湿度；源源不断送入的空气使电缆沟的压力上升，通过在电缆沟与开关室开设的防火通风口进入开关室，相较于送入电缆沟的空气温度得到降低，与开关室下部空气混合后，使开关盘柜下部区域空气温度趋于均匀。

随着运行时间的延长，开关室上部空气状态参数超过设定值时，系统自动调整回风和新风比例，同时通过自然排风口，将上部高温的热湿空气溢出室外。

（二）工程实际运行效果

基于上述设计思路，将环境控制设备、排风装置等与室内温湿度传感器集成在一个智能系统平台，并固化在环境控制设备上。通过监测开关室、电缆沟和室外大气的状态参数，自动调整新风（室外进风）、回风（开关柜顶部区域空气）风量，从而阻止室外大量热湿空气的侵入，保持室内干燥，彻底杜绝凝露的发生。

为检验上述方案的实际运行效果，在扬州110kV 和 220kV 电缆沟进线的变电站高压开关柜室，安装了上述控温防凝露装置，如图 4-6-3 所示。

图 4-6-3　安装了控温防凝露装置的开关柜室

为检测运行效果，在该系统启动前后分别测试电缆沟和开关室的运行参数，对比结果见表 4-6-1。

表 4-6-1　　　　　　　　　　系统应用前后温湿度对比表

	系统启动前		系统启动后	
	温度/℃	湿度/%	温度/℃	湿度/%
电缆沟	9.9	98.0	11.9	81.1
开关室	10.3	82.8	10.8	81.5

表 4-6-1 数据表明，安装控温防凝露装置后，通过控温防凝露装置内的电加热器运行时间，降低了电缆沟内空气的相对湿度，促进了开关室和电缆沟内的温湿度趋于均衡，减少了电缆沟内潮湿空气通过电缆接线孔进入开关柜，从而防止了开关柜内电气元件表面的闪络现象发生。系统运行后电缆沟盖板凝露情况如图 4-6-4 所示，对比图 4-6-4 可以发现，电缆沟盖板背面凝露完全消除。

温湿度传感器

图 4-6-4　电缆沟盖板背面凝露情况

（三）该系统带来的附加效应

在电缆沟进线的开关室安装控温防凝露装置后，除了上述温湿度参数得到准确控制外，该系统带来的附加效应还表现在以下几个方面：

（1）有效阻止室外热湿空气的侵入。当室外空气处于高热高湿状态时，控温防凝露装置通过减少或关闭新风进风口，采用大比例回风或短时全回风系统运行，阻止热湿空气进入，防止凝露现象出现。

（2）系统运行能耗显著下降。夏季利用电缆沟内天然的冷却能力，冷却室内空气，排除开关柜本体的散热量，减少了空调冷却所需能耗。

（3）减少变电站开关柜室的运行维护工作量。由于开关柜室维持微正压状态，室外空气的进入得到有效的控制和处理，随室外空气进入室内的灰尘量也大大减少，开关站地面和盘柜表面的积灰可能性下降，既能预防因灰尘积聚产生的闪络，也减轻了运行维护工作量。

第七节　成套开关柜凝露成因及防范措施

成套开关柜在使用过程中柜体内部空气产生凝露，可引起设备腐蚀，绝缘件损坏，甚至出现故障的原因。蒋晓平和陶剑峰通过分析一些凝露的成因，提出一些具体的改进措施，供成套开关柜使用单位在变电所设计、开关柜选型、改造过程中进行参考，对开关柜的凝露进行有效防范提供了参考意见。

一、影响成套开关柜凝露的主要因素

多年来，成套开关柜因其配置的断路器体积小、重量轻，密封性好，检修和维护方便，许多单位在10kV、35kV系统中广泛应用，也会由于成套开关柜的故障直接影响供电系统供电质量。由于成套开关柜结构复杂，所处位置特殊，若安装不当或后期维护不到位极容易出现问题。最显著的问题就是一些开关柜在使用过程中，由于电缆沟积水、柜体本身通风不畅、温湿度控制装置工作不正常等原因，常常造成开关柜内壁空气凝露形成水珠，引起柜体锈蚀、带电设备腐蚀、绝缘件损坏。开关柜凝露的主要因素如下。

1. 温湿度控制器安装位置不合理、启控湿度不灵敏

现在大部分开关柜的温湿度控制器安装在开关柜的上门板上，温湿度传感器直接在控制器内，并不能真实反映柜内的温湿度，从而不能正确控制加热器。当开关柜内外的空气温差较大时，虽然柜内的空气相对湿度已经超过传感器的启控湿度，但是由于安装位置的不合理，温湿度控制器并不启动柜内的加热器，从而造成柜壁温度低于空气温度，造成柜内凝露，即开关柜的表面温度低于了空气的露点温度。

2. 开关柜本体气密性较好、空气流动不畅

因为要求成套开关柜装置防尘、防小动物，所以设计时密封性非常好，没有留下空气的对流口。如此一来，直接后果就是柜内的空气流通不畅，一旦水汽进入柜内后，室内空气温度下降后，柜内水汽不易排出，造成长期积聚在里面。当开关柜柜壁温度下降时，空气的相对湿度增大，于是就形成了凝露。

3. 电缆沟设计不合理、易积水引起水汽积聚

现在室内开关柜都是电缆进出线，对于传统的开关室，设计时为节约土建成本，电缆进出线的管沟大都采用地沟式，由于电缆沟设计不合理，这种电缆沟相当于在开关柜的底

部挖了一个地下的沉井，很容易积水，引起水汽积聚。在运行过程中如果进出线封堵不良，极易进水，沉积在开关柜下面。遇到开关室内的温度升高，大量水分蒸发，水汽上升，容易引起大量的水汽积聚在开关柜内，使开关柜内的空气相对湿度长期处于高湿度状态。这种结构的变电所内的开关柜凝露严重，设备腐蚀情况不容忽视，也是事故频发的主要原因。

4. 开关室为封闭式结构

现在成套开关柜所在的配电室大部分为封闭结构，没有窗户，只有固定的采光小窗户。室内空气流动不畅，容易引起室内空气的湿度上升。当温度变化时，容易在开关柜内引起凝露。

二、消除成套开关柜凝露的几点改进方法

在分析了凝露的机理及开关柜凝露成因的几点因素后，技术人员发现要想有效预防开关柜发生凝露现象，首先是要提高开关柜柜体的温度，使柜体的温度始终高于环境温度，一般只要高出 2～3℃ 就可以了；其次是要防止水分的入侵，主要目的就是要降低空气的相对湿度；最后是要加强空气的流通，及时排除开关室、开关柜内的潮湿空气。

1. 温湿度控制器安装位置改进方法

温湿度控制器安装在柜门板上的做法，不能真实反映柜内的空气温湿度。可以将温湿度控制器内的传感器通过引线，放置在开关柜的顶部，将信号接入控制器。以便真实反映开关柜内的温湿度，根据温湿度的变化启动加热器，达到加热柜壁及干燥柜内空气的目的。

2. 改进开关柜柜体的设计

在原先气密性很好的开关柜柜体内加装空气通风对流的排气口或者风扇，以利于加强柜体内外的空气流通。

3. 对开关室的改进方法

（1）在开关室内安装大功率的除湿装置，干燥开关室内空气，也可以达到一定的除湿目的。

（2）对于有成套开关柜装置的开关室，建议采用半地下的电缆层结构。半地下电缆层结构便于电缆安装，相比较于预埋电缆管的方式，这种半地下电缆层操作空间大，便于工作人员操作，因而在目前的建筑电气安装领域得到了一致肯定，现在电力系统内有部分变电所就采用此种结构。这种电缆层结构的主要好处是开关室离地设计，可以有效地保证电缆层内不进水。同时可以设置排水泵，进入电缆层的水也可以及时排除。加之采用半地下结构，可在地面上的墙体上设置通风窗，及时排除水汽，使潮湿空气不能进入开关柜内，从而有效防止柜内凝露的产生。最为常见的半地下电缆层设计是同上部柜体结构相连，形成一个整体框架。而随着混凝土施工技术的发展，越来越多的半地下电缆层采用了箱型混凝土结构。

三、成套开关柜防凝露措施评价

综上所述，在所有提出的几点改进意见中，对于变电所内成套开关柜装置的开关室，

采用半地下的电缆层结构，是解决开关柜凝露的最有效的方法。结合运行经验来看，采用这种设计的变电所，开关室内清洁干燥，开关柜本体基本没有凝露现象，建议在变电所设计时优先采用。

同时，对开关柜的温湿度控制器的改进及加强开关柜空气流通的方法，要求生产厂家在开关柜的设计生产时就要采取相关措施。现在有些生产厂家对供应到高湿度地区的开关柜已经改进了设计，在开关柜的顶部采用了相互嵌入型的通风窗口，既能有效地起到防爆防尘效果，又能加强开关柜的通风空气流通，投入运行后取得了良好的效果。作为运行单位，在进行设备技术规范书编制的时候，就应该提出这方面的要求，也不失为一种有效手段。

第八节　高湿度地区变电站室外端子箱凝露
原因分析及防潮措施改进

为解决高湿度地区变电站室外端子箱凝露问题，需从端子箱凝露形成原因及防潮措施两方面进行分析研究。南网超高压输电公司曲靖局的邹文龙和李本毓认为应通过分析凝露形成的原因，对端子箱防潮技术进行有针对性的研究及改进，方能从根本上解决端子箱凝露问题。

一、端子箱凝露原因分析

我国高湿度地区的变电站户外端子箱大部分存在凝露及严重的发霉现象。特别是空间较大的箱体，小功率加热器完全不能满足驱潮要求，箱内各种控制及信号回路端子发霉后，极易造成开关拒动或误动，给设备运行带来较大的安全隐患。虽然通过在端子箱内放置硅胶及吸湿物品后，可以缓解箱体受潮，但仍无法从根本上解决导线的发霉现象。

（一）端子箱制作材料分析

据测定，钢的比热是 0.118kcal/（kg·℃），松木的比热是 0.65kcal/（kg·℃）。材料的比热、密度（容重）和导热系数是构成材料热扩散系数（导温系数）的三个相关因子。比热不同，导温系数也不同。这就是说，在单位厚度材料的相对两个面上，如果给予单位热量，在单位面积和单位时间内，上升或下降的温度，钢材要比松木高。所以钢材端子箱在炎热的白天易于增温，在凉爽的夜晚又易于降温，从而易于形成温差。夏季的雷雨季节，白天温度较高，温度和湿度较高的空气进入端子箱后，夜晚气温迅速下降，空气中水分马上饱和，而端子箱的外壳散热较快，表面温度迅速下降，因此高湿空气在端子箱内壁会快速形成凝露。

（二）端子安装位置分析

就竖向井道而言，当室内温度高于室外温度时，室内热空气因密度小，便沿着这些垂直通道自然上升，透过各种孔洞从高层部分渗出，室外冷空气因密度大，由低层渗入补充，这就形成烟囱效应。烟囱效应是室内外温差形成的热压及室外风压共同作用的结果，通常以前者为主，而热压值与室内外温差产生的空气密度差及进排风口的高度差成正比。现场凝露严重的端子箱均安装在地面上，离电缆沟很近，电缆沟中湿气较大，烟囱效应明显。而安装位置较高的端子箱，电缆穿过钢管进入到箱体中，烟囱效应不明显，端子箱内均未发现明显的凝露现象。

（三）从以往防凝露措施效果分析

由凝露形成的原理来可知，防止端子箱内形成凝露最直接的方法为破坏端子箱内空气的露点条件，即温度和湿度。

1．端子箱内安装加热器

在端子箱内安装加热器是普遍采用的一种除湿方法。大部分端子箱内通常只安装一个小型加热器和一个温湿度控制器，当端子箱内温度低于温湿度控制器的设定值或湿度高于设定值时，温湿度控制器将启动加热器对端子箱进行加热，虽然升高空气温度可以降低相对湿度，却无法有效防止凝露发生。露点温度只与空气的绝对湿度有关，且等于此绝对湿度下的空气达到饱和时的温度。加热对露点温度并无影响，端子箱内壁温度变化时依然容易形成凝露。因此，虽然加热器可以有效降低端子箱内空气相对湿度，但既不能降低露点温度，又不能直接影响内壁温度，其在防凝露方面的作用十分有限，并且还会有加剧端子箱内高温环境的负面作用。

2．加装自动加热和通风的控制装置

在端子箱底部加装加热器，同时在端子箱顶部的通风层加装一个与外界通风的风扇，风扇始终处于运行状态与外界保持空气交换，加热器仍由温湿度控制器控制启停。当端子箱内湿度较大时，加热器启动后将空气温度升高，同时可以通过风扇将端子箱内的高湿度空气带至箱外。此方法在原来的只安装有加热器的基础上进行了改进，但是当端子箱外空气湿度较大时，风扇在将箱体内的空气吹出去的同时，外部的高湿度空气仍会通过端子箱的门缝、通气孔进入箱体内部。因此，仍然无法从根本上解决端子箱内空气湿度大而导致凝露的问题。

3．人工除露水

气候变化时，运行人员每天对端子箱进行巡视，发现凝露时用毛巾或海绵对水汽进行擦除。但第2天水汽又重新凝结，又需要擦除，人工除露的方法费时费力，效果不好。

4．放置吸湿硅胶

运行人员在所有发生过凝露现象的端子箱内放置吸湿硅胶，每星期检查硅胶变色情况，对严重变色的硅胶进行更换。该措施可以在一定程度上降低端子箱内的湿度，但是其材料及人力成本较高。

二、防凝露措施的改进研究

（一）造成端子箱凝露的原因

（1）端子箱安装位置靠近电缆沟，且端子箱与电缆沟之间的密封设施不完善，烟囱效应明显。

（2）端子箱内仅依靠加热器提高温度来缓解凝露，对箱体内的空气湿度未进行控制，无法从根本上解决凝露问题。不管空气中的温度如何，形成结露的露点温度始终是低于环境温度，例如空气温度 $20°$、相对湿度 60% 时，结露的温度为 $12°$。从凝露发生机理可以得出结论：要想防止凝露的发生，必须使不允许发生凝露部位的表面温度始终高于露点温度或表面空气湿度始终低于露点湿度。

（3）对端子箱内的温湿度缺乏有力监控，仅依赖运行人员的现场检查来发现箱内加热器的运行状态及是否有凝露。现场安装位置已不能改变，因此需要从箱体密封、箱体内湿度的控制及监视上来采取措施，加以研究解决。

（二）防凝露措施

1. 端子箱底部基座采取隔离措施

在安装过程中，大部分端子箱底部基座未采取隔离措施而直接与电缆沟相通，电缆沟内本身比较潮湿，特别在雨季，会有少量雨水通过缝隙渗入沟内。电缆沟密封严密又无固定的通风措施，导致电缆沟内热量及能量积聚，使电缆沟内空气温度略高于外界。电缆沟内温度、湿度较大时，总是会将电缆沟内温度、湿度较高气体压入端子箱内，从而在端子箱内产生凝露。为了解决以上问题，可以在端子箱基座底部与电缆沟间用封堵材料进行密封，同时，加大基座侧面通风孔，与外界保持较好的空气流通。这样，就可最大限度地防止电缆沟内高湿度空气侵入端子箱内。

2. 采用端子箱智能除湿装置

为从根本上解决端子箱凝露问题，研究一种集加热、除湿、监控于一体的智能端子箱除湿装置尤为重要。智能除湿装置包括温湿度传感器、控制器、半导体除湿器、加热器、无线信号传输模块及远程监控系统。通过加热器、除湿器的协同作用，降低端子箱内的湿度同时升高端子箱内的温度，彻底破坏凝露形成的条件，防止端子箱内产生凝露。智能除湿装置的处理过程为：当端子箱内的空气湿度高于设定值时，自动启动除湿器来降低端子箱内的湿度；当端子箱内的温度低于设定值时，自动启动加热器，提高端子箱内空气的温度。同时无线传输模块负责收集端子箱的温度、湿度信息并以数字量的方式传送给终端监控器，终端监控器通过 RS485 通信网络上送信息给主站，当端子箱内的温度或湿度大于设定值时发出报警信息，提醒运行人员现场检查端子箱内驱潮装置运行状态。

三、智能除湿装置现场使用结果分析

智能除湿装置体积小，可直接在端子箱的空余导轨处安装。现场选取尺寸为 $60cm \times 60cm \times 113cm$ 的端子箱开展试验。分别在箱体进行密封改造和不进行密封改造的两种情况下，将加热器的启动温度设定在 20℃、除湿器启动湿度设定 40％时，对除湿器的除湿效果进行观察分析。

（一）箱体不进行密封改造时的情形

在箱体不进行密封改造时开启除湿器的条件下，进行10h的测试，外界环境湿度呈现先下降后上升的过程。由于柜内与外界环境间的空气流通，柜内湿度及温度受环境的影响较大，但在整个变化过程中，柜内湿度平均比柜外湿度低约25％，温度比柜外高约8℃。而且在整个过程中，柜内湿度值明显降低。

（二）箱体进行密封改造后的情形

箱体进行密封改造后开启除湿器的条件下，也是进行10h的测试，外界环境湿度呈现先下降后上升的过程。由于柜内与外界环境间无空气流通，柜内湿度及温度受环境的影响较小，特别是当柜外湿度不断增加时，柜内湿度始终保持平稳，所以在箱体密封较好的情况下，除湿效果非常明显。

（三）对比分析

在除湿器开启后，技术人员通过对比，发现当箱体不进行密封改造，柜内温湿度受环境的影响较大，柜内温湿度变化曲线与环境变化温湿度变化曲线保持一致；当对箱体进行密封改造后，若箱体密封理想，柜内湿度呈持续下降趋势，最终温湿度稳定在除湿器设定的启动范围内。根据凝露形成的原理，只要通过加热及除湿，使端子箱内的温湿度保持在露点以内，就可以从根本上解决端子箱内的凝露问题。实时监控端子箱温湿度状态通过对端子箱内温湿度状态监测，运行人员可以在后台实时监控端子箱内温湿度状态，且当现场温湿度超过设定值时，监控后台发出报警，提醒运行人员及时处理。

（四）小结

根据端子箱所处的环境条件，通过分析端子箱凝露机理，在常规的端子箱采取防潮措施基础上，从降低湿度、升高温度两方面出发，彻底破坏凝露形成所具备的条件。同时通过后台对端子箱内的温湿度状态进行实时监控，使端子箱防潮系统完全智能化，大大提高了变电站端子箱防潮措施的有效性及经济性。现场通过对端子箱防潮措施的改进，消除了端子箱的凝露现象，使设备处于良好的运行环境，提高了电力系统运行的可靠性。

第九节　变电站防凝露系统的改进

一、配网设备无源化除湿防凝露技术

当前变电站内端子箱普遍采用的加热除湿器还存在着以下不足：

（1）对防凝露控制器本身缺少切实有效的监视及控制手段，不能及时监视加热除湿器设备的运行状态。

（2）传统的加热控制器需要人工投退，增加了运行人员的工作负担。

（3）大部分的终端工作电源直接通过电容从交流 220V 的电源取电，通过晶闸管来控制加热板进行除湿作业，该模式没有任何的电气隔离，存在着较大的安全隐患。

由于环网箱、箱式变电站等户外配电设备凝露问题严重，为从设计源头解决该类问题，并与后续配电网典型设计和配网设备标准化定制工作的编制修订相结合，国家电网公司设备管理部于 2018 年 8 月 29 日在北京组织召开了配电设备除湿防凝露措施专题工作启动会。国网北京、上海、山西、江苏、浙江、湖南、四川电力公司及中国电科院、主要制造企业的有关技术人员参加了本次会议。会议针对环网箱、箱式变电站设备受潮、凝露等问题及相关的防护措施进行了重点讨论。

1. 针对新采购标准化定制产品

（1）户外设备除湿防凝露应采用设备局部密封处理措施，并配合采用无源除湿措施。设备整体进行通风散热设计，将凝露源头隔绝在设备以外。应充分利用自流平树脂封堵、无源吸湿放湿片、顶板防凝露设计及处理等新技术、新材料，彻底解决配网户外设备凝露隐患。

（2）户外环网箱中环网柜的机构箱、仪表箱整体以及按钮、指示灯、继电器等二次元件应进行密封处理，并配合采用无源型除湿措施，减少后期运维工作量。电缆室的防潮可采用环网箱底部增加带通风孔的夹层，将电缆沟道内的湿气通过夹层排出，环网柜底板与夹层之间进行封堵，避免沟道内湿气进入设备以内，同时应考虑内设引弧通道等，将内部故障电弧直接引入电缆通道避免伤及人员。

（3）箱式变电站中的环网柜应参照以上要求进行防凝露设计。此外，箱式变电站整体设计应考虑变压器室通风散热，基础通风孔的设置应满足内部电弧释放要求，避免伤及人员；高压室、低压室应进行密封设计，底部电缆采用封堵措施。

（4）环网箱、箱式变电站的底板要进行防腐蚀处理。

（5）以上除湿防凝露措施应可在设备出厂前完成，并补充写入标准化定制方案。

2. 针对在运设备改造

（1）对于在运户外设备的除湿防凝露改造工作，应综合利用自流平树脂封堵、无源吸湿放湿片、顶板防凝露设计及处理、接线端子及电机局部密封、新型除锈材料等新技术、新材料，解决凝露隐患。对于户内设备，也可采用有源除湿设备进行改造。

（2）对以往与地面齐平的箱式变电站、环网柜进行改造，抬高整体机座，增加变压器室通风散热，设置基础通风孔。高压室、低压室应进行密封设计，底部电缆采用封堵措施。环网箱中环网柜的机构箱、仪表箱整体以及按钮、指示灯、继电器等二次元件应进行密封处理，并配合采用无源型除湿措施，如图 4-9-1 所示。

（a）改造前　　　　　　　　　　　　（b）改造后

图 4-9-1　环网箱、箱式变电站等户外配电设备的防凝露改造

二、防凝露系统的工作原理

以往的防凝露系统主要采用的是温度、湿度闭环控制，开关控制或者 PID 控制，开关控制实现起来比较简单，但其精确度较差。PID 控制精确度虽然较高，但其运行需要建立数学模型，参数整定要求比较高。而在温度、湿度非线性复杂变化的环境下，不容易做到精确建模。于是模糊控制理论便应运而生，该理论可以模拟人脑智能，是随着环境变化的自适应控制技术，比较适合非线性系统以及需要精确描述的数学模型等复杂系统。

参照凝露形成和预防的机理，通过采集端子箱（柜）式电气设备内外的温度、湿度来控制并破坏凝露形成的条件。一般可采用如下两种方式：一是冷凝或者吸收的方式，该方法主要是通过热交换器将空气中的水分冷凝成水珠进而排出，或者通过吸湿器来吸附并排除空气中的水分；二是加热空气的方式，在一个相对密闭的空间中，内部温度升高则相对湿度就会降低，因此通过对这一密闭空间内部进行加热升温的方法也可以达到有效降低相对湿度的目的。

三、封堵

目前为了保证变电站电线电缆的安全及其使用寿命，国家电网公司普遍要求进行封堵施工。采用凝露封堵材料进行凝露封堵包括采用传统防火泥进行的封堵和采用智能除湿设备进行的封堵。但使用传统防火泥、智能除湿设备进行凝露封堵存在着很大的弊端。在此基础上改进的新型封堵材料——BBS防凝露密封组料，可在现场进行混合搅拌，均匀后浇筑于柜体自流平，随后膨胀固化成型。可以有效达到凝露封堵的成果，消除电力安全运行隐患。

1. 防火隔板施工

（1）安装前应检查隔板外观质量情况。

（2）在支架托臂上设置两副专用挂钩螺栓，使隔板与电缆支（托）架固定牢固；并使隔板垂直或平行于支架，整体应确保在同一水平面上。螺栓头外露不宜过长，并应采用专用垫片。

（3）隔板间连接处应留有50mm左右的搭接，用螺栓固定，并采用专用垫片。安装的工艺缺口及缝隙较大部位应用有机防火材料封堵。

（4）用隔板封堵孔洞时应固定牢固、保持平整，固定方法应符合设计要求。

2. 有机防火堵料施工

（1）施工时应将有机防火堵料密嵌于需封堵的孔隙中。

（2）按设计要求需在电缆周围包裹一层有机防火堵料时，应包裹均匀密实。

（3）用隔板与有机防火堵料配合封堵时，有机防火堵料应略高于隔板，高出部分要求形状规则，可采用铝合金边框定型。

（4）电缆预留孔和电缆保护管两端口应采用有机堵料封堵严实，堵料嵌入管口的深度不应小于50mm，预留孔封堵应平整。

3. 无机防火堵料施工

（1）根据需封堵孔洞的大小，严格按产品说明的要求进行施工。当孔洞面积大于$0.2m^2$且可能行人的地方，应采用无机隔板做加强底板。

（2）用无机防火堵料构筑阻火墙时，应该光洁、平滑，无边角、毛刺。

（3）阻火墙应设置在电缆支（托）架处，构筑要牢固；并应设电缆预留孔，底部设排水孔洞。

4. 防火包施工

（1）安装前对电缆进行必要的整理，并检查防火包有无破损，不得使用破损的防火包。

（2）在电缆周围裹一层有机防火堵料，将防火包平整地嵌入空隙中，防火包应交叉堆砌。

（3）防火包在电缆竖井处使用时，应先在竖井孔下端放置一块与洞口大小相同的防火隔板，同时防火包的码放一定要密实。

（4）当用防火包构筑阻火墙时，阻火墙壁底部应用砖砌筑支墩。

5. 自粘性防火包带施工

施工前应进行电缆整理，并按产品说明要求进行施工，允许多根小截面电缆成束缠绕自粘性防火包带，端部缝隙应用有机防火堵料封堵严实。

6. 防火涂料施工

（1）施工前清除电缆表面的灰尘和油污。涂刷前，将涂料搅拌均匀（按一定比例调和）并控制合适的稠度。

（2）涂刷水平敷设的电缆时，应沿着电缆的走向均匀涂刷；对于垂直敷设的电缆，宜自上而下涂刷，涂刷次数要求为2～3次，厚度为1mm，厚度应均匀一致，每次涂刷的间隔时间不得少于规定时间，具体参见涂料技术指标的规定。

（3）遇电缆密集或成束敷设时，应逐根涂刷，不得漏涂。用防火堵料封堵完的电缆，桥架上涂刷防火涂料的电缆。

7. BBS 防凝露密封剂

（1）先用扎带整理内部电缆，清洁柜体底面及四周，用绝缘板垫于柜体底部并用防火胶带进行密封，检查是否有遗漏后准备调配工具材料。

（2）根据需要调配好使用量进行混合搅拌，然后将搅拌好的BBS发泡剂防凝露封堵材料倒入需要封堵的柜体底部，倒料完成后用清洁布将滴落在柜体周边及内部设备上的残留材料清理干净，观察材料流平效果。

BBS防凝露密封剂封堵固化后的形态为固态块状体，具有自流平、防水防潮、防击穿、防小动物、阻燃、隔热、美观、高寿命、低烟、无毒等特点。图4-9-2所示为BBS防凝露密封剂实物效果展示。

四、防凝露涂料

由于物体有透明与非透明两类，防结露涂料也分为两类。

图4-9-2 BBS防凝露密封剂实物效果展示

（1）透明材料防结露涂料，常称防雾涂料或防模糊涂料。高温下，玻璃或透明塑料表面凝结微小露珠（水滴），露珠密集，透明材料表面变得模糊。为了防止这种现象的发生，通常使用防雾涂料。防雾涂料常由三部分组成，即亲水高分子、交联剂和表面活性剂，其中主体是亲水高分子，由它吸收湿气；为了增强树脂的耐水性和抗摩擦性，引入交联剂；加入表面活性剂是为改善表面润湿性，提高防雾性。

（2）非透明材料（如钢筋混凝土、水泥、木材、塑料等）防结露涂料。其组成和类型有：乳胶型（由乳胶液、分散剂、防霉剂、硅藻土和蛭石等制成）涂料、溶剂型（由合成树脂如醇酸树脂、溶剂、防霉剂、硅藻土和蛭石等制成）涂料和双组分聚氨酯发泡涂料。成膜后都是多孔涂层，有良好的透气性，防结露性能优良，适用于暂时性湿度较大的地方。

五、变电站被凝露损坏设备的修理案例

国网浙江省电力公司湖州 500kV 金山等变电站
5011 开关汇控柜等 230 只户外箱柜防潮防凝露修理

浙江××电气工程有限公司

1　项　目　概　述

1.1　项目名称

国网浙江省湖州 500kV 金山等变电站 500kV 5011 开关汇控柜等 230 只户外箱柜防潮防凝露修理。

1.2　项目来源

略。

1.3　停电范围

本次工作不停电。

1.4　工作内容

湖州 500kV 金山等变电站 5011 开关汇控柜等 230 只户外箱柜存在密封条老化损坏、加热器不工作、封堵不严等问题，柜内存在潮湿凝露、电缆绝缘保护层老化、霉变等情况，容易造成二次端子接触不良，严重时会造成测控、保护装置运行异常，引起运行事故。

本项目参照浙江省检箱柜防潮防冷凝治理指导方案，结合湖州 500kV 金山等变电站实际情况，针对箱柜防冷凝、电缆霉变治理等，提出自流平封堵、通风系统改善、箱柜门密封条修复、加热除湿系统改造一系列解决方案。

1.5　参建参修单位

项目法人：浙江省电力有限公司。

建设管理单位：国网浙江省电力有限公司湖州供电分公司（以下简称：建设单位）。

施工单位：浙江××电气工程限公司。

1.6　开、竣工时间和计划工期

开、竣工时间：2018 年 11 月 25 日、2018 年 12 月 31 日。

计划工期：36 天。

2　总　体　安　排

2.1　人员安排

本次工作共 6 人，安全负责人 2 人负责监护，其余 4 人依次进行施工作业。

2.2　机具安排

施 工 工 具 清 单

序号	工具名称	数量
1	胶枪	
2	液压开孔器	
3	手电钻（钻头、开孔器）	
4	螺丝刀	
5	自动扳手	
6	内六角扳手	
7	美工刀	
8	卷尺	
9	斜口钳	
10	剥线钳	
11	其他常用工具	

2.3　物资安排

略。

2.4　时间安排

略。

3　组 织 措 施

3.1　人员组织

略。

3.2　岗位职责

略。

4　技 术 措 施

4.1　技术准备

组织施工人员学习施工图、设备说明书（安装手册）、设备技术协议、安装专项施工方案、施工及验收规范，熟悉设备的施工安装工序及技术要求。施工前必须进行认真交底，并做好交底记录。

4.2　施工现场临时用电布置

请运维单位提供可靠的施工电源及检修箱等设备，用电馈电线路及分电源箱将由我公司自理。电源箱应加装漏电保护器，用电设施由专职电工维护和接线。

4.3 施工现场消防总体布置

严格按照《中华人民共和国消防法》规定，建立和执行防火管理制度现场必须有满足消防车出入和行驶的道路，消防设施应保持完好的备用状态。在火灾易发地区施工或储存、使用易燃、易爆器材时，应采取特殊消防安全措施。在施工区域配置相应数量的干粉式灭火器和其他消防器材。施工场地配备流动灭火器箱，严禁使用 1211 灭火器。

4.4 施工工序总体安排

4.4.1 密封条检查修复

（1）舱查箱柜内外侧密封条的实际状况、重点检查外侧观察窗密封条接头处，采用结构密封胶进行防水处理。

（2）箱门关闭时与密封圈接触的部分涂上凡士林或硅脂，以保证接触良好。

（3）背胶式密封条贴于基体后不可取下再利用。

4.4.2 自流平封堵

（1）在电缆孔及拼接缝隙处，采用防凝露气密封堵组料进行封堵，自流平、膨胀、密封，闭孔率达 99%，最大限度的阻隔潮气进入，并防止小动物进入箱柜内而带来安全隐患。

（2）具有高阻燃性，不低于 GB 8624—2012 所规定的 B1 级阻燃性能。

（3）固化后具有良好的绝热性，有效隔绝热量传导。

（4）易扩容，二次开孔方便，无需专用工具。

（5）黏结强度高，与 PE/混凝土和钢板结合有良好的黏结效果。

（6）绿色环保，寿命长，适用温度 -30～90℃。

（7）封堵时如柜体无底板，则先使用模板铺平，电缆贯穿孔隙使用防火胶或地毯胶带、铝箔胶带封严，柜体底板保证水平；如柜体底部有底板，则直接利用柜体底板，只将电缆贯穿孔隙使用防火胶或地毯胶带、铝箔胶带封严即可。

4.4.3 通风系统清理

（1）清理时将箱柜防雨通风罩内侧防尘滤网门拆下，并及时用挡板遮挡，避免异物进入柜内。

（2）用鼓风机吹净滤网灰尘后重新安装上。

（3）防雨通风罩延侧缝隙处涂耐候性防水胶。

4.4.4 加热器、除湿机检查

（1）加热器采用功率为 50～100W 的加热板。

（2）通过安装板将加热器固定式安装，加热器中心距离箱柜底部 150mm 左右。

（3）通过导轨固定湿度控制器及空气开关，湿度传感器固定位置与加热器远距离布置，相对分散。

（4）按图接线，加热器二次线采用 $1.5mm^2$ 高温耐热多股导线，端头采用预绝缘端头压接。

（5）接线位置由现场工作负责人指导接线。

（6）对加热器回路上电，检查其工作状态，并进行参数设定（湿度高于 75%RH 启动，低于 65% 停止）。

4.4.5　吊环防水处理

采用结构密封胶进行防水处理，保证密封年限。

4.4.6　玻璃观察窗贴隔热膜

（1）玻璃窗内侧贴 3m 隔热膜，无气泡、杂质，工艺平整。

（2）观察窗密封圈接口处需涂防水胶。

4.4.7　热交换装置安装

（1）220kV 区域汇控箱前门无观察窗侧加装交换机，安装时预留空位避让柜内空开继电器。

（2）热交换装置遮挡到柜内标识牌的，应调整标识牌。

4.5　质量管理

4.5.1　工程质量目标

（1）工程"零缺陷"投运。

（2）工程使用寿命满足公司质量要求。

（3）不发生因工程建设原因造成的六级及以上工程质量事件。

4.5.2　质量管理组织机构及主要职责

略。

4.5.3　质量管理组织机构

略。

4.6　验收

施工结束，公司严格执行以下三级验收制度：

4.6.1　工作结束后应先由现场班组负责人根据相应的验收卡进行自验收。

4.6.2　施工项目部组织相关人员对施工进行再次验收。

4.6.3　我公司职能部室根据验收规范的相关要求统一验收，并填写"专检报告"。

5　安　全　文　明　施　工　措　施

5.1　安全管理目标

略。

5.2　安全管理办法

5.2.1　贯彻"安全第一、预防为主"的方针，确保人身、电网和设备安全，圆满完成检修任务，确保检修工作安全能控、可控和在控。所有人员必须严格遵守《国家电网公司电力安全工作规程》，现场检修作业人员必须通过"安规"考试，具备现场工作资格。

5.2.2　现场工作应严格履行工作票制度，严格履行工作间断制度。每日现场开工之前重新履行工作许可续。工作负责人在开工之前组织召开班前会，进行现场危险点分析，防止工作人员走错间隔或误碰带电部位。

5.2.3 工作人员应正确使用合格的梯子，做好防滑、防摔跌、防触电措施。严禁站在梯子顶部（距梯顶 1m 以内）的梯蹬上和设备顶部工作，严禁工作中移动梯子。高压设备区内搬动梯子（或较长物件）时，应 2 人放倒搬运并与设备带电部位保持足够的安全距离。

5.2.4 设置有围栏的工作区域和加工区域，要求地面铺设防护垫、毛毯等作为防护措施，防止门板开孔和切割时表面磨损。

5.2.5 施工人员进入施工现场须穿工作服、戴安全帽、穿工作鞋、使用防护手套，开孔时要求戴防护目镜。

5.2.6 施工人员应正确使用合格的电动工具，并对电动工具做好接地等防护措施，使用电动工具时不得戴手套。

5.2.7 安全帽、电动工具等都应有合格证，电动工具做好接地措施。

5.2.8 室内外设备均在运行中，施工人员室外工作应注意与带电设备保持安全距离。

5.2.9 搬运梯子等长物，应放倒由两人搬运，搬运过程中注意保持与设备足够的安全距离。

5.2.10 阴雨天所有施工项目全停。

5.3 安全技术措施

5.3.1 一般安全技术措施

（1）柜门粘贴"禁止碰触柜内空开"警示标语；三相电裸露处用绝缘皮覆盖隔离，防止人员误碰。

（2）端子箱内门门板背面接线区域用红布幔遮挡，红布幔上粘贴"禁止碰触"警示标语。

（3）工作前由工作负责人断开柜内原有加热器空开，防止人员制作自流平模板时被烫伤或触电。拆除原有防火泥封堵，运行二次电缆应做好防护措施，严禁拉拽受力。

（4）禁止工具直接从电源箱直接取电，在工作负责人指导下取电。应使用接线盘取电，接线盘缆盘带漏电保护。

（5）工作现场箱柜门前布置"在此工作"牌。

（6）以上所有措施均在监护人监护指导下进行，措施到位监护人确认没有问题后开始施工。

5.3.2 工作步骤安全措施

5.3.2.1 清理通风窗安全措施

（1）箱柜门上清理通风窗时，为防止铁屑飞入柜内和振动，应将门板拆卸下来，放置于加工区域进行加工处理。

（2）工作间断时或长时间无人工作时，应采取措施将原门板位置遮挡，防止小动物进入和人员误碰。

（3）如需动火作业，提前联系工作负责人开动火工作票，由专责监护人旁站监护。

5.3.2.2 密封条修复更换安全措施

（1）拆卸原密封条时，防止杂物飞溅掉入柜内；安装时选用合适的密封条，调整门板间隙，以保证安装新密封条时接触良好。

（2）清理杂物时，防止杂物遗留柜内。

5.3.2.3 加热除湿检查

（1）施工前甲乙双方确认工作电源，注意电源功率需满足加热器满载需求。

（2）复核二次电流负荷，接线应三相均布。

5.3.2.4 自流平封堵

（1）所有电缆标识牌逐项地往上抬并做好固定措施，防止封堵将标识牌封堵；如接地排高度不够，应抬高接地排对地距离。

（2）采用绝缘漏斗浇注，防止二次误碰。

（3）浇注自流平不能拉扯二次电缆，防止端子排上接线松动。

（4）清除原封堵泥过高部分时，电缆贴边部分采用塑料铲刀切割铲除，防止电缆受到损伤。

5.3.2.5 接电

（1）禁止工具直接从电源箱直接取电，在工作负责人指导下取电。应使用接线盘取电，接线盘缆盘带漏电保护。

（2）应使用接线盘取电，接线盘缆盘带漏电保护。

5.4 文明施工措施

5.4.1 对施工设备、材料、工器具的要求。合理确定设备、材料、工器具放置地点，保证不给他人带来危险，不堵塞通道，做到当天用当天清，保持现场清洁、整洁、严禁乱堆乱放。

5.4.2 对施工废品、废料及用品的要求。在施工现场准备专门的收集箱，施工中的废品、废料及生活垃圾必须分开收集；施工现场的废品、废料及生活垃圾收集及处理应由专人负责。

5.4.3 施工中应自觉保护变电站内设备和环境。

5.4.4 施工现场严禁吸烟，打闹等行为。

6 施 工 方 案

6.1 施工器具准备

（1）根据《国网浙江检修公司户外箱柜防潮防凝露综合治理方案》的技术措施要求，对国网浙江湖州 500kV 金山等变电站 500kV 5011 开关汇控柜等 230 只户外箱柜防潮防凝露修理。

（2）本次工作原则上以不停电方式开展。

6.2 勘查柜体明细

（1）500kV 湖州金山变 500kV 开关常规汇控箱 17 个，220kV 常规汇控箱 23 个，开关机构箱、电源操作箱、端子箱、主变风冷控制箱 82 个。

（2）湖州金山开闭所开关常规汇控箱 11 个，电源操作箱、端子箱、主变风冷控制箱 19 个。

（3）合计 230 个户外箱柜。

6.3 柜体施工内容

6.3.1 密封条检查修复

（1）使用中性洗涤剂对密封条安装部位的污迹、灰尘进行清洗。

（2）重点检查观测窗密封条接头处，采用防水密封胶处理。

6.3.2 箱柜通风系统清理

（1）将要清理的通风装置从柜门拆下。

（2）对箱柜器件用防护膜进行临时防护。

（3）用空气吹风机吹净滤网灰尘后重新安装，并在缝隙处涂耐候性防水胶。

6.3.3 自流平施工方法

（1）先拍摄电缆标识牌照片保存，将每项电缆标识牌重新上抬固定。

（2）以箱柜为界，清理工作面，清洁箱柜及电缆，除尘、除锈、保持干燥。

（3）规划柜体底部布局，在线缆穿入电缆沟处及柜体底部有缝隙的区域针对性地制作自流平模板，将底部加热区域及其他设备区域用隔边条进行隔离。

（4）根据测量贯穿孔长、宽尺寸，安装模板并计算其体积。

（5）自流平封堵前留出线束预留孔，在原底板开直径 30mm 的孔径（开孔位置留出与原电缆的安全距离，防止损伤原电缆），预留孔采用 PVC 管材直径大于 32mm 以上粘贴牢固在开孔上端，大面积封堵需留四个预留孔，小面积封堵需留两个预留孔。

（6）现场混合封堵材料 A 剂、B 剂，快速搅拌 15～20s，采用绝缘漏壶均匀浇注到电缆贯穿面，流平固化。

6.3.4 加热器修理方法

（1）加热器采用功率 50～100W 加热板。

（2）通过安装板将加热器固定式安装，加热器底部距离箱柜底部 150mm 左右，与二次线及元器件保持 100mm 以上距离。

（3）通过导轨固定湿度控制器及空气开关，湿度传感器固定位置与加热器远距离布置，相对分散。

（4）按图接线，加热器二次线采用 BVR 型 $1.5mm^2$ 多股导线，端头采用预绝缘端头压接。

（5）接线位置由现场工作负责人指导接线。

（6）对加热器回路上电，检查其工作状态，并进行参数设定（湿度高于 75%RH 启动，低于 65% 停止）。

6.3.5 顶部吊环进行防水密封处理方法

（1）清洁原吊环，将吊环紧固。

（2）紧固后螺栓外涂敷结构密封胶。

6.3.6 汇控箱观察玻璃内侧贴透明 3M 隔热膜

观察窗清理干净，将 3M 隔热膜由上往下粘贴，要求无气泡、杂质，平整美观。

6.4   防雨措施

因雨水较多，施工时重点注意防雨措施，做好以下措施：

6.4.1   施工前关注天气预报，下雨天气禁止拆卸柜门。

6.4.2   拆卸柜门时，必须逐台进行，严禁全部拆下再依次安装。

6.4.3   拆开柜门后，用塑料薄膜缠绕并用防雨布盖好，避免雨水和小动物进入。

6.5   应急预案

6.5.1   本项目现场成立以项目经理为首的应急小组，负责组织学习培训，组织应急状态下的救援、疏散、抢救、保护和汇报协调等工作。

6.5.2   应急总指挥：略；手机号码：略。

6.5.3   公用应急电话：报警110、火警119、急救120、交通事故122。

6.5.4   施工现场必须随时保证停放一部急救车辆，驾驶人员不得擅自离开工作现场。应急车辆为我方施工人员自有车辆。

6.5.6   紧急情况和突发事件一般包括：火灾事故；现场意外伤害事故；有毒、有害物质意外伤害事件；现场设备物资损坏及失窃事件。

6.5.6   坚持以人为本，一旦施工中发生人员伤害时，各班组义务急救员和现场工作人员应及时进行现场抢救，必要时迅速送至附近医院，并汇报项目经理和公司领导。

6.5.7   施工中发生危及人身安全的紧急情况时，作业人员有权立即停止作业或者在采取必要的应急措施后，撤离危险区域。

6.6   发生火灾的应急方案

6.6.1   一旦发生火灾，应沉着冷静，迅速作出失火的原因和性质的判断，分别为：电气火灾、易燃易爆品。灭火机应选择 ABC 干粉型灭火器进行灭火。电气失火时应先切断电源。易燃易爆品失火时立即切断气源及火源，并将附近可燃物品移开现场。

6.6.2   疏导人员。当发生火灾危及人身安全时，现场人员应在工作负责人的统一指挥下，有组织、有计划、有步骤地疏散人员，以保证人身安全，尽最大努力减少伤亡和损失。

6.6.3   灭火机的使用方法。拔掉铅封横销，手握阀门用力压下压把，灭火剂即可喷出。

6.7   触电的应急方案

6.7.1   发生人员触电时，现场人员首先要使触电者迅速脱离电源，越快越好，方法是：把触电者接触的那一部分带电设备的开关、刀闸或其他断路设备断开，或设法将触电者与带电设备脱离。

6.7.2   伤员呼吸和心跳停止时，应立即按心肺复苏法支持生命的三项基本措施，即：通畅气道、口对口（鼻）人工呼吸、胸外按压（人工循环）。现场工作人员应采取心肺复苏的方法实施抢救，并遵循动快、操作正确、坚持不懈的原则。

第十节　汇控柜凝露形成原因和预防凝露措施

本节以浙江省电力公司句章变电站为例，阐述汇控柜凝露形成原因和预防凝露措施。

结露是否发生取决于柜内温度、相对湿度以及露点温度。500kV 句章变电站由于紧靠海边，早晚环境温度变化明显，温差大，特别是梅雨季时空气湿度高达 80％以上，且水汽中盐分含量高，随着雨水增多和湿度增大，汇控柜凝露现象严重，进而导致接触器和继电器锈蚀、绝缘性能降低和二次回路短路或接地等异常。

一、汇控柜凝露原因分析

1．汇控柜箱体密封不良

（1）汇控柜柜门密封条老化严重，密封条已完全失去弹性，并且多处存在龟裂、破损，密封条交接处缝隙大，外部水汽可以通过柜门四周进入，完全没有起到密封作用。大部分汇控柜柜门玻璃四周密封条也存在老化现象，密封条向内收缩变形，玻璃与柜门钢体之间存在缝隙，雨水和水汽沿着缝隙可以进入柜体内，为凝露的形成创造了有利条件。

（2）柜门锁芯和锁舌连接处设计不合理，存在缺陷。正常情况下，汇控柜柜门应为三点式固定，中间锁舌和上下连杆联动后实现整个汇控柜柜门闭合严密，但是实际上容易在锁舌处脱扣，造成一个或者多个部位关不到位的情况。

2．柜内加热器驱潮设计不合理

（1）汇控柜内有两组加热器，其中一组温控器监视柜内温湿度，启动温度为 20℃（湿度为 85％），第二组温控器监视柜外温度，启动温度为 20℃，不监视湿度。夏天时，温度高、湿度大，加热器难以达到启动值，但是外部潮湿空气大量进入柜内，无法及时循环出去，通风速度来不及降低柜内湿度，使得潮湿空气在柜内形成凝露。

（2）加热器应该均匀布置在柜内，这样加热效果最佳。但现场加热器都是贴着柜底布置，底部均未采用隔热材料，部分热量通过柜体本体散发，热量不能被充分利用。加热器工作时，将柜内底部的水汽加热蒸发，当水蒸气到达柜体中上部时，由于中上部柜内温度较低，水蒸气又渐渐液化，在继电器上面凝聚成水珠，使得凝露现象更加严重。

3．电缆进线处密封不良

（1）汇控柜安装于电缆井上部，电缆从下部穿上来，通过在柜体底部做防火封堵使得柜体与电缆井隔开，由于汇控柜四周密封性差，存在很大的缝隙，雨水易沿着柜体四周缝隙进入电缆井，电缆井内积水不能排出，在底部汇聚。同时电缆在防火封堵时存在死角，电缆与电缆间难以完全密封，留有缝隙，电缆井内的潮湿空气沿着这些缝隙往汇控柜内部流动，为凝露的形成提供了条件。

（2）汇控柜底部加热器紧靠防火泥，防火泥慢慢被加热器烤焦，出现了大量裂纹。一方面下部的水汽更容易通过防火泥缝隙进入柜体内，另一方面防火泥中的硅胶油也被大量的蒸发出来，油气随着湿空气一起往上流动，在汇控柜线槽盒和继电器表面集聚，严重危害柜内二次元件的绝缘性能和寿命。

4. 汇控柜通风排气设计不良

良好的通风可以大大减少潮湿空气在柜内停留时间，从而有效缓解柜内凝露现象。句章变电站汇控柜上部、下部各开有一些通风孔，其作用是把外界较干燥的空气带到汇控柜内，然后把较潮湿空气带走，以此来降低汇控柜内湿度，从而抬高露点。汇控柜顶部和底部通风孔处的透气海绵长期运行后，因积灰、受潮等原因堵塞，使得汇控柜内空气被堵塞，潮气无法排出，严重影响了空气对流效果。因此，柜内通风不畅也是造成凝露的另一个原因。

二、汇控柜预防凝露的整改措施

1. 除去遗留在柜体内水汽

在处理过程中，考虑到线槽内部还残留部分水汽，检修人员在天气晴朗时打开汇控柜门，拆开线槽遮盖，在烈日下暴晒和通风，使内部残留水汽蒸发出来。同时利用氮气的驱潮特性，对汇控柜二次接线盒深处进行全方位冲氮气驱潮，将内部残留水汽排净。

2. 密封整改

采用设计更合理的 Q 形密封条，保证柜门关闭后密封条处于受力状态，跟柜门紧密接触，以此达到良好密封的效果。同时对柜门进行双保险处理，在柜门边上再进行一道密封，采用子母密封条，这种密封条在柜门发生形变的情况下，也不会影响柜门的密封，时刻通过密封条和密封条的对接达到良好的密封。

3. 柜内加热器整改

只有使物体的表面温度始终高于环境温度或者让柜内保持恒温，才能有效地降低柜内湿度，从而防止凝露的发生。但是加热器全部常投容易使柜内温度太高，影响柜内电子元件的寿命。于是调整加热器启动方式，第一组温控器继续设为自动，定值设为 30℃ 启动，监视柜内温湿度，第二组温控器设置为常投，一直处于工作状态。只有在环境温度较低或者相对湿度较高的情况下加热器才允许全部投入。

4. 电缆封堵

更换新的防火泥，对整个底部防火封堵进行修补，同时采用新材料对电缆入口处进行深入封堵，新材料跟传统防火泥相比，具有黏度大、密度大等特点，更容易渗入电缆之间的微小缝隙，最大限度地分断潮湿空气进入柜体的通道。

5. 通风整改

拆除旧的通风孔呼吸棉，更换为新的呼吸棉，增加空气流动性。同时为了防止雨水通过柜体底部缝隙进入电缆井，在汇控柜底部四周打玻璃胶。同时在汇控柜内侧门上扩大对流孔，使进入柜内的湿空气快速循环出去，从而预防凝露。

6. 其他措施

（1）在柜内安装温湿度监测仪器，通过手机 APP 软件远程监控，随时关注柜内温湿度，及时了解汇控柜凝露情况。

（2）柜内加装除湿器，以此降低柜内湿度。

7. 高压开关柜电缆分支箱改进措施

对高压开关柜电缆分支箱结构、使用的绝缘材料进行改进，解决结构和绝缘这两类问题。

（1）气密性问题。厂家可采用不同形式的绝缘垫代替原金属平垫，既起到密封作用，又可以增支架的紧密性。

（2）电流互感器绝缘问题。一方面，目前大部分厂家都针对原高压开关柜电缆分支箱重新进行设计，将内置互感器更换成外置互感器，解决了因电场外布不均引起的局放问题以及内部凝露问题。另一方面，对于系统中运行的 ZW7-40.5 型开关电流互感器变比选择，大部分选用三变比或四变比，而开关厂家建议采用两变比，并且大变比不超过小变比的 2 倍，变比增加后必须增加电流互感器的绝缘等级。在绝缘材料上，可采用户外环氧树脂和硅橡胶来加强绝缘。

通过以上措施后，整治后的汇控柜内凝露现象得到有效控制，一年多已无凝露现象。后续将会继续从柜体设计、密封封堵、通风对流、柜内温度控制等方面深入研究防凝露整改措施，为电力设备安全稳定运行提供强大的保障。

第十一节　变电站开关柜内凝露现象的解决措施

一、解决开关柜内凝露的常规措施

开关设备内部发生凝露，会在一定程度上引起爬电、闪络等事故的发生。爬电距离是指两个不同极性的导电部件之间或带电件与易触及表面之间沿绝缘材料表面测量的最短路径，电气间隙是指这些部件之间的空间最短距离。在高电压作用下，气体或液体介质沿绝缘表面发生破坏性放电，其放电时的电压称为闪络电压。发生闪络后，电极间的电压迅速下降到零或接近于零，闪络通道中的火花或电弧使绝缘表面局部过热造成炭化，损坏表面绝缘。而沿绝缘体表面的放电叫闪络，会造成开关柜的损坏，给电力系统的安全造成相当大的危害。

在进行变电站设计时，应全面考虑或改善变电站的通风，避免温度变化，消除变电站的潮湿源，安装空气调节系统，确保按照相应的应用规范布线。

1. 在开关柜内安装电热管或电加热器

（1）在开关柜内装设电热管，并在开关柜面板上装设电热管的开关。当开关柜运行时，由于柜内设备有电流流过而发热，所以凝露应当发生在开关柜外壁上，只有当开关柜停运以后，柜内温度低于外部温度，才有内壁凝露现象出现。因此，一般都是开关柜内装设电热管，当开关柜停运后，就手动打开其开关，使得柜内的温度高于外部环境温度即可。当然也可以用自动控制。

（2）柜内加装电加热器，对设备内部进行加热，通过提高柜内温度，降低柜内相对湿度。

2. 加强柜体密封、开关柜内加装干燥剂

（1）加强柜体密封，不让外部湿空气进入；进出电缆缝隙使用胶泥封堵，柜体柜门使用密封胶条密封。

(2) 柜内加装驱潮剂,在柜体内悬挂硅胶袋或其他吸水材料,吸收柜内湿气,但长期运行效果不佳。

3. 柜外加装风机

柜外加装风机,通过空气的对流与外界干燥的空气进行交换,降低电气柜内湿度。

二、常规措施存在问题分析和防凝露的新技术

1. 常规措施存在问题分析

(1) 用电加热器对设备内部进行加热,可解决凝露现象。但是这种方法并不能从根本上消除凝露,原因在于这种方法只是增加空气中水蒸气的不饱和程度,并没有将柜内的水汽排出。

(2) 在柜体内悬挂硅胶袋或者是其他的吸水材料可以驱潮,然而因其吸水效果有限,且吸收的水分很难排出,所以效果往往并不明显,维护工作量增加。

(3) 用风机通过空气的对流与外界干燥的空气进行交换达到降低电气柜内湿度,环境湿度较大时不起作用,还易造成尘土、污秽进入不能实现防潮的目的。

(4) 用胶泥封堵只可以减少水汽进入,并无法杜绝潮湿空气的进入。

以上方法都不能彻底解决凝露现象。

2. 防凝露的新技术

(1) 安装 SEPRI - CS - NL(B) 型防凝露装置。此防凝露装置是根据电气柜内久聚潮湿空气的除湿治理而研制的,按照体积小、便携安装的设计原则,进行模块化结构设计。除湿方式采用半导体制冷技术,通过在局部制造凝露条件降低柜内的相对湿度,直接排出凝结的水分。本装置电源还采用 AC - DC 宽范围开关电源模块供电,可确保装置在较低环境温度下正常工作。

只要在安全绝缘距离内,防凝露装置可以在柜壁中、下部加热器对面安装,电源及电源敷设也很方便。图 4 - 11 - 1 所示为宝鸡供电公司汽车城 110kV 变电站安装的防凝露装置。

图 4 - 11 - 1 宝鸡供电公司汽车城
110kV 变电站安装的防凝露装置

图 4 - 11 - 2 宝鸡供电公司汽车城 110kV
变电站安装的智能型工业除湿机

（2）室内加装智能型工业除湿机。对整个配电室进行治理，除湿产品解决久聚在电力设备内部的潮湿问题，还需要从预防的角度考虑，电力设备安全运行的大环境也需要治理，工业除湿机就是针对高压室除湿并预防凝露现象而专门研制的高新技术产品。除湿机全新循环风道设计，低功耗，噪声小，冷热转换效率高。采用交流模式供电，还具有报警功能，实时检测冷气机使用状况。图 4-11-2 所示为宝鸡供电公司汽车城 110kV 变电站安装的智能型工业除湿机。

第十二节　高压开关柜防凝露技术研究与实践

本节以马鞍山马钢公司的某 220kV 变电站为例，阐述高压开关柜防凝露技术研究与实践。

马鞍山马钢公司的某 220kV 变电站在一次 35kV 母线停送电过程中，发现 35kV Ⅱ 段所变柜和 PT 柜（均为低负荷开关柜）刀闸开关上端静触头与套管、管型母排绝缘套管和绝缘隔板等处均有放电声音，随后进行了停电检查和处理。经检查发现，柜内潮气大并有凝露现象，发出放电声音的部位绝缘件有放电痕迹，试验发现绝缘件老化、绝缘性能下降。西安华仪电气有限公司的工程师们分析认为，受设备的运行方式或负荷状况、开关室的布置、开关柜的结构、气候环境等方面因素的影响，可能使开关柜内潮气较重，并且不易散发，在一定条件下柜内形成凝露，使柜内绝缘器件的绝缘逐步降低并老化，导致开关柜内带电母排放电、短路。现结合现场情况，对开关柜内壁表面或母排表面形成凝露的原因、条件和危害进行分析，对各种防潮气、防凝露技术进行分析，并提出和落实防潮气、防凝露的各项管理措施和技术措施，提高开关柜的安全运行水平。

一、高压开关柜凝露的形成条件和危害分析

1. 开关柜形成凝露的条件

凝露现象是指柜体内壁表面或母排表面温度下降到露点温度以下时，内壁或母排、绝缘器件等表面发生的水珠凝结现象。凝露是否发生取决于室内温度、柜内温度、相对湿度以及露点温度以及柜内结构和通风散热状态。

在一定条件下，当开关柜内部的温度低于外部环境温度时，开关柜内部就可能发生凝露。结合现场发生的设备故障情况，以及对开关柜凝露现象的研究分析，在以下几种情况下开关柜容易发生凝露：

（1）长期处于备用状态的母联开关柜、低负荷的开关柜等，由于柜内温度经常低于柜外温度，如果在空气湿度大的环境条件下，容易在柜内形成凝露。例如 2014 年 9 月 30 日发生的母联开关短路爆炸事故以及 2015 年 91 号 35kV Ⅱ 段所变柜和 PT 柜的放电故障与开关柜内潮气大和凝露均有一定关系。这两起设备故障（事故）具有两个共同点：一个是故障设备都属于备用状态或低负荷的开关柜，柜内温度低；另一个是都发生在天气潮湿回暖、一楼地面"出水"的天气条件下。因此，设备的运行方式或负荷状况、气候环境或柜体结构是开关柜发生凝露的两个重要原因和条件。

（2）研究发现，开关柜凝露易发的因素还与开关室的结构有关。当开关室处于二层楼或有地下电缆室时，开关室的潮气现象就较弱，潮湿天气，地面比较干燥；若开关室处于一楼地面并且无地下电缆室时，在潮湿回暖天气，开关室的地面就会"出水"，开关设备放电现象容易发生，91号35kV开关室就是这种处于一楼地面并且没有地下电缆室的结构。

（3）开关柜凝露还与开关柜底部电缆仓的密封有关。当电缆有积水的情况下，如果开关柜底部电缆仓的密封不严，水汽容易进入柜内，使柜内的湿度加大，当柜内外的温差达到一定条件时，开关柜内就容易发生凝露。

（4）开关柜凝露还与开关柜顶部的结构有关。在4月1日对91号35kVⅡ段所变柜和PT柜上部管型母排绝缘套管和绝缘隔板放电现象进行全面检查时发现，35kV开关柜除所变柜和PT柜外，其他开关柜的顶部盖板都是有散热孔的格栅，只有所变柜和PT柜是密闭的盖板。这种设计厂家考虑的是这两个柜的负荷小，柜内发热小、温度低，不需要设计散热孔。但是，这种设计也导致柜内潮气无法散发，柜内潮气长期存在会加速绝缘套管和隔板老化。

2. 高压开关柜凝露危害

（1）当开关柜内潮气大或形成凝露时，由于开关柜之间装设的环氧树脂隔板表面长期受潮，隔板表面极易形成爬弧，产生闪络放电。随着放电次数的增加，隔板表面结构被破坏，更易吸附气体中的水分和其他导电物质，可溶性的导电物质逐渐溶解于水，成为电解质，在隔板表面上形成一层薄薄的导电液膜，使隔板绝缘性能降低。

（2）母联开关柜内湿度大，可能会让水珠或凝露积聚于母联开关柜母排后背包内竖直方向的母排底部或与绝缘护套交界处，使母排形成沿边（面）放电。当起初某相母排端头放电时，不仅会使母排端头开始烧熔，还会产生大量带有金属的烟气，另两相也会在浓烈的金属烟气中放电，从而形成三相短路。如果在柜内湿度大或凝露的状况下遇到过电压作用，就更容易引发短路故障。

二、高压开关柜防凝露的技术措施和管理措施

1. 技术措施

（1）更换绝缘性能下降的35kV所变柜、PT柜触头套管以及顶部管型母线套管和柜间绝缘隔板。

（2）改造所变柜、PT柜顶部盖板，增加散热格栅孔，形成潮气散发通道。

（3）规定加热器投用方式采用"自动＋手动"方式（正常可投自动的投"自动"方式，春、夏季等潮气大的天气进行手动定期投停）。

（4）为91号35kV开关室等潮气大的房所配置专用的除湿机。

（5）对91号开关室1台所变开关柜、21号开关室1台开关端子箱进行了加装排水型温湿度控制装置的试验工作。

2. 管理措施

（1）对所有开关柜，特别是35kV开关柜、所有母联柜加热器的状况及其控制回路进行重点检查和梳理，能够投用的加热器进行正常投用，无法投用的加热器进行修复或

改造。

（2）对开关室电缆沟积水、屋顶漏水等状况要采取切实措施进行整改，开关室拖地时采用干拖把，减少室内潮气来源。

（3）在春、夏季等潮气大的天气，要利用开关室内的空调除湿功能定期对开关室进行除湿。在天气晴好季节，要定期开窗通风。

（4）重视夜间熄灯检查，增加特巡（夜巡、潮湿阴雨天气巡视）力度，发现放电弧光或听到放电声音等隐患及时处理。

（5）现有的加热器控制方式大多采用湿度控制方式，只有当柜内湿度达到设定值时加热器才会启动。但凝露的产生和开关柜内外温度有直接关系，在相同的湿度下，如果温差不同，凝露的产生情况也会不同，因此需要对加热器进行研究和应用。

由于现有的加热器只是控制柜内的温度来防止凝露，空气中的水分并没有因为加热器的启用而减少或散发。目前试用的排水型智能除湿装置设计有专门的排水管，除湿装置启动后，可以将柜内空气中的水分凝结成水排出柜外，从而大大减小柜内空气的水分和湿度。通过试验，在排水型智能除湿装置投用一段时间后，检查发现排水管下面的集水瓶中可以收集到半瓶的水，除湿效果显著，可以进行大量推广使用。

综上所述，高压开关柜的防潮和防凝露是提高开关柜安全运行水平的重要事项，35kV 开关柜通过各项综合措施取得了良好的效果。根据试验结果，排水型除湿装置可以很好地将开关柜空气中的水分凝结成水排出柜外，对开关柜的防潮有较好的作用，可以考虑进行推广。

第十三节　新型变电站防凝露控制系统的应用

一、新型变电站防凝露控制系统

1. 广州供电局研发的防凝露集中分散控制系统

目前变电站内端子箱、开关设备防凝露的主要手段是加装温湿度控制器，而常规温湿度控制器无法监测加热器工作状态，为此，广州供电局技术人员研发、设计了一种防凝露集中分散控制系统。该系统在端子箱设置终端监控器，在主控室设置控制主站终端监控器负责现场数据的收集，以及基本控制策略的执行，主站通过对所有终端信息的收集和分析，实现对终端控制器的在线监测。广州供电局有限公司对 220kV 变电站的实际试运行数据表明，该系统可实现对端子箱内环境的集中监视、操作和管理，改善端子箱内的环境，破坏凝露形成条件，有效延长端子箱的使用寿命。

2. 诸城市供电公司研发的防凝露智能控制系统

传统开关柜防凝露措施主要是采取在开关柜内安装普通加热器的方式，投运时间长、耗能高、可控性不强。针对该问题，诸城市供电公司 QC 小组研发了一套新型开关柜防凝露智能控制系统。该系统实现了开关柜加热器的自动投退和最优控制，缩短了加热时间，最大限度地减少了凝露。

3. 某单位开发研制的防凝露智能控制装置

为解决开闭所长期运行时开关柜内的凝露问题，某单位开发研制了防凝露智能控制装置；通过对不同地点、不同时间的开闭所温湿度测量数据分析，设计了开闭所智能防凝露监控系统，构建了完整的开闭所防凝露解决方案，并经实践验证，其效果良好。

4. 某单位开发研制的高压配电室全智能防凝露系统

在分析目前配电室防潮除湿设备不足之处的基础上，某单位研发出高压配电室全智能防凝露系统。该系统由基于 PLC＋HMI 的中央控制单元、温湿度变送器阵列及外围执行设备构成，全面考虑了配电室各个区域的防凝露需求，设计出一系列科学的控制策略，实现了除湿机停电保护、冲击电流保护、设备疲劳保护、低温保护、快速降温保护、报警信号响应等功能。产品已成功应用于 35kV 高压配电室，并取得了良好效果。

二、新型环网柜防凝露控制系统

本控制系统是一种防凝露环网柜及其制作方法与配电系统，属于智能电力设备技术领域。本装置包括柜体（柜体的底板上设置有进线孔）、用于封堵的第一部件和第二部件，以及填充于第一部件和第二部件之间的密封层。本实用新型采用第一部件、第二部件以及密封层对进线电缆和进线孔间的缝隙进行封闭处理，无需增设智能除湿装置，节约了生产成本，不影响进线电缆的安装。从源头上隔绝进入柜体内的水蒸气，降低柜体内的湿度，减少水蒸气在环网柜内发生凝露现象，有效地保护环网柜中的元器件不受损坏，保障环网柜的正常工作。

三、新型箱式变电站防凝露控制系统

1. 结构和组成

本箱式变电站防凝露控制系统的箱体的内部后表面设置有固定部件，固定部件包括固定竖杆和固定横杆，固定竖杆的端部固定有固定耳，固定横杆的端部固定有托块，支撑座的前表面设置有放置槽，便于箱体内部元器件的固定和拆卸，方便维修损坏的元件。箱体的内部底面上通过螺栓固定有缓冲底座，变压器通过卡合固定于缓冲底座上表面，缓冲底座分为两层结构，均为正方体结构，上层结构通过滑动卡合与下层结构的内部相接，且两层之间固定有缓冲弹簧，减少变压器在搬运过程中的震动，避免损坏变压器内部器件，延长了变压器的使用寿命。

新型箱式变电站防凝露控制系统如图 4-13-1 所示。

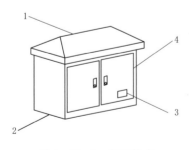

图 4-13-1 新型箱式
变电站防凝露控制系统
1—箱顶；2—箱体；
3—散热窗；4—箱门

本箱式变电站防凝露控制系统的箱体上表面通过螺栓固定设置有箱顶，箱顶为三棱柱形结构，箱体的前表面固定设置有箱门，箱门与箱顶通过铰链连接，箱门的前表面设置有散热窗，散热窗贯穿箱门并与箱体的内部连通，箱体的内壁上通过螺栓固定有热风扇，箱体的内部后表面通过螺栓固定设置有固定部件。固定部件包括固定竖杆和固定横杆，固定竖杆的端部通过焊接固定有固定耳，固定竖杆的前表面设置有托槽，托槽贯穿固定竖杆的前表面并嵌入固定竖杆的内部，固定横杆的端部通过焊接固定有托块，固定横杆的上表面设置有"T"形结构的定位槽，定位槽的内部通过卡合可活动设置有支撑座，支撑座为底面实体内部中空的四棱柱体结构，支撑座的下表面通过焊接固定有定位块，支撑座的内壁上沿竖直方向对立设置有限位槽，支撑座的前表面设置有放置槽。放置槽贯穿支撑座的前表面并与支撑座的内部连通，箱体的内部底面上通过螺栓固定有缓冲底座，热风扇与电源电性连接。

2. 工作原理

本箱式变电站防凝露控制系统的箱体上表面通过螺栓固定有一层防尘网。其工作原理是通过温度传感器对环境温度自动进行采样、即时监控，当环境温度高于控制设定值时控制电路启动，可以设置控制回差。如温度还在上升，当升到设定的超限报警温度点时，启动超限报警功能。当被控制的温度不能得到有效控制时，为了防止设备的毁坏还可以通过跳闸的功能来停止设备继续运行。本系统主要应用于电力部门使用的各种高低压开关柜、干式变压器、箱式变电站及其他相关的温度使用领域。

凝露控制器主要是测量湿度将近结露时候的温度。凝露是在湿度达到一定程度时的一种特殊现象。温湿度控制器主要是通过测量温湿度值，与设定的温湿度值进行比较，然后通过控制负载的作用。凝露控制器就是湿度控制器，有个上限和下限，达到上限就会启动加热设备用来防止结露，低于下限就停止加热。

电气设备的凝露器采用数字温湿度传感器，以数码管方式显示温度、湿度值，带有风扇、加热器接点，并有加热器断线报警、传感器故障指示等功能。产品还可带有RS485通信接口或报警开关量输出，用于实现环境温、湿度值及工作状态参数向上位机远传，满足无人值守变电所要求。用户可通过按键编程任意设定温度、湿度的上下限，循环显示方式，通信参数等。凝露器的技术参数如表4-13-1所示。

表4-13-1　　　　　　　　　　凝露器的技术指标和技术参数

序号	技术指标	技 术 参 数
1	执行标准	GB/T 15309—1994《船舶货舱温湿度仪技术要求及试验方法》
2	温度测量范围	−40.0～+99.9℃
3	湿度测量范围	1%～99%
4	温度测量精度	±1℃
5	湿度测量精度	±4%
6	控制参数设定范围	加热升温−40.0～40.0℃
7	鼓风降温范围	0～100.0℃
8	湿度控制范围	1%～99%
9	回滞量	0～40（℃或%）
10	输出触点容量	AC250V/5A
11	通信接口	RS485，MODBUS（RTU）协议
12	绝缘电阻	≥100MΩ

续表

序号	技术指标	技　术　参　数
13	工频耐压	2kV/1min（AC，RMS）
14	平均无故障工作时间	≥50000h
15	工作环境（控制器）温度	−10～55℃
16	海拔	≤2000m
17	湿度	≤95％RH，不结露，无腐蚀性气体
18	回滞量	温湿度控制过程中，执行部件（加热器或风扇）启动工作时的温度或湿度值与停止工作时的温度或湿度值之差称为回滞量

四、防凝露的推广应用策略及防护技术措施

1. 推广应用策略

推广应用的防凝露措施应具有以下基本特性：

（1）安全。防护措施本身是安全的，如对原有设备安全运行有影响，也能通过采取相关措施予以控制。

（2）有效。即能够起到防潮防凝露的作用，并得到现场试点应用验证。

（3）经济。符合配电设备数量众多且维护检修费用有限的基本原则，先期安装与后期使用综合费用低。

（4）好应用。现场施工安全，难度较小，施工质量好控制。

（5）免维护。所推广的防凝露措施事后不必运行维护，或至少其对运行维护的要求及周期等优于现役一次、二次设备的维护要求及周期。

（6）易扩展。容易满足后期电缆接入等扩展需求。

（7）择优。在有多种同类措施可供选择的情况下，经有效性验证之后，应选择最好或相对好的措施作为推广对象。

2. 不作为推广应用的防护措施

对照上述推广应用策略，逐项梳理分析试点应用过的各项防潮防凝露措施，建议以下措施不列为推广应用措施：

（1）封堵方面。不推广应用新设备基础安装钢筋混凝土预制底板的封堵措施，不推广应用在运设备加装不锈钢底板的整体封堵措施，主要原因是费用高，工作难度大，后期扩展性差。

（2）疏导方面。不论新设备还是在运设备，均不推广应用加装机械通风、加装电子冷凝器等需使用电能的防凝露措施，主要原因是需用电，安装及运行费用高，安装后需长期维护。不推广应用利用烟囱效应在设备顶部改装自然通风装置的防凝露措施，主要原因是效果不明显，现场实施难度大。

（3）提升本体防护能力方面。不论新设备还是在运设备，均不推广应用安装加热器的防凝露措施，主要原因是需用电，安装及运行费用高，安装后需长期维护，因此此类措施也未推荐进行试点应用。电气端子绝缘喷胶，虽具有潜在推广特性，鉴于尚需进一步试点

观察，目前不列为推广应用措施。

（4）遇有处于低洼地段湿度大、空气中的水汽易于凝结等特殊情况，经上级管理部门批准，可采取前述不列为推广应用的防潮防凝露措施，但应配套采取相关安全与运维措施。

3. 优先推广的封堵措施

（1）推荐措施。BBS 底板封堵。

（2）适用范围。现役设备，受基础内水汽影响导致设备凝露的户内外一次、二次设备。

（3）推荐理由。具有混合后液态自流、延期固化、可与水泥钢铁等各类材质结合、热胀冷缩特性好、重量轻、阻燃防火等材料方面的优点；可实现对狭小缝隙、集束线缆之间空隙的密封，封堵后的整体性、严密性好；封堵作业方式有利于保障封堵质量；后期扩展穿缆易于实施，只需新增开孔即可，不需破坏整体封堵。

（4）注意事项。对于柜底设有防爆膜的环网柜类开关设备，封堵后仍应保障原有泄压功能，即密封底板与环网柜组之间应有约 $1m^3$ 的密闭空间（具体空间大小可咨询设备生产厂家确定）。无法保留足够泄压空间时，应采取相应措施：

1）可在封堵作业时预埋 1~2 个全密封状态的变径橡胶圈或类似措施，作为封堵底板的防爆膜，其综合面积不小于原泄压孔面积（常见泄压孔直径约为 120mm）。

2）可在保障密封效果的基础上，对应原柜底泄压孔位置，在新封堵的底板上开出非通透性的圆环状沟槽，作为泄压膜。

3）对于户外开闭器、箱变等有整体外壳的设备，建议不做上述措施，直接拆除开关单元后背板。

4）对于配电室、分界室内的环网柜组，若采取直接拆除开关单元后背板方式，要在环网柜组两侧装隔离挡板，防止人员进入柜后空间。

（5）改进建议。对于间隔较多的环网柜组或近期有新穿缆需求的环网柜组，对应穿缆位置可预留事先内部封堵好的适当长度的 PVC 管材，在进行现场封堵作业时将该管材一体封堵在底板上，免除后期穿缆开孔工作。对于间隔已满或预计 1~2 年内没有新穿缆需求的环网柜组，建议一体封堵，不作管孔预留，降低现场施工难度，保证封堵质量。

4. 优先推广的疏导措施

（1）推荐措施。设备顶部壳体改斜坡加导流槽，设备壳体底部或侧面增加通风孔；对于设备顶部壳体安装隔露棉或刷隔热涂层的措施，虽具有潜在推广特性，鉴于尚需进一步试点观察，目前不列为推广应用措施。

（2）适用范围。新装设备，改造更换外壳的在运设备。

（3）推荐理由。除不存在可扩展特性外，其余特性均可满足。

（4）注意事项。对于开闭器、箱变类一次设备，设备壳体设置通风孔后仍应满足运行防护要求，包括防止异物进入，满足故障泄压且不导致外部伤害等，且额外采取的防护措施应具有免维护特性。

（5）相关建议。无。

5. 优先推广的提升本体防护能力措施

（1）推荐措施。操作元件（指示灯、分合闸按钮、转换开关）密封、二次端子排密封、电机密封、辅助触点密封、继电器密封等二次器件与回路处置措施。电气端子绝缘喷胶，虽具有潜在推广特性，鉴于尚需进一步试点观察，目前不列为推广应用措施。

（2）适用范围。新装设备，进行自动化改造的在运设备。

（3）推荐理由。除不存在可扩展特性外，其余特性均可满足，且公司应优先推广提升本体防护能力的措施。

（4）注意事项。密封措施切实具备防止水汽进入能力，供应商提供了试验证明；密封方式具有持久性，密封材料运行年限不低于设备本体运行年限。

（5）相关建议：无。

6. 其他推广应用事项

（1）用于在运设备的防护措施且该防护措施需通过现场施工完成时，要制定并执行统一的现场施工工艺，确保作业安全与施工质量，做好有限空间作业及现场验收管理。

（2）用于新装设备的疏导、提升本体防护能力类防护措施，要修改设备的招标技术条件，在设备招标或供货环节予以明确，可通过技术澄清或补充协议等方式实现。

（3）遇有国家电网公司组织修改相关技术标准或设备招标技术条件时，要争取将相关防潮防凝露措施纳入新标准中。

五、需要继续试点研究新的凝露防护措施

配电设备的防凝露治理无法一蹴而就，需长期持续开展，不断试点应用，总结分析新的防护技术措施，做好采取防护措施前后设备运行情况的观察，尤其是做好配电自动化终端系统非正常运行状态的观察，积累必要的数据，建立完整的逻辑链条，为工作开展和持续改进奠定基础。

从试验研究与现场情况看，采取封堵措施隔绝设备基础井内的水汽进入设备内部，可以很大程度上减轻设备凝露现象，减轻凝露对一次、二次设备的各类危害，但是自然空气中的水分产生凝露仍是无法避免的。除了可采取前述疏导与提升本体防护能力措施外，还需试点研究新的防护措施，综合应用，更好保障设备的安全运行。

1. 开展聚丙烯酸钠除潮试点研究

聚丙烯酸钠具有很好的吸潮特性。可安排进行试用，掌握其吸收潮气和释放潮气的规律，观察其解决空气中的水汽凝结是否有用。在设备易凝露的部位放置聚丙烯酸钠，在空气湿度大的时候吸收潮气，在空气湿度变小时释放所吸附的潮气，如此循环往复，避免或减轻设备在自然空气下的凝露及凝露带来的危害。

2. 开展全密封电动操作机构研究开发

将电动操作机构的所有可操作部件及机构室的控制部分密封于一个腔体内，如图4-13-2所示。

面板与腔体用密封条封闭严实；为防止操作孔处的潮气进入，在面板外面单加装保护罩；所有与二次小室的内部接线都采用航空插头连接方式，完全避免潮气的进入。该项工作需进行操作机构、航空插头与相关部件的研发改进，进行试验验证和现场试用对比。

3. 推进隔露棉防护试点研究

隔露棉属于高分子材料，由棉状物质基材接枝高效亲水的高分子链段构成新型材料。该材料具有良好的吸水性、锁水性、耐潮性及耐久性。可开展试验验证和试点应用。

4. 推进可剥离防水绝缘涂层试点研究

可剥离防水绝缘涂层是一种有机氟硅树脂柔性材料，其本身为两组分液态聚合物树脂，经配比、混合喷涂于物体，可在物体表面形成组分液态聚合物树脂。经配比、混合喷涂于物体，可在物体表面形成一层具有优良密封性的

图 4-13-2 全密封电动操作机构示意图

薄膜，具有防水、绝缘、耐久等特点。材料固化后，成膜强度高；在需要的情况下，可将膜从被包覆物上整体剥离，不会残留胶水痕迹。可开展试验验证和试点应用。

5. 开展自动化设备误动对比验证试验

可选取若干完成自动化改造的开闭器，进行受潮误动的自动化终端防潮措施对比试验。做好对比观测和数据积累，记录温湿度数据和自动化终端设备误报或误动次数，深入分析凝露对自动化终端系统部件的影响情况以及对应的防潮防凝露措施的有效性。

第十四节　防凝露 BBS 封堵技术

一、BBS 理化特性和技术特点

（一）BBS 理化特性

BBS 防凝露密封剂是采用高分子矩阵技术研制而成的一种高活性化学物质，现场搅拌混合后可快速自流平，随后膨胀固化成型形成密封体。BBS 材料具有良好的密封、防火、防凝露、防动物、隔热、长寿命、易扩容等功能。适用于高低压开关柜、箱式变电站、电缆分支箱、开闭所、环网柜、美式箱变、端子箱、风力箱变、光伏箱变、高铁专用箱变及其他电力设备电缆室进出防凝露封堵，完全阻断凝露湿气源头。

BBS 材料的主要理化参数见表 4-14-1，BBS 组料技术特性见表 4-14-2，BBS 模板技术性能要求见表 4-14-3。

表 4-14-1　　　　　　　　　　BBS 材料的主要理化参数

序号	试验项目	性能指标	单位	试验条件
1	外观	雪花灰均匀泡沫体，底部无焦化层		
2	击穿电压	2.4	kV/mm	
3	尺寸稳定性	≤70	℃	

续表

序号	试验项目	性能指标	单位	试验条件
4	抗压强度	≥0.2	MPa	
5	密度	120～180	kg/m³	
6	氧指数 OI	≥32	%	
7	垂直燃烧等级	V－0	级	
8	烟密度等级 SDR	≤75		
9	吸水率	4	%	
10	水蒸气透湿系数	≤6.5	[ng/(m·s·Pa)]	
11	导热系数	≤0.04	W/(m·K)	
12	黏结强度	≥0.1	MPa	
13	不透水性	不透水	MPa	7d

表 4－14－2　　　　　BBS 组料技术特性

序号	试验项目	性能指标	单位
1	发泡倍率	400～600	%
2	起发时间	5～8	min
3	凝胶时间	≤60	min
4	表干时间	≤60	min
5	流平性	10min 内流动性良好	
6	反应最高温度	≤70	℃

表 4－14－3　　　　　BBS 模板技术性能要求

序号	试验项目	性能指标	单位
1	抗压强度	≥0.15	MPa
2	密度	50～100	kg/m³

（二）BBS 材料的技术特点

1. 流动密封性

复杂的贯穿线缆使得固体硬质材料（如防火板）难以做到完全密封，而 BBS 在多组分混合后有充分的延时启发时间，可以自动流平，封死各类狭小缝隙、死角，无孔不入。适当的起发时间（流动性较强的液态时间）可改善施工过程中的可操作时间。

2. 气密性

固化后的 BBS 具有 98% 以上的闭孔率，不大于 4% 的吸水率，有效提升了材料本体的密封性，避免因材料本体吸水而造成冻融。同时适当的启发时间提高了 BBS 与基材间的黏结强度，避免出现开裂。质地坚硬，可耐受水压 0.1MPa（相当于 10m 水压产生的压力）。

3. 绝热性

导热系数低于 0.04W/(m·K) 的良好性能，减少相邻区域的热量交换，降低柜体内外温差，阻止凝露产生。此外，当任何一分区有火灾产生时，还可有效阻止火灾中高温向下或向上传递，保护未起火分区内设备或电缆。

4. 阻燃性（FV-0级）

（1）自熄性。BBS 在高温火焰攻击 30s 后仍可在 1s 内自熄，这主要是由于产品具有较高的碳含量，在高温下产生酸源快速成碳，并且在高温下膨胀形成致密碳层，隔绝聚合物与氧气。

（2）低烟性。BBS 在被火焰攻击时可有效减少烟气的产生，降低对于人员以及其他管线设备造成的不良影响。

（3）热固性。在有火焰攻击或高温炙烤下，固化后的 BBS 仍可保持原有形状，不发生熔融滴落。例如，安装了 BBS 底板封堵的环网柜，因相间距离过小产生电弧放电，BBS 表面受到高温电弧攻击。由于材料具有良好的气密性，BBS 有效阻隔火焰及烟气、毒气通过密封区域，避免了火焰沿着电缆迅速引燃更大面积电缆区域安全事故发生。

5. 低反应放热

适当的表干时间与凝胶时间可使材料固化过程中均匀放热，控制反应最高温度不超过 70℃，避免对电缆外护套和主绝缘产生老化影响。尤其是控制和通信线缆护套比较单薄，反应温度超过 70℃极易造成绝缘老化、护套龟裂。常用电力电缆通信电缆的最高允许温度见表 4-14-4。

表 4-14-4　　　　　　　　常用电力电缆通信电缆的最高允许温度

电缆类别	形式特征	电压/kV	持续工作最高允许温度/℃	短路暂态（5s）最高允许温度/℃
聚氯乙烯	普通	≤6	70	160
交联聚乙烯	普通	≤500	90	250
自容式充油	普通牛皮纸	≤500	80	160
自容式充油	半合成纸	≤500	85	160

6. 二次扩容便捷

BBS 固化后是均匀泡沫体，坚硬而质轻，当在已有封堵面上需要新穿电缆时，可以对封堵面进行局部开孔，使用开孔器或手锯或电钻打孔，孔径可根据新增线缆外径确定，不必破坏整体封堵面。例如，用手枪钻安装 2in 开孔器，可开直径 5cm 孔洞。新产生的贯穿孔洞可以使用小包装的 BBS 进行封堵。

7. 耐久性

合理的抗压强度、较高的尺寸稳定性，使得 BBS 的设计寿命不低于 20 年，在高低温变化以及冻融破坏等条件下，具有较好的耐久性，不需后期维护。

8. 无需停电作业

在有电缆夹层井的户外设备施工时，可在夹层井内安装 BBS，属于局部作业，设备不需要停电。

二、BBS 组料入场检验步骤和要求

（一）检验步骤

（1）状态调节，将物料及试验装置置于 30℃±1℃温度、50％±5％湿度环境中，达到平衡状态。

（2）按照比例将 BBS 组料混合，搅拌时间为 1min，然后在指定浇注点（A 点）位置将混合液浇注在实验装置中，开始计时，观察其流动到对角（B 点）时间并记录。

（3）从开始混合为始点 t_0，开始计时，测试样品起发时间 t_1、凝胶时间 t_2 及表干时间 t_3。

（4）BBS 组料在浇注后，经流动达到平衡状态，测试其初始高度 h_0，后开始起发，当起发高度为平衡状态高度 110％时，作为起发点，此时时间记为起发时间 t_1。

（5）在 BBS 组料经起发后完全失去流动性的时间作为凝胶时间 t_2，使用一次性滤纸，放置在起发后 BBS 材料表面，将材料倒置，若滤纸并未黏结在 BBS 材料表面则此时间记为表干时间 t_3，此时 BBS 材料最高点高度记为 h_1。

（6）整个起发过程需对其中心温度进行测试，其最高温度 T_1 是反应最高温度。发泡倍率计算公式为发泡倍率＝$(h_1-h_0)/h_0$。

（7）反应结束后 24h，对于材料的外观情况需进行解剖，观察底部是否有焦化层，周围是否有收缩裂缝产生。

（二）检验要求

（1）称取试样时，称准至 0.001g，长度、宽度、高度测量精确到 1mm。物料的用量及试验步骤应严格按照本方法的规定进行。

（2）本试验应在 30℃±1℃温度、50％±5％湿度环境下进行。

（3）检验项目见表 4 - 14 - 5。

表 4 - 14 - 5　　　　　　　　BBS 组料入场验收标准

序号	验收项目	验收标准
1	起发时间 t_1	15～8min
2	凝胶时间 t_2	≤60min
3	表干时间	≤60min
4	反应最高温度	≤70℃
5	流动至对角时间	≤60s
6	发泡倍率	4～5 倍
7	成型后外观	雪花灰泡沫体，底部无焦化层，周围无收缩

（4）检验装置检验采取 300mm×300mm×100mm 的五面封闭铁盒作为基材，使用 300mm×300mm BBS 模板作为底材，铺设在铁盒底部，在对角线一端作为浇注点，另一端距离铁盒边缘 50mm 设置长、宽各为 50mm 电缆束方阵，如图 4 - 14 - 1 所示。

三、施工工艺流程和施工要求

（一）施工工艺流程

一般施工均按流程图进行，BBS 施工流程如图 4 - 14 - 2 所示。

（二）施工要求

（1）BBS 防凝露气密封堵组料进场后，应进行质检和验收，检查产品合格证和质检报告。

（2）现场抽样复检。复检项目包括起发时间、外观、密度、燃烧性能。

（3）进场的 BBS 防凝露气密封堵组料应有标识，包装外观应完好无损。

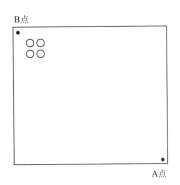

图 4 - 14 - 1　检测装置示意图

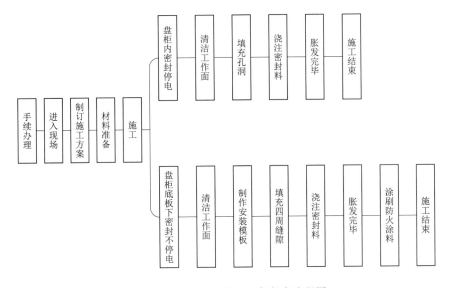

图 4 - 14 - 2　BBS 施工一般规定流程图

（4）BBS 防凝露气密封堵组料及配套材料应按规格堆放于室内阴凉、干燥处。

（5）模板及其与电气柜内壁的接缝应挤严靠紧，并使用密封胶进行处理，对于缝隙及孔洞应使用防火泥进行封堵，防止在浇注情况下漏料。

（6）施工人员上岗前应经技术培训，熟悉操作要领和施工工艺。

（三）施工条件

（1）如在电气柜底部施工应在断电情况下进行施工，如在电缆夹层中施工可带电施工，但应满足密闭空间施工的相关要求，方可进行施工。

（2）作业环境温度不应低于5℃，风力不应大于5级。确保浇注面清洁、无灰尘、油渍、水迹，不得带水施工。

（3）施工机具清单应配备施工机具，具体清单见表 4 - 14 - 6 和表 4 - 14 - 7。

表 4-14-6　　　　　　　　　　柜体内部施工机具清单

序号	防护用品	工　具	主材及辅材
1	工作服	相机或具有拍摄功能手机 BBS 模板	BBS 模板
2	安全帽	随手工具箱（常用工具如刀、改锥、钳子、扳子、锤子等）	BBS 组料（三组分）
3	口罩、护目镜	电子秤（充好电）、计算器	PVC 导管
4	手套（橡胶、劳保）	钢板尺、卷尺、水平尺	防火泥、胶带、中性硅酮密
5	封胶雨靴、绝缘鞋	照明（手电）	垃圾袋
6	防护栏	手枪钻（搅拌棒）、搅拌桶	施工桌
7	工作服	毛刷、腻子铲	

表 4-14-7　　　　　　　　　　电缆夹层施工机具清单

序号	防护用品	工　具	主材辅材
1	工作服	相机或具有拍摄功能手机	BBS 模板
2	安全帽	随手工具箱（常用工具如刀、改锥、钳子、扳子、锤子等）	BBS 组料（三组分）
3	口罩、护目镜	电子秤（充好电）、计算器	PVC 导管
4	手套（橡胶、劳保）	钢板尺、卷尺、水平尺	防火泥、胶带、中性硅酮密封
5	胶雨靴、绝缘鞋	照明（手电筒）	垃圾袋
6	防护栏	手枪钻（搅拌棒）、搅拌桶	施工桌
7	气体探测器	毛刷、腻子铲、防火涂料刷子	梯子、伸缩杆
8	工作服	（充电）电锤常用锤头	燕尾钉、垫片、胀塞、轻钢角铁

四、BBS 现场施工工艺和施工注意事项

（一）电缆夹层井施工整体封堵工艺

（1）清除建筑结构基础面以及电缆和支架上的灰尘杂物及水渍，保持干燥。

（2）根据电缆和支架的分布以及 BBS 用量，划分区域，逐一密封。使用 BBS 模板制作若干模具，模具制作应考虑电缆位置，预留孔洞。可在建筑结构基础面固定轻钢角铁，作为水平固定和支撑，安装模板。将模板四周缝隙用防火材料填充密实，模具底面缝隙使用（地毯）胶带或铝箔胶带粘贴密封，确保严密平整，模板应保证水平。

（3）按照规定比例配料，将 BBS 防凝露气密封堵组料 A、C 组分混合均匀后，再与 B 组分充分搅拌。夏季施工时搅拌时间不超过 1~2min，冬季施工时搅拌时间需延长（参考使用说明书）。搅拌均匀后倒入柜体内，BBS 组料应均匀分布，可用刮板找平，胀发过程中严禁用手触碰。

（4）在没有电缆和支架的位置安装最后一块模板，事先将模板制作成托盘样式，托盘内用防火胶密封。将搅拌均匀的 BBS 倒入密封托盘内，然后迅速固定到目标位置并做好支撑，待 BBS 组料完全固化后，拆除支撑。

（5）在密封表面及电缆上涂刷防火涂料，完成整体密封。

（6）为方便后期电缆线路改造，备用间隔做穿管预留，预留的管孔使用 BBS 做临时封堵。

（二）电气柜底板浇注整体封堵工艺

（1）清洁柜体及电缆，除尘、除锈、保持干燥。

（2）柜体底部用 BBS 模板铺平，电缆孔隙用中性硅酮油胶或地毯胶带、铝箔胶带密封严密平整，柜体底部表面保持水平。

（3）按照规定比例配料，将 BBS 防凝露气密封堵组料 A、C 组分混合均匀后，再与 B组分充分搅拌。夏季施工时搅拌时间不超过 1~2min，冬季施工时搅拌时间需延长（参考使用说明书）。搅拌均匀后倒入柜体内，BBS 组料应均匀分布，可用刮板找平，胀发过程中严禁用手触碰。

（三）电缆夹层井施工局部封堵工艺

（1）清洁柜体底板，电缆，除尘、除锈、保持干燥。

（2）计算用量，在预定位置进行处理，并预留电缆孔洞位置，事先将模板制作成托盘样式，托盘内用防火胶密封。将搅拌均匀的 BBS 倒入密封托盘内，然后迅速固定到目标位置并做好支撑，待 BBS 组料完全固化后，拆除支撑。

（四）其他不规则孔洞封堵工艺（如侧墙开孔）

（1）清除建筑结构基础面以及电缆和支架上的灰尘杂物及水渍，保持干燥。

（2）根据现场洞口实际情况，设计施工方案，可采取单侧/双侧设置模板并进行浇注的方法，也可采取通过阻燃海绵介质将 BBS 组料浸入并填充在孔洞中。

（3）按设计方案进行支模，测量并确定 BBS 用量。

（4）按照规定比例配料，将 BBS 防凝露气密封堵组料 A、C 组分混合均匀后，再与 B组分充分搅拌。夏季施工时搅拌时间不超过 1~2min，冬季施工时搅拌时间需延长（参考使用说明书）。

（5）按设计方案进行浇注/填充施工。

（6）在密封表面及电缆上涂刷防火涂料，完成整体密封。

（五）BBS 现场施工注意事项

（1）施工前应保证选用 BBS 防水防凝露产品符合说明书中的温度湿度范围。

（2）搅拌桶与搅拌棒应保证干燥、无水，并且保证防止搅拌过程中汗水、雨水等进入，搅拌时间应大于 1min，搅拌均匀，无分层，无结块。

（3）施工完成后应进行目测检查，是否存在密封组料漏光等情况。

（4）对于 10kV 设备底板整体封堵时，在柜体底板上的防爆泄压孔对应位置，预留泄压薄弱点。在浇注 BBS 时，此位置设置泄压薄弱装置（图 4-14-3），在保证密封效果同时预留泄压薄弱点。应力缺陷点不可设置在板缝处。

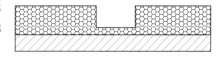

图 4-14-3 泄压薄弱装置

（5）作业前应组织施工人员进行施工安全培训，确保施工过程中的人员、设备安全。

（6）BBS 组料属化学产品，不可食用，使用中应佩戴劳保手套及护目镜，如不慎进入眼中应使用大量水冲洗，并尽快送医诊治。

（7）BBS 组料在运输、储运、使用过程中应避免阳光直射、高温环境以及进水。

（8）施工前应先对柜体内部进行观察，整理线缆，并科学的规划组料投入量，防止出现起发高度过高，包裹其他电器件，造成过热。

（9）施工前应将底部填平、密实，密封面积过大时，可使用挡板分仓施工，柜体内可能影响到的关键元器件应预先进行保护处理。

第五章

变电站防腐蚀技术

第一节　变电站常用的金属材料

一、铁基材料

铁基材料是以铁元素为主要成分，同时添加其他元素，如碳、镍、铬、锰等，通常把铁基材料称作黑色金属。铁基材料种类繁多，如碳钢、合金钢、不锈钢、工具钢、弹簧钢等，而且具有各种形状，如线材、棒材、板材、型材等，是应用范围最广、使用量最大的金属材料。

变电站中的设备包括变压器、断路器、熔断器以及成套设备如高低压开关柜、高低压配电屏、动力和照明配电箱等，这些设备的外壳几乎全部用碳钢制成。由于碳钢的耐蚀性差，已有部分设备的外壳采用不锈钢或高分子材料，但由于成本及耐用性的原因，至今并未得到全面推广。

变电站中的架构也大量采用铁基材料，如铁塔、钢管结构杆塔（六角形）、角钢结构杆塔（猫头形）等。与这些杆塔配套的工器具、连接件、紧固件等绝大部分采用钢铁材料。接地装置也大量采用钢铁材料，如圆钢、扁钢等，也有采用镀锌钢的，但极少采用铜导体。

由于铁基材料耐蚀性差，在自然环境中易生锈，因此铁基材料在使用时都必须经过防腐蚀处理。

二、铝基材料

铝基材料包括纯铝和铝合金，纯铝较软，而且具有良好的延展性、导电性、导热性、耐热性、耐核辐射性，以及良好的铸造性。质量约为相同体积铜质量的30%，价格仅为铜的1/3。铝的耐蚀性好，在空气中易与氧气化合，在表面生成一种致密的氧化物膜阻止其内部的进一步氧化。纯铝虽然软，但在铝中加入适量的其他元素在电导率降低很少的情况下，可大幅度地提高强度和耐热性。铝及其合金的上述优良性能，使其广泛应用于电力行业中，成为电力系统中使用量最大的有色金属。

在变电站中，铝使用量最大的是软母线、硬母线、空心电抗器、隔离开关、电容器、断路器、互感器和电力金具，如铝排、钢芯铝绞线、电气设备的铝型材框架或外壳、铝型材配件等。

随着铝加工技术及铜铝复合材料加工技术的进步，以及"以铝节铜"战略在电力系统中的深入推进，铝及其合金在电力系统中的应用将进一步扩大。

三、铜基材料

铜基材料主要包括纯铜和铜合金。纯铜具有良好的导电性、导热性、耐蚀性和延展性等物理化学特性，其导电性和导热性仅次于银，居第二位，但价格仅为银的1/45。纯铜可拉成很细的铜丝，制成很薄的铜箔，且具有相当大的强度和韧性。由于铜具有上述优良性能，有些性能是铝所不能替代的，虽然价格较贵，在电力系统中依然有广泛的用途。

在电力系统中，纯铜大量用于各种电缆的导体、屏蔽层，变压器绕组、发电机绕组、油浸式电抗器绕组，以及电气设备中的导电部分、触头等。

除了纯铜外，铜还可以与锡、锌、镍、锆等金属元素组成具有不同特点的铜合金，如青铜、黄铜、白铜等。普通黄铜管用于发电厂的冷凝器和气液动操作管路，锆铜用于发电机的轴瓦上，铜钨合金用于高压断路器的引弧触头，铜铬合金应用于真空断路器的导电触头等。

除上述金属材料外，电力系统中还会用到一些其他的有色金属，如锌和银。锌主要用于铁基材料上的镀锌层，用于防腐蚀作用。银更多用于金属触头上的镀层，以减小接触电阻。但总体来说，它们的用量并不大。

由于铜和铝本身的防腐蚀性能良好，且大多在室内或箱体内，较少直接暴露在大气环境中，因此对于这些金属一般不需要作专门的防腐蚀处理。

本章所讨论的金属腐蚀与防腐蚀问题基本上是针对铁基材料，但也会涉及一些有色金属。

第二节　金属在空气中的腐蚀

一、大气腐蚀现象

金属在常温空气中的腐蚀称为大气腐蚀。约有 80% 的金属构件是在大气条件下工作的，露天变电站所有金属的表面积也有 70% 暴露在大气之中，至于电力设备，则绝大多数都处在大气环境中。总的金属腐蚀损失中有一半以上是大气腐蚀造成的。

1. 电化学腐蚀的三个条件

大气腐蚀属于电化学腐蚀的范畴。因为它具备电化学腐蚀的三个条件：①具有电位不同的阴、阳极；②有湿气或凝露形成的电解液；③相互间能构成电回路。大气腐蚀与其他电化学腐蚀的主要差别是，大气腐蚀时的电解液仅仅是金属表面上形成的水膜，因此大气腐蚀的特性与金属表面上水膜的性质有着密切的关系，腐蚀速度及危害程度主要取决于大气中的水分含量。

2. 空气湿度

大气中水分含量用湿度表示，包括绝对湿度和相对湿度。

（1）绝对湿度是指 $1m^3$ 大气中的水气含量，单位为 g/m^3。一定温度下大气的最高绝对湿度叫作大气的饱和水蒸气量，它随温度升高而增大。

（2）相对湿度是指大气中的绝对湿度与同温度下的饱和水蒸气量之比，以 RH 表示。显然，大气的相对湿度与含水量及温度均有关系。

3. 金属表面水膜形成的原因

大气腐蚀之所以能够发生，首先是由于金属表面上有水膜形成。形成水膜的主要原因如下：

（1）雨、雪、雾、露或水溅到金属表面。形成的水膜厚度约为 1mm，肉眼就可以分辨出金属上存在一层水膜。

（2）饱和凝露。水膜厚度为 $20\sim30\mu m$，肉眼可见。当空气中的相对湿度 $RH>100\%$ 时，即可以在金属表面凝结成水膜。理论上当 $RH<100\%$ 时，不能凝露，但由于空气中日夜之间存在温度差，也能达到凝露的条件。例如，当温差达 $6℃$ 时，RH 在 $65\%\sim75\%$ 时就能凝露；当温差达 $15℃$ 时，RH 在 $25\%\sim35\%$ 时就能凝露。我国大部分地区昼夜温差都在 $10℃$ 以上，因此都有凝露的条件。

（3）形成水膜的其他原因。水膜厚度一般小于 $1\mu m$，肉眼不可见，包括以下方式：

1）毛细凝聚。裂缝、缝隙、杂质或腐蚀产物堆积处都可形成毛细凝露，一般毛细孔越小，越易凝聚。毛细管曲率半径为 $2.1\times10^{-7}cm$ 时，$RH=59\%$ 时就可凝露；毛细管曲率半径为 $1.2\times10^{-7}cm$ 时，$RH=39\%$ 时就可凝露。

2）吸附凝聚。一般固体物质表面都能吸附水分子而形成一层薄的水分子层。在 $RH=55\%$ 时，金属表面可吸附 15 个分子厚的水分子层。

3）化学凝聚。当金属表面含有能与水形成水合物的盐类时，对水分子的吸附力更强，这就是化学凝聚。如含 $NaCl$ 的金属表面，$RH=76\%$ 时就能凝露；含 $CaCl_2$ 的金属表面，$RH=32\%$ 时就能凝露。因此，金属物上沾有手汗（钠盐和铵盐），易引起吸湿凝聚而导致腐蚀。

4）水膜中的电解质。空气中的 CO_2、动植物腐败产生的 NH_3 和 H_2S、电解质尘埃、雷雨时生成的 NO_2、沿海地区的海水飞沫和盐雾、工业大气中的 SO_2 和 Cl_2 等都能溶入金属表面的水膜中，形成了电解液。因此，大气腐蚀是液膜下的电化学腐蚀，其腐蚀反应是在金属表面上极薄的一层电解液膜下进行的。

二、大气腐蚀的类型

根据大气干湿的程度，大气腐蚀可分为干的、潮的、湿的三种类型。

1. 干的大气腐蚀

干的大气腐蚀是金属在干燥大气中进行的一种腐蚀，在金属表面上没有水膜，只有几个分子层的吸附膜，还不具有电解液的性质，所以属于化学腐蚀的范畴。腐蚀是靠空气中氧等气体与金属发生化学反应而进行的。反应结果生成一层肉眼不可见的氧化膜。

在常温下，此类反应的反应速度很小，膜厚的增长与时间成对数关系，如 Fe 在干燥洁净的空气中，在室温下膜的极限厚度只有 $30\sim40Å(1Å=10^{-10}m)$。但当空气中含有硫化物等杂质时，膜可能增长得相当厚，以致金属表面发暗，影响到产品的质量。如果大气非常干燥的话，即使含有硫化物，腐蚀速度也能很快变慢而趋于停止。

2. 潮的大气腐蚀

潮的大气腐蚀是指金属在 $RH<100\%$ 的大气中的一种腐蚀，此时水蒸气浓度必须超过某一最小值（临界湿度）。在这种情况下，金属表面上有一层肉眼不可见的水膜，其厚度在 $100Å\sim1\mu m$，虽然很薄，但已具有电解液的性质，所以属于电化学腐蚀。金属在薄层水膜中的电极反应与通常的电解液中金属腐蚀时的电极反应相似，但控制步骤不一定相同。

（1）阳极过程。

阳极过程是金属的溶解反应：

$$Me+nH_2O \longrightarrow Me^+ \cdot nH_2O+e$$

在潮的大气腐蚀中，水膜很薄，金属表面存在的水分子很少，而在阳极反应中又必须生成水化离子，所以阳极过程将随着水膜的减薄而不易进行；其次，金属溶解生成的大量金属离子堆积在很薄的水膜中，致使浓差极化非常严重；再有，因为水膜薄，因此含氧丰富，溶解氧很易透过水膜而使阳极金属发生钝化，这些都能使阳极发生强烈的极化作用，因此潮的大气腐蚀中的阳极过程是腐蚀反应的控制步骤。

（2）阴极过程。

阴极过程主要是氧的去极化反应：

$$O_2+4H^++4e \longrightarrow 2H_2O（酸性水膜中）$$

$$O_2+2H_2O+4e \longrightarrow 4OH^-（中性、碱性水膜中）$$

因为水膜很薄，所以氧到达阴极很容易，但水分子太少也会使氧的去极化反应发生困难，即使得阴极极化作用增大，但其程度没有阳极极化作用那样大。

在潮的大气腐蚀中，经常处于干湿交替的状态，钢铁表面的锈层常常具有加速腐蚀的作用。当在潮湿状态时，锈层可以与溶解氧一起作为阴极去极化剂。

$$3Fe_2O_3+H_2O+2e \longrightarrow 2Fe_3O_4+2OH^-$$

但当处于干燥状态时，含氧量很丰富。Fe_3O_4又能被重新氧化：

$$4Fe_3O_4+O_2 \longrightarrow 6Fe_2O_3$$

因此，在干湿交替的条件下，带锈的钢铁可加速腐蚀。

3. 湿的大气腐蚀

湿的大气腐蚀是指金属在RH接近于100％的大气中进行的一种腐蚀，水分在金属表面上成滴凝聚，水膜厚度为$1\mu m \sim 1mm$，属于电化学腐蚀。因为水膜较厚。阳极反应易于进行，腐蚀过程基本上由阴极过程控制，氧的扩散速度是主要的控制步骤。

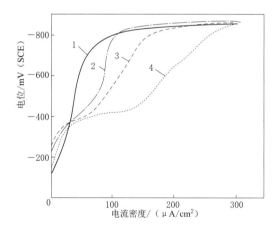

图5-2-1　Fe在0.1mol/L的NaCl溶液和水膜中的阴极极化曲线

1—溶液中；2—330μm厚的水膜中；3—165μm厚的水膜中；4—100μm厚的水膜中

图5-2-1所示为Fe在0.1mol/L的NaCl溶液和水膜中的阴极极化曲线，图中SCE表示饱和甘汞电极。当电流密度不大时，各阴极极化曲线很靠近，表明电流密度与水膜的厚度关系不大，因这时的电流密度主要取决于氧的还原反应速度，所以图上曲线的靠近表明氧的还原反应速度不论在溶液中还是在不同厚度的薄膜中，都是很容易进行的。

在电流密度较大时，各极化曲线很不一致，表明电流密度与水膜厚度有关。在同一电位下，阴极极化的电流密度随水膜厚度的降低而迅速增加。因为电流密度较大，阴极过程的速度取决于氧的扩散速度。这也表明，随着水膜厚度的减小，极限扩散电流密度增大了，而阴极极化性能降低了，即在薄层水膜中，阴极过程的控制步骤是氧的扩散过程，而氧的还原反应是容易进行的。

三、影响大气腐蚀的因素

影响大气腐蚀的因素有很多，季节、风向、气候区类、大气成分等都对大气腐蚀有显著影响，主要影响因素有以下几点。

1. 相对湿度的影响

湿度直接影响金属表面上液膜的形成和保持时间，所以对大气腐蚀的影响最大。某种金属在腐蚀时都有一个临界湿度，低于临界湿度时，金属表面上没有水膜，受到干的大气腐蚀，属于化学腐蚀，因此腐蚀速度很小。高于临界湿度时，由于水膜的形成，化学腐蚀转变为电化学腐蚀，腐蚀速度突然增大。

临界湿度取决于金属的种类，一般钢铁的临界湿度为 $65\% \sim 75\%$；临界湿度也取决于表面状态及表面污染情况，金属表面越粗糙，裂缝和小孔越多，临界湿度越低；金属表面沾上易于吸潮的盐类或灰尘，临界湿度也越低。

2. 温度和温度变化的影响

一般来说，温度的影响没有相对湿度的影响大，只有在高温雨季时，温度才会起较大的作用。温度的影响具有两重性，当温度升高但不改变大气腐蚀的类型时，由于阴、阳极反应速度增大而加快腐蚀速度。而当绝对湿度不变时，温度升高将会降低相对湿度，使水膜减薄，如果温度升高使相对湿度跨越临界相对湿度，将会使潮的大气腐蚀变为干的大气腐蚀，这样就会急剧降低腐蚀速度。

相对来说，温度的变化比温度本身的影响要大得多，温度的突然变化往往促使金属凝聚水膜，造成严重的大气腐蚀。因此生产和贮存金属产品的工厂或仓库，应尽可能地避免剧烈的温度变化。

3. 大气成分的影响

大气中存在的尘埃和有害性气体对腐蚀有很大的影响。尘埃沉积于金属表面会形成缝隙，大气中的水分易于在此凝聚，尘埃中含有的碳粒、$NaCl$、$(NH_4)_2SO_4$ 等进一步吸水并增强了水膜的腐蚀性。

工业大气中危害最大的是 SO_2，SO_2 能增加金属腐蚀速度的原因如下：

（1）SO_2 是腐蚀反应阳极过程的活化剂，它先与金属表面的 Fe 和 O_2 一起生成 $FeSO_4$，然后进一步得到 H_2SO_4 并加速 Fe 的阳极溶解过程，其反应式为

$$Fe + SO_2 + O_2 \Longrightarrow FeSO_4$$
$$4FeSO_4 + O_2 + 6H_2O \Longrightarrow 4FeOOH + 4H_2SO_4$$
$$2H_2SO_4 + 2Fe + O_2 \Longrightarrow 2FeSO_4 + 2H_2O$$

这就是 SO_2 腐蚀的酸性再生机理，在此 $FeSO_4$ 仅起催化剂的作用，所以 SO_2 有破坏金属表面的保护膜，使阳极过程容易进行的作用。

（2）SO_2 在水中的溶解度是 O_2 的 1300 倍，溶解后使水膜的 pH 值下降，因此，虽然 SO_2 在大气中的浓度比 O_2 小得多，但由于溶解度高，甚至能使它比溶解氧的阴极反应更

有效。

（3）SO_2 本身也是一个强的阴极去极化剂，在阴极上可发生如下还原反应：

$$2SO_2 + 2H^+ + 4e \Longleftrightarrow S_2O_3^{2-} + H_2O$$

$$2SO_2 + H + e \Longleftrightarrow HS_2O_4^-$$

以上反应使阴极过程也更容易进行。

四、防止金属大气腐蚀的措施

1. 在钢中添加少量元素成为合金钢

钢中加入少量 Cu、P、Cr、Ni 等元素后能提高耐大气腐蚀的性能。如 Cu 质量分数为 $0.3\% \sim 0.8\%$ 的钢具有很好的耐海洋大气性能，Cu 是作为阴极极性元素加入的，因大气腐蚀中氧浓度很大，对钢材很易达到钝化临界浓度，铜的加入可加速钝态的实现。表 5-2-1 列出了我国生产的主要耐大气腐蚀的低合金钢。

表 5-2-1　　　　　　　　我国生产的主要耐大气腐蚀的低合金钢

钢号	化学成分（质量分数）/%									抗拉强度 R_m /（×9.81MPa）
	C	Si	Mn	P	S	Cu	Re	V	其他	
18MnCu	$0.12 \sim$ 0.20	$0.20 \sim$ 0.60	$1.20 \sim$ 1.60	$\leqslant 0.05$	$\leqslant 0.05$	$0.20 \sim$ 0.40	—	—	—	$33 \sim 35$
10MnSiCu	$\leqslant 0.12$	$0.80 \sim$ 1.10	$1.30 \sim$ 1.85	$\leqslant 0.045$	$\leqslant 0.05$	$0.15 \sim$ 0.30	—	—	—	$\geqslant 35$
09MnCuPTi	$\leqslant 0.12$	$0.20 \sim$ 0.50	$1.00 \sim$ 1.50	$0.05 \sim$ 0.12	$\leqslant 0.045$	$0.20 \sim$ 0.45	—	—	Ti $\leqslant 0.03$	35
15MnVCu	$0.12 \sim$ 0.18	$0.20 \sim$ 0.60	$1.00 \sim$ 1.60	$\leqslant 0.05$	$\leqslant 0.05$	$0.20 \sim$ 0.40	—	$0.04 \sim$ 0.12	—	$34 \sim 42$
10AuRe	$\leqslant 0.12$	$0.20 \sim$ 0.50	$0.70 \sim$ 1.40	$0.08 \sim$ 0.14	$\leqslant 0.04$	$0.25 \sim$ 0.40	0.15 （加入量）	—	Au：0.03 ~ 0.07	35
12MnPV	$\leqslant 0.12$	$0.20 \sim$ 0.50	$0.70 \sim$ 1.00	$\leqslant 0.12$	$\leqslant 0.045$	—	—	0.076	—	32
08MnPRe	$0.08 \sim$ 0.12	$0.20 \sim$ 0.45	$0.60 \sim$ 1.20	$0.08 \sim$ 0.15	$\leqslant 0.04$	—	$0.10 \sim$ 0.20	—	—	36
10MnPNbRe	$\leqslant 0.16$	$0.20 \sim$ 0.60	$0.80 \sim$ 1.20	$0.06 \sim$ 0.12	$\leqslant 0.05$	—	$0.10 \sim$ 0.20	—	Nb：0.015 ~ 0.05	$\geqslant 40$

2. 采用有机、无机涂层或金属镀层

最经济而简单的办法是涂漆，氯磺化聚乙烯涂料、PF-01 涂料，G-615 防腐漆、氯醋涂料等都是很好的防大气腐蚀涂料。

3. 降低金属所处环境的相对湿度

采用加热空气、干燥剂、冷冻除水等方法将相对湿度控制在临界值以下，即可将大气腐蚀控制在干大气腐蚀的低速率之内。这种方法常用于金属材料及制品的库房管理中。

4. 使用缓蚀剂

在保管、运输、加工过程中，人们广泛应用多种油溶性缓蚀剂、水溶性缓蚀剂和气相缓蚀剂，制成各种防锈液或防锈包装材料，都可有效抑制或减缓大气腐蚀的发生和发展。

5. 其他

如净化空气、擦拭金属表面、清除表面附着物等也有助于减轻大气腐蚀的危害。

第三节　金属的防腐蚀涂料

一、涂料与涂装

（一）涂料

涂料是一种流动状态或粉末状态的有机物质，把它涂覆在物体表面上能干燥固化形成一层薄膜，均匀地覆盖和良好地附着在物体表面上，不论其中是否含有颜料，通称为涂料。由于过去的涂料几乎离不开植物油，故长期把涂料称为油漆。

涂料的发展可以追溯到几千年之前。早在公元前 2000 年左右，我国劳动人民就已经知道使用从野生漆树上收集的天然漆，用来装饰器皿。埃及人也已使用阿拉伯树胶、蛋白等作为漆料制成色漆来装饰物件。但是，近代的涂料工业的形成却只有二三百年的历史。开始时使用天然树脂来改性干性植物油，提高了漆膜的性能。这种油树脂型的涂料一直沿用到 20 世纪初，没有较大的发展。直到 20 世纪 20 年代，出现了酚醛树脂，才改变了涂料完全依赖天然材料的局面，它是和桐油一起熬炼制成的漆。20 世纪 30 年代出现了醇酸树脂，使涂料摆脱了油树脂型的格局，从而进入了合成树脂涂料时代，以后进入了快速的发展时期，发展成为现在的十八大类涂料。涂料的使用范围远远超出原始的装饰目的，深入到了材料的保护领域。到如今，防腐蚀涂料已成为继建筑涂料之后的第二大涂料种类，在现代涂料工业中占据了重要地位。

随着工业的高度发展，环境污染问题越来越严重。涂料的制造和施工，尤其是施工场所，是巨大的污染源之一。为了保护环境，涂料又向着低污染方向发展。涂料对环境的污染，主要来自溶剂的挥发。所以发展的低污染涂料是少用有机溶剂的高固体涂料和非水分散涂料；或者是以水代替部分有机溶剂的水性涂料；或者是使用反应性（活性）溶剂的无溶剂涂料以及没有溶剂的粉末涂料。这些涂料成膜物质虽然未越出十八大类涂料之外，可是运用的技术绝非长期沿用的溶剂型涂料技术，使涂料工业又有了新的发展。

（二）涂装

所谓涂装就是指将涂料涂覆在清洁的（即经过表面处理的）物体表面上，经干燥成膜的工艺过程。涂装工艺一般由漆前表面处理、涂覆和干燥（包括烘干）三个基本工序组成。有时也将涂料在被涂物体表面扩散开的操作称作涂装。涂料湿涂层在溶剂挥发的过程中固化的现象称为干燥，已干燥的涂料膜称为漆膜或涂层。

随着高分子化学的发展，涂料工业和涂装技术取得了显著的进步。真正形成近代涂装技术可从 20 世纪算起，可把涂装技术发展史划分为三个时期。

（1）第一时期可称作古典涂装时期，即涂装还属于手工涂装阶段。在这一时期，被涂物的底材主要是钢铁和木材，采用手工业作坊式涂装，涂料的种类和涂装方法都非常有限，常是手工刷涂油性漆，后期随着汽车工业的发展，硝基漆和醇酸树脂漆的出现，开始采用手工空气喷涂。

（2）第二时期称为工业涂装的出现和发展时期。在这一时期，涂料和涂装按各自的用途有了明确的区分，根据各种用途开发的涂料及涂装技术也获得了实际应用。按涂料用途的不同，一般可将涂料分成以下三大类：

1）泛用涂料。主要是油性漆和新型的合成树脂调合漆、乳胶涂料、自干型合成树脂涂料和硝基漆等，供住房、汽车修补等涂装用。

2）建筑涂料。供巨型铁塔、桥梁、高楼大厦、海轮等需长期保护的建筑物、构造物、船舶等涂装用，所使用的涂料，由原来的油性系、合成树脂系（主要是醇酸树脂系）发展到氯化橡胶系、环氧树脂系涂料。

3）工业用涂料。供汽车及其部件、摩托车、自行车、家用电器、缝纫机、办公用具、钢制家具、农业机械、建材、乐器、金属容器等流水线生产的工业制品的涂装用。

在这一时期主要是研究和开发能满足各种底材和预定要求性能的涂料和涂装工艺，以及涂料和涂装两者结合的合理化（如靠延长漆膜使用寿命来延长重新涂装的间隔期、缩短涂装时间，减轻劳动强度和节省劳动力等），即力求花费最小的涂装成本费用来得到最大的涂装效果，故又称为涂装工程时期。

在涂料的原材料方面，则以石油化学工业为基础，开发了许多种合成树脂涂料（故也称为合成树脂涂料时期）。静电喷漆、高压无空气喷涂、电泳涂装、烘干（热风对流烘干、辐射烘干、远红外烘干、光固化）等涂装技术也获得了大量的应用，因而使涂装的手工艺色彩逐渐淡薄，导向完全的流水线涂装。

（3）第三时期称为社会化时期。随着国民经济的高度发展和工业水平的快速提高，资源紧张和三废污染成了世界各国普遍重视的社会问题。涂料制造和涂装行业是资源耗量很大的工业领域，又是大气和水质的污染源之一。所以这个时期的主要目标是在保持涂料工程化用最小的涂装成本达到最大的功能的同时，必须探索采用能满足社会要求的高资源利用率、能排除或预防环境污染的涂料涂装工艺。

近几年来随着石油产品的短缺，资源的有效利用和节约问题日益受到人们的关注；而随着工业的发展，污染日益严重，环境保护也不容忽视。因此，开发和采用资源利用率高、低污染或无污染型涂料和涂装技术已成为今后研究的重点。

二、涂料的作用和分类

（一）作用

1. 保护作用

由于雨露、阳光和各种介质的作用使物体受到侵蚀，如金属生锈、木材腐烂。据统计，国民经济中每年约有 2% 的黑色金属因腐蚀而损失掉。涂漆是最方便、最可靠的防腐方法之一。将物体表面覆盖一层具有一定耐潮湿性、耐水性、耐候性、耐油性或耐化学品性等的漆膜，从而达到保护物体、延长使用寿命的效果。例如，汽车车身采用优质的涂料和正确的涂装工艺，进行涂装后能在各种气候条件下使用10～20年还完好无损；反之，涂装处理不好的车身在湿热条件下，仅使用1～2年就锈蚀穿孔。可以说金属表面涂装技术是金属防腐应用最广泛、效果最显著的方法，在金属防腐领域占有重要的地位。

2. 装饰作用

除了保护作用外，涂料另一个重要的作用是装饰作用。涂装可使物体具有色彩、光泽、模样、平整性、立体性和标志等，使人们对这些物体产生美的、舒适的感觉。

3. 特种功能

保护和装饰是涂料最主要的两大功能，除此之外，采用特殊的涂料还可以使物体具有特种功能。涂装能使物体获得调节热传导性、电传导性、防止生物附着（杀菌）、示温、声波的发散、反射和吸收、夜光等作用。在装饰美化的同时，还起到色彩调节作用，或改善车间、医院、学校、船舶、车辆等的内部环境，并在一定程度上起到防止灾害和增进效益的作用。

涂料在整个国民经济的各个领域以及人民生活中都是不可或缺的。由涂料的功能可知，涂料具有保护基材的功能，但不同的涂料其侧重的功能不同。防腐蚀涂料是以防腐为主要功能的涂料。防腐蚀涂料涂装是底材覆盖层保护方法之一，其目的就是将底材与环境用涂膜隔开，同时再辅以电化学保护、缓蚀等手段，以达到保护底材免受侵蚀而延长其使用寿命的目的。

涂料的主要功能和作用可用图5-3-1所示的鱼刺图表示。

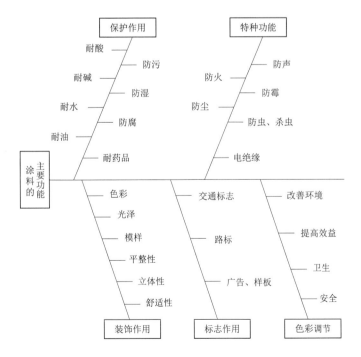

图5-3-1　涂料的主要功能和作用

（二）分类

1. 根据组成的形态分类

（1）按成膜物质的分散形态可分为无溶剂型涂料、溶剂型涂料、分散性涂料、水溶性涂料和粉末涂料等。

（2）按是否含有颜料可分为厚漆（指含有颜料的有色不透明的无溶剂型涂料）、磁漆（指含有颜料的有色不透明的溶剂型涂料）和清漆（指不含颜料的溶剂型涂料，一般呈透明）。

2. 根据成膜物质的类别分类

按成膜物质的类别可分为大漆、天然树脂漆、沥青涂料、水性涂料、油性涂料、纤维素涂料、各种合成树脂涂料。

3. 根据成膜干燥机理分类

根据成膜干燥机理可将涂料分为挥发干燥型涂料和固化干燥型涂料两种。

（1）挥发干燥型涂料又称热塑性涂料，一般属于自然干燥型涂料。

（2）固化干燥型涂料可细分为气干型涂料（与空气中的氧或潮气反应而干燥）、烘烤型涂料（热固性涂料和热熔融型涂料）、触媒固化型涂料、多组分型涂料和辐射固化涂料等。

4. 根据形成漆膜的工序分类

根据形成漆膜的工序可分为底漆、中间涂料和面漆三种。

（1）底漆是指直接涂装在基材上的涂料。

（2）中间涂料是指形成底漆涂层和面漆涂层之间的中间过渡层用涂料。

（3）面漆是指与外界接触的最外层漆膜所用的涂料。

三、涂料产品的命名和产品类别

（一）涂料产品的命名

我国涂料产品的命名按国家标准《涂料产品分类和命名》（GB/T 2705）来执行。

（1）涂料全名＝颜色或颜料名称＋成膜物质名称＋基本名称，例如红醇酸磁漆，锌黄酚醛防锈漆。对于不含颜料的清漆，其全名一般由成膜物质名称加上基本名称组成。

（2）颜色名称通常由红、蓝、黄、白、黑、绿、紫、棕、灰等颜色，有时再加上深、中、浅（淡）等词构成。若颜料对漆膜性能起显著作用，则可用颜料的名称代替颜色的名称，例如铁红、锌黄、红丹等。

（3）成膜物质名称可做适当简化，例如聚氨基甲酸酯简化成聚氨酯，环氧树脂简化成环氧，硝酸纤维素（酯）简化为硝基等。漆基中含有多种成膜物质时，选取起主要作用的一种成膜物质命名。必要时也可选取两或三种成膜物质命名，主要成膜物质名称在前，次要成膜物质名称在后，例如红环氧硝基磁漆。涂料产品类型及其主要成膜物类型见表5-3-1。

（4）基本名称表示涂料的基本品种、特性和专业用途，例如清漆、底漆、锤纹漆、罐头漆、甲板漆、汽车修补漆等，具体见表5-3-2。

表 5‑3‑1　　　　　　　　　　　　　涂料产品类型及其主要成膜物类型

序号	产品类型	主要成膜物类型
1	油脂漆类	天然植物油、动物油（脂）、合成油等
2	开然树脂漆类	松香、虫胶、乳酪素、动物胶及其衍生物等
3	酚醛树脂漆类	酚醛树脂、改性酚醛树脂等
4	沥青漆类	天然沥青、（煤）焦油沥青、石油沥青等
5	醇酸树脂漆类	甘油醇酸树脂、季戊四醇醇酸树脂、其他醇类的醇酸树脂、改性醇酸树脂等
6	氨基树脂漆类	三聚氰胺甲醛树脂、脲（甲）醛树脂及其改性树脂等
7	硝基漆类	硝基纤维素（酯）等
8	过氯乙烯树脂漆类	过氯乙烯树脂等
9	烯类树脂漆类	聚二乙烯乙炔树脂、聚多烯树脂、氯乙烯醋酸乙烯共聚物、聚乙烯醇缩醛树脂、聚苯乙烯树脂、含氟树脂、氯化聚丙烯树脂、石油树脂等
10	丙烯酸酯类树脂漆类	热塑性丙烯酸酯类树脂、热固性丙烯酸酯类树脂等
11	聚酯树脂漆类	饱和聚酯树脂、不饱和聚酯树脂等
12	环氧树脂漆类	环氧树脂、环氧酯、改性环氧树脂等
13	聚接酯树脂漆类	聚氨（基甲酸）酯树脂等
14	元素有机漆类	有机硅、氟碳树脂等
15	橡胶漆类	氯化橡胶、环化橡胶、氯丁橡胶、氯化氯丁橡胶、丁苯橡胶、氯磺化聚乙烯橡胶等
16	其他成膜物质涂料	无机高分子材料、聚酰亚胺树脂、二甲苯树脂等以上未包括的主要成膜材料

表 5‑3‑2　　　　　　　　　　　　　涂料基本名称一览表

基本名称	基本名称	基本名称	基本名称
清油	铅笔漆	船底防锈漆	机床漆
清漆	罐头漆	饮水舱漆	工程机械用漆
厚漆	木器漆	油舱漆	农机用漆
调合漆	家用电器涂料	压载舱漆	发电、输配电设备用漆
磁漆	自行车涂料	化学品舱漆	内墙涂料
粉末涂料	玩具涂料	车间（预涂）底漆	外墙涂料
底漆	塑料涂料	耐酸漆、耐碱漆	防水涂料
腻子	（浸渍）绝缘漆	防腐漆	地板漆、地坪漆
大漆	（覆盖）绝缘漆	防锈漆	锅炉漆
电泳漆	抗弧（磁）漆、互感器漆	耐油漆	烟囱漆
乳胶漆	（黏合）绝缘漆	耐水漆	黑板漆
水溶（性）漆	漆包线漆	防火涂料	标志漆、路标漆、马路画线漆
透明漆	硅钢片漆		
斑纹漆、裂纹漆、桔纹漆	电容器漆	防霉（藻）涂料	汽车底漆、汽车中涂漆、汽车面漆、汽车罩光漆
锤纹漆	电阻器漆、电位器漆		
皱纹漆	半导体漆	耐热（高温）涂料	汽车修补漆
金属漆、闪光漆	电缆漆	示温涂料	集装箱涂料
防污漆	可剥漆	涂布漆	铁路车辆涂料
水线漆	卷材涂料	桥梁漆、输电塔漆及其他（大型露天）钢结构漆	胶液
甲板漆、甲板防滑漆	光固化涂料		
船壳漆	保温隔热涂料	航空、航天用漆	其他未列出的基本名称

（5）在成膜物质名称和基本名称之间，必要时可插入适当的词语来标明专业用途和特性等，例如白硝基球台磁漆、绿硝基外用磁漆、红过氯乙烯静电磁漆等。

（6）需烘烤干燥的漆，名称中（成膜物质名称和基本名称之间）加"烘干"字样，例如银灰氨基烘干磁漆、铁红环氧聚酯酚醛烘干绝缘漆。如名称中无"烘干"词，则表明该漆是自然干燥或烘烤干燥均可。

（7）凡双（多）组分的涂料，在名称后应增加"（双组分）"或"（三组分）"等字样，例如聚氨酯木器漆（双组分）。

（二）产品类型

涂料产品的主要产品类型和主要成膜物类型，见表 5-3-3。

表 5-3-3　　　　涂料产品的主要产品类型和主要成膜物类型

主要产品类型			主要成膜物类型
建筑涂料	墙面涂料	合成树脂乳液内墙涂料 合成树脂乳液外墙涂料 溶剂型外墙涂料 其他墙面涂料	丙烯酸酯类及其改性共聚乳液；醋酸乙烯及其改性共聚乳液；聚氨酯、氟碳等树脂；无机黏合剂等
	防水涂料	溶剂型树脂防水涂料 聚合物乳液防水涂料 其他防水涂料	EVA、丙烯酸酯类乳液；聚氨酯、沥青、PVC 胶泥或油膏、聚丁二烯等树脂
	地坪涂料	水泥基等非木质地面用涂料	聚氨酯、环氧等树脂
	功能性建筑涂料	防水涂料 防霉（藻）涂料 保温隔热涂料 其他功能性建筑涂料	聚氨酯、环氧、丙烯酸酯类、乙烯类、氟碳等树脂
工业涂料	汽车涂料（含摩托车涂料）	汽车底漆（电泳漆） 汽车中涂漆 汽车面漆 汽车罩光漆 汽车修补漆 其他汽车专用漆	丙烯酸酯类、聚酯、聚氨酯、醇酸、环氧氨基、硝基、PVC 等树脂
	木器涂料	溶剂型木器涂料 水性木器涂料 光固化木器涂料 其他木器涂料	聚酯、聚氨酯、丙烯酸酯类、醇酸、硝基、氨基、酚醛、虫胶等树脂
	铁路、公路涂料	铁路车辆涂料 道路标志涂料 其他铁路、公路设施用涂料	丙烯酸酯类、聚氨酯、环氧、醇酸、乙烯等树脂
	轻工涂料	自行车涂料 家用电器涂料 仪器、仪表涂料 塑料涂料 纸张涂料 其他轻工专用涂料	聚氨酯、聚酯、醇酸、丙烯酸酯类、环氧、酚醛、氨基、乙烯类等树脂

主 要 产 品 类 型			主 要 成 膜 物 类 型
工业涂料	船舶涂料	船壳及上层建筑物漆 船底防锈漆 船底防污漆 水线漆 甲板漆 其他船舶漆	聚氨酯、醇酸、丙烯酸酯类、环氧、乙烯类、酚醛、氯化橡胶、沥青等树脂
	防腐涂料	桥梁涂料 集装箱涂料 专用埋地管道及设施涂料 耐高温涂料 其他防腐涂料	聚氨酯、丙烯酸酯类、环氧、醇酸、酚醛、氯化橡胶、乙烯类、沥青、有机硅、氟碳等树脂
	其他专用涂料	卷材涂料 绝缘涂料 机床、农机、工程机械等涂料 航空、航天涂料 军用器械涂料 电子元器件涂料 以上未涵盖的其他专用涂料	聚酯、聚氯酯、环氧、丙烯酸酯类、醇酸、乙烯类、氨基、有机硅、氟碳、酚醛、硝基等树脂
通用涂料及辅助材料	调合漆 清漆 磁漆 底漆 腻子 稀释剂 防潮剂 催干剂 脱漆剂 固化剂 其他通用涂料及辅助材料	以上未涵盖的无明确应用领域的涂料产品	改性油脂；天然树脂；酚醛、沥青、醇酸等树脂

四、防腐蚀涂料的特点

防腐蚀涂料是涂料中的重要组成部分，成为继建筑涂料之后的第二大类涂料，有上千个品种，应用范围极广。从应用的角度来看，防腐蚀涂料有以下五个特点：

（1）可供选择的品种多，能适应多种用途。随着石油化工的发展，涂料工业已形成以合成树脂和无机材料为主体的精细化工行业，能生产包括各大类千余个涂料品种。在使用条件、耐蚀性、涂装工艺和价格成本方面均有适当的品种可供选择。

（2）涂装工艺方便，尤其适应面积大、结构造型复杂的设备和工程的保护，有的工作可在工厂的生产线上涂装，有的可以在设备的使用现场或工程工地上进行。涂层的修整、重涂和更新都比较容易，可以在设施和工程不停止生产和运行的开发部下进行在线施工。

（3）颜色齐全，能满足不同工程的规范要求。在一些复杂的环境中（如工厂区的供料、供热、供水管线），便于标记、区分和检查。

（4）在一般情况下，涂料防腐蚀不需要贵重的设备仪器，涂料成本和施工费用低于其他防腐蚀措施。

（5）由于涂层较薄，机械强度较低，在使用过程中容易被损伤或破坏，对高温和强腐蚀介质及经常磨损和经受外力的场合，防腐蚀涂料的使用受到一定限制。

五、防腐蚀涂料的组成

防腐蚀涂料的组成与普通涂料基本一致，也都是由成膜物质、颜填料、助剂、溶剂四部分组成的。

（一）成膜物质

成膜物质是组成涂料的基础，具有粘接涂料中其他组成形成涂膜的功能，对涂料和涂膜的性质起决定作用。因此，我国对涂料的命名就是基于主要成膜物质的。可以作为涂料成膜物质使用的物质品种很多，原始的成膜物质主要是天然油脂，现已广泛应用合成树脂，包括热塑性树脂和热固性树脂。

现代用作成膜物质的化合物品种不断发展，越来越多。按其本身结构和形成涂膜的结构来划分，现代涂料成膜物质可分为两大类。

（1）非转化型成膜物质。在成膜过程中结构不发生变化，具有热塑性，受热软化，冷却后又变硬，多具有可溶性。

（2）转化型成膜物质。在成膜过程中组织结构发生变化，具有能起化学反应的官能团，在热、氧或其他物质的作用下能够聚合成与原有组成结构不同的不溶不熔的网状高分子聚合物，即热固性高聚物。

成膜物质的分类见表 5-3-3。

（二）颜填料

颜填料使涂膜呈现色彩，并使涂膜具有一定的遮盖力，发挥其装饰作用；增强涂膜的力学性能和耐久性，为涂膜提供特定的性能，如导电性、耐蚀性等。颜填料主要分为着色颜料、体质颜料、防锈颜料及其他特种填料等。

防锈颜料主要防止金属生锈。常用的防锈颜料有红丹、氧化铁红、锌铬黄、偏硼酸钡、钼酸锌和锶钙黄等品种。

（三）助剂

助剂是涂料的辅助材料部分。助剂的主要作用是对涂料或涂膜的某一特定方面的性能进行改性，使其符合特定功能的要求。助剂的主要类型有以下四种：

（1）在涂料生产过程中起作用的助剂，如消泡剂、湿润剂、分散剂、乳化剂等。

（2）在涂料储存过程中起作用的助剂，如防结皮剂、防沉淀剂等。

（3）在涂料施工成膜过程中起作用的助剂，如催干剂、固化剂、流平剂、防流挂剂等。

（4）能够改进涂膜性能的助剂，如增塑剂、平光剂、防霉剂等。

助剂的作用往往不是单一的，而是同时兼有几种作用。助剂在涂料中的用量一般不多，但能起到显著的作用，对涂料的性能影响很大。

（四）溶剂

溶剂是不包括无溶剂涂料在内的各种液态涂料中所含的为使液态涂料完成加工、施工过程所必需的组分，其作用是将涂料的成膜物质溶解或分散在液体当中，并为颜填料及其他组成充分混合与分散提供环境，使得涂料易于加工及施工成膜，而施工后从涂膜中挥发到大气中。大多数涂料都采用易挥发的有机溶剂，涂装过程中有机溶剂全部挥发到大气中，会对大气造成污染。随着对环境保护的日益重视，人们开始采用对环境无污染的溶剂代替有机溶剂，而水是最环保的溶剂，以水为溶剂的涂料称为水性涂料，这是一种环保型的涂料。

六、常用的防锈涂料

防锈涂料又称防锈漆，主要用作底漆，所以又叫作防锈底漆。防锈涂料是涂层的基础，兼有增强面漆（或中间漆）与基体间的附着力和防锈（防腐蚀）的作用。为了便于区分和分类，把传统的防锈涂料称为普通防锈涂料，而把具有比较新的防锈原理并带有其他功能的防锈涂料称为特种防锈涂料。

（一）普通防锈涂料

常用的普通防锈漆的种类和性能见表 5 - 3 - 4。

表 5 - 3 - 4　　　　　　　　普通防锈漆的种类和性能

防锈漆种类	适应底材	化学活性		毒　性			表面处理要求	防锈效果
		漆的黏度稳定性	大气中成盐性	施工	焊接	维修		
铁红防锈漆	黑色及有色金属、铬、铅	稳定	小	小	小	小	一般	中
云母氧化铁防锈漆	黑色及有色金属、铬、铅	不稳定，易沉淀	小	小	小	小	一般	优至中
铝粉防锈漆	黑色及有色金属、铬、铅	分装，用前混匀	中	小	小	小	一般	优至中
红丹防锈漆	黑色及有色金属、铬、铅	不稳定，易沉淀	可能	大	大	大	低	优
碱式硫酸铅防锈漆	钢铁、铸铁	中	中	大至中	大	大	中	优至中
碱式硅酸铅防锈漆	钢铁、铸铁	中	中	大至中	大	大	中	优至中
铬酸盐类防锈漆	黑色及有色金属、镉、镁	稳定至中等	中等可能	中	中	中	中	优
钼酸盐防锈漆	黑色及有色金属、镉、镁	稳定	不成盐	无	无	无	无	优
磷酸盐防锈漆	黑色及有色金属、镉、镁	稳定	不成盐	无	无	无	无	优至中
偏硼酸钡防锈漆	黑色及有色金属、镉、镁	中等稳定	不成盐	无	无	无	高	中

1. 铁红防锈漆

铁红防锈漆以物理填充和屏蔽作用保护底材不受侵蚀，防锈能力中等，遮盖力强，施工性好，涂膜对日光、水、大气比较稳定，有一定的耐热性，用途广泛，价格低廉，在五金产品、机床、电机、农机、管道和一般结构件上大量采用，可以说是应用量最大的防腐蚀涂料品种，常用的铁红防锈漆性能、用途与施工方法见表 5 - 3 - 5。

表 5 - 3 - 5　　　　　常用的铁红防锈漆性能、用途与施工方法

名　称	型号	性能及用途	施工方法
铁红油性防锈漆	Y53 - 2	附着力和防锈能力较好，仅次于红丹防锈漆，主要用于室内外要求不高的钢铁结构件表面打底	刷涂、稀释剂为200号汽油或松节油
铁红酚醛防锈漆	F53 - 33	防锈性能一般，主要用于防锈要求不高的钢铁表面涂覆，作为防锈底漆	以刷涂为主，稀释剂为200号汽油或松节油
铁红醇酸防锈漆	C53 - 36	漆膜坚韧、具有良好的附着力和一定的防锈能力。适用于钢铁结构件的防锈打底，也可用于钢铁表面涂覆	刷涂、喷涂均可，清除铁锈，稀释剂为X-6醇酸
铁红环氧酯带锈防锈底漆		可在带有残锈的钢铁表面上涂覆，漆膜坚硬耐久，防锈性好，干燥迅速。适用于各种钢铁表面及其他金属表面，还适用于沿海及湿热带气候条件下金属材料表面打底	涂装前应清除表面浮锈，以喷涂为主，底漆要充分干透后才可涂面漆，一般需1～2道

2. 云母氧化铁防锈漆

云母氧化铁防锈漆具有良好的屏蔽性、耐久性、耐磨性和防渗透性，其防渗透性远高于铁红防锈漆，对酸、碱等腐蚀介质性能稳定，耐水性好，对紫外线有一定的反射能力，已广泛用于桥梁、输电铁塔、油罐、槽车及工程机械的防锈。常用的云母氧化铁防锈漆性能、用途与施工方法见表 5 - 3 - 6。

表 5 - 3 - 6　　　　常用的云母氧化铁防锈漆性能、用途与施工方法

名　称	型号	性能及用途	施工方法
云铁酚醛防锈漆	F53 - 40	防锈性能好，干燥快，遮盖力及附着力强，无铅毒。适用于钢铁桥梁、铁塔、车辆、船舶、油罐等户外钢铁结构件的表面防锈打底	用前充分搅匀，喷涂、刷涂均可，稀释剂为200号溶剂油
云铁醇酸防锈漆	C53 - 4	漆膜坚韧，附着力良好，防锈性能好。适用于涂装车辆、船舶、桥梁、铁塔，交通设备等大型户外钢铁结构件的打底	以刷涂为主，也可喷涂，可用X-6醇酸漆稀释或用二甲苯、200号溶剂油、松节油调整黏度
云铁环氧底漆	H06 - 1	具有优良的耐盐雾、耐湿热性及良好的力学性能，对金属表面有较好的附着力，可作优良的防锈底漆	使用前按比例调配，并在一定时间内用完，每道间隔为24h，稀释剂为二甲醛/丁醇（1：1）混合溶剂
云铁环氧酯防锈漆	H53 - 33	干燥快、毒性小、防锈性能好，适用于车辆、桥梁、铁路、管道、设备外壳及钢铁件打底或中间涂层	以喷涂为主，也可刷涂，一般需涂2～3道，稀释剂为二甲苯

3. 铝粉防锈漆

铝粉防锈漆具有良好的屏蔽底材和反射紫外线及可见光的作用。常用的铝粉防锈漆性能、用途与施工方法见表 5 - 3 - 7。

表 5 - 3 - 7　　　　　常用的铝粉防锈漆性能、用途与施工方法

名　称	型号	性能及用途	施工方法
铝粉沥青底漆	L44 - 83	干燥快，附着力强，耐水性、防锈能力良好，在船舶有通电保护的条件下，漆膜性能稳定。适用于船舶水下部位的打底	采用刷涂法。底材要求除锈，清洁，稀释剂为重质苯及其与二甲苯的混合物

续表

名　称	型号	性　能　及　用　途	施　工　方　法
铝粉铁红醇酸防锈漆	C53-35	漆膜坚韧，附着力强，能高温烘烤，有一定的防锈能力，施工方便。适用于油罐、船舶舱底分段除锈时作防锈打底涂层或其他结构防锈	涂装前必须彻底清除污物、铁锈、保持光洁、无水分，然后采用刷涂或喷涂法施工，涂膜厚度要求为110μm，稀释剂为200号溶剂油
铝粉环氧防锈漆	H75-3	漆膜具有良好的力学性能、耐水性和防锈性能，与H52-31环氧沥青防腐漆配套使用，用作水下及地下机械设备的防腐底漆	采用刷涂或喷涂，使用时按比例调配。稀释剂为二甲苯/丁醇混合溶剂

4.红丹防锈漆

红丹防锈漆的漆膜坚韧，防锈能力持久，防锈效果好，适用面广，适用于大型钢结构及重要工程上，是防锈漆中的古老品种。红丹防锈漆的不足之处是含铅量高，毒性大，已渐趋淘汰之势。常见的红丹防锈漆性能、用途与施工方法见表5-3-8。

表5-3-8　　　　　常见的红丹防锈漆性能、用途与施工方法

名　称	型号	性　能　及　用　途	施　工　方　法
红丹油性防锈漆	Y53-36	防锈性能好，但干燥较慢，适用于涂刷大型钢铁结构表面作防锈打底	以刷涂为主，用200号溶剂油或松节油作稀释剂
红丹酚醛防锈漆	F53-31	具有良好的防锈性能，适用于钢铁表面的涂覆，作防锈底漆用	以刷涂为主，用200号溶剂油或松节油作稀释剂，与其他面漆配套使用
红丹醇酸防锈漆	C53-31	防锈性能好，干燥快，附着力强，适用于钢结构件表面作防锈底漆	不能直接用于锌、铝。采用刷涂或喷涂。稀释剂为X-6醇酸漆稀释剂，与面漆配套使用
红丹环氧防锈漆	H53-31	漆膜坚韧，附着力好，耐水、防潮、防锈性能较油基和醇酸红丹漆好，适用于黑色金属材料表面打底，也可供防锈要求较高的桥梁、船壳、工矿车辆打底	以刷涂为主，也可喷涂，一般涂两道，第二道干透后再涂面漆。配套面漆是环氧磁漆、醇酸磁漆、酚醛磁漆。用X-7环氧稀释剂调整黏度
红丹环氧酯醇酸防锈漆	H53-32	干燥快，漆膜坚硬，附着力好，耐水、防潮、防锈能比油性醇酸红丹防锈漆好，可供黑色金属防锈，适用于桥梁、车皮、船壳的打底	喷涂、刷涂均可。与酚醛面漆配套使用。施工时用有机溶剂调整黏度
红丹氯化橡胶底漆（厚浆型）		具有良好的附着力和耐水性，防锈性能突出，具有一次厚涂的特点。用于船舶、桥梁和大型金属结构件的防锈底漆	采用刷涂、喷涂和滚涂均可。稀释剂为二甲苯。配套面漆为氯化橡胶面漆（厚浆型）

红丹防锈漆不耐晒，空气中的二氧化碳能降低其防锈性能，已涂红丹防锈底漆的工件应及时涂面漆。在涂红丹防锈漆的部位不宜进行焊接和切割作业，以免铅中毒。

5.碱式硫酸铅防锈漆

碱式硫酸铅防锈漆由于组分中含有碱式硫酸铅（$PbO \cdot 2PbSO_4$），会与油性漆料生成铅皂，具有缓蚀和一定的屏蔽作用，一般作为水下钢结构防锈底漆用。主要品种是碱式硫酸铅氯化橡胶防锈漆。

6.碱式硅酸铅防锈漆

碱式硅酸铅防锈漆含铅量低，毒性小，耐盐水性和耐候性优于红丹防锈漆，是红丹防

锈漆的替代产品。主要用于船舶、桥梁、大型钢结构、汽车和家用机械方面。常用的品种有碱式硅酸铅醇酸防锈漆和环氧防锈漆。

铅系颜料防锈漆是以牺牲环境和消耗贵重金属为代价的，随着环境保护日益受到重视及自然资源日渐紧缺，现在一般不推荐使用，应逐步缩小此类防锈漆的使用范围。

7. 铬酸盐类防锈漆

铬酸盐类防锈漆的防锈机埋是使钢铁的阳极区有自钝化作用，与物理防锈颜料配合有防锈增效效果。铬酸盐可与多种基料树脂配套制漆，用于钢铁和大部分有色金属的防锈保护。因存在铬的毒性问题，在应用施工及清理旧漆膜时应重视劳动保护。主要品种有锌铬黄防锈漆（如环氧酯类、氯化橡胶类、醇酸类和纯酚醛类）和锌黄、锶黄挥发干燥型防锈漆。常用的铬酸盐类防锈漆性能、用途与施工方法见表 5-3-9。

表 5-3-9　　　　　常用的铬酸盐类防锈漆性能、用途与施工方法

名　称	型号	性能及用途	施工方法
锌黄酚醛防锈漆	—	具有良好的防锈性能，适用于铝及其合金的防锈	刷涂、喷涂均可。200 号溶剂油或松节油为稀释剂。被涂物要清理干净，先涂一道磷化底漆，再涂两道该漆
锌黄醇酸防锈漆	C53-33	具有良好的附着力和防锈性能，并有干燥快的特点，用于金属、轻金属物件等表面作防锈底漆	刷涂、喷涂均可，施工时将表面的尘污、油垢清除干净，铝质表面可用磷化底漆先涂刷一道，使用前应充分搅拌均匀，漆膜不可太厚。稀释剂为二甲苯/200 号溶剂油或 X-6 醇酸漆稀释剂
锌黄丙烯酸底漆	B06-1	具有优良的耐热、耐水、防锈、防腐蚀性，附着力优良，可常温干燥，对铝镁合金有较高的耐蚀性。适用于不能高温烘干的金属设备及轻金属零件的打底	涂之前可先涂磷化底漆以大大提高保护性能，在海洋气候环境或高湿条件下使用。配套面漆可涂丙烯酸酯磁漆、过氯乙烯磁漆或环氧磁漆。稀释剂一般采用 X-5-1 丙烯酸稀释剂。用喷涂法施工为佳
锌黄环氧自干底漆	H06-3	漆膜坚硬、耐久，具有良好的附着力、耐潮性、耐盐水性和耐盐雾性能。主要用于铝材及其他轻金属的防锈底漆	可采用喷涂或刷涂法施工，稀释剂为环氧稀释剂。施工时应注意排风和人身防护

8. 钼酸盐防锈漆

钼酸盐防锈漆基本无毒，防锈原理是依靠在水中解离出的钼酸根离子的钝化作用，效果相当于红丹。

9. 磷酸盐防锈漆

磷酸盐防锈漆是一种出现较晚的产品，但迅速得到应用，它无毒，具有优良的磷化防锈作用。主要类型有：①磷酸锌防锈漆，如醇酸类和环氧酯类；②改性三聚磷酸铝防锈漆，如酚醛类、环氧类、聚氯烯烃类和丙烯酸类。磷酸盐防锈漆具有无毒、防锈能力强、干燥快、附着力好的特点，主要用于轻金属表面作防锈打底用，比同类型的红丹漆和锌黄漆的防锈性能好。施工以刷涂为主，也可采用喷涂的方法。一般以涂两道为宜，待第二道漆膜干后再涂面漆。可用二甲苯或 X-6 醇酸漆稀释剂调节施工所需的黏度。

10. 偏硼酸钡防锈漆

偏硼酸钡防锈漆的防锈性能一般，主要用于金属制品和钢结构防锈，不宜用于水下设

施和经常积水的部位。常用的偏硼酸钡防锈漆性能、用途与施工方法见表 5 - 3 - 10。

表 5 - 3 - 10　　　　　常用的偏硼酸钡防锈漆性能、用途与施工方法

名　称	型号	性　能　及　用　途	施　工　方　法
硼钡酚醛防锈漆	F53 - 39	在大气环境中具有良好的防锈性能，适用于桥梁、船壳、大型建筑钢铁构件，钢铁器材表面作防锈打底	喷涂、刷涂均耐。使用时用 200 号溶剂油或松节油作稀释剂。一般工程涂两道为宜，每道漆使用量不大于 80g/m²，第二道漆膜干硬后再涂面漆。不宜单独使用，与酚醛磁漆、醇酸磁漆配套使用
各色硼钡酚醛防锈漆	F53 - 41	在大气环境中其有良好的防锈性能，适用于火车车辆、工程机械、通用机床等钢铁器材表面作防锈打底	喷涂、刷涂均可。用 200 号溶剂油或松节油作稀释剂。两道为宜，每道漆使用量不大于 80g/m²，第二道漆膜干硬后再涂面漆。不宜单独使用，与酚醛磁漆、醇酸磁漆配套使用
硼钡油性防锈漆	Y53 - 37	可代替红丹油性防锈漆使用，没有红丹漆的毒性，防腐性能好	以刷涂施工为主。用 200 号溶剂油作稀释剂
黑、灰硼钡醇酸防锈漆	C54 - 41	主要用于黑色金属防锈用	用 X - 6 醇酸漆稀释剂调节黏度

（二）特种防锈涂料

1. 磷化底漆

磷化底漆或洗涤底漆首先在美国问世。磷化底漆的开发成功是涂料工艺的一大进步。磷化是涂装前处理黑色金属表面最完善的工艺之一，但化学磷化处理对必须拥有整套大型设备和特殊处理，对于室外大型构件如桥梁、船舶、铁塔等设施无法进行，而使用磷化底漆却可以如普通涂料一样，直接涂刷即可达到相同的磷化处理效果。同时，对于海洋性气候甚至在海水下浸泡达 2～3 年仍能表现出卓越的耐蚀性。

磷化底漆中含有磷酸，对金属基材有轻微的侵蚀作用。突出优点是具有优良的附着力，能阻止膜下锈蚀的蔓延，广泛用于钢铁及有色金属（铝、锌、锡、镁和不锈钢等）结构和设施的增强防锈，尤其在海洋和湿热地区的钢结构、桥梁、港口设备方面；缺点是不适宜涂装铬钒钢、铬钨钢及含铜钢。

磷化底漆应用于浸过酸的钢板效果不好，因为浸酸后残留的盐会引起漆膜鼓泡，但磷化底漆涂覆于经磷化处理的钢板效果良好。

基材涂装磷化底漆后，应与其他防锈漆配套使用才能满足良好的防锈效果。一般磷化底漆一经涂覆，最好及时涂以其他配套底漆，室内最长不超过 5～6 个月，户外不能超过 1 周。

磷化底漆由聚乙烯醇缩丁醛树脂、铬酸盐颜料、填料和乙醇/丁醇混合溶剂制成"组分一"，使用时按比例加入"组分二"磷化液。磷化底漆主要作为有色或黑色金属底材的表面处理底漆以代替化学磷化处理，增加有机涂层和金属表面的附着力，防止锈蚀，增加涂层的使用寿命。

在聚乙烯醇缩丁醛树脂分子结构中有很多极性基团，因此是一种附着力很强的合成树脂。另外，磷防锈底漆可达到漆膜的屏蔽作用，即漆膜的抗渗透性。优良的防腐涂料应能阻止或抑制水、氧及离子的透过。而聚乙烯醇缩丁醛树脂的湿气扩散系数极小，有利于作

为防锈漆的基料。铬酸盐颜料是一种广泛应用的防锈颜料，其主要防锈作用是依靠其对水的一定溶解度，解离出的 CrO_4^{2-} 对铁进行阳极钝化。同时 Cr^{6+} 在阳极区的一系列还原作用有助于消除在阴极反应中产生的过氧化氢，本身和铁形成稳定的铁铬复合氧化物 $[Fe(OH)_2 \cdot 2(CrOOH)]$。

由于磷化底漆中含有致癌物质 Cr^{6+}，因此应用受到限制，现逐渐被不含铬的新型磷化底漆所代替。

2. 富锌底漆

含有大量锌粉的底漆称为富锌底漆。其漆膜中锌粉互相接触并与钢铁接触而导电，在腐蚀环境中，锌粉因电位较负而成为牺牲阳极被腐蚀掉，而对钢铁起阴极保护作用，富锌底漆是重防腐涂料的主要品种。

富锌底漆主要用于一些大型工程，如跨海大桥、穿越河底的输油和输气管道、海洋采油平台及港口码头设施等。富锌底漆根据黏结剂来划分，可以分为两大类型：无机型和有机型。无机型黏结剂以硅酸盐为主，耐蚀性好，但施工性能不如有机型好，对底材的表面处理要求严格；有机型黏结剂以环氧树脂居多，防锈性能比无机型稍差，但施工性能好，对底材表面处理质量的容忍度火。富锌底漆的分类及评价见表 5-3-11。

表 5-3-11　　　　　　　　　　　富锌底漆的分类及评价

类 别 及 名 称		性 能 评 价
无机型	水溶性后固化无机富锌底漆	防锈性优，漆膜较脆，对底材表面处理要求苛刻
	水溶性自固化无机富锌底漆	防锈性优，稍次于后固化无机富锌底漆，属自固化，施工方便，对底材表面处理要求苛刻
	醇溶性自同化无机富锌底漆	防锈性优良，漆膜适应性好，干燥快，对底材表面处理要求高
有机型	环氧富锌底漆	防锈性良好，但低于无机类富锌底漆，漆膜柔韧，易与面漆配套，对底材表面处理要求一般

（1）无机富锌底漆。水溶性后固化无机富锌底漆是富锌底漆的早期产品，耐蚀性好，无毒，不燃烧，但施工稍复杂。基料为碱性水玻璃，加入大量锌粉。涂布干燥后，漆膜上喷 H_3PO_4 溶液或 $MgCl_2$ 溶液使漆膜固化。不宜在阴冷高湿条件下施工。

水溶性自固化无机富锌底漆以硅酸钠和部分硅酸锂的混合物为黏结剂，以锌粉和少量红丹混合物为颜料。涂膜能自行固化，耐蚀性稍次于水溶性后固化无机富锌底漆。缺点是干燥速度慢，厚涂层的底层干燥不彻底，因而涂面漆时，易产生皱纹或裂纹。

溶剂型醇溶性自固化富锌底漆以预先部分水解缩聚的正硅酸乙酯为黏结剂，配合锌粉涂覆于金属表面后，正硅酸乙酯进一步水解缩聚，并与锌和铁反应成膜。此底漆的特点是不受湿度的影响，干燥迅速，是应用最广泛的一个品种。该底漆为三组分包装，使用前按比例混合。此类漆中含有大量的乙醇溶剂，使用时应注意安全，施工地应保持足够的湿度以保证充分固化。

（2）有机富锌底漆。有机富锌底漆是以高分子化合物为黏结剂，锌粉为颜料，配合溶剂和助剂组成。与无机富锌底漆相比，有机型力学性能好、容易施工且能厚涂、与面漆的配套性好，但防腐蚀性、导电性、耐热性及耐溶剂性不如无机型。其中聚酰胺固化环氧富锌底漆是有机富锌底漆中应用最广的品种,分三个组分包装,使用前按比例配合。环氧酯富锌底漆为双组分包装,主要用作水利设施钢结构、洗车底盘等打底用,与耐候性良好的醇酸外用磁漆配套。氯化橡胶富锌底漆为双组分包装,现用现配,适宜海洋地区钢结构大面积涂装,干燥迅速,耐候性好。

3. 锈面涂料

锈面涂料是指允许在未充分除锈清理的钢铁表面上涂刷的底漆,主要作用是把活性的锈"惰性化",使其呈稳定状态,并能很好地附着在钢铁表面上,起到一般的防锈底漆作用。

对于一些大型工程如桥梁、船舶、海洋采油设施、石油化工装备等,从钢材到加工成组装件的周期很长,生锈是不可避免的,即使采用预涂底漆,在加工作业、运输及存放过程中,漆膜也会被损坏并重新生锈,在现场进行表面处理是十分困难的。另外,更多情况是大量的已建工程日久腐蚀,在维修和重新涂装过程中,锈迹不可能全部清除。锈面涂料就是为适应这种情况而开发的。

国外锈面涂料的开发始于20世纪50年代,并于60年代得到应用,后来锈面涂料引进其他防腐蚀技术,推出许多新的品种。

我国于20世纪60年代初期开始研究锈面涂料,当时称为带锈涂料或带锈漆,在技术和性能上属于中低档水平。近年来随着涂料工业的技术进步和市场需要,对锈面涂料在理论上有了较为系统的研究,开发出了一些新品种,应用领域不断扩大。

为了适应不同锈面而配制的锈面涂料多达上百种,通常人们依据锈面涂料对锈层的作用方式大致可分为三种类型,即渗透型、转化型和稳定型。

(1)渗透型锈面涂料,又称为浸渍型锈面涂料,由含油树脂或熟油、防锈颜料等组成。主要作用原理依靠漆料的渗透作用将锈润湿、分隔、包围,同时具有防锈漆的化学保护作用。如干性油类涂料能够渗透入锈层中将锈包封,阻隔水和氧的透入而防蚀。

渗透型锈面涂料用于锈面上,锈面要经手工除锈。若锈面残留可溶性盐,则应用压力水冲洗,水中应含有螯合剂。一般认为最好的渗透型锈面涂料为环氧酮亚胺体系。

(2)转化型锈面涂料,又称为反应型锈面涂料,是用能与铁锈发生反应的化合物把铁锈转化成无害的或具有一定保护作用的络合物或螯合物,由成膜物质予以固定而形成保护涂层。如果其中不含成膜物质,就称其为表面处理剂或锈蚀转化剂。

转化型锈面涂料适用于锈层均匀、无氧化皮及片状厚锈的钢铁表面,转化速度较快,应及时涂上防锈漆或面漆。锈的厚度及其均匀性与转化液之间的数量关系对表面转化质量的影响很大。锈蚀严重处可能转化得不彻底,使表面仍有残锈,而腐蚀较薄处由于酸性的转化液太多,反应会加重腐蚀,因此转化型锈面漆在锈状况差别较大的钢结构表面上效果并不理想,转化型涂料的应用并不是很多。

(3)稳定型锈面涂料,成膜后通过缓慢水解活性颜料与新生的及不稳定的锈相互作用,将铁锈转化成稳定的 Fe_3O_4 或类似于 Fe_3O_4 的化合物,从而达到防锈的目的。作用机理目前仍在探究中。

稳定型锈面涂料一般用在耐蚀性要求不高的场合,金属表面的锈层厚度为 $10 \sim 20 \mu m$,氧化皮、片锈和油污应除去,与抗渗性好的磁漆配套使用。

4. 车间底漆

车间底漆又称预涂底漆和保养底漆，在工厂车间使用，是应某些大型装备制造业的防腐蚀涂装工艺要求而开发的，如造船厂、管道厂及机械厂等。

车间底漆在防锈机理和性能方面与已介绍的防锈漆相似，只是为适应工厂化涂装和后来的机械加工，有一些特殊要求：①在未涂装面漆前应该有 3～6 个月的户外防锈以适应机械和安装周期；②干燥速度能满足工厂作业线的要求；③在焊接时，焊缝的机械强度不能因涂料的原因而下降；④耐热性好，在焊接、切割及热加工时，受损面积小，蔓延长度为 10～15mm；⑤与面漆配套性好；⑥在焊接和切割时，生成的有害气体（如氧化锌雾）浓度在允许范围内；⑦耐电位性符合焊接要求。

目前常用的车间底漆为富锌底漆和磷化底漆。车间底漆的性能比较见表 5-3-12。

表 5-3-12　　　　　　　　　　车 间 底 漆 性 能 比 较

底漆名称	无机富锌底漆	环氧富锌底漆	环氧铁红富锌底漆	长曝型磷化底漆
主要成分	锌粉、正硅酸乙醚缩合物	锌粉、环氧树脂、聚酰胺	铁红、铬酸锌、环氧树脂，聚酰胺	碱性锌黄、聚乙烯醇缩丁醛、酚醛树脂
户外防锈/月	6～9	6～9	3～6	3～4
干燥速度	快	中	中	中
焊接性	优	优至良	良	优
焊割气雾	氧化锌雾	氧化锌雾	小	小
耐电位性	优	优	良	差
耐溶剂性	优	良	良	一般

七、常用的防腐蚀涂料

(一) 环氧树脂类防腐蚀涂料

1. 简介

以环氧树脂为主要成膜物的涂料称为环氧涂料。世界上每年约有 40% 以上的环氧树脂用于制造环氧涂料，其中大部分用于防腐领域。环氧涂料是目前世界上应用最广泛、最重要的防腐蚀涂料。

环氧树脂是热塑性树脂，要制成涂料必须先与固化剂或植物油脂肪酸进行反应，交联成网状结构的大分子，才能显示出各种优良性能。其优点是耐化学品性能优良，附着力强，漆膜保色性好，性质稳定，耐热性和绝缘性好。因此环氧树脂广泛应用于化学工业、造船业、汽车工业、轻工产品、电气工业、航空工业等。

环氧树脂是热塑性树脂，本身具有的官能团一般不会相互发生化学反应，即不会发生分子间的交联反应而形成体型结构，因此在单纯的加热条件下，环氧树脂不会固化。只有借助于外加的固化剂，才能与树脂中的可反应官能团反应，使环氧树脂的分子间接或直接地连接起来，逐步形成体型结构。

涂料一般要配制成具有一定黏度的溶液以便于施工及控制涂料膜的厚度，从而形成高质量的涂膜，因此环氧树脂必须溶解于合适的溶剂中。酮、醇、醚和酯类溶剂是环氧树脂的优良溶剂，二甲苯和醇类主要作为稀释剂使用。制备涂料时，一般使用混合溶剂，主要由二甲苯和一定的极性溶剂（酮、醇醚和酯类）混合使用。

2. 环氧树脂涂料的品种和分类

目前世界上环氧固化剂约有 300 余种，常用的主要有 40 多种。按固化剂的结构可分为胺类、胺加成物、聚酰胺、酸酐类、异氰酸酯化合物、聚硫化合物及树脂化合物等。

环氧树脂涂料的品种很多，主要分类如图 5-3-2 所示。

图 5-3-2 环氧树脂涂料的分类

环氧树脂是指在分子上含有两个以上环氧基（—CH—CH₂）的高分子化合物。适宜

$$\text{—CH—CH}_2 \atop \text{O}$$

制造防腐蚀涂料的环氧树脂有三类：双酚 A 型（E 型）、酚醛环氧树脂型（F 型）和双酚 F 型。其中最主要的品种是双酚 A 型（E 型），用量占环氧树脂总量的 90%。

双酚 A 型环氧树脂由双酚 A（二酚基丙烷）和环氧氯丙烷缩合而得。由于分子结构中含有醚键（—C—O—C—）、甲基（—CH₃）、羟基（—OH）和芳烃结构，故涂膜具有良好的耐化学性、韧性和黏结性，以及良好的耐高温性和刚性。由于生产树脂所用的原料配比不同，可以生产不同相对分子质量和不同形态的环氧树脂，但环氧树脂分子两端均含有环氧基。它是环氧树脂进行化学反应的一个主要官能团，另一个官能团是羟基。

酚醛环氧树脂由苯酚或邻甲酚甲醛缩合物与环氧氯丙烷反应制成，又称为苯酚甲醛环氧树脂或甲酚甲醛环氧树脂。酚醛环氧树脂的分子上含有多个环氧基，成膜时交联密度大，结构较为紧密，具有良好的耐温性和耐化学介质性能，因为涂膜硬度太高，脆性大，适宜制造粉末涂料。

双酚 F 型环氧树脂以双酚 F 与环氧氯丙烷为原料制得。因分子上的芳环用—CH₂—连接，链节内旋转较容易，所以黏度低，无结晶性，适宜与其他环氧树脂配合制造高固体和无溶剂防腐蚀涂料。

3. 环氧树脂类防腐蚀涂料的特点

（1）优异的附着力和耐蚀性。由于环氧树脂分子中含有醚键（—C—O—C—）羟基（—OH）和苯环，分子结构较为紧密，从而决定了环氧涂料具有突出的附着力和优良的耐蚀性，但由于苯环和醚键易受日光照射等影响而破坏，故涂层耐候性较差，不适合作表面涂层。

（2）应用范围最广泛。在防腐蚀涂料中，环氧涂料是应用最广泛的品种，有上百个品种，性能各异，可以满足不同条件及要求的环境介质中的防腐蚀保护，从传统的交通工业（汽车、火车和船舶）到现代的海洋工程，从陆地上的桥梁到建筑设施到地下管路工程，从大到数千立方米的储槽、数千千米长的管道至小到食品罐头等的广泛领域中，环氧涂料都发挥着重要的作用。

（3）能满足当今涂料工业发展的要求。随着现代工业的发展，对环保提出了越来越严格的要求，从这一要求出发，粉末涂料、高固体分涂料、水性涂料和无溶剂涂料成了当今涂料的发展方向。由于环氧涂料的配方具有多样化的特点，在高固体分、水性化和无溶剂化的开发研制方面已经走到了其他涂料的前面，并且取得了较大的进展，其中不少品种已经获得了成功的应用。

（二）聚氨酯防腐蚀涂料

聚氨酯树脂又称聚氨基甲酸酯树脂，在树脂的分子结构中含有相当数量（$\geqslant 10\%$）的氨酯键（—HNCOO—）。此外，还含有许多酯键、醚键、脲键、脲基、甲酸酯键、三聚异氰酸酯键或不饱和双键等。

聚氨酯涂料具有极为优良的涂料性能，属于高级涂料。

1. 聚氨酯防腐涂料的品种

目前已生产的聚氨酯涂料品种很多，因为异氰酸酯有高度反应性，选用不同品种的异氰酸酯与不同的聚酯、聚醚或其他树脂配用，可制出多种聚氨酯涂料，如单罐装聚氨酯油、双组分聚氨酯漆、封闭型聚氨酯漆、聚氨酯弹性体等。常用的聚氨酯涂料有以下几种。

（1）TDI（甲苯二异氰酸酯）加成物：价廉，最常用，性质全面，但易泛黄，耐候性差，一般供室内使用。

（2）TDI/HDI（六亚甲基二异氰酸酯）三聚体型：干燥快；使用寿命短，泛黄和耐候性较好。

（3）HDI缩二脲：不泛黄，保光好，适用于室外和轿车、飞机外壳的高级涂料，但成本较高。

2. 聚氨酯防腐涂料的分类

按膜的组成与固化机理，聚氨酯涂料可以分为以下五大类：

（1）氧固化型聚氨酯改性油涂料，又称为氧固化型氨酯油，为单组分涂料。漆膜干燥速度比一般醇酸涂料快，漆膜的硬度高，耐磨性好，抗水及力学性能较好，可作为一般的防腐蚀涂料。

（2）潮气固化型聚氨酯涂料，使用方便，性能较好，耐蚀性好，但漆膜固化速度与空气中的水分（湿度）及周围环境的湿度有关。

（3）封闭型聚氨酯涂料，又称为单组分热固性聚氨酯涂料。漆膜的电绝缘性能好，介电性能优良，耐油、耐溶剂性及耐化学腐蚀性能好，吸水性低，附着力强，主要用作漆包线漆。

（4）催化固化型聚氨酯涂料，为双组分涂料。漆膜的固化速度较快，不受潮气和湿度变化的影响，耐化学腐蚀性好，附着力强，耐磨性和光泽度较好。

（5）双组分羟基固化聚氨酯涂料，是各类聚氨酯涂料中品种最多、产量最大，用途最广的涂料品种。

聚氨酯涂料的类别、特性及主要用途见表 5 - 3 - 13。

表 5 - 3 - 13　　　　　　　　　聚氨酯涂料的类别、特性及主要用途

类　别		固化方法	游离 —NCO（%）	干燥时间 /h	耐化学 腐蚀性	施工期	主　要　用　途
单组分	氧固化型 氨酯油	氧化聚合	0	0.4～4.0	尚好	长	室内装饰用漆，船舶和工业防腐用维修漆、木器漆及地板漆
	潮气固化型	与空气中水分发生交联	<15	0.2～8	良至优	约 1 天	木材、钢材、塑料，水泥墙面的防腐涂装
	封闭型	加热	0	0.5(150℃)	优	长	电绝缘漆及卷材涂装
双组分	催化固化型	催化剂作用下与水发生交联	5～10	0.1～2	良至优	数小时	防腐蚀涂料，耐磨涂料，皮革、橡胶用涂料
	羟基固化型	与羟基发生交联反应	6～12	2～8	优	约 8h	各种装饰性涂料和防腐蚀涂料

3. 聚氨酯防腐涂料的特点

（1）具有高度的机械耐磨性和韧性，与其他涂料相比，在相同硬度条件下，聚氨酯涂膜的断裂伸长率最高，所以广泛用于地板漆和甲板漆。

（2）兼具保护性和装饰性，可用于高级本器、钢琴、大型客机的涂装。

（3）对多种物面（金属、混凝土、木材、橡胶、某些塑料等）都有优良的附着力。

（4）具有优良的耐化学品性，耐酸、碱、盐液及石油产品，可用作钻井平台、船舶、化工厂防护涂料，以及石油储罐的内壁衬里等。

（5）适应性强，可烘干或自干，温度低 0℃ 也能正常固化，因此特别适合于大型工程的现场施工，效果优于普通烘烤漆。

（6）可与多种树脂配合制漆，可根据不同要求制成许多品种，并在很宽的幅度内调节涂料的性能。

（7）可制成溶剂型、液态无溶剂型、粉末、水性、单组分、双组分等多种形态，满足不同的需要。

因此，聚氨酯在国防、基建、化工、车辆、飞机、木器、电气绝缘等各方面都得到了广泛的应用，新品种不断涌现，极有发展前景。

4. 聚氨酯防腐涂料的不足之处

（1）价格较高，目前大多用于对性能要求较高的场合。

（2）有些产品中含有相当多的游离异氰酸酯单体，对人体有害。

（3）遇水或潮气会胶凝，须密闭保存。

（4）施工操作要求严格，易出现层间剥离，起小泡等弊病。

（三）含氯聚合物防腐蚀涂料

采用含有大量氯原子的聚合物作为主要成膜物质所制得的防腐蚀涂料统称为含氯聚合物防腐蚀涂料。含氯聚合物中的氯质量分数一般为 $40\%\sim65\%$。对于多数含氯聚合物防腐蚀涂料来说，涂装后可依靠有机溶剂的挥发而形成涂膜，在固化过程中不发生化学反应，聚合物大分子仍保持线型结构。但也有一些含氯防腐蚀涂料在成膜过程中，聚合物大分子可发生化学交联反应而形成体型结构。前者称为非转化型涂料（挥发性涂料），后者称为转化型涂料。

由于含氯聚合物分子结构中含有极性较大的 C—Cl 键，使分子链间的作用加强，所以含氯聚合物防腐蚀涂料具有如下特点：

（1）具有优良的阻燃自熄性和防霉性。

（2）耐水、耐盐、耐酸、耐碱性能良好。

（3）涂膜不耐高温，受热易析出氯化氢气体而降解，性能变差，使用温度一般在 70℃ 以下。

（4）挥发型含氯聚合物涂料干燥迅速，能在低温下成膜，施工不受季节、气候的影响，但涂膜不耐溶剂。

根据含氯高分子成膜物质的不同，含氯聚合物涂料主要有以下几种。

1. 乙烯类含氯防腐蚀涂料

乙烯类含氯防腐蚀涂料主要包括过氯乙烯防腐蚀涂料、氯乙烯-醋酸乙烯共聚物树脂涂料、氯醚树脂涂料和高氯化聚乙烯防腐蚀涂料等。

（1）过氯乙烯防腐蚀涂料的主要成膜物质是过氯乙类烯树脂，该树脂是饱和结构，含有较多的 C—Cl 键，而且作为侧基的氯原子体积较小，故形成的涂膜较为致密。涂膜具有耐化学腐蚀性好，在 45℃ 以下能耐硫酸（<90%）、硝酸（<50%）、盐酸、碱及大多数盐类水溶液，耐水、海水、汽油、矿物油、润滑油、醇类及很多有机化会物，是挥发型涂料中"三防"性能较好的一种。另外，它又可防霉，可深覆于在湿热地区使用的机械表面；不易燃，可用作阻燃涂料；涂膜耐寒性好，低温下具有良好的力学性能；温度高于80℃会发生降解，长期使用温度不宜超过60℃；溶剂释放较迟缓，干燥速度较慢。

（2）氯乙烯-醋酸乙烯共聚物树脂涂料是以氯乙烯-醋酸乙烯共聚树脂为主要成膜物的涂料，又称为氯酯涂料。氯乙烯-醋酸乙烯共聚树脂，又称氯酯树脂，它既保留了聚氯乙烯优良的耐蚀性、不燃、坚韧耐磨性，又增加了分子键的柔性，改善了溶解性能及与其他树脂增塑剂的相容性。所采用的共聚物可分为二元氯醋共聚物与三元氯醋共聚物。

（3）氯醚树脂涂料是由氯乙烯基和异丁基醚两种单体共聚所得的共聚体。氯醚树脂与聚氯乙烯树脂相比，具有良好的内增塑性、优良的溶解性能、与其他树脂的良好混溶性、与各种基体的较好黏结性。

常用的乙烯类含氯防腐蚀涂料性能、用途与施工方法见表 5-3-14。

表 5-3-14　　　　　常用的乙烯类含氯防腐蚀涂料性能、用途与施工方法

名　称	型号	性　能　及　用　途	施　工　方　法
高氧化聚乙烯防腐蚀涂料		单组分、快干，具有一定的转锈、固锈性能，修补快及重涂性好，耐蚀性良好。主要用于化工设备、油田管道、海洋设施、船舶、桥梁等方面作为保护涂料	喷涂，刷涂均可。被涂物面应干燥、清洁，涂漆间隔为 2～4h，稀释剂可用二甲苯或二甲苯/200 号溶剂油混合溶剂
各色过氯乙烯防腐漆	G52-31	具有优良的耐蚀性和耐潮性。用于各种化工机械、管道、设备、建筑等金属或木材表面上，可防止酸、碱及化学药品的腐蚀	喷涂、刷涂均可。被涂物面应干燥、清洁，涂漆间隔为 2～4h，用 X-3 过氯乙烯稀释剂调节黏度
MP 氯醚共聚树脂防腐涂料		具有优良的耐强酸、强碱、无机盐、水及耐老化等性能。适用于强腐蚀环境金属结构件的保护及户外长寿命重防腐领域，如各种化工机械、管道、设备以及水下船舶表面的防腐保护，对强腐蚀环境下的砖石及混凝土也有良好的保护效果	喷涂、刷涂均可，被涂物面需干燥，应清除表面浮锈、浮尘，稀释剂为二甲苯等溶剂

与氯醋树脂相比，氯醚树脂的溶解性能更好，不需要采用酮类等强溶剂，因为含有较多的异丁醚基团，所以涂膜的柔韧性好，溶解性也好。

氯醚树脂涂料具有优良的耐酸、碱、盐介质性能，以及优良的耐紫外线和持久性能；氯醚树脂与各种物质有良好的混溶性和溶解性，施工工艺简单，并能制成厚浆涂料；附着力好，可用于各种底材。氯醚树脂涂料的性能优于氯化橡胶及氯磺化聚乙烯涂料。

高氯化聚乙烯防腐蚀涂料是近年来才发展起来并获得成功应用的新型涂料，具有优良的耐化学腐蚀性、耐候性、绝缘性和高光泽性。与过氯乙烯防腐蚀涂料相比，在耐化学腐蚀性、耐寒性和阻燃性方面基本相同；在坚韧性、光稳定性和溶剂释放性方面，高氯化聚乙烯涂料稍差；但在附着力、柔韧性、溶解性和不挥发分含量等方面，则皆优于过氯乙烯涂料。

2. 含氯橡胶类防腐蚀涂料

含氯橡胶类防腐蚀涂料包括氯化橡胶涂料、氯磺化聚乙烯涂料和氯丁橡胶涂料三种。

(1) 氯化橡胶涂料是由天然橡胶与氯气经氯化反应制得的，是工业上很重要的一种橡胶衍生物，由其配制的涂料具有优良的耐蚀性。

氯化橡胶防腐蚀涂料是一种挥发性单组分涂料，具有涂膜耐久和快干，不受施工温度条件的限制，无毒且无层间附着问题的特点。由于能耐海水的侵蚀，涂膜坚硬，故大量应用于船舶工业。由氯化橡胶配制的清漆也具有良好的防水、防潮、快干、耐蚀、耐候及装饰性能，故可作为木质或金属物件上的罩面用漆。另外，还可用作墙面涂料及特种涂料，如路标涂料、防污涂料及防火涂料等。

(2) 氯磺化聚乙烯涂料是由聚乙烯与氯及二氧化硫反应而成的聚合物。氯磺化聚乙烯既有 C—Cl 键，又带有活性很强的—SO_2Cl 基团，具有一定的弹性，是一种可交联的弹性材料，又称为氯磺化聚乙烯橡胶。由氯磺化聚乙烯树脂配制的防腐蚀涂料的特点是：①氯磺化聚乙烯分子中含有氯原子，故可增强涂膜的抗油性、耐燃性、耐溶剂性并提高力学性能；②氯磺化聚乙烯含有活性基团—SO_2Cl，易与金属氧化物等发生反应得到交联结构的涂膜，故涂膜的附着力好；③氯磺化聚乙烯大分子的主链是聚乙烯结构，不含双键，因而

涂膜的耐候性、抗臭氧、扰老化及耐化学腐蚀性能（尤其耐氧化剂的性能）远优于含双键的不饱和橡胶，但它不耐热氧老化，受热会脱出 HCl，耐热温度为 120℃；④涂膜延伸性好、低温韧性好、耐蚀性好、透气性和透湿性低于其他大部分弹性体，使用温度可低达－40℃。此外，涂膜还有良好的抗水、防潮及抗霉菌性能；⑤由于使用芳香族溶剂，毒性较大。

（3）氯丁橡胶涂料具有良好的耐水、耐晒、耐磨、耐酸、耐碱及耐化学腐蚀性能，耐温范围为－40～90℃。氯丁橡胶涂料的缺点是易变色、对金属的附着力较差、常需在另一种涂料打底后才能涂覆在上层。

常用含氯橡胶类防腐蚀涂料性能、用途与施工方法见表 5-3-15。

表 5-3-15　　　　　常用含氯橡胶类防腐蚀涂料性能、用途与施工方法

名　称	型号	性能及用途	施工方法
氯化橡胶防腐蚀涂料		漆膜干燥快，光泽好，附着力强。耐磨、耐海水、防锈性能优良。适用于船舶水线以上建筑及化工管道、储罐、设备外壁等的防腐保护	可刷涂或高压无空气喷涂。清除物面锈迹、灰尘、油污等。两道涂漆时间间隔 2h。不宜在高温，高湿及通风不良的环境下进行施工。以二甲苯等普通溶剂为稀释剂
氯磺化聚乙烯防腐蚀涂料	J52-1-4 J52-81 J52-61 J52-90	具有优异的耐老化性、耐酸碱性、耐盐性、耐油性。主要用于化工建筑、设备、管线、水泥面、贮槽、防水设施等物面的防腐保护	为双组分，临用前按比例混匀，可喷、刷涂。应对被涂物面进行清洁处理
氯丁橡胶可剥漆	J64-31	具有优异的耐碱性和优良的耐酸性能，漆膜坚韧。用于铝合金的临时保护涂层	以刷涂为主，临用前需搅拌均匀。用甲苯或二甲苯调节黏度，漆膜厚度应保持在 0.15～0.25mm 范围内

（四）酚醛树脂防腐蚀涂料

酚醛树脂防腐蚀涂料已有多年的应用历史，具有良好的耐酸性、耐水性和抗渗透性。由于未改性的酚醛树脂涂料对金属的附着力不好、没有柔韧性、不耐碱性介质的侵蚀，虽然耐温性较好，但不耐温变，需要烘烤，并且烘烤条件复杂，所以在重要工程和设备上不单独使用，而通常使用其改性品种。

1. 分类

酚醛树脂一般分为醇溶性酚醛树脂、油溶性酚醛树脂和改性酚醛树脂三种类型。

（1）醇溶性酚醛树脂能溶于乙醇，分为热塑性和热固性两种。其中热塑性酚醛树脂一般不用于涂料生产，热固性酚醛树脂可与其他树脂进行化学改性，制成多种用途的防腐蚀涂料，可耐强酸性介质的腐蚀。

（2）油溶性酚醛树脂分子结构中含有油溶基团，所以易与油或油基树脂相容，也称纯酚醛树脂。此类树脂分油反应性和非反应性，油反应性可以制作油改性酚醛树脂涂料，涂膜干燥快，力学性能良好，对水和酸性介质有一定的抵抗力，也能作为一般的装饰用涂料。

（3）改性酚醛树脂是指用其他树脂改性的酚醛树脂，如松香改性酚醛树脂是比较常用的硬树脂之一。产量很大的油改性酚醛树脂用于防锈底漆和耐酸漆。用其他树脂改性的酚

醛树脂，有时也归类于其他树脂改性类型中，如环氧酚醛涂料归类于环氧类涂料中。

2. 特点

（1）油基酚醛耐酸涂料可在室温下耐低浓度的硫酸、磷酸及酸性盐的腐蚀，力学性能较好；可自干，也可烘干，耐水性优于醇酸涂料，不耐氧化性酸和碱的侵蚀，耐晒性较差。

（2）酚醛环氧酯烘干防腐蚀涂料是以丁醇醚化的纯酚醛树脂为基料的烘干型防腐蚀涂料，以环氧酯改性，酚醛树脂的脆性、附着力和耐温变性均有改进，耐酸、碱及农药性能良好。酚醛环氧酯烘干防腐蚀涂料适宜作为有烘干条件的化工设备、化工管道及农药机械、容器内壁的防腐蚀涂装。

（3）热固性酚醛防腐蚀涂料以醇溶性热固化酚醛树脂为成膜物，用酸或酸性盐催化干燥，或加热烘干。涂膜的耐强酸、强碱和腐蚀介质性能较好，但施工工艺比较烦琐，应用受到限制。

（五）有机氟树脂防腐蚀涂料

氟原子具有最高的电负性和除氢原子外最小的原子半径，因此氟聚合物具有极高的稳定性。氟聚合物中，首先是氟原子取代了氢原子，包围在碳链外形成紧密的保护层，使碳链不易受外界的侵蚀，并使整个分子链较为僵硬，呈螺旋形；其次是存在大量高键能的 C—F 键。这就是氟聚合物具有热稳定性和化学惰性的主要原因。有机氟聚合物具有自润滑性、低摩擦性、不黏性、憎油憎水性、优异的耐化学腐蚀性、介电性和耐候性等优点。但也存在加工性能差、熔融温度高和与一般溶剂不溶等缺点，从而限制其应用。

有机氟涂料是以氟聚合物为成膜物，再添加颜料和各种填充料制成的一类涂料，有机氟涂料品种不多，应用并不广泛，但其优异的性能已引起人们的关注，近年来也出现了一些以有机氟改性的涂料品种。有机氟涂料的成本高，涂层施工不便，这也是有机氟涂料推广应用困难的主要原因。

第四节　防腐蚀涂层系统及其设计

一、防腐蚀涂层系统

（一）防腐蚀涂层系统的组成及作用

防腐蚀涂层系统一般是由底漆、中间层和面漆组成的一个整体系统。

1. 底漆

底漆是整个涂层系统中极为重要的基础，对涂层的防腐蚀性能起决定性的作用。底漆具有如下特点：

（1）对底材有良好的附着力。

（2）具有良好的屏蔽性和缓蚀性能，能够阻挡水、氧和离子等。

（3）底漆的黏度较低，对物体表面有良好的润湿性，干燥较慢，具有良好的渗透性。

（4）底漆的收缩率低，厚度不宜太高。

2. 中间层

中间层是底漆和面漆的过渡层，起到联系的纽带作用。中间层的主要作用如下：

（1）与底漆和面漆的附着力良好，能有力地连接底漆和面漆，从而使整个涂层成为一个紧密的机体。

（2）增加涂层的厚度，以提高涂层的屏蔽性能。

（3）提供平整的表面，保持美观，缓冲阻尼冲击。

3. 面漆

面漆主要提供鲜艳光亮的外观。面漆的主要作用如下：

（1）抗紫外线。

（2）装饰美观，作为标志等。

（3）耐化学介质。

（二）涂层的防腐蚀保护原理

涂层对基体的防护作用主要体现在以下几个方面：

1. 屏蔽作用

优良的防腐蚀涂料可以阻止或抑制水、氧和其他离子透过涂膜。使腐蚀介质与金属（或其他底材）隔离，从而防止形成腐蚀电池或抑制其活动。

2. 涂膜的电阻效应

涂膜的电绝缘性可以抑制溶液中阳极金属离子的溶出和阴极的放电现象。性能良好的防腐蚀涂层的电导率低，并且在溶液中能较长时间保持稳定。

3. 颜料的缓蚀作用和钝化作用

颜料可以降低涂膜的吸水性和透过性能，延缓腐蚀的速度，并且可以钝化底材金属。

4. 阴极保护作用

防腐蚀涂料中含有的金属粉末在腐蚀过程中作为阳极被腐蚀，基体金属作为阴极得到了保护，如富锌底漆就是典型例子。

二、防腐蚀涂层的设计

（一）涂层使用寿命的设定

1. 腐蚀程度和腐蚀介质

涂层的使用寿命受使用环境条件的影响很大，对涂层的设计必须充分考虑使用环境的腐蚀程度和腐蚀介质，因此对其分类就显得很重要。我国的国家标准《大气环境腐蚀性分类》（GB/T 15957）就对普通碳钢在不同的大气环境下的腐蚀类型及其相对湿度、空气中腐蚀性物质含量的对应关系做了规定，同时也是裸露碳钢在不同大气环境下腐蚀的等级划分，可作为在乡村大气、城市大气、工业大气（包括化工大气）和海洋环境下碳钢结构防腐蚀涂层设计的依据。表 5-4-1 和表 5-4-2 分别列出了大气环境腐蚀的分类和腐蚀性气体的分类。

表 5-4-1 不同大气环境下的腐蚀类型、腐蚀速率和腐蚀环境

腐蚀类型		腐蚀速率 /(mm/a)	腐 蚀 环 境		
等级	名称		腐蚀气体类型	相对湿度（年平均）/%	大气环境
Ⅰ	无腐蚀	<0.001	A	<60	乡村大气
Ⅱ	弱腐蚀	0.001~0.025	A	60~75	乡村大气
			B	<60	城市大气
Ⅲ	轻腐蚀	0.025~0.050	A	>75	乡村大气
			B	60~75	城市大气
			C	<60	工业大气
Ⅳ	中腐蚀	0.050~0.20	B	>75	城市大气
			C	60~75	工业大气
			D	<60	海洋大气
Ⅴ	较强腐蚀	0.20~1.00	C	>75	工业大气
			D	60~75	
Ⅵ	强腐蚀	1~5	D	>75	工业大气

注 1. 在特殊场合与额外腐蚀负荷的作用下，应将腐蚀类型提高等级。
　　2. 机械负荷：风沙大的地区，因风携带颗粒（砂子等）使钢结构发生腐蚀的情况；或钢结构上用于（工或车辆）通行或有机械重负载并定期移动的表面。
　　3. 经常有吸潮性物质沉积于钢结构表面的情况。

表 5-4-2 不同大气环境中的腐蚀性气体类别及其含量

大气环境气体类别	腐蚀性气体名称	腐蚀物质含量 /(mg/m³)	大气环境气体类别	腐蚀性气体名称	腐蚀物质含量 /(mg/m³)
A	二氧化碳	<2000	C	二氧化硫	10~200
	二氧化硫	<0.5		氟化氢	5~10
	氟化氢	<0.05		硫化氢	5~100
	硫化氢	<0.01		氮氧化物	5~25
	氮氧化物	<0.1		氯	1~5
	氯	<0.1		氯化氢	5~10
	氯化氢	<0.05			
B	二氧化碳	>2000	D	二氧化硫	200~1000
	二氧化硫	0.5~10		氟化氢	10~100
	氟化氢	0.05~5		硫化氢	>100
	硫化氢	0.01~5		氮氧化物	25~100
	氮氧化物	0.1~5		氯	5~10
	氯	0.1~1		氯化氢	10~100
	氯化氢	0.05~5			

注 当大气中同时有多种腐蚀性气体时，腐蚀级别以最高的一种或几种为基准。

2. 防腐蚀涂层使用寿命的设定

涂层的使用寿命也称涂层的有效保护期限，一般是指使用到失去保护作用的期限，涂层的目标使用寿命主要根据涂装对象的工程造价、涂装工程量、使用期限、折旧期限、维修费用及剩余价值的比例来设计，要做科学的经济性评估。

对于大型结构或装置，因其造价高，更新换代的资产损失和对生产的影响大，要求涂层的使用寿命长，并允许多次维修及重涂。对于小型设施或易损耗的设备，一般按一次性

使用设定涂层的使用寿命。

根据涂装对象的使用寿命、价值、维修难易，一般把在大气中使用涂层的使用寿命分为4挡：短期，5年以下；中期，5～10年；长期，10～20年；超长期，20年以上。

（二）涂料品种的选择

在涂层设计中，涂料的选择是最基础的工作。选择涂料主要根据涂装对象的腐蚀条件和设定的使用寿命来进行。

1．环境条件

涂装对象在不同的环境下接触的化学介质、温度、湿度光照和机械应力各不同，腐蚀行为的发生和控制也有所不同，因此应根据涂料的特性选择与工程要求配套的涂料品种。

（1）一般大气环境可按不同腐蚀等级选用外用耐久性好的品种，如醇酸、乙烯类、丙烯酸酯、环氧酯和脂肪族聚氨酯等；根据涂层的使用寿命，选用一般的防锈底漆。

（2）海洋环境可选用防渗透性和耐盐性好的氯乙烯类、氯化橡胶以及脂肪族聚氨酯等涂料品种，底漆则应选用防锈性能优良的铅系或重铬酸盐类防锈漆或环氧富锌底漆和无机富锌底漆。

（3）高温环境下可选用耐温性好的有机硅及其改性树脂类涂料。

（4）地下的管道、钢结构和混凝土建筑物可选用抗渗透性和耐蚀性优良但成本较低的沥青类涂料，如煤焦沥青、石油沥青、环氧沥青及聚氨酯沥青等涂料品种。

2．底材条件

（1）金属底材。涂层在不同的金属底材上的附着力是有所差异的。对一般钢铁类黑色金属，环氧酯、聚氨酯、醇酯树脂和油性树脂类涂料都有良好的附力，而乙烯类和硝基类涂料的附着力较差。对于铝、锌等有色金属，不宜采用系防锈底漆，以免加速腐蚀，而应使用铬酸盐系或铁红底漆。硝基、乙烯类和一些聚氨酯类涂料品种在铝材表面上的附着力不理想。表5-4-3列出了不同金属底材适用的底漆品种。

表 5-4-3　　　　　　　不同金属底材适用的底漆品种

金属种类	可选的底漆品种
黑色金属（钢、铁、铸铁）	富锌底漆、磷化底漆、铁红醇酸、铁红酚醛、铁红环氧、红丹酚醛、丹醇酸、锌黄环氧、硼钡酚醛、过氯乙烯底漆
铝及铝镁合金	锌黄环氧、锌黄醇酸、锌黄油性漆、磷化底漆
锌	锌黄环氧、锌黄纯酚醛、磷化底漆
镉	锌黄环氧、锌粉环氧底漆
铜及其合金	铁红氨基、铁红醇酸、磷化底漆
铅	铁红醇酸底漆
锡	铁红环氧、铁红醇酸底漆

（2）混凝土底材。混凝土为碱性材料，pH值为12～13，为多孔结构，干燥状态的孔隙率（体积）高达25％。混凝土表面容易"泛碱"，引起涂层起泡、脱落，另外，混凝土表层易发生龟裂，可引起涂层产生裂纹。因此选择混凝土防腐蚀涂料应注意如下三个方面：①涂料的渗透性，为了使涂料最大限度地渗透到混凝土孔隙中，发挥封闭和"铆固"

作用，应选用低黏度、固化后黏结强度高涂料，如无溶剂环氧树脂涂料、低分子量改性的乙烯基树脂涂料和氯化橡胶涂层等；②涂膜的耐碱性能，应选用耐碱性良好的涂膜，以适应碱性的混凝土表；③柔韧性和延展性，柔韧性和延展性好的涂膜能够适应混凝土的膨胀和收缩，能在混凝土出现细微裂纹时予以补偿。

3. 施工条件

施工条件是指涂装工程属性（大小、规模等）、表面处施涂方法、施涂温度和干燥方式等。涂料选择时，应根据施工条件来确定所选的涂料能否满足实际要求，这是涂料品种选择的重要因素之一。

（三）涂层系统的设计

通常单一涂层无法满足实际的需要，因此表面涂层总是由多种涂层配套形成的一个涂层系统。防腐蚀涂层一般由底漆、中间漆和面漆组成，个别场合还需配以清漆。涂层系统的配套性是涂层设计的关键因素之一，决定了涂层的耐蚀性和使用寿命。

1. 底漆

中间漆和面漆的配套一般采用不同类型的涂料来构成涂层的配套系统，即根据不同涂料的性能特点确定底、中、面漆，从而发挥各自的特长。如采用附着力好的涂料作底漆，采用防腐蚀性能好的涂料作为面漆，抗渗性和饱和度高的涂料作为中间涂层，从而形成性能良好的防腐蚀涂层。

2. 涂层的厚度

涂层的厚度与涂层的耐蚀性有直接关系，可以说涂层的厚度是决定涂层耐蚀性和使用寿命的重要指标。对同一涂层系统而言，涂层越厚，则其防腐蚀性能越好。对限定涂层厚度的涂装，则应选择防腐蚀性能好的涂料来组成涂层系统。对于不同的涂料类型，相同使用寿命所要求的涂层的最低厚度是不同的，有时差别很大，在涂层设计时应综合考虑。

3. 涂装的道数

目前在防腐蚀工程上采用的涂层，不论厚薄，大多为多层涂装，而很少采用单涂的。多年的实践经验表明，同一厚度的涂层，多道涂装的耐蚀性及力学性能均优于单涂或较少道数涂装的。这是由于涂料在涂装过程中不可避免地会产生缩孔、漏涂、厚薄不均等弊病，而在多道涂装过程中，可以弥补这些缺陷。另外，如果一次涂刷太厚，涂层不易干透以及溶剂滞留，影响涂层的耐蚀性。

4. 漆膜的层间附着力

漆膜的良好层间附着力是保证涂层整体性能的关键。如果层间附着力不好，在使用过程中会发生层间剥落，涂层的总厚度减小，耐蚀性降低。漆膜层间附着力的影响因素主要有：漆膜间的静电引力、成膜物质分子结构上的极性基团、层间氢键、膜与膜的胶粘作用等。因此在涂层系统设计时除考虑涂料品种的选择外，还要制订适当的涂装工艺，以保证得到预期效果的涂层，如采用"湿碰湿"或下层未干透时涂装下一道涂膜。

5. 涂层的颜色

涂层的最终颜色一般按工程要求来设计，而对于非面层涂料，由于是多层涂装，为了避免漏涂，保证涂层厚度均匀，每层涂料的颜色可稍有差别。

第五节　涂装类型和涂装施工

一、涂装类型

（一）高级装饰性涂层

高级装饰性涂层的外观极漂亮、镜物清晰、光亮如镜、色泽鲜艳或表面光滑无比、涂层应无肉眼能见的缺陷（如划痕、皱纹、起泡和难看的橘皮等），漆膜坚硬。供户外使用时还应具备足够好的耐候性和耐潮湿性，这一涂层也称为一级涂层。

一级涂层一般由底漆、中间涂层和2～5道面漆配套组成，有时还采用抛光打蜡等工序来提高涂层的装饰性。

按一级涂层涂装的产品包括中高档轿车车身、钢琴、各种仪器仪表、计算机、高档自行车、高级木制家具、家用电器等。

（二）装饰性涂层

装饰性涂层又称二级涂层，装饰性、平滑度较一级涂层稍差，有细小的缺陷，但外观仍漂亮、色泽鲜艳，涂层的机械强度甚至优于一级涂层，供户外产品使用时也应具有优良的耐候性和耐潮湿性。

装饰性涂层一般是由1道底漆、2～3道面漆配套组成。按二级涂层涂装的产品包括载重汽车和拖拉机的驾驶室及覆盖件、自行车、机床、火车车厢、公共汽车等。

（三）保护装饰性涂层

保护装饰性涂层又称为三级涂层，这一涂层是以保护性为主，装饰性次之。涂层表面不应有皱纹、流痕、针孔和影响涂层保护性能的夹杂物、垃圾等。要求这种涂层具有较好的耐蚀性、耐潮湿性，户外使用也应具有较好的耐候性。

三级涂层一般是由一道底漆加1～2道面漆配套组成。特殊情况下，涂层的道数可根据涂料品种和涂层的使用条件增加。按三级涂层涂装的产品有工厂设备、集装箱、农业机械、管道、钢板屋顶、汽车和货车等。

（四）一般保护性涂层

一般保护性涂层主要供一般防腐蚀用，对装饰性无要求，一般涂1～2道漆，厚度在20～60μm范围内。这类涂层适于外观无要求、使用条件不十分苛刻的条件下使用，如室内或机内制品或部件的涂装。

（五）特种保护性涂层

特种保护性涂层对物件起特种保护作用，从广义上讲，绝缘、耐酸、耐碱、耐盐水、耐化学试剂、耐汽油、耐热、防污、防霉等涂层，以及水下、地下用的防腐蚀涂层均属于这一类。这一涂层的主要功能是保护底材，耐某种介质的侵蚀作用或隔绝作用。涂层的完整性是这一类的施工要点，为此一般都是多层涂装，如耐化学试剂涂层需涂底漆、面漆、清漆共10多道，总的涂层厚度达数百微米，又如输油管道涂装，为提高涂层的强度和厚度，边涂边包裹玻璃纤维布，再在玻璃布上涂几道漆。

二、涂装方法

涂装方法有几十种，如刷涂、喷涂、静电涂装、电泳涂装、粉末涂装等，而且随着工业发展的需要和更新，还在不断地发展新的涂装方法。

涂装方法一般根据涂料的物性、施工性能和被涂物的类型、大小、形状及涂装条件来选择。涂装方法选择恰当与否直接影响到涂装质量、涂装效率和涂装成本。

常用涂装方法的适用涂料和适用范围见表 5－5－1。

表 5－5－1　　　　　　　　　常用涂装方法的适用涂料和适用范围

涂装方法	方式	适用的涂料			特征	适用范围	作业效率	设备费用
		溶剂挥发	黏稠度	种类				
刷涂	使用刷子，手工	挥发慢的好	稀稠均可	调合漆、合成磁漆、其他水性漆	一般	一般都适用	小	小
刮涂	使用刮刀，手工	初期挥发慢的好	塑性流动大的涂料	各种腻子	一次能涂得较厚	比较平滑的表面	小	小
空气喷涂	用压缩空气雾化涂料喷射涂布	挥发快的好	触变性小的涂料	挥发性涂料，如硝基漆	膜厚涂得均匀，稀释剂用量大	一般都适用	大	中
高压无空气喷涂	给涂料加压，由特殊喷嘴喷射雾化	挥发稍慢较好			喷雾返弹少		大	中
高压无空气喷涂	涂料加热并靠泵加压喷射		触变性小、热时流动性好的涂料		能厚膜涂装，节约稀释剂	中型物体	大	中
热喷涂	用加热器将涂料加热后喷涂			挥发性涂料，如硝基漆、磁漆	能厚膜涂装，白化少	一般都适用	大	中
静电涂装	靠静电场使涂料雾化带电，并吸在被涂物上	挥发慢好	触变性小的涂料	磁漆	涂料损失少，突出、锐边等部位涂得较好	金属制品均可	大	大
电泳涂装	将被涂物放在水性涂料液中，通直流电涂装	无关系	无关系	水性涂料	节约涂料，涂覆均匀	汽车车身，电气产品和其他金属制品	大	大
浸涂	将被涂物浸入涂料液中	挥发稍慢的好	具有塑性流动的涂料	沥青涂料、磁漆	作业简单，有流痕	复杂型工件，小型物体	大	中
粉末涂装	靠静电涂布粉末涂料	无关系	加热时具有流动性	粉末涂料	不用稀释剂，能厚膜涂装，涂料损失少	金属网、其他金属制品	中	大

三、涂装施工

防腐蚀涂料的涂装分为涂装前表面处理、涂漆和干燥三个部分。

（一）涂装前表面处理

涂装前的底材表面处理是涂装的基础工作，包括清除表面杂质、污垢；改变表面状态，以保证涂装施工的顺利进行，并提高涂膜的附着力及相关性能；对金属表面进行化学转化，提高底材和涂层的附着力。

（二）涂底漆

涂漆是涂层施工过程中最重要的环节，直接影响涂层的外观质量和保护性能，根据涂装的要求，一般包括涂底漆、涂中间层、打磨，对装饰性要求高的场合还需再涂面漆。

1. 底漆应具备的性能

（1）涂底漆的目的和重要意义。

直接在被涂物表面涂布第一层涂料的工序称为涂底漆（俗称打底）。涂底漆的基本目的是在被涂物表面与随后的涂层之间创造良好的结合力。涂底漆应紧接着表面处理进行，两工序之间的间隙时间应尽可能短。正确地选用底漆及其施工工艺，对能否有效地防止金属件腐蚀和延长涂层的使用期具有极重要的作用。在选择底漆时必须考虑被涂物的材质特性和与中间涂层或面漆的配套性。如果考虑不周，可能促进底材的腐蚀或涂层的早期破坏。对黑色金属适用的底漆，可能完全不适用于有色金属制品；适用于金属件的底漆，可能完全不适用于塑料件制品打底。因此，作为一个涂装工作者在选择底漆时除考虑上述两方面外，还必须熟知各种底漆材料的特性及其适用范围。

（2）底漆配方应具备的性能。

底漆是直接涂布于被涂物上的涂料，在设并配方时就应考虑到它必须具备下列性能：

1）对底材应有很好的附着力，并应具有极好的机械强度。

2）底漆本身必须对底材具有良好的保护性（如对金属具有防腐蚀作用）和不起坏的副作用（如咬底作用和促进腐蚀作用等），应具有较好的耐潮湿性和耐化学腐蚀性。

3）必须能为随后的涂层创造良好的基底，即与中间涂层或面漆的配套性良好。不应含有能渗入上层涂层而引起漆膜弊病的物质，如底漆中不应含有易渗入上层涂层、易产生"渗色"的有机颜料或色素，又如沥青底漆中不应含有能阻碍油干燥的酚类物质。

4）底漆应具有良好的施工性能（涂布性和干燥性能）。随着工业现代化已进入流水生产，这一点显得越来越重要，要求能适应自动化的涂布工艺（如电泳涂装、浸涂等）。

因底漆一般不直接暴露在大气中，所以对耐候性要求不高，仅在底面合一（单层涂层）情况下需要考虑。

2. 金属用底漆的分类

根据底漆的防腐蚀功能不同，金属用底漆可分为五种类型。

（1）隔离型底漆。隔离型底漆由惰性颜料和在涂层使用环境中稳定的各种成膜物质制成。它仅起机械地隔离保护作用，对金属基底几乎不起化学作用，因此适用于各种金属。常用的各种铁红底漆和沥青底漆就属于这一类型。供水下和地下金属防腐蚀用的煤焦油沥青清漆和环氧煤焦油沥青清漆也属于这一类型。

（2）含碱性颜料的底漆。碱性颜料的作用有两个方面：①与油性基料或含羧基的成膜物质形成相应的皂类物质（或复杂的化合物），因而能提高涂层的耐水性；②碱性颜料能提高透过涂层水膜的 pH 值，因而起到阳极阻化作用。

含有红丹、碱式碳酸铅、碱式硫酸铅、锌白等的底漆就属于这一类型。在铁红底漆中添加适量的锌白，能显著地提高底漆的耐蚀性也是基于这一机理。

（3）钝化底漆。钝化底漆是最普及的含有钝化颜料的防腐蚀底漆，常用铬酸系颜料，含对黑色金属起钝化作用的过氧化铅的红丹也属于这一类型。

作为钝化颜料用得最广的是锌铬黄，它对黑色金属或有色金属都有很好的耐蚀性。因铬酸盐具有部分水溶性，所以能在金属表面形成钝化状态的氧化膜，而产生阳极的阻化作用。

（4）屏蔽底漆。在屏蔽底漆中添加比钢铁电极电位更低的粉末状金属颜料。其防护原理是阴极保护，在腐蚀介质中金属是阴极不被腐蚀，腐蚀集中在阳极金属粉末颜料。

为了达到有效的保护，应保证屏蔽底漆中所含的金属粉末间及它与金属基体间要有很好接触，且具有导电性。必须注意，铜粉和青铜粉的电极电位高于钢铁，因而不起保护作用，反而起促进腐蚀作用；锡和铅的电极电位与铁接近，因而不能得到有效的阴极保护；铝、镁和锌的电极电位显著低于铁，能得到有效的阴极保护。铝粉易在其表面生成脂肪盐膜，而镁粉易氧化而使它们接触不良，所以铝粉和镁粉制屏蔽底漆的屏蔽保护作用不强。

采用锌粉制的屏蔽底漆屏蔽保护作用最强。富锌底漆中锌粉含量一般在 $92\%\sim96\%$，具有良好的导电性，可作为导电漆供定位焊表面打底用。因锌粉底漆的耐水性和耐蚀性极优，在苛刻的腐蚀条件下也能起到长期的保护作用，可以用作汽车底板下表面、汽车消声器、排气管和农业机械等的防腐蚀涂层。

（5）磷化底漆。磷化底漆又称洗涤底漆，它最初用于造船工业，户外钢结构件的打底磷化底漆实际上是磷化处理的一种方式，能显著地提高涂层的质量，推广应用于无磷化处理条件的单个、大型金属结构件各层的涂装，具有极高的耐蚀性，对钢铁、铝、镁、锌、铜、锡、镀铬件等表面的附着力非常好。

磷化底漆由聚乙烯醇缩丁醛的乙醇溶液、四盐基锌黄和磷酸液组成。国产的 X06-1 磷化底漆是双组分，组分一为基料和颜料，组分二为磷酸液，使用时在现场调配，两组分按漆厂推荐的配比调配，一般酸液为漆料的 1/4，用乙醇调稀到所需黏度，使用期限最长为 16h。

在金属表面涂磷化底漆时产生两个基本反应：①在金属表面形成无机磷酸盐膜；②底漆组分相互作用，六价铬还原成三价铬，由三价铬、聚乙烯醇缩丁醛和磷酸组成复杂的络合物。以上两个反应进行得较快，所以两组分混合后有一定的使用期限。

磷化底漆应涂得均匀且薄，干膜厚度应控制在 $6\sim10\mu m$ 内，干燥时间在室温下 $0.5\sim1h$。

对于黑色金属几乎所有类型的底漆都适用。对铝、镁及其合金一般采用锌铬黄钝化底漆。对于有色金属（铝、镁、锌及镀锌件）不能采用含铅颜料的底漆。

为解决涂层在镀锌和镀镉表面上附着力不好的问题，可首先进行磷化处理，再采用锌铬黄醇酸底漆打底。在铜和铜合金制件上可采用一般的隔离底漆，在个别情况下也可不用底漆，直接涂面漆。

不同金属材料可选用的底漆见表 5 - 5 - 2，底漆与随后的涂层之间的配套性见表 5 - 5 - 3。

表 5 - 5 - 2　　　　　　　　　　不同金属材料可选用的底漆

金　属	底　漆　牌　号
黑色金属（钢板、铸件、锻件等）	C06 - 1、C53 - 1、F06 - 8、F06 - 9、L06 - 3、L06 - 4、X06 - 1、H06 - 2、H06 - 3、H06 - 11、H06 - 19、S06 - 1、S06 - 2、S06 - 5、各种电泳底漆、Q06 - 4、G06 - 4、G06 - 6
铝及其合金	F06 - 8、F06 - 9、C06 - 12、X06 - 1、H06 - 2、H06 - 3
镁及其合金	F06 - 9、C06 - 12、X06 - 1、H06 - 2、H06 - 3
锌	X06 - 1、F06 - 9、H06 - 2、H06 - 3
镉	F06 - 9、H06 - 2、H06 - 3
铜及其合金	C06 - 1、X06 - 1、H06 - 2、H06 - 3
铬	C06 - 1、H06 - 2、H06 - 3
铅	C06 - 1、H06 - 2、H06 - 3
锡	C06 - 1、X06 - 1、H06 - 2、H06 - 3

注　1. Q06 - 4、G06 - 4 快干型底漆对金属的附着力较差，仅供与硝基面漆或过氯乙烯面漆配套用。

　　2. X06 - 1 磷化底漆起到一定的磷化作用，能提成有机涂层的附着力和耐蚀性，但不能代替一般的底漆，在其上仍应涂底漆。

　　3. 同型号的底漆，在黑色金属上用铁红底漆，在铝、镁、锌、镉等金属表面上用锌铬黄底漆。

表 5 - 5 - 3　　　　　　　　　　底漆与随后的涂层之间的配套性

随后的涂层类型	底　漆　牌　号
油性	C06 - 1、F06 - 8、F06 - 1
沥青	可不涂底漆
油性沥青系	L06 - 3、L06 - 4
醇酸树脂系	C06 - 1、F06 - 8、F06 - 9、C53 - 1、H06 - 2、H06 - 3、各种电泳底漆
氨基醇酸树脂系	H06 - 2、H06 - 3、H06 - 11、H06 - 19、各种电泳底漆
酚醛树脂系	F06 - 1、F06 - 8、不涂底漆
硝化纤维素系	Q06 - 4、C06 - 1、F06 - 8、H06 - 2
过氧乙烯树脂系	C06 - 4、C06 - 1、F06 - 9
环氧树脂系	H06 - 2、H06 - 3、H06 - 11、H06 - 19、不涂底漆
聚氨酯系	S06 - 1、S06 - 2、S06 - 5
丙烯酸树脂系	H06 - 2、H06 - 3、H06 - 11、各种电泳底漆

3. 涂底漆的方法

涂底漆的方法通常有刷涂、喷涂、浸涂和电泳涂装等。刷涂虽然是最早的效率低的涂布方法，但单个生产的工件和在苛刻腐蚀条件下使用的结构件的涂装中仍采用。这是因为刷涂能除掉或乳化工件表面的水膜，使底漆对工件湿润良好。喷涂法（包括空气喷涂、无空气喷涂、静电喷涂等）效率虽高，但在工件内腔、缝隙部位不易涂上漆，致使漆膜不完整，影响涂层的防腐蚀能力，有逐渐被淘汰的倾向。在浸涂时工件缝隙及内腔易产生"溶落"现象，而影响这些部位的耐蚀性。电泳涂装是在大量流水线生产中经常采用的涂底漆方法，它能保证焊缝涂上漆和漆膜完整均匀，消除了火灾的隐患，是高效的自动化涂装。

4. 涂底漆工序的要点

（1）底漆中的颜料含量高，易产生沉淀，故在使用之前应仔细搅拌，确保颜基比一致，在使用过程中也要充分搅拌。

（2）调稀底漆用的稀释剂应为符合该底漆技术条件所推荐的溶剂，如选用不当，能引起底漆凝胶或漆膜不牢。调好的底漆在使用前应用筛网过滤。

（3）应严格遵守相应涂布方法的操作要点或规程。

（4）底漆膜应涂布得均匀、完整，不应有露底和流痕等弊病，膜厚一般控制在 $20\sim25\mu m$，油性防锈底漆（如红丹漆）一次涂装厚度为 $35\sim40\mu m$。

（5）应按技术条件规定的干燥规范进行干燥，如要变更应通过试验确定。

在涂布含有强溶剂的面漆（如硝基漆）的场合，底漆一定要干透。一般采用烘干方法，因为烘干过的漆膜的耐硝基漆溶剂较自干的好。

为提高过氯乙烯树脂漆的附着力，在采用醇酸树脂底漆（C06-1）、酚醛树脂底漆（F06-9）等打底场合，推荐采用"湿碰湿"工艺涂过氯乙烯树脂漆。为节能和简化工艺，推荐在未烘干的电泳底漆层上喷涂水性中间层涂料，随后一道烘干。

（三）刮腻子

各种物体和工件的表面一般都有凹陷、划伤等缺陷，在要求涂层具有装饰性的场合，一般靠刮腻子来填平，消除坑洼和靠喷涂中间涂层来消除这些缺陷，打磨后获得平滑的表面。

1. 刮腻子的目的

腻子是一种专供填平表面用的、含颜料和填料量较多的、与各种漆基研磨成浆状的涂料。刮腻子的主要目的是提高涂层外观的平整度，但不能提高涂层的保护性能。刮腻子的颜料浓度高且厚，缺乏弹性，因而易开裂破坏整个涂层。刮腻子效率低、劳动强度大，所以应力求靠漆前的机械加工和加强管理（如精心装配、防止碰撞、锤平烫锡、打磨等）来消除工件表面的缺陷，力争做到不刮或少刮腻子。但对于金属结构件的表面修复，如汽车车身凹痕修复，刮腻子是必不可少的工序。

2. 腻子的特点

（1）良好的涂刮性、干燥性和打磨性。

（2）良好的填平性，收缩性要小，吸收上层涂料性要小。

（3）对底漆的附着力要好，腻子层应具有一定的机械强度。

3. 刮腻子工具和操作要点

腻子一般都涂刮在底漆上，采用聚氯乙烯塑料板、有机玻璃板或牛角制成的尺寸大小不一的刮板涂刮，如圆柱形表面采用橡胶制的软刮板涂刮。刮腻子须有较高的手艺，在操作时应注意下列要点：

（1）在涂刮前腻子一定要和匀，根据作业要求，腻子稠度选择适当。

（2）在涂刮时不要反复涂刮，以防卷边和表面封闭，影响腻子层的干燥。

（3）每层腻子的涂刮厚度不应超过 0.5mm，环氧树脂腻子可略厚一些，涂刮过厚易产生表干里不干的现象。

（4）在涂刮多层腻子的场合，应先局部填坑，再统刮和最后刮稀，每层腻子应干透、打磨、擦净后再刮下一道腻子。为增强溶剂型腻子层推荐采用一道腻子刷涂一道底漆的工艺，即让打磨过的腻子层的孔隙中渗透底漆，以提高腻子层的强度和层间附着力。

（5）腻子层在烘干前应有较长的晾干时间，然后再逐渐升温，以防烘得过急而起泡。

快干的硝基腻子和过氯乙烯树脂腻子的收缩性大，仅可用来填平同种漆基上的砂眼和划纹，与相应的面漆配套使用，不宜用来填坑或大面积涂刮。

（四）涂中间层

1. 分类

界于底漆和面漆之间的涂层称为中间涂层。中间层涂料除腻子外，按其功能不同还可分为通用底漆（又称底漆二道浆）、腻子二道浆（又称喷用腻子）和封闭漆等。

2. 功能

（1）通用底漆既具有底漆性能（可当底漆使用），又具有一定的填平能力（二道浆的功能）。二道浆的作用界于底漆和腻子之间，对物面微小的不平处也有填平能力，含颜料量比底漆多，比腻子少，一般用来填平涂过底漆或刮过腻子表面的划纹和针孔等缺陷。腻子二道浆兼有腻子和二道浆的性能，一般喷涂在底漆上，其颜料含量较二道浆高。

（2）中间涂层本身的功能是保护底漆层和腻子层，防止被面漆咬起，增加底漆与面漆层的的结合力，消除底漆层的表面粗糙度，提高涂层的装饰性，增加涂层的厚度，提高整个涂层的耐水性和装饰性。为此中间层涂料与底漆和面漆有良好的配套性，并应具有良好的打磨性，湿打磨后应得到平滑的表面。

（3）为适应大量流水线生产的工艺要求和冲压技术及底材调整技术的提高，可用一道封底漆代替通用底漆、腻子和二道浆。为减少湿打磨的工作量，国外正在努力研制流平性优良不需打磨的封底漆。以前的封底漆多数是光泽较暗的灰色，近来它们的光泽和颜色与面漆接近，这样可以减少价格较贵的面漆的用量，而且被涂物内腔，如汽车车身内表面，可不涂面漆。

（4）由于底漆、二道浆涂膜较暗，因而不易发现被涂面存在的小凹凸缺陷，但若迟至涂面漆后再发现就难补救了，因此靠封底漆涂层可发现被涂面的划伤等小缺陷，故封底漆又称为显影层。

3. 施工方法

封底漆常采用与面漆同种漆基，或选用具有极性的树脂，如醇酸树脂、氨基醇酸树脂、环氧改性氨基醇酸树脂和环氧树脂等。

中间涂层仅用于装饰性要求高的产品，装饰性要求较低的产品一般不采用中间涂层，面漆直接涂布在底漆层上。中间涂层一般都采用喷涂法或自动静电喷漆法。二道浆一般连续喷涂"湿碰湿"两道，干漆膜厚度为 $35\sim40\mu m$。

（五）打磨

1. 打磨工序的三大功能

涂装工艺中的打磨工序主要有三大功能：①清除底材表面上的毛刺及杂物，如浮锈等；②消除工件被涂漆面的凹凸不平，如刮过腻子的表面在干燥后一般表面粗糙不平整，都需靠打磨来获得平滑的表面；③增强涂层的附着力。

涂料在平滑表面上的附着力差，打磨后可增强涂层的机械附着力，所以打磨是提高附着力的重要作业之一。打磨一般是手工操作，有时借助风动工具或一些简单器械进行，因打磨的劳动强度大，在大量流水生产的工业涂装中正努力淘汰这一工序。但在一些大型结构件的现场涂装及修复技术领域，这一工序还是必不可少的。

2. 打磨方法和工具

打磨可分为干打磨和湿打磨两种。干打磨不用水湿润，湿打磨是在打磨涂层的同时用水或其他湿润剂润滑，以获得更平滑的表面并洗掉磨灰，如在打磨硝基漆和过氯乙烯时不仅可用水湿润还可用松香水湿润，为提高面漆的装饰性，在进行抛光前用极细的水砂纸打磨可用肥皂水作湿润剂。

打磨底材表面一般采用粗或细的砂布、木工砂纸等。打磨填坑的腻子层一般用细砂布或磨石。砂布和木工砂纸仅适用于干打磨。在湿打磨二道浆层（或封底漆层）和面漆时，采用耐水性砂纸（俗称水砂纸）。

3. 打磨操作注意事项

（1）应严格按工艺要求选用打磨材料，干打磨腻子用 80～120 号水砂纸；湿打磨腻子用 150～220 号水砂纸；湿打磨二道浆（封底漆）用 240～320 号水砂纸；湿打磨面漆层用 360 号、400 号水砂纸；湿打磨最后一道面漆（或在抛光之前打磨）用 400～600 号水砂纸，要求不残留砂纸痕迹。

所采用的砂纸应是优质的，不应含有机械杂质（如粗的砂粒等），以防划伤漆面。

（2）打磨应注意方向性，不宜朝各个方向乱磨，打磨时不宜压得过紧，应平面地从容不迫地动作。为提高被打磨表面的平整度，在手工打磨时砂纸上可垫软木或橡胶制的磨块。软木磨头适用于打磨腻子、二道浆的场合；橡胶磨块适用于打磨二道浆、封底漆和面漆。

（3）在打磨过程中应不断清除掉打磨灰，最后要用水彻底冲洗干净，吹干，使被涂面干燥。

（六）涂面漆和罩光

对于大多数防腐蚀涂装来说，装饰性的要求并不高，如地下管道、水下设备等，因此这些设备并不需要涂面漆。但对于室外的电力设备如变压器、配电箱、铁塔等，在注意防腐蚀的同时也需兼顾装饰性要求，在这种情况下涂面漆或罩光也是必要的。

1. 涂面漆

在多层涂装工艺中，涂布最后一层涂料的工序称为涂面漆。面漆应具有较好的耐外界条件的作用，必须其有必要的色相和美观，它是制品的外衣，起保护底涂层的作用，因而它的优劣直接影响制品的商品价值、装饰性和涂层寿命，面漆材料及其涂装道数的选择主要取决于制品的外观装饰性和使用条件。在要求不高的场合一般涂一道面漆，对装饰性要求高和使用条件较苛刻的产品一般涂 2~3 道面漆，甚至涂更多的道数，以提高面漆层的光泽、丰满度和装饰保护性能。在户外使用的产品一定要选用耐候性（保光保色性、耐温变性、耐潮湿性）优良的涂料，千万不能选用耐候性差的涂料或内用面漆。

一般沥青、酚醛和环氧涂料及用它们改性的涂料耐候性差，极易失光、粉化，不能作外用面漆，仅可作为阳光不能直接照射到的内用面漆。丙烯酸、氨基醇酸、醇酸及采用它们改性的硝基漆和过氧乙烯漆等耐候性一般较优。面漆的耐候性不仅取决于漆基，而且与所选用的颜料及面漆的配制工艺密切相关，所以面漆材料的选用一定要总结过去的经验，或通过试验和使用来考察确定。

面漆应涂布在确认涂层无缺陷且干透的底漆或中间涂层上，原则上第二道面漆也应涂在干透的第一道面漆上，含强溶剂的面漆涂在转化型涂料的涂层上时更应注意这一原则。如果底层未干透或未转化完全，则会因下一道漆中的强溶剂部分地溶解和溶胀底层，产生咬底现象。

随着高分子工业的发展，氨基醇酸、丙烯酸等热固性树脂涂料（俗称烤漆）问世并获得了工业应用，为节省能源、简化工艺并适应流水线的高效生产奠定了基础。在工业涂装中改变了传统的涂面漆工艺（即涂一道烘一次），普遍采用"湿碰湿"工艺，即涂第一道面漆后仅晾干数分钟，在漆膜尚湿的情况下就涂第二道面漆，然后一起烘干，甚至喷三道面漆后一起烘干。

涂面漆一般采用空气喷涂、无空气喷涂、静电喷涂、自动喷漆等喷涂法。在单个或小批量生产且漆膜干燥较慢的场合，如建筑涂装等，采用刷涂法或滚涂法。

2. 罩光

为保护色漆层，提高面漆层光泽及装饰性，面漆层的最后一道是涂清漆，这一工序又称为罩光，如自行车、缝纫机等轻工产品在面漆层上贴花后罩一道氨基醇酸清漆。又如汽车工业普遍采用金属闪光色面漆，它的典型涂布工艺为：喷涂第一道金属闪光色丙烯酸面漆→晾干数分钟→喷涂第二道同一金属闪光色丙烯酸面漆（两道干漆膜总厚度为 $30\mu m$ 左右）→晾干数分钟→喷涂一道丙烯酸清漆→晾干数分钟→140℃烘干 30min 左右。以上工艺即"湿碰湿"三道，一次烘干。

为达到高级装饰性的要求和消除面漆层外表的橘皮、颗粒，使漆面达到光亮如镜、镜物清晰的效果，在涂面漆工艺中采用"溶剂咬平"和"再流平"技术。"溶剂咬平"技术仅适用于热塑性面漆如硝基漆，其工艺过程为喷完最后一道面漆，经干燥，用 400 号、500 号水砂纸打磨，擦洗干净后喷涂一道溶解能力强、挥发较慢的溶剂或用这种溶剂调配极稀的同一面漆（一般为 1 份面漆加 3 份溶剂），晾干展开。这样不仅能获得平整光滑的漆面，而且能显著地减少抛光工作量。

"再流平"技术又称"烘干、打磨、烘干"工艺，它先使热塑性或热固性丙烯酸面漆半硬化，随后用湿打磨法消除涂层缺陷，最后在较高的温度下使其熔融固化。热塑性涂料的典型"再流平"工艺是涂面漆（使其干漆膜的厚度达 $50\mu m$ 以上），晾干 1min，在107℃下干燥 15min，检查、修补和打磨（用 600 号水砂纸和溶剂汽油打磨掉橘皮、颗粒等漆膜缺陷），最后在 135~149℃下烘干 15~30min。

涂面漆时应注意以下事项：

（1）面漆调稀后应搅匀，用细筛网或 3～4 层纱布过滤，黏度应符合工艺要求。

（2）按面漆材料的特性、工艺要求及涂装工具的特性正确选择合适的涂装工具，如喷枪、毛刷等。

（3）涂面漆及其晾干场所应干净无尘。在装饰性要求较高的场合，涂面漆应在有空调（调温、调湿、除尘）的喷漆室中进行，以确保面漆涂层无垃圾、颗粒和具有良好的展平性。

（七）涂层的干燥

1. 分类

涂层由湿膜或干粉堆积膜转化为连续的形成整体的固体涂膜的过程称为涂层的干燥或固化。涂层的干燥是通过一系列物理和化学变化来完成的，主要由涂料的性能来决定。

根据涂层干燥前后成膜物质的化学结构变化，可以将涂层的干燥分为两大类：一类是只有相态的改变，不发生化学结构的变化，称为物理干燥；另一类不仅物理状态发生变化，其成膜物质的化学结构也发生变化，即成膜是依靠化学反应来完成的，称为化学干燥。涂层的物理干燥和化学干燥机理见表 5-5-4。

表 5-5-4　　　　　　　　涂层的物理干燥和化学干燥的机理

干　燥　类　型		主　要　机　理	涂　料　示　例
物理干燥	溶剂挥发干燥	涂料层中溶剂挥发后形成涂膜	硝基漆
	熔融固化干燥	涂料加热后熔融、冷却后固化	热塑性粉末涂料
化学干燥	氧化干燥	涂层受空气中氧的作用聚合硬化	油性涂料
	热聚合干燥	树脂加热后硬化	氨基醇酸树脂涂料热固性丙烯酸树脂涂料
	催化聚合干燥	用催纯剂、固化剂使树脂在环境温度下聚合硬化	不饱和聚酯树脂、环氧树脂漆
	辐射聚合干燥	涂料经电子束或紫外线照射后，产生自由基引发聚合反应而硬化	电子束固化涂料、紫外线固体涂料

涂层的干燥方法一般可归纳为三种类型：自然干燥、加热干燥和高能辐射干燥。

2. 自然干燥

（1）自然干燥的特点。

自然干燥是指在自然条件下或常温下干燥，又称自干或气干。自然干燥是常见的干燥方法。自然干燥不需要能源和设备，涂装成本低，尤其适合户外大型设备的涂装。不足之处是大多数品种干燥速度较慢，且受自然环境条件影响大，涂装工业产品时，要占用大面积干燥场地。

（2）影响涂层的干燥质量的因素。

1）环境温度。比较高的气温有利于挥发性涂料溶剂的挥发和提高化学干燥时的化学反应速度和深度，溶剂滞留量减少，涂层干燥快，质量好。但太高的温度使挥发性涂料涂刷困难，流平性差，易出现刷痕、橘皮等缺陷。温度太低时，有的涂料干燥速度大幅度降低，有的则根本不干。通常环境温度在 15～30℃ 比较适宜。

2）环境湿度。较高的环境湿度对某些漆的干燥有利，如生漆。因为生漆干燥最适宜的温度条件要达到 90％以上。在高温环境中，漆酶活性大，对漆酚成膜反应催化作用好。湿度对湿气固化聚氨酯涂料的干燥影响不大。而某些无机涂料的干燥需要有一定的湿度。高湿度对大多数涂层的干燥都是不利的。双组分聚氨酯涂层因 NCO 组成成水反应而起泡；胺固化环氧树脂涂料因胺的水解使涂层干燥速度和硬度降低。空气中存在大量的水气对湿膜中溶剂的挥发有抑制作用，会降低挥发性涂层的干燥速度，而且由于水蒸气发热的需要会带走热量，使涂层表面温度降低，水蒸气在淋透膜表面凝结，造成涂膜泛白、发乌；油性和醇酸涂料等靠氧化干燥的涂料在高湿度下出现回黏。一般涂料的干燥条件以控制相对湿度在 75％以下为好，最高不超过 85％。表 5-5-5 列出了防腐蚀涂料施工的环境温度和相对湿度的限制性条件，在表中所列的环境中不允许施工。

表 5-5-5　　重要防腐蚀涂料施工的环境温度和相对湿度的限制性条件

涂料品种	气温 /℃	相对湿度 RH/％	涂料品种	气温 /℃	相对湿度 RH/％
长曝型磷化底漆	＜5	＞85	无溶剂环氧沥青涂料	＜10，＞30	
无机富锌底漆	＜0	＜50	无溶剂改性环氧树脂涂料		
有机富锌漆	＜10		长油醇酸树脂中涂料	＜5	＞85
铅系防锈漆	＜5		长油醇酸树脂面漆		
云母氧化铁酚醛树脂漆		＞85	有机硅改性醇酸树脂中涂料		
环氧树脂底漆			有机硅改改醇酸树脂面涂		
环氧树脂底漆（中涂）	＜10		氯化橡胶系中涂料	＜0	
改性环氧树脂底漆			氯化橡胶系面漆		
超厚膜环氧树脂涂料	＜5		聚氨酯系中涂料		
环氧沥青涂料	＜10		聚氨酯系面漆		
改性环氧树脂漆（内壁用）			氟树脂中涂料	＜5	
			氟树脂面漆	＜0	

3）通风条件。空气流通能加速溶剂的挥发，提高涂层的干燥速度，尤其是挥发性涂料。所以在室内作业时，适当的通风不仅能改善劳动环境，也能缩短涂层的干燥时间。户外涂装受风速的影响很大，在同样湿度下，风速越大，涂膜干燥越快，如果风速太大，涂层的质量不易保护，除了飞砂、扬尘在涂层表面落下的颗粒外，有时涂膜迎风面与背风面的光泽和厚度也有所不同。一般风力在 3 级以下为好。

4）光照条件。阳光中红外线的热能有利于溶剂的挥发，紫外线对氧化干燥型的涂层干燥有促进作用，所以晴天涂布的涂层较阴天涂布的干爽。

3. 加热干燥

（1）加热干燥的特点。

加热干燥又称为烘干，是工业涂料的主要干燥方式，适宜工业化流水作业涂装，生产效率离，两且干燥过程中挥发性溶剂可以集中处理，以减轻环境污染。由于加热设备投资较大、体积有限，加热干燥在大型设备的涂装工程上应用受到限制。

（2）加热干燥温度分类。

习惯上把烘干温度在100℃以下的称为低温烘干；100～150℃为中温烘干；150℃以上为高温烘干。有些涂料可在常温下干燥，但是为了提高干燥速度或因为底材是塑料及木材等不耐较高温度的工件，可以采用低温烘干；有些涂料在低温下不能干燥或达不到要求的性能，必须采用高温烘干。醇酸底漆、油改性酚醛底漆、环氧酸底漆、低温快干氨基烘干漆等，可在100℃左右烘干；聚氨酯漆、胺固化环氧漆只需要在60～90℃烘干；而粉末涂料、电泳漆环氧酚醛漆等则需要在160℃以上烘干。

（3）加热干燥工艺。

烘干工艺有间歇式和连续式两种。间歇式用于小批量或非定形产品的生产，体力劳动强度大，操作环境差；连续式烘干是涂料作业线上的一个工序，工艺条件好，涂膜质量稳定。

间歇式烘干是通过调节烘箱的温度来升温并调节在不同温度区间的保温时间来实现的。连续式烘干则是通过调节工件经过不同温度区间的速度来烘干的。

（4）加热干燥工艺的三个过程。

加热干燥工艺包括室温晾干、升温与烘干、降温与检查三个过程。

除电泳漆和粉末涂料外，湿膜在进入加热区前，应在室温下放置一定的时间，让大部分溶剂挥发掉，使涂层在加热前有一定的流平和缺陷修补，有减少涂层出现橘皮、缩孔和起泡的作用。不同涂料的晾干时间各不相同，应按涂料的特性及环境温度情况而定。

油性漆、长油醇酸漆、亚桐油环氧酯等氧化干燥型漆类的干燥适宜采用"渐干"方式，如果立即进入高温区，因表里干燥速度不一，会出现皱纹、"针眼"等涂层弊病。一些化学转化速度比较慢的湿膜如突然高温，会产生工件棱角处"漆瘤"、立面上的涂层上下厚度不均的现象。

烘室内温度要求均匀，使涂装工件均匀受热，涂层干燥程度均一。另外，烘室内外温差较大时，要防止灰尘落于工件湿膜表面。

涂层烘干后，涂装工件的温度按设备的降温方式降至室温，并对涂层进行性能检查。一般采用自然降温的方式，但对于一些涂层，由于其对温度变化敏感，需要设定适当的降温方式。如热固性酚醛树脂漆对温差变化敏感，升、降温时采用的温度曲线为：60～90℃/6h，90～100℃/3h，100℃/3h，100～150℃/3h，150℃/6h，150～120℃/h，120～70℃/h，70～40℃/h。又如氯化聚醚在180～200℃熔融成膜后，需要立即浸入室温水中进行降温，使涂膜的附着力及其他性能得以提高。

（5）加热方式及设备。

根据热能的传导和来源的不同可以把加热方式分为对流式干燥、辐射式干燥和电感应干燥三种类型。

1）对流式干燥。对流式干燥是指以在专门的装置中加热的空气或燃烧气体为热载体，将热能传递给涂层的烘干方式。一般用蒸汽、热水、废气、燃气、燃油和电能作为能源。优点是加热均匀、适应面广；缺点是升温慢、烘干效率低、温度不易控制、用燃烧气体为热载体时往往会弄脏涂层。

对流式干燥设备主要有对流式烘炉，分直接加热型和热交换器间接加热型，用蒸汽加热的空气作为热载体提供的烘干温度低于110℃；以燃气、燃油燃烧气体直接作为热载体或间接加热空气作热载体，能满足200～300℃的烘干温度要求；以电加热空气、对流式烘热的温度能达到200℃。

2）辐射式干燥。辐射式加热是利用红外线、远红外线能量加热干燥。特点是升温速度快、热效率高；不足之处是有辐射盲区，形状复杂的工件温度不均匀，采用与对流式干燥结合的方式，可以弥补这一缺陷。

目前广泛采用的是远红外辐射的加热方式。按热源供给方式。远红外辐射器分为电能远红外线辐射器和燃气远红外线辐射器。不同型号的远红外辐射器能够提供的烘干温度范围不同。一般情况下，通过选择型号，电能远红外线辐射器能够满足120～200℃的烘干温度；燃气远红外辐射器的烘干温度可达200～300℃。

照射距离一般在150～500mm之间。被照射表面与辐射表面的距离应尽可能一致，以保证干燥程度相近。

3）电感应干燥。电感应干燥加热的原理是在电磁场中涂有涂层的金属工件，由于电磁能在其内部转化成热能而受热升温，将其上面的涂层烘干。因为干燥过程从底部开始，残留溶剂少，化学反应能深度进行，涂膜性能好。

干燥设备是电磁感应烘炉，烘干温度可达250～300℃，但因耗电量大、对底材有选择性等原因，所以应用并不广泛，仅用于小型工件和钢管等的涂装。

4. 高能辐射干燥

（1）高能辐射干燥的特点和适用范围。

高能辐射干燥技术主要指用紫外线辐射和电子束辐射固化有机涂层的技术，是比较新的涂装干燥技术。高能辐射干燥的特点是固化速度快，干燥过程在几秒钟或几分钟内完成；适用基材广，金属、塑料、橡胶、木材及纸张均可采用；能量利用率和干燥效率高，涂装成本低；所适用的涂料不含溶剂，对环境污染小。然而此种干燥方式对涂料有特殊的要求；另外因工件的结构和外形等因素而存在照射盲区的问题，从而限制了应用范围。紫外线和电子束对人体有伤害，施工时应注意劳动保护。

（2）紫外线辐射固化。

紫外线辐射固化的原理是利用高能量的紫外线（$\lambda = 300 \sim 400\text{nm}$）激发不饱和单体或含不饱和双键的树脂，产生自由基，引发聚合反应，形成网状高分子结构，从而固化成膜。适用的涂料主要是不饱和聚酯类涂料。

紫外线固化干燥设备主要是各种紫外线光源和箱体。光源有低光化学性的荧光灯、低压水银灯及高化学性的氙气灯、石英水银灯等。

（3）电子束辐射。

电子束辐射固化的原理是以高能量的电子束"轰击"未固化的有机成膜物质，激活或产生新的活性基团，促进它们进行交联反应，固化成膜。电子束辐射固化的特点是干燥速度极快，通常只用1～2s时间，适宜的涂料有不饱和聚酯、环氧聚酯及多异氰酸酯/丙烯酸酯等无溶剂涂料。

第六节　防腐蚀涂膜的性能测试和涂装质量监控

一、防腐蚀涂膜的性能测试

（一）涂膜的耐盐雾及耐盐水试验

盐雾试验及耐盐水试验是金属材料耐蚀性试验的常用方法。

耐盐雾试验法是将涂漆的样板划伤后置于盐雾箱中，经一定的时间后观察样板的锈蚀、变色、剥落及起泡程度。这是一种实验室内的测试法，在国际上广泛采用。但它只能表征涂层在规定条件下的耐腐蚀行为。

防腐蚀涂层的盐雾试验按《色漆和清漆　耐中性盐雾性能的测定》（GB/T 1771）进行。实验条件如下：盐水浓度为 NaCl $50\pm10g/L$；pH 值为 $6.5\sim7.2$；温度为 $35\pm2℃$；连续喷雾。

耐盐水试验按《船舶漆　耐盐水性的测定　盐水和热盐水浸泡法》（GB/T 10834）进行。该标准中规定的试验条件与样板的制备比较接近于实际涂装体系，主要用于钢质船舶长期浸泡或接触海水的涂层的测定，也可用于检验其他类似条件的钢结构的保护性涂层。

（1）样板的制备。规定尺寸的样板采用喷砂或抛丸处理达到《涂覆涂料前钢材表面处理　表面清洁度的目视评定　第 1 部分：未涂覆过的钢材表面和全面清除原有涂层后的钢材表面的锈蚀等级和处理等级》（GB/T 8923.1）规定的 Sa2.5 级，表面粗糙度（Ra）为 $35\sim75\mu m$。按《测定耐湿热、耐盐雾、耐候性（人工加速）的漆膜制备法》（GB/T 1765）的规定，采用刷涂或喷涂的方式进行涂装。并按《涂料试样状态调节和试验的温湿度》（GB/T 9278）规定条件状态调节 7d。

（2）试验条件。浸泡溶液为符合要求的天然海水或人造海水，一般浸泡温度为（27 ± 6）℃；如果是耐热盐水的试验，则浸泡温度为（35 ± 2）℃，样板面积的 3/4 浸入溶液，浸泡 7d 为一个周期，在每个周期的最后 2h 浸入（80 ± 2）℃的热盐水中。取出样板后用自来水洗去盐渍，用滤纸或软布擦干，然后按《色漆和清漆　涂层老化的评级方法》（GB/T 1766）的规定检测涂层体系的失光、变色、生锈、脱落和裂纹等现象。

耐盐雾和耐盐水试验适用于海洋及沿海地区使用的涂料性能的检测，但其试验结果与实际暴露的关联性尚难以判断。如今仍在广泛采用是因为目前还没有其他合适的测试方法来替代。

（二）涂膜的耐候性试验

涂膜的耐候性是防腐蚀涂料的关键指标。涂层在户外经日晒、雨淋、凝露、寒暑交替、污气侵蚀等因素的反复作用，逐渐老化变质、失光、粉化、开裂、脱落，最终失去装饰和保护功能。引起涂层老化的最重要因素是日晒和雨露引起的光氧化和水解。

耐候性测试方法分为两大类，即户外天然曝晒法和实验室内加速曝晒法。

户外天然曝晒试验按《涂层自然气候曝露试验方法》（GB/T 9276）的规定进行。优点是接近实际，结果具有说服力和可靠性，但试验周期长，测试结果的重现性稍差。

实验室内加速曝晒试验能迅速测得涂层的抗老化性能，对平行试验筛选涂料品种十分有利。但单独依据实验室加速试验结果，无法推断涂层的耐候性，必须将涂料的天然曝晒数据或使用的实际效果与加速试验结果结合起来，才能找出两者之间的关联性。

（三）涂膜的耐温热试验

耐湿热试验是检验防腐蚀涂料的重要方法。《漆膜耐湿热测定法》（GB/T 1740）规定了漆膜耐湿热性的测定方法，试验在调温调湿箱中进行，按 GB/T 1765 的规定制板。将试验样板悬挂在温度为（47±1）℃、相对湿度为 96%±2% 的调温调湿箱中，介质为蒸馏水，试验中样板不允许出现凝露；连续 48h 检查 1 次，两次检查以后，每隔 72h 检查一次；按产品标准规定的时间结束后，依照样板外观破坏程度评定等级。

（四）漆膜耐化学品性试验

漆膜的耐化学品性是漆膜性能的综合表现，是指在化学介质中的稳定性，耐化学品性试验一般按《色漆和清漆　耐液体介质的测定》（GB/T 9274）的规定进行，分为甲（浸泡法）、乙（吸收性介质法）、丙（点滴法），三个方法。漆膜的耐化学品性能一般采用甲法（浸泡试验）。

试板规格：马口铁板，50mm×120mm×（0.2～0.3）mm；钢板，5mm×120mm×（0.45～0.55）mm；铝板，50mm×120mm×（1～2）mm。

试棒规格：钢质或铝质，一端磨圆，另一端有孔，ϕ15mm×150mm。

处理与涂装：分别按《色漆和清漆　标准试板》（GB/T 9271）和《漆膜一般制备法》（GB/T 1727）的规定进行处理、涂装与干燥。

试验条件：液体化学介质自定；温度为（23±2）℃，也可根据具体情况另行规定；液体介质可全部或部分（2/3）浸没试件；如果需要，可用通空气或循环介质方法进行搅拌；达到规定的浸泡时间后，取出，洗净，并用滤纸吸干，与预留标准样板进行比较，检查有无剥落、起皱、起泡、生锈、变色和失光现象；假如规定有恢复期，在恢复期后重复检查上述情况；必要时还要除掉涂层，观察底材浸蚀情况，同时检查液体介质的变化。

关于涂层耐气体介质的腐蚀试验还没有标准的检验方法，实验室难以模拟腐蚀环境，目前的测试方法是现场挂片试验。

（五）涂膜的阴极剥离试验

石油或天然气的输送管道等大型工程目前主要采用重防腐蚀涂装体系，并结合阴极保护措施，如牺牲阳极保护法和外加电流阴极保护法等。漆膜的阴极剥离试验是考核涂料与电化学防腐蚀措施配合的适应性。此法最早应用于地下管道涂层，现已用于检测有阴极保护的海洋钢结构和船舶防腐蚀涂料。

《色漆和清漆　暴露在海水中的涂层耐阴极剥离性能的测定》（GB/T 7790）规定了暴露在海水中的涂层耐阴极剥离性能的测定方法，按规定将样板除锈达 GB/T 8923.1 要求的 Sa 2.5 级，涂漆，样板上有一裸露金属的人工孔穴，全浸于盛有天然海水或人造海水中，作为阴极；用一定规格的镁合金作为牺牲阳极，两极与直流电源连接，通以一定的电流进行试验，试验温度为（23±2）℃，依据漆膜起泡、剥落和孔穴附近附着力的变化情况进行评定。

对于涂膜性能的测试，目前还有涂层钢板的直流电化学测试法、交流阻抗谱法以及丝状腐蚀测试法等，但由于方法复杂，局限性大，实际应用并不多。

二、防腐蚀涂装施工质量监控

（一）涂装前的准备

首先先按计划单核对涂料、稀释剂及其辅助材料的品种和数量；其次检查所确定的涂装方式、所用的涂装工具及其附属设备是否齐全，运转是否正常；在户外作业时，要确认气象条件是否符合施工要求，并有起码能延续到涂装可以阶段性中止的宽限期；要确定表面处理是否符合要求，按 GB/T 8923.1 和《涂覆涂料前钢材表面处理　喷射清理后的钢材表面粗糙度特性　第 2 部分：磨料喷射清理后钢材表面粗糙度等级的测定方法　比较样块法》（GB/T 13288.2）对照检查清洁度和表面粗糙度。经化学处理的金属表面应无锈迹与水痕，磷化膜均匀、致密；在必要时，为了解涂料的施工性能，按《涂料产品的大面积刷涂试验》（GB/T 6753.6）或在其他适合的部位上进行试涂；调漆时将漆搅拌均匀，如果是双组分漆，按规定比例和 3～4h 用量配漆，熟化，调至施工黏度，必要时以粗铜丝布过滤。

（二）涂装头道漆的考核

大型防腐蚀工程涂装的第一道漆非常重要，其重要性在于第一道漆是涂层质量的基础，如果存在质量问题又未及时发现，在涂装工程后期暴露，将要花费很大的代价才能挽回。在涂头道漆时，要重点观察两个方面的情况，一是涂料施工性能，如对表面的湿润性、流平性、有无缩孔缩边病态等，如发现问题应立即停止作业，待查明原因并设法纠正后方可重新涂装；二是所确定的工艺参数对涂料、工程和环境条件的适应性，如喷涂压力、喷嘴口径、喷枪走速等，可根据情况适当修正，使下面的工作能顺利进行。

（三）漆膜厚度控制

涂装体系的设计中规定了每分钟涂料的涂装道数，每道漆膜的厚度和涂层的总厚度。因为每种涂料的的作用不同，不能以控制总厚度的方式代替对每层厚度的监督。现场控制漆膜厚度的方法有两种：一种是规定单位面积的用漆量；另一种是测定湿膜厚度。

1. 单位面积用漆量的控制

许多涂料在产品标准中都规定了涂料使用量的指标，但因底材、涂装方式、涂装工具的不同，实际的用量都要超过标准的使用量，而且超过的数量各不相同。刷涂的实际用量为标准用量的 1.15～1.20 倍。野外压缩空气喷涂作业可达 1.8～2.0 倍。涂料的实际用量估算公式为

$$P = (1+\alpha)QS$$

式中　P——涂料实际用量，kg；

　　　α——涂料损耗系数；

　　　Q——标准布量，kg/m^2；

　　　S——涂装面积，m^2。

作业者只要将定量（P）的涂料全部均匀地涂覆在施工面积（S）上，漆膜的厚度就基本上能达到规定要求。但是涂料损耗系数 α 与许多因素有关，如不能准确给定，涂料实际用量和漆膜厚度将有较大的误差。在船舶涂装时，采用高压无空气喷涂，对于平整表

面。α 设为 0.4～0.8；对于复杂表面，α 设为 0.8～1.0；如果使用辊涂方式，α 分别为 0.3～0.4 和 0.4～0.6。以漆的涂布时控制厚度适用于某些测定膜厚有困难的场合，方法比较简单，操作者容易掌握。为提高其准确性，应多积累各种场合 α 的数据或在涂装前做模拟试验测得。

2. 测定湿膜厚度控制漆膜厚度

此法用湿膜测厚仪控制漆膜的厚度，测出施工中不同部位的湿膜厚度，可以检查涂装的均匀性；同时能够监督漆膜厚度是否符合规定要求。在涂装前，应该测出涂料湿膜厚度与干膜厚度之间的关系曲线。

湿膜测厚仪有两种型号：轮规仪和梳规仪。轮规仪在实验室和现场均适用。轮规仪按标准测量范围有四种：$0～100\mu m$、$0～200\mu m$、$0～500\mu m$、$0～1000\mu m$。梳规仪适合于现场使用，只能测出湿膜厚度的近似值，每套有三个量程，每个量程的测量范围分别是 $10～20\mu m$、$50～60\mu m$、$100～1200\mu m$。

（四）涂层质量控制

涂装后对干燥涂层的检验项目不能完全按产品标准执行，因为涂漆工件或工程上的涂层已不具备国家标准通用方法中规定的检测条件，即使可以得到某些项目的检测数据，与产品标准也缺少可比性。通常选择被涂装工件或工程用途的特点和能反映涂装操作质量的主要项目进行检测，将结果备案，作为积累和备查数据。如果结果与产品标准相差甚远，则应在查明原因后，进行维修、补涂或重涂。

（1）外观。除非有特殊要求，涉及涂层外观的光泽、色差、丰满度等指标不作为防腐蚀涂层质量的主要检验项目。

（2）附着力。在现场按《色漆和清漆　漆膜的划格试验》（GB/T 9286）的规定检测涂层与底材及漆膜层间的附着力，必要时在划格后辅以透明胶带粘贴揭拉试验。检测点选择在既有代表性又非关键的几个部位。

（3）硬度。按《色漆和清漆　铅笔法测定漆膜硬度》（GB/T 6739）的规定进行测定，测试点数和位置视情况而定。

（4）涂层厚度。虽然在涂装过程中用检测湿膜厚度的方法对漆膜厚度进行了控制，但因为涂层厚度是体现涂层防腐蚀性能的重要指标，所以在涂装完成后仍要对涂层厚度予以复查和确认，如发现问题，能够得到弥补。测定方法按《色漆和清漆　漆膜厚度的测定》（GB/T 13452.2）的规定进行。

（5）针眼、缩孔、裂纹及人为损伤的检查。对于接触化学腐蚀性介质的化工设备、容器、储罐等，针眼、缩孔、裂纹及人为损伤缺陷有时是致命的，所以必须认真检查与处理。除了肉眼观察之外，对于小型反应釜、容器等，可以将其与盐水接触或浸泡，用导电表测定是否导电；对于大型设备和工程，可以采用漆膜探伤仪及其他仪器测定。每发现一处都标上记号，最后统一修补。

（五）记录和备案

正常涂装生产按班次填写原始记录，对于工程施工，除了填写原始记录之外，应形成包括工程名称、涂装部位、涂料品种、施工环境及条件、施工工艺操作及检验验收等文件，归档备案。

第七节　钢铁件涂装前的表面预处理技术

　　电力设备，尤其是输配电设备上需要大量用到金属材料，如设备的外壳、支承架、钢塔、紧固件等，其中钢铁材料占了绝大部分，它们在出厂前都经过一定的防腐蚀处理，常用的就是防腐蚀涂装。金属在涂装前表面上往往带有氧化皮、铁锈、焊渣、灰尘和油脂等污物，这些污物必须在涂装前彻底清除干净。否则不但影响漆膜的附着力，而且氧化皮和铁锈在漆膜下面还会继续发展，或连漆膜一起脱落，影响漆膜的使用寿命。因此在涂装前必须对工件进行表面预处理。

　　钢铁件涂装前的表面处理工艺，一般包括除油、除锈、磷化、钝化及综合处理。在一些工序之间还必须增加中和、水洗、脱水、干燥等辅助工序，成为完整的预处理工艺流程。

一、化学除油工艺

（一）除油工艺的必要性

　　除油工艺是钢铁表面处理的重要一环，对保证漆膜质量起着重要的作用，因此在带有油污的金属表面上进行涂装会使涂层产生发花、起泡等弊病。

　　工件表面的油脂，有的是为了保护材料，如冷轧板材等涂覆的防锈油，使其在储存中不致生锈；有的是金属材料在加工过程中由于润滑、冷却等需要面黏附的乳化油、压延油、米糠油等。

　　日常生产中常用的油脂分为皂化性油和非皂化性油两类。皂化性油主要是各种脂肪酸的甘油酯，它们能与碱发生皂化反应，生成可溶于水的肥皂和甘油，各种动植物油多属于此类；非皂化性油主要是各种碳氢化合物，它们不能同碱发生皂化反应，不溶于碱溶液，各种矿物油如机油、柴油、凡士林和石蜡等均属于此类。

　　一般油脂都不溶于水，只溶于有机溶剂，因此只能通过溶解、乳化、电解或机械方法等来清除。常用的清洗液包括水剂清洗液、碱液、溶剂汽油、航空汽油、煤油、柴油、酒精、二甲苯、三氯乙烯、二氯乙烷和三氯三氟乙烷等。工业中常用的是汽油和碱液，但目前水剂清洗液应用越来越多。而从清洗力、稳定性、缓蚀性和使用安全性来评价，以三氯三氟乙烷为最好。

（二）水剂清洗液除油

1. 特点

　　水剂清洗液是清洗剂发挥清洗作用的水溶液，清洗剂占 4% 以下，其余为水。清洗液主要是非离子表面活性剂，常用的有 TX - 10、6501、6503、105、664、SP - 1、平平加、三乙醇胺油酸皂、741、771、HD - 2 等。水剂清洗液的特点是清洗力强，工艺简单，多种清洗方法都能适用，有较好的稳定性和缓蚀性，无毒，不燃烧，使用安全，成本低。但缺点是泡沫多，喷洗性整，导电性低，一般须加热使用。

2. 清洗力

　　水剂清洗液的清洗力主要取决于清洗剂。清洗力的大小是基于表面活性剂分子对金属

表面油脂污垢的润湿作用、增溶作用、乳化作用和分散作用。表面活性剂分子结构中含有极性的亲水基团（如—OH、 $-\overset{\displaystyle O}{\overset{\|}{C}}-$ 、—COOH、—SO$_3$H、—SH、—NH$_2$ 等）和非极性的憎水亲油基团（主要是碳氢链）。它们吸附在油污与溶液之间的界面上，其憎水基团指向油污而亲水基团指向溶液，定向地排列，使油/溶液界面张力大大降低。在溶液的热运动和搅拌作用下，油膜便容易被分散成极细小的油珠而脱离工件表面进入溶液中成乳浊液，这时吸附在小油珠表面的表面活性剂又能防止小油珠之间相互合并和重新黏附在工件表面上，因此除油效果显著。但是不同的表面活性剂对不同金属材料和不同性质的油脂污垢效果是不一样的，需要综合选用，才能缩短清洗时间，同时又能保证清洗质量。

3. 配方和工艺条件

常用水剂清洗液的配方和工艺条件见表 5 - 7 - 1。

表 5 - 7 - 1　　　　　　常用水剂清洗液的配方和工艺条件

水剂清洗液配方	铸铁喷射法	钢铁材料				二合一处理		铝材	铜材	锌材
		1	2	3	4	1	2			
105	5g/L		2g/L							
664		10g/L	1g/L							
6501	5g/L	10g/L								
6503		10g/L								
氢氧化钠					10g/L					10~20g/L
碳酸钠					15g/L					10~20g/L
磷酸三钠					10g/L			10~30g/L	15~20g/L	
硅酸钠				50~100g/L	5g/L			3~5g/L	10~20g/L	10~20g/L
焦磷酸钠									10~15g/L	
OP										0.1~2g/L
TX - 10		1g/L					0.5~1g/L		1~3g/L	
601						20~50g/L				
表面活性剂					3g/L					
尿素						少量				
硫酸						150~200g/L	150~180g/L			
温度/℃	85	>80	>90	60~68	50~60	60~70	60~70	60~70	60~80	60~70
参考时间/min	1~2	2~5	2~5	15~20	2~5	10~15	10~15	5~10	2~10	2~10

（三）有机溶剂除油

1. 有机溶剂除油的特点

有机溶剂对两类油脂都有物理溶解作用，它的特点是除油速度快，一般不腐蚀金属，但除油不彻底，需要用化学法或电化学法再补充除油。有机溶剂大多易燃或有毒。

2. 常用有机溶剂的物理化学性质

常用的有机溶剂有煤油、汽油、苯类、酮类、某些氯化烷烃、烯烃等。常用有机溶剂的主要物理化学性质见表5-7-2。

表5-7-2　　　　　　　　　常用有机溶剂的主要物理化学性质

名称	分子式	相对分子质量	密度/(g/cm³)	沸点/℃	蒸汽密度/(kg/m³)	燃烧性	爆炸性	毒性
汽油		85～140	0.69～0.74					
酒精	C_2H_5OH	46	0.789	78.5				
苯	C_6H_6	78.11	0.895	80	2.695	易	易	有
甲苯	$C_6H_5CH_3$	92.13	0.866	110～112	3.18	易	易	有
二甲苯	$C_6H_4(CH_3)_2$	106.2	0.897	136～114	3.66	易	易	有
丙酮	C_3H_6O	58.08	0.79	56	1.93	易	易	无
二氧甲烷	CH_2Cl_2	84.94	1.316	39.8	2.93	不	易	有
四氧化碳	CCl_4	153.8	1.585	76.7	5.3	不	不	有
三氯乙烷	$C_2H_3Cl_3$	133.42	1.322	74.1	4.55	不	不	有
三氯乙烯	C_2HCl_3	131.4	1.456	86.9	4.54	不	不	有
全氯乙烯	C_2Cl_4	165.85	1.613	121	5.83	不	不	无

3. 有机溶剂除油方法

有机溶剂除油的方法如下：

(1) 浸洗法。将工件浸泡在有机溶剂中并加以搅拌，油脂被溶解并带走不溶解的污物。各种有机溶剂均可应用。

(2) 喷淋法。将有机溶剂喷淋于工件表面上，油脂不断被溶解，反复喷淋直至油污全部除净为止，除易挥发的溶剂如丙酮、汽油和二氯甲烷外，其他均可应用，但必须在密闭的容器中操作。

(3) 蒸汽洗法。在密闭的容器内，底部装入有机溶剂，工件悬挂在有机溶剂上面。将溶剂加热，溶液蒸汽在工件表面冷凝成液体并溶解油脂，连同油污一起滴入溶剂槽中，除去工件表面上的油污。采用蒸汽清洗时，金属表面始终与气态冷凝的溶剂接触，所以清洁度很高，三氯三氟乙烷比三氯乙烯更安全，蒸汽密度大，沸点低，蒸发潜热小，能耗低，清洗时间短，渗透力强。蒸汽清洗后，可以立即进入下道工序。几种可供蒸汽清洗用的溶剂技术指标见表5-7-3。

表5-7-3　　　　　　　　　几种可供蒸汽清洗用的溶剂技术指标

技术指标	三氯乙烯	全氯乙烯	二氯乙烷	三氯三氟乙烷	三氯乙烷
沸点/℃	87	121	40	47.7	74
蒸汽潜热/(J/g)	241	210	329	147	223
比热容（20℃)/[J/(kg·K)]	950	858	1172	921	1067
蒸气比重（空气为1)	4.53	5.71	2.96	6.97	4.50
最低通风量/(L/h)	3200	1400	3000	500	1400

续表

技术指标	三氯乙烯	全氯乙烯	二氯乙烷	三氯三氟乙烷	三氯乙烷
不致中毒的环境极限/10^{-6}	100	100	500	1000	350
挥发损失量/g	1.71	0.94	5.15	4	2.67
相对安全指数（CCl_4 为1）	15	34	16	94	34
热源	低压蒸汽，表压：10.31kPa	高压蒸汽，表压：34.2～41.2kPa	低压蒸汽	低压蒸汽	低压蒸汽
使用特点	1）目前使用最多 2）加稳定剂后有铝屑存在，不致发生分解 3）注意控制水分，并远离高温热源和避免阳光 4）设备要求保持密封	对清洗高熔点的沥青，蜡类的油污效果较好	对镁制件多余的封闭剂涂料及树脂的溶解力比前两者为佳	1）毒性最低但较贵 2）目前尚限于较精密的零件、组合件的清洗	可以除油脂，但不溶解绝缘漆，用于某些电器的清洗

（4）联合处理法。工件若采用浸洗-蒸汽联合处理，或浸洗-喷淋-蒸汽洗联合处理，除油效果更好。

（四）化学除油

1. 化学除油特点

化学除油是利用碱溶液对皂化性油脂的皂化作用和表面活性物质对非皂化性油脂的乳化作用，除去工件表面的各种油污。

2. 除油液成分组成及其作用

碱溶液一般以氢氧化钠为主。在大多数情况下可与碳酸钠、磷酸三钠、水玻璃等混合使用，为了提高除油效果，有时还加入表面活性剂。除油液中各种成分的作用如下。

（1）氢氧化钠。氢氧化钠有很强的皂化能力，但对金属有一定的氧化和腐蚀作用。铝、锌、锡、铅等两性金属及其合金不宜使用氢氧化钠除油。铜及铜合金的除油液中氢氧化钠的含量也不宜过多，钢铁制品的除油液中氢氧化钠的含量可高些。氢氧化钠含量提高虽可加强皂化作用，但过高的氢氧化钠含量会使皂化反应形成肥皂溶解困难，对除油反而不利。

（2）碳酸钠。碳酸钠呈弱碱性，水解能生成碳酸氢钠，因此有一定的皂化能力，并且对溶液 pH 值起缓冲作用（pH＜8.5，皂化反应不能进行；pH＞10.2，则肥皂发生水解）。碳酸钠可作为铝、镁、锌、锡、铅等两性金属及其合金除油溶液的主盐。

（3）磷酸三钠。磷酸三钠呈弱碱性，有一定的皂化能力和缓冲溶液 pH 值的作用，同时又是一种乳化剂。溶解度大，洗去性好，方便水玻璃从工作表面洗去。但磷酸盐废水由于其过营养化效应，使水中微生物大量繁殖而过量消耗水中的氧，危及求生动物的生存，其排放受到限制。目前正在积极寻找磷酸三钠的替代品，推出了各种低磷或无磷的除油溶液配方。

（4）水玻璃。水玻璃又称硅酸钠，呈弱碱性，有较强的乳化能力和一定的皂化能力。

对铝、镁、锌等金属有缓蚀作用。在除油液中的含量不宜过多，且应与磷酸三钠配合使用。清洗应用热水，否则容易在后续的酸性介质处理工序中生成难溶的硅胶膜。水玻璃现应用较少，多用适当的表面活性剂代替，效果更好。

（5）表面活性剂。在碱性除油液中加入表面活性剂可以大大提高除油效果。这是因为表面活性剂分子结构中同时具有亲水基团和憎水基团，对金属表面的油脂污垢具有显著的润湿作用、增溶作用、乳化作用和分散作用，从而提高了碱溶液的除油性能。OP-10、6501、6503净洗剂，三乙醇胺油酸皂，TX-10等都是由一种或几种表面活性物质组成的，加入到碱溶液中都可明显提高除油效果。但有些表面活性剂不易从工件表面洗净，如OP-10清洗不干净就会影响后续工序的质量，必须加强清洗。

（6）络合物除油剂。络合物除油剂是一种由无机盐与高分子化合物反应生成的高分子络合物，具有一定的油溶性，可溶解于工件表面的油膜并到达工件的金属表面，并能与金属发生络合反应，工件表面金属的溶解促进油膜脱离工件表面而进入溶液中，达到除油的目的。

对于钢铁，可选用以氢氧化钠和碳酸钠为主的配方；对于锌、铝及其合金，因易被碱腐蚀，可用碱性盐的混合物，溶液 pH 值控制在 9～10，铜材 pH 值控制在 11～12。通常碳酸钠和磷酸三钠的含量可以适当高些，以稳定溶液。

化学除油的施工方法主要是浸洗和压力喷射，溶液的温度为 50～90℃。浸洗通常是在可加热的槽中进行，提高温度能提高皂化速度和增加皂化产物的溶解度，降低油脂的黏度，降低油/溶液界面张力，加强溶液的热对流，使工件表面溶液更新速度加快，从而加速除油过程。溶液的适宜温度应根据除油效果、能耗、工作环境条件、金属腐蚀等综合考虑确定。

喷射方法适用于大批量生产的轻工产品零件流水线作业，喷射用的碱液浓度较稀，以 $1.96×10^5Pa$ 的压力喷射，效果较好

经碱液除油的工件要彻底清洗，防止在金属表面残留碱液，导致破坏漆膜。化学除油配方及工艺条件见表 5-7-4。

表 5-7-4　　　　　　　　　　化学除油配方及工艺条件

配方组成及工艺条件	钢铁材料			铝及其合金浸洗或喷射	铜及其合金浸洗
	浸洗 1	浸洗 2	喷射法		
氢氧化钠浓度/(g/L)	40～60	30～50	4	3～5	25～30
碳酸钠浓度/(g/L)	20～30	20～30	8		
磷酸三钠浓度/(g/L)	50～70	40～60	4	40～50	25～30
水玻璃浓度/(g/L)	5～10	5～10		15～25	5～10
OP-10 浓度/(g/L)		1～3			
温度/℃	80～90	80～90	75	50～70	60～90
时间/min	至油除净	至油除净	2	2～5	10～20

二、化学除锈工艺

（一）除锈工艺的必要性

涂装前的钢铁表面要求无氧化皮、铁锈、油、水、化学污物及黏附的尘土等，表面应有一定的粗糙度。油、化学污物及黏附的尘土等在化学除油工序基本能够清除干净，但钢

铁表面的氧化皮和铁锈就必须通过除锈工艺来完成。

钢铁表面除锈的方法有手工、机械和化学除锈三种。由于手工除锈劳动强度大，质量差，已被淘汰。机械除锈发展比较快，根据不同的产品对象，设计出各种喷砂、喷丸、抛丸及高压水等装置，对金属表面锈层进行喷砂、研磨、滚光、擦光等机械处理，使制品表面得平整同时除去表面锈层。

（二）酸洗液的配制

钢铁的锈蚀产物主要是氧化物，化学除锈即利用酸溶液与这些氧化物发生化学反应，使其溶解于酸溶液中，以达到表面除锈的目的。

酸洗的机理是将氧化皮、铁锈等铁的氧化物如 Fe_3O_4、Fe_2O_3、FeO 等变成盐类去除。如在硫酸溶液中，产生如下反应：

$$Fe_3O_4 + 4H_2SO_4 \longrightarrow FeSO_4 + Fe_2(SO_4)_3 + 4H_2O$$

$$Fe_2O_3 + 3H_2SO_4 \longrightarrow Fe_2(SO_4)_3 + 3H_2O$$

$$FeO + H_2SO_4 \longrightarrow FeSO_4 + H_2O$$

$$Fe + H_2SO_4 \longrightarrow FeSO_4 + H_2 \uparrow$$

当使用盐酸和磷酸除锈时，也会产生类似的化学反应，并生成 $FeCl_2$、$FeCl_3$、FeH_2PO_4、$Fe(H_2PO_4)_2$、$Fe_3(PO_4)_2$ 等盐类和水。常用于金属酸洗的无机酸、有机酸、硫酸、硝酸、磷酸、铬酸酐、氢氟酸等。

1. 盐酸

盐酸对金属氧化物具有较强的侵蚀（溶解）能力，但对钢铁基体溶解较缓慢，不易发生过腐蚀和严重的氢脆，侵蚀后表面的残渣较少，质量较高。盐酸的侵蚀能力虽与其浓度成正比，但由于盐酸的挥发性大，通常并不使用浓度很高的盐酸来除锈、室温下一般不超过360g/L（约31%）。采用盐酸除锈通常在室温下操作，在加热情况下使用则盐酸浓度更低。

2. 硫酸

室温下，硫酸溶液对金属氧化物的溶解能力较弱，提高浓度并不能显著提高其侵蚀能力，通常控制在 $100\sim250g/L$。提高温度可显著地提高硫酸的除锈能力，对氧化皮有较强的剥落作用，一般需要在加热条件下操作。温度过高会加速钢铁基体金属的溶解而发生过腐蚀和氢脆现象，加热温度一般以 $50\sim60℃$ 为宜，并且还要加入缓蚀剂。

3. 硝酸

硝酸是氧化性酸，侵蚀能力强。在30%硝酸中，低碳钢的酸洗表面洁净而均匀，而中、高碳钢和低合金钢的酸洗表面残渣较多，还需要在碱溶液中进行阳极补充处理。在硝酸或某些混合酸中酸洗铜及铜合金，可获得具有光泽的酸洗表面。在硝酸中加入适量的盐酸和氢氟酸，可用来酸洗不锈钢和耐热钢。用硝酸酸洗时，会放出大量的有害气体——氮氧化合物，以及大量的热量，需要良好的通风和冷却装置。

4. 磷酸

室温下磷酸对金属氧化物的溶解能力较弱，因此需加热操作，酸洗后工件表面残存的酸洗液能转变为磷酸盐保护膜，适用于焊接件和组合件涂漆前的酸洗。磷酸和硫酸、硝酸、醋酸或铬酸酐组成的混合液，常用于钢铁、铜、铝制品的光泽酸洗。

5. 铬酸酐

铬酸酐溶解于水生成铬酸和重铬酸，有很强的氧化和钝化能力，但对金属氧化物的溶解能力较弱。铬酸酐常用于酸洗后消除残渣和钝化处理。

6. 氢氟酸

氢氟酸能溶解硅化合物和铝、铬的氯化物，常用于铸件和不锈钢件的酸洗。10％左右的氢氟酸溶液对镁和镁合金腐蚀缓和，因此也常用来酸洗镁及其合金制品。化学除锈最常用的是硫酸和盐酸，硫酸成本低，盐酸的除锈速度、氢脆影响比硫酸小，铁盐的溶解度大，能在常温下操作，可用于氧化皮较厚的钢铁制件。一般钢铁制品的化学酸洗液配方及工艺条件见表 5-7-5。

表 5-7-5　　　　　　一般钢铁制品的化学酸洗液配方及工艺条件

配方成分及工艺条件	1	2	3	4
硫酸/(g/L)	150～250	100～200	150～250	
盐酸/(g/L)		100～200		200～350
氯化钠/(g/L)			100～200	
若丁/(g/L)	0.5～1	0.5～1		0.5～1
温度/℃	50～75	40～60	40～60	室温
时间	至锈除净	至锈除净	至锈除净	至锈除净

7. 缓蚀剂

用化学除锈即酸洗来处理薄板件时不会产生变形，也能处理型材、管材和形状复杂的工件。凡能投入酸洗槽的工件均可采用酸洗。而对结构比较复杂的工件，由于经盐酸或硫酸溶液酸洗后，侵入缝隙中的余酸难于除净，若处理不当，将成为腐蚀的隐患。为了改善酸洗处理过程，缩短酸洗时间，提高酸洗质量，防止产生过腐蚀和氢脆及减少酸雾的形成，可在酸洗液中加入各种酸洗助剂，如缓蚀剂、润湿剂、消泡剂和增厚剂等。消泡剂和增厚剂一般用于喷射酸洗。缓蚀剂的品种较多，大部分为有机化合物，主要为 KC 缓蚀剂、乌洛托品、JIB-5 缓蚀剂、若丁等。在酸洗液中加入少量的缓蚀剂，可以显著地减缓金属基体铁的溶解及氢的产生，而对除去氧化皮和铁锈却无影响。

缓蚀剂在酸洗液中能在基体金属表面形成一层吸附膜或难溶的保护膜。膜的形成是由于金属铁开始和酸接触时产生电化学反应：

阳极区：
$$Fe \longrightarrow Fe^{2+} + 2e$$

阴极区：
$$2H^+ + 2e \longrightarrow H_2 \uparrow$$

电化学反应使金属表面变成带电物体，而缓蚀剂是极性分子，因此就会将细小而分散的缓蚀剂分子吸引到金属表面，形成保护膜，从而阻止酸与铁继续作用。从电化学观点来看，能阻滞阳极过程，促进阴极极化，抑制氢气的产生，使腐蚀过程显著减缓。因氧化皮和铁锈表面不带电荷，不产生吸附膜，在除锈液中加入一定量的缓蚀剂并不影响除锈效果。缓蚀剂的使用量一般为 3～5g/L。

8. 润湿剂

酸洗液中所用的润湿剂大多是非离子型或阴离子型表面活性剂。这是由于非离子型表面活性剂在强酸介质中很稳定，阴离子型表面活性剂只能用磺酸盐一种。表面活性剂所具有的润湿、渗透、乳化、分散、增溶和去污作用能改善酸洗过程，缩短酸洗时间。常用的润湿剂有平平加、OP 乳化剂、吐温-80、601 净洗剂等。这些润湿测的使用量一般为 10～12g/L。

（三）酸洗除锈工艺

金属的酸洗主要有浸渍酸洗法、喷射酸洗法和酸膏除锈法三种。一般常用的是浸渍酸洗法；在大批量生产中，喷射酸洗法应用日益增多；酸膏除锈法主要供单件除锈用。

金属酸洗的主要设备是酸洗槽，一般用 15mm 厚的钢板制成，酸洗槽的容积大小须根据工件大小和一次同时酸洗的数量来确定。其中酸池一般为两只，轮流使用。因酸液腐蚀性很强，可用环氧玻璃钢作防腐蚀材料。为了防止工件和玻璃钢撞击，玻璃钢外可用木板作保护层，再用三层环氧树脂作保护木板。

花岗岩也可以制成酸洗槽，用专用环氧树脂粘接，使用寿命比钢板长，但酸液温度应低于 75℃。

喷射式酸洗法是由耐酸泵打出酸液，经喷嘴喷射到被处理金属表面，利用冲击作用以及酸液和锈膜的化学反应，达到除锈的目的。

喷射酸洗的作用是化学和机械相结合，影响酸洗效率的因素主要有酸洗液的浓度、温度和喷射的速度。喷射酸洗的特点在于不断流动的液流，从而使酸洗更加有利。喷射酸洗的速度控制在 20m/s 左右时较为适宜，此时兼有化学侵蚀又有一定的冲击力。喷射酸洗的效率比浸渍法高 1～3 倍，酸洗时间短了 1/4～1/3，并可节省占地面积。

（四）除油-除锈联合处理

对于表面油污不太严重的工件，其预处理过程的除油和除锈步骤可以合并为一步处理，即除油-除锈联合处理，又称"二合一"处理。将工件在含有乳化剂的酸洗液中处理，以简化工艺，减少设备及节约化工原料。

"二合一"处理液就是在常用的酸洗液中加入乳化剂，乳化剂的乳化作用是唯一的去除油污的途径，因此必须选用乳化能力强的乳化剂。钢铁制品常用的"二合一"处理液的配方及工艺条件见表 5-7-6。

表 5-7-6　　　　钢铁制品常用的"二合一"处理液的配方及工艺条件

配方成分和工艺条件	1	2	3	4	5
盐酸(36%)/(mL/L)	185	800～900			950～960
硫酸(98%)/(mL/L)			256	80～135	35～45
OP 乳化剂/(g/L)	5～7.5		9.5		1～2
烷基苯胺磺酸钠/(g/L)		45～50			
平平加/(g/L)				15～25	
乌洛托品/(g/L)	5				3～5
硫脲/(g/L)		10	1～2		
若丁/(g/L)			5		
温度/℃	50～60	室温	60～65	75～85	80～95
时间	至锈除尽	至锈除尽	至锈除尽	至锈除尽	至锈除尽

三、磷化处理工艺

（一）磷化膜

经除油、除锈及清除其他污垢后，钢铁表面成为清洁干净的表面。为了进一步提高金属表面与涂层的结合力及防锈力，有必要进行磷化处理。钢铁表面层参与化学或电化学反应所形成的附着紧密的膜层，称为化学转化膜，磷化膜是化学转化膜的一种。

磷化处理是将钢铁件表面通过化学反应生成一层非金属的、不导电的、多孔性磷酸盐膜，这层多孔性磷酸盐膜称为磷化膜。磷化膜具有多孔性，涂料可以渗入到这些孔隙中，因而能显著地提高涂膜的附着力。此外，磷化膜又能使金属表面由优良的导体转变为不良导体，从而抑制金属表面腐蚀微电池的形成，有效地阻碍了金属的腐蚀，可以成倍地提高涂层的耐蚀性和耐水性，所以磷化膜已被公认为是涂层最好的基底。因此，磷化处理已成为涂装表面处理工艺不可缺少的一个环节。

（二）磷化处理的原理

钢铁件浸入磷酸二氢铁、磷酸二氢锰或磷酸二氢锌的酸性溶液中，与溶液在钢铁表面上发生化学反应，生成一层致密地附着在金属表面上的磷化膜。磷化反应过程为

$$3Zn(H_2PO_4)_2 \underset{\text{放热}}{\overset{\text{吸热}}{\rightleftharpoons}} Zn_3(PO_4)_2 \downarrow + 4H_3PO_4$$

或

$$3Mn(H_2PO_4)_2 \underset{\text{放热}}{\overset{\text{吸热}}{\rightleftharpoons}} Mn_3(PO_4)_2 \downarrow + 4H_3PO_4$$

由于钢铁制品是铁碳合金，在磷酸的作用下，Fe 和 FeC_3 构成无数个原电池，其中 Fe 为阳极，主要发生阳极溶解反应，同时也发生铁的化学溶解反应，使 Fe 溶解为 Fe^{2+} 离子进入溶液：

$$Fe \longrightarrow Fe^{2+} + 2e$$
$$Fe + 2H_3PO_4 \longrightarrow Fe(H_2PO_4)_2 + 3H_2 \uparrow$$

在钢铁件表面附近的溶液中 Fe^{2+} 离子浓度不断增高，当 Fe^{2+} 离子与 HPO_4^{2-} 离子、PO_4^{3-} 离子浓度大于磷酸盐的溶度积时，就会产生沉淀，在工件表面沉积出来形成磷化膜：

$$Fe(H_2PO_4)_2 \rightleftharpoons FeHPO_4 \downarrow + H_3PO_4$$
$$Fe + Fe(H_2PO_4)_2 \rightleftharpoons 2FeHPO_4 \downarrow + H_2 \uparrow$$
$$3FeHPO_4 \rightleftharpoons Fe_3(PO_4)_2 \downarrow + H_3PO_4$$
$$Fe + 2FeHPO_4 \rightleftharpoons Fe_3(PO_4)_2 \downarrow + H_2 \uparrow$$

FeC_3 为阴极，主要发生析氢反应或氧的阴极还原反应：

$$2H^+ + 2e \longrightarrow H_2 \uparrow$$
$$O_2 + 4H^+ + 4e \longrightarrow 2H_2O$$

综上，在钢铁表面发生的磷化反应主要为

$$3Zn(H_2PO_4)_2 \underset{\text{放热}}{\overset{\text{吸热}}{\rightleftharpoons}} Zn_3(PO_4)_2 \downarrow + 4H_3PO_4$$

$$2Fe + 3Zn(H_2PO_4)_2 \underset{\text{放热}}{\overset{\text{吸热}}{\rightleftharpoons}} Zn_3(PO_4)_2 \downarrow + 2FeHPO_4 \downarrow + 2H_3PO_4 + 2H_2 \uparrow$$

$$(5-7-1)$$

$Zn_3(PO_4)_2$ 和 $FeHPO_4$ 为磷化膜的主要成分，称为混合结晶。

在钢铁件表面形成电化学反应，电子不断从阳极流向阴极，使阳极区的铁不断溶解，阴极区放出大量的氢气，这样使磷化液的氧离子浓度不断降低、溶液的酸性减弱、pH 值上升，同时溶液中 Fe^{2+} 离子浓度不断增大，使式（5-7-1）的平衡遭到破坏，向右移动，生成磷化膜和磷化下脚。整个磷化过程，平衡只是暂时的、相对的，基本形态则是不平衡。在磷化过程中，磷酸二氢锌不断被消耗，在钢铁表面上形成磷化层并产生下脚，到一定的时候要补充磷酸二氢锌并清除下脚，使磷化液能继续正常工作。

钢铁表面形成的磷化膜是闪烁有光、均匀细致、灰色、多孔和附着力强的结晶。结晶的大部分是磷酸锌，其余是磷酸氢铁。锌、铁的比例取决于溶液的成分、磷化温度与时间。适量的磷酸氢铁有利于增强与钢铁表面的附着力和防锈性。但过量的磷酸氢铁使贴近钢铁表面处的磷化膜中含磷酸氢铁较多，而在磷化膜的外表面则磷酸锌较多。

磷化质量在很大程度上取决于表面预处理的质量。工件表面残存的污垢、灰尘、氧化皮、锈等必须清除干净。

磷化膜是不溶性的非金属薄膜，经磷化处理后工件尺寸变化极小，对工件底材原有的抗拉强度、延伸率、弹性等力学性能均无影响。磷化膜虽在大气中有一定的耐蚀能力，但不宜久存，应及时进行涂装。

（三）磷化处理方法

工业土常用的磷化处理有以下几种不同的分类方法：

（1）根据所形成磷化处理剂的组成，可以分为铁盐磷化、锌盐磷化和锰酸磷化。

（2）根据所形成磷化膜的质量，可以分为重型、中量型、轻量型和最轻量型四类，或按磷化膜的厚度，可分为薄膜型和厚膜型。

一般来说，铁盐磷化材料所形成的磷化膜最薄，其膜重 $0.3 \sim 1.0 g/m^2$，属于最轻量型。锌盐磷化材料则根据配方的不同，可分别形成轻量型、中量型和重型磷化膜，其膜重在 $1.0 \sim 100 g/m^2$ 之间，膜厚可达到 $50 \mu m$。锌盐磷化材料用作涂层基底时，通常采用轻量型，膜重为 $1 \sim 5 g/m^2$，膜厚一般为 $3 \mu m$ 以下。锰盐磷化材料所形成的磷化膜则属于重型，其膜重一般超过 $10 g/m^2$。

（3）根据磷化处理施工方法的不同，可以分为浸渍和喷射两类。

1）浸渍法是将工件浸渍在磷化槽中，使磷化处理液在钢铁表面形成磷化膜。处理时要求将磷化处理液加热到规定的温度。浸渍法磷化处理时间较长。除需要传送装置外，还需要将工件在磷化槽内移动和进出的起重装置。浸渍法的主要设备是带加热装置的磷化槽，加热装置要求耐腐蚀。

2）喷射法是用泵将磷化处理液喷射到工件表面，借助机械冲力使磷化处理液在工件表面反应生成磷化膜。由于喷射的冲击力，使得喷淋法所需的磷化时间较浸渍法短，一般只需 $1 \sim 2 min$，而且磷化液的浓度也可低些，所生成的磷化膜结晶也较细，喷淋法有利于磷化膜结晶的生成。喷淋法的缺点是不适用于形状复杂或有封闭内腔的工件。因为封闭内腔的部位不能很好地受到磷化液的喷淋，反而容易造成锈蚀。采用喷淋法处理的另一个缺点是设备维护工作量较大，需要经常检查，疏通喷嘴。

一般来说，对于所有表面都可以喷到的工件，宜采用喷淋法，而对于形状复杂的工件，如汽车车身等，则倾向于采用浸渍法，或浸渍与喷淋相结合的方法。

另外，还有涂刷法磷化，将磷化处理液以手工的方法直接涂刷到工件表面，反应形成磷化膜。这种方法操作灵活，适应性强，特别适用于小批量生产的大型工件，或现场涂装的工件。新开发出来的锈蚀设备现场修复技术也常采用这种涂刷法磷化。

（四）磷化处理剂

1. 铁盐磷化材料

铁盐磷化所生成磷化膜的组成主要是磷酸铁。铁盐磷化处理的材料主要成分是酸式碱金属磷酸盐，如磷酸二氢钠、磷酸二氢铵等，所以铁盐磷化也可称为碱金属磷酸盐处理法。

铁盐磷化处理材料的组成中，除了含有酸式碱金属磷酸盐外，还含有碱金属的多聚磷酸盐，如三聚磷酸钠，以及催化剂和添加剂等。铁盐磷化主要用于涂层的漆前处理，它形成的磷化膜很薄，其膜重为 $0.3\sim0.5g/m^2$，很少达到 $1g/m^2$。铁盐磷化膜的组成是三价的磷酸铁与三价的氧化铁，其颜色从蓝色到褐色，并具有彩虹似的外观。

在磷化处理工艺上，铁盐磷化具有磷化反应速度快、处理时间短、处理温度较低，工艺容易控制的特点，磷化工件液的酸度低（pH 在 $4\sim5.5$ 之间）。对磷化设备的耐酸性要求不高，磷化药品消耗少，生产成本低，生成的磷化淤渣较少，设备容易维护。除此以外，还可以加入合成洗涤剂作为清洗-磷化二合一处理剂，从而可以简化磷化处理的工序和设备。但是由于铁盐磷化膜很薄，它的耐蚀性不及锌盐磷化，所以一般只用来处理对耐蚀性要求不高的部件。

2. 锌盐磷化材料

锌盐磷化是漆前处理用得最广泛的材料。作为快速磷化处理的锌盐磷化材料所形成的磷化膜，厚度一般在 $1\sim3\mu m$ 之间，是涂层的良好基底。它的主要成分是磷酸二氢锌、氧化剂。催化剂和一些添加剂。磷酸二氢锌可用氧化锌与磷酸配制。常用的氧化剂是硝酸盐，催化剂常用三聚磷酸钠、氟化钠等，其中以硝酸钠-亚硝酸钠体系用得最为普遍。由于被处理的底材。磷化工艺、所要求磷化膜厚度等不同，锌盐磷化材料又可分成许多不同的规格，以固体粉来或液体状态出售，市场上一般很少有配制好的磷化处理液商品，需由用户在使用前按配方自行配制。

3. 锰盐磷化材料

锰盐磷化材料的主要成分是马日夫盐，它是酸式磷酸锰与酸式磷酸铁的混食物。与锌盐磷化材料相比锰盐磷化材料的处理温度高，处理时间长，浓度大，所得到的磷化膜厚而疏松，不宜与涂层配套使用，故在漆前磷化处理时已不再使用锰盐磷化处理了。

（五）磷化处理液的组成与配制

常用磷化处理液的组成和工艺条件见表 5-7-7。

磷酸锌型的磷化处理液采用直接配制法。如用磷酸二氢锌为原料，应按配方计算各组分的用量，将磷酸二氢锌和硝酸锌分别用少量水调和，将调成糊状的磷酸二氢锌在不断搅拌下溶入 $40\sim50℃$ 的稀磷酸溶液中，然后将硝酸锌等组分溶入，最后加入余量的水。

表 5-7-7　　　　　　　　　　　　常用磷化处理液的组成和工艺条件

组成和工艺条件	磷酸锌型				磷酸锰型		
	厚膜型	中厚膜型	薄型膜		中厚膜型		薄膜型
	1	2	3	4	5	6	7
磷酸二氢锌/(g/L)	28～36	30～40	50～70	180			
磷酸锰铁盐/(g/L)					30～45	30～35	30～35
硝酸锌/(g/L)	42～56	80～100	80～100		100～130	80～100	60～80
磷酸/(g/L)	9.5～13.5			56			1
硝酸锰/(g/L)					20～30		
氧化锌/(g/L)				15			8～15
硝酸钠/(g/L)							4～5
亚硝酸钠/(g/L)			0.2～1				
磷酸二氢铬/(mL/L)			1～1.5				
601 洗涤剂/(mL/L)			30				
酒石酸/(g/L)			5				
总酸度/点	60～80	60～80	75～95		85～110	50～70	40～60
游离酸度/点	10～14	5～7	4～6		6～9	5～7	0.8～1.9
温度/℃	92～98	60～70	15～35		55～70	60～70	18～32
处理时间/min	10～15	10～15	20～40		10～15	10～15	20～30

为降低成本，也可以氧化锌为原料直接配制。先用水将氧化锌调成糊状，在不断搅拌下缓慢加入同容量的稀磷酸中制成磷酸二氢锌，然后再加入硝酸锌等其他组分，最后加入余量的水。

配制磷酸锰处理液时，可将计算用量的磷酸锰铁盐单独溶于 60～70℃ 的温水中，水量为总体积酌一半左右，加热到 80℃ 保持 10min 以上，等溶液澄清后，再移入磷化槽内，加入余量的水。还可以根据磷化材料适用的底材不同（如钢铁、锌或铝等）、处理温度的不同（如低温磷化、中温磷化、高温磷化）和所用催化剂种类的不同（如亚硝酸钠、氯酸钠、过氧化氢）等有各种不同的配方组成，故工业上磷化处理材料品种繁多，应根据使用情况加以选择，必要时还应通过试验结果来选择适宜的磷化剂。

（六）影响磷化工艺的因素

1. 磷化液浓度的影响

磷化液中磷酸二氢盐的浓度对磷化反应的影响极大。通常，磷化液中磷酸二氢盐占 4%～5% 时，磷化质量较好、浓度过低或过高都会影响质量，因必须控制磷化液的浓度。

磷化液的浓度，实际上是以磷化液的总酸度和游离酸度来表征的。磷化液的酸度是以酸碱滴定法测得的，以"点"为单位。取 10mL 工作液，加入 50mL 二次蒸馏水，以甲基橙为指示剂，用 0.1mol/L NaOH 标准液滴定至终点，所消耗的标准液的毫升数即为游离酸度；当以酚酞为指示剂，滴定至终点时，消耗的 0.1mol/L NaOH 标准液的毫升数即为总酸度。

总酸度反映的是磷化液的浓度，控制总酸度的意义在于使磷化液中的成膜离子的浓度保持在一定的浓度范围内。总酸度过低，反应缓慢，且膜层厚而粗糙，甚至不易成膜。提高总酸度，磷化反应的速度加快，且形成的磷化膜薄而细致。总酸度过高，会使膜层过薄，反应时生成的残渣量也会增大。随着磷化工件数量的增多，总酸度会不断消耗而降低，及时补加磷化粉或浓缩液，对于保持总酸度在合理的工艺范围内十分必要。总酸度过高时，可加入氧化锌来调整；总酸度过低时，可加硝酸锌来调整。

　　游离酸度反映磷化液中游离 H^+ 的含量，控制游离酸度的意义在于控制磷化液中磷酸二氢盐的离解度，把成膜离子浓度控制在一个合适的范围内。游离酸度过高，反应过于激烈，产生的氢气泡过多，阻碍了磷化膜的形成，使磷化膜粗大、疏松、易泛黄、耐蚀能力差。游离酸度太低，磷化反应速度缓慢，磷化膜难以形成，溶液中沉淀增多，膜呈浮粉状，有挂灰。当游离酸度过低时，可加入磷酸或固体磷酸二氢锌来提高磷化速度；当游离酸度过高时，可加入氧化锌或碳酸锰来校正。

　　单独看游离酸度和总酸度并没有实际意义，必须将两者结合起来考虑，即磷化液酸比，可通过下式计算：

$$磷化液的酸比 = \frac{游离酸度（点）}{总酸度（点）}$$

　　一般来说，酸比越高，磷化膜越细、越薄，但酸比过高时，反应速度过快，磷化膜来不及形成，因而磷化液沉淀多；酸比过低时，磷化膜结晶粗大，疏松。磷化液的酸比一般控制在 $1:7 \sim 1:16$。

　　金属离子浓度对磷化反应的质量影响很大。金属离子浓度稍低时，生成的磷化膜过薄，甚至不能成膜。Fe^{2+} 离子浓度对磷化膜的质量影响较大，Fe^{2+} 与 Zn^{2+} 或 Mn^{2+} 的比值要控制好。在以磷酸二氢锌为主体的磷化液中，金属离子的浓度之比为 $Zn^{2+} : Fe^{2+} = 7:3$；在以磷酸二氢锰为主体的磷化液中，金属离子浓度的比值为 $Mn^{2+} : Fe^{2+} = 9:1$。

　　随着磷化工件的不断增多，磷化液的浓度不断减少，当浓度小于一定值时（用滴定总酸度和游离酸度来测定），就需要对溶液进行调整，补充有效成分，以保证工件的磷化质量。

　　2. 温度的影响

　　磷化处理温度与酸比一样，也是成膜的关键因素。不同配方的磷化液都有适宜的工作温度范围，其实是控制着溶液中成膜离子的浓度温度升高，磷酸二氢锌的离解度大，成膜离子浓度相应得到提高，酸比也随之上升，这是因为磷酸二氢锌离解时释放出 H^+：

$$3Zn(H_2PO_4)_2 \longrightarrow Zn_3(PO_4)_2 + 4H_3PO_4$$

　　由上式可知，温度提高在酸比上升的同时也产生了磷酸锌沉淀，造成磷化液有效成分的损失。而且上述反应是不可逆的，即再降低温度时酸比并不会下降。因此当确定了磷化液的配方后，就必须严格控制温度在其工艺范围内。温度过高，使磷化液失去原有平衡，产生大量不必要的沉渣，浪费磷化液中的有效成分。温度过低，成膜离子浓度总达不到浓度积，不能生成完整的磷化膜。对于同一配方的磷化液，温度越高，磷化膜越厚，耐蚀性提高。但温度过高时，工件表面磷化膜质量降低并易附有灰尘和微粒，影响工件涂装后涂膜的附着力。温度过低时，反应速度减慢，磷化膜成膜不充分，结晶颗粒大，耐蚀性低。

从减少沉渣、稳定槽液、保证质量来看，磷化液的温度变化越小越好。

3. 时间的影响

各个配方的磷化液都有规定的工作时间范围。通常磷化膜的厚度随时间延长而不断增厚。时间过短，成膜量不足，不能形成致密的磷化膜层，时间过长，由于磷化膜结晶在已形成的膜上继续生长，可能产生有疏松表面的粗厚度。磷化时间与工件的性质、工件表面状态、磷化液的浓度和磷化液中有无促进剂等都有密切的关系。

4. 促进剂的影响

促进剂是磷化液必不可少的成分，尤其是低温磷化处理液，如果没有促进剂，磷化将失去意义。磷化液中的促进剂，主要是指某些氧化剂。氧化剂是作为阴极去极化剂而在磷化配方中采用的一种化学反应型的加速剂。氧化剂的主要作用是加速氢离子在阴极的放电速度，促使磷化第一阶段的酸性腐蚀速度加快，因此可以称为金属腐蚀的催化剂。当金属表面接触到磷化液时，首先发生以下反应：

$$Fe + 2H^+ \longrightarrow Fe^{2+} + H_2 \uparrow$$

这个反应能够消耗大量的氢离子，促使固液界面 pH 值上升，进而促使磷化液中的磷酸二氢盐的三级离解平衡右移，使锌离子浓度和磷酸根浓度在界面处达到溶度积而产生沉淀并成膜。如果不添加一些有效物质，阴极析出的氢气发生滞留会造成阴极极化，使反应不能继续进行，因而磷化膜的沉积也不能连续下去。因此，凡能加速这个反应的物质，必能加速磷化。氧化剂正是起着阴极去极化的作用而加速反应。

常用的氧化剂有硝酸盐、亚硝酸盐、双氧水、溴酸盐、碘酸盐、钼酸盐、有机硝基化合物、有机过氧化物等。最常用的主要是硝酸盐、氯酸盐、亚硝酸盐。

单独使用硝酸盐作氧化剂时，不能将二价铁完全氧化成三价铁，使溶液中二价铁离子浓度累积升高，影响磷化膜的生长速度。因此，硝酸盐不能单独使用，而是与亚硝酸盐或氯酸盐等配合使用。但是，亚硝酸根、氯酸根的氧化性太强，如果用量过多，会使钢铁表面发生钝化，阻碍磷化反应的进行。因此必须加入适量的亚硝酸盐或氯酸盐。

亚硝酸盐的缺点是在酸性磷化液中不稳定，容易分解，需不断补充，否则磷化膜极易发黄。亚硝酸盐分解产生的酸性气体易使未磷化的湿工件生锈。氯酸盐虽然不能产生酸性气体，在酸液中也稳定，但是它会还原成氯离子。氯离子在槽液中积累，若随后的水洗不充分，使氯离子留在工件上，会带来很大的后患。一方面污染电泳槽液，另一方面留在涂层下，会加快腐蚀速度。过氧化氢的还原产物是水，不会对磷化液产生不良影响。过氧化氢使用的浓度很低，为 $0.01 \sim 0.1g/L$，但是它在酸中更不稳定，控制要求很高。

此外还有有机氧化还原剂，比如蒽醌类衍生物。从原理上看，这是一种不消耗的可以循环使用的加速剂，它只起氧化载体的作用，利用其氯化性，醌先与磷化第一阶段产生的氯气作用，自身被还原成酚，再用强制方法使磷化液与氧气接触，发生氧化反应，又恢复成醌，同时给予磷化膜形成时必要的氧化电势。目前工业生产中常用的是硝酸盐、亚硝酸盐、氯酸盐、有机硝基化合物、双氧水的不同组合。硝酸盐、氯酸盐、有机硝基化合物等在磷化液中都较稳定，除定期抽查外，一般不进行日常检测，而亚硝酸盐则需随时检测。亚硝酸盐浓度不足时，会立即反映在磷化膜表面泛黄生锈。

5. 杂质的影响

磷化液中渗入杂质会影响磷化膜的形成和磷化膜的防锈能力，其中以 SO_4^{2-} 和 Cl^- 影响最大。磷化液中硫酸的含量不能超过 $3g/L$，盐酸的含量不能超过 $5g/L$。二价铜离子和油脂的混入也会影响磷化膜的质量。

6. 底材的影响

待磷化处理的底材对磷化膜的质量也有明显的影响。有时在完全相同的磷化处理过程中会发现磷化膜的晶体结构和耐蚀性不一样。这是因为钢铁中含有的微量的杂质，如铜、铝、砷、锑、锡或铅等造成的。这些杂质会对磷化过程中的侵蚀作用产生影响，有的杂质能够促进磷化反应，如铜；而有时则会抑制磷化膜的形成，如铝。

即使组成相同的底材，表面状态不同也会影响磷化膜的质量，这种影响可归纳为以下几方面：

(1) 表面碳的污染。钢铁表面碳污染对磷化处理非常不利，会使磷化膜质量变差。碳浓度大的钢板耐蚀性差，碳浓度高的部位，磷酸锌结晶不能析出，造成磷化膜产生缺陷，盐雾试验早期会起泡和剥落。

(2) 表面氧化膜。钢铁表面氯化膜的厚度直接影响磷化质量，用偏光分析氧化膜与耐蚀性之间的关系后发现：氧化膜厚度小于 $16nm$ 时最佳。氧化膜过厚则耐蚀性差，当出现蓝色的氧化膜时，常常磷化不上。

(3) 表面结晶方位。有报道称，改变钢板加工条件，如热处理温度，钢铁表面会有不同的结晶方位，而结晶方位的不同又影响着磷化性。实验认为在有氧化剂存在时比其他结晶方位有较大的溶解度，这有利于磷化反应第一步骤——酸蚀的反应过程，无疑也有利于整个磷化过程。

(4) 组成元素在表面浓化的影响。由于热力学和金属物理学方面的原因会使冷轧钢板组成元素在表面浓化，在不同的热处理条件下将出现锰或者磷的表面浓化。当锰浓化高时，磷化反应良好；另外，磷的浓化将延迟晶核的形成和生长，反应性变差，浓化的磷的氧化物，推迟了铁的溶解，使磷化性降低。而表面的锡、铝、钛、铬、铅等会使磷化结晶粗大，造成耐蚀性下降。

为此，在对磷化药品进行以上试验时，一定要采用相同的底材。

(七) 磷化膜的质量检验

磷化膜的质量检验包括外观检查、耐蚀性检查、厚度和质量检查，以及磷化膜上涂漆后涂层性能检查。

1. 外观检查

外观检查采用目测法，用肉眼观察制件上磷化膜，应为连续、均匀和致密的晶体结构，呈灰色或灰黑色，表面上不应有沉淀物附着，也不应留有未磷化的残余空白或锈迹。由于前处理方法和效果不同，允许出现色泽不一的磷化膜，但不允许呈褐色。

磷化表面有可能出现轻微的灰尘和露底现象，但不允许附着浮渣或影响漆膜附着力的游离磷酸盐。

2. 耐蚀性检查

耐蚀性为磷化膜的一项主要性能，其检查方式分为浸渍法和点滴法两种。

（1）浸渍法是指将磷化后的样板浸入到 3‰ 的 NaCl 溶液中，2h 后取出，表面无锈迹为合格。出现锈迹时间越长，表明磷化膜的耐蚀性越好。

（2）点滴法是指在室温下，将试液点滴在磷化膜上，观察其变色时间。磷化膜的厚度不同，完成变色所需时间也不同。其中变色时间如下。

1）厚磷化膜：>5min。

2）中等厚度磷化膜：>2min。

3）薄磷化膜：>1min。

点滴法所用试液组成是：0.25mol/L $CuSO_4$ 40mL；10‰ NaCl 20mL；0.1mol/L 盐酸 0.8mL。

3. 厚度和质量检查

磷化膜的厚度检查可用非磁性测厚仪，也可用横向切片，在精度为 ±0.3μm 的显微镜下测出磷化膜厚度。

磷化膜质量测量是将样板上的磷化膜剥除前后称量。用精度为 0.1mg 的分析天平称量，按样板面积，计算磷化膜单位面积的质量。重复以上检查，取测量结果的平均值。

（八）磷化后处理

磷化后处理包括水洗、钝化和干燥三个工序，这些工序也能影响磷化膜的质量，必须予以重视。工作经过磷化处理后一定要彻底清洗掉磷化膜上残留的可溶性盐，否则在湿热条件下将引起涂层的早期起泡，那样不但没有起到防腐蚀作用，反而会加速腐蚀。磷化膜是一种多孔性的膜层，再细致的磷化膜都会有少数孔隙，即使将磷化膜清洗得很干净，也存在裸露底材金属的现象，因此裸露的底材金属容易发生腐蚀而影响到磷化膜的耐蚀性。钝化处理就是通过填充磷化膜孔隙有效地提高磷化膜的耐蚀性。磷化膜可以在含有 Cr^{6+} 和 Cr^{3+} 的弱酸性钝化液中进行钝化处理，使裸露的底材金属形成一层钝化膜。同时由于 Cr^{6+} 被还原为 Cr^{3+}，并与孔隙中残留的 PO_4^{3-} 反应生成 $CrPO_4$ 沉淀而填充孔隙，会使钝化后的磷化膜孔隙率大大降低，从而提高了磷化膜的防护性。由于铬酸钝化液在排放时会引起严重污染，多采用氧化锆或有机聚合物作为钝化剂，也可以取得与含铬钝化剂相当的钝化效果。

试验证明，锌盐磷化膜在 120~160℃烘干 5~10min 后，其耐蚀性会大大增加。这是因为磷化膜组成为 $Zn_3(PO_4)_2 \cdot 4H_2O$ 与 $FeZn_2(PO_4)_2 \cdot 4H_2O$，在 120~160℃烘干时，会失去两个结晶水，从而使磷化膜孔隙率降低，锌盐磷化膜经过这样的烘干处理甚至可以取消锈化工序。但是，由于铁盐磷化膜的耐蚀性较低，一般倾向于不取消钝化工序。如果磷化处理后湿工件既不钝化，又不烘干，直接进入电泳槽，磷化膜的耐蚀性往往要受一定的影响。对于锌盐磷化后进行电泳涂漆的工艺来说，不钝化就应该进行烘干，不烘干就应该进行钝化，两者只能省去其中一个，而对于铁盐磷化来说，则两者都不可以省去。

（九）磷化的发展趋势及其要求

磷化的发展趋势是薄膜化、综合处理化和低耗能。具体的要求如下：

（1）磷化膜的膜重控制在 1.2~2.4g/m²，主要依靠磷酸锌型磷化处理剂。对于与电泳漆配套的磷化膜，不仅要求薄膜化，还要求磷化膜的导电性好，使磷化膜在电泳中减小溶解，维持电泳槽液的稳定，以提高电泳漆膜的耐蚀性。

（2）将磷化与除油合并为除油-磷化二合一综合处理，或都将磷化与除油、除锈合并为除油-除锈-磷化三合一综合处理，以合并处理工序和缩短涂装施工周期。

（3）降低磷化处理液的工作温度以减少能耗，并要求缩短磷化处理时润，磷化处理液稳定，检测管理方便。

（4）磷化处理液沉渣少，排渣少，排放后易于治理，不污染环境，处理液配制的组分成本低，来源充沛。

第八节　铝及铝合金的表面预处理技术

一、铝及铝合金表面处理工序

在铝及铝合金的底材表面漆膜的附着力不强，必须经过表面处理，形成一层转化膜。这不仅提高了漆膜的结合力，而且使耐蚀性能大大提高。

铝及铝合金产品在加工过程中必然会沾有油污，由于本身有自然氧化存在，所以表面处理包括以下几个工序：碱洗→水洗→去除氧化皮→水洗→转化处理→热风干燥。

二、铝及铝合金表面化学除油

1. 碱洗的作用

碱洗的作用是清除铝及铝合金表面的油污；除去表面自然生成的氧化膜。

2. 除油液的配方及工艺条件

铝及铝合金清洗除油通常在专用的清洗液中进行，清洗液为碱性，也可用水剂清洗剂，其配方和工艺条件见表5-8-1。

表5-8-1　　　　　　　　铝及铝合金除油液的配方及工艺条件

主要组分及工艺条件	1	2	3	4
磷酸三钠/(g/L)	40~60		1.0~1.5	0.2
碳酸钠/(g/L)	40~50			0.1
硅酸钠/(g/L)	2~5			0.2
海鸥润湿剂/(mL/L)	3~5			
平平加/%		0.3		
664清洗剂/%		0.3~0.5		
三乙醇胺/%		0.3		
乳化油/%		0.01		
SP-1清洗剂/%				1
105清洗剂/%				1
处理温度/℃	70~90	50~60	60~80	室温
处理时间/min	3~5	2~3	5	3~4

应用碱液、水剂清洗剂时，除油方法主要是浸洗或喷洗。有些情况下用电解清洗，可布置在连续作业的前处理生产线上。如除油要求高，还可辅以超声波清洗，或几种清洗方法组合使用。除了上述化学除油液，还有有机溶剂如汽油、三氯乙烯、三氯三氟乙烷等也可用于铝合金制件的除油清洗。当选用的有机溶剂为除油清洗液时，除油方法主要是擦洗或浸洗。对于中小型制件可置于密闭容器内喷洗。应用三氯乙烯或三氯三氟乙烷时，宜用气相清洗，也可配合应用浸洗或喷洗。铝及铝合金经化学除油后，有时表面会留下一些表面缺陷，而且由于化学除油液的碱含量低，一般不能将铝及锅合金表面的自然氧化膜除去，因此在化学除油后还需进行碱洗，碱洗的方法是在 40~60g/L NaOH 水溶液中，在 50~60℃ 的温度下浸蚀 2h。经过碱洗后，铝及铝合金表面会残留一些腐蚀残余物，表面呈暗灰色，这时需进行出光处理，即在 300~500g/L 的硝酸水溶液中，在室温下快速浸渍一下，清除表面的浮渣。

三、去除氧化皮

铝合金制件表面的自然氧化膜或污点需要除去，对于轧制的铝合金制件可置于混合酸中，在 65℃ 下浸渍 1~3min，然后取出并在浓硝酸中浸泡 10~15s，再进行中和，冲洗干净。用于化学除氧化膜的混合酸的配方是：CrO_3 35g/L、H_2SO_4 172g/L，HF 5g/L。

对压铸和铸造铝合金制件的化学除氧化膜，可在硝酸中于室温下浸渍 10~15s，取出洗净，再放入 45g/L NaOH 溶液中在 60~70℃ 浸渍 10s；然后再置于 3 份硝酸与 1 份氯氟酸的混合酸中，在室温下浸渍 5s，洗净；再置于硝酸中浸渍 10~15s，冲洗干净。

四、转化处理

转化处理又称为氧化处理，即在铝及铝合金表面形成一层规则的多孔性的氧化膜，以提高漆膜的附着力。氧化处理主要包括化学氧化和电化学氧化（又称阳极氧化）两种。化学氧化处理比较简单，对于要求不太高的场合大多采用化学氧化处理，但对于要求高的场合采用阳极氧化更适宜。

化学氧化法包括碱性铬酸盐法、铬酸盐法、磷酸铬酸盐法和磷酸锌法，后两者更适用于铁、铝等不同金属组合的产品。

碱性铬酸盐法中的 M.B.V. 法的处理液典型配方是：碳酸钠 50g、铬酸钾 20g、蒸馏水 1L。铬酸盐法又可分为催化型和非催化型两种，非催化型处理液的基本组成是三氧化铬、氢氟酸和无机酸，配方是：三氧化铬 4g/L、重铬酸钠 3.5g/L、氟化钠 0.8g/L、用硝酸将 pH 值调节到 1.5。在非催化型中加入赤血盐，即为催化型，催化型铬酸盐法能加快氧化膜的形成。氧化膜的质量与底材成分、处理液的 pH 值、六价铬的浓度、处理时间、处理温度、搅拌情况、处理液中的杂质、清水清洗程度和氧化膜干燥情况等有关，清水清洗和氧化膜的干燥也很重要。清洗可避免上一工序的化学品带入下一工序而影响氧化膜的质量。

五、热风干燥

氧化膜形成之初，质软呈胶状，不耐摩擦，干后逐渐变硬，所以必须用热风加速干燥。热风的温度控制在 65℃以下，不宜超过此温度或加热过久，以免氧化膜失水而降低耐蚀性。

氧化膜虽不宜处于 65℃以上的温度，但漆膜烘烤温度远远高于此温度，但在漆膜下的氧化膜在漆膜烘烤温度下未曾发现过有任何不利的影响。

第九节　变电站接地网的腐蚀与防护

一、变电站接地网腐蚀因素

（一）接地网常用的金属材料

接地网都是以埋深为 0.6～0.8m 的水平接地体为主的地网。目前世界上普通使用的接地网导体材料是铜和钢，铜和钢接地网各有优缺点。

1. 铜

裸铜是欧美等发达国家和地区常用的接地网导体材料，我国这两年也有逐渐采用铜作接地网导体材料的趋势，如核电站。铜导体具有良好的导电性，并且相对于其他可能埋于地下的金属来说，铜是阴极，因此耐蚀性好。绝缘铜主要用于电缆导体的接地，但其热容量比裸钢小。铜接地网可能会与埋设于地下的钢结构。管道及电缆护层的铅基合金等形成电偶腐蚀，这将加重这些金属的腐蚀。

2. 钢

由于资源、经济等原因，钢是国内普遍使用的接地网导体材料。作为接地网材料，钢可以消除铜导体的副作用，但其电导率比铜低，使用时要求具有较大的截面。钢导体耐蚀性差。在土壤中易发生腐蚀现象。

为了延缓碳钢的腐蚀，可采用镀锌的措施。镀锌钢的价格比铜便宜，耐蚀性又比碳钢强，是一种适合我国情况的接地网材料。但是，镀锌钢表面锌层脱落可加速钢材的腐蚀，为保证镀层的牢固性应采用热镀的方式。

3. 铜包钢

国际上采用特殊工艺制成的电镀铜的钢导体，又称铜包钢，目前多用于杆塔、接地装置以及变电站的垂直接地极。铜包钢具有造价低、耐蚀性好的特点，但其加工工艺要求较高。

表 5 - 9 - 1 列出了不同材料的接地体埋在土壤中不同时间的腐蚀数据。

表 5 - 9 - 1　　　　不同材料的接地体埋在土壤中不同时间的腐蚀数据

材　料	失 重 百 分 比/%		
	1 年后	3 年后	7 年后
软钢棒	2.6	6.11	7.61
镀锌钢棒	1.5	2.4	2.2
电镀铜的钢棒	0.52	0.93	1.4

续表

材 料	失 重 百 分 比/%		
	1 年后	3 年后	7 年后
铸铁棒	0.68	1.2	1.9
不锈钢棒	0.2	0.53	1.4
铝棒	0.92	1.6	2.3
镁棒	6.3	—	25.0
锌棒	1.2	1.2	4.11
不锈钢包铜棒	0.29	0.63	0.87

（二）影响土壤腐蚀接地网的因素

接地网腐蚀是一种较为特殊的土壤腐蚀问题，与常规土壤腐蚀相比，具有两个明显的特征：①接地网材料存在电解腐蚀，而且电解电流值往往较大；②从接地网应该具有的功能来说，对其本身的要求也是一种矛盾的集合体（为了有很好的泄流功能，所用材料必须具有良好的导电功能；而从使用寿命的角度出发往往希望其与土壤之间具有很好的绝缘功能）。因此，接地网的腐蚀问题要比常规金属材料在土壤中的腐蚀行为更为复杂。

1. 土壤的孔隙度

从理论上讲，较大的孔隙度有利于氧的渗透和水分的储存，从而促进腐蚀的发生。但必须考虑的是，在透气性良好的土壤中也更容易生成具有保护能力的腐蚀产物层，阻碍金属的阳极溶解，从而降低腐蚀速率。因此良好的透气性不一定会加速金属的腐蚀。造成这种复杂情况的原因在于氧浓差电池、微生物腐蚀等因素。在氧浓差电池的作用下，透气性差的区域将成为严重的腐蚀区。

2. 土壤的含水量

土壤含水量对钢铁的电极电位、土壤导电性和极化电阻均有一定影响，此外它还将明显影响氧化还原电位、土壤溶液离子的数量和活度及微生物的状态。土壤中的含水量对腐蚀的影响大，虽然水分不直接参与腐蚀的基本过程，但它几乎影响其他所有涉及土壤腐蚀的因素，从而间接影响土壤的腐蚀。一般情况下，当土壤水分未饱和时，含水量越多，金属的腐蚀速度越快；但如果土壤的水分完全饱和时，则金属的腐蚀也难以发生。

3. 土壤的电阻率

土壤电阻率是目前研究最多的一个重要影响因素，它既是土壤导电性能的指标，也是土壤介质导电能力的反应，但它决不能等同于土壤腐蚀性。如果在地下金属腐蚀过程中起主导作用的是宏观腐蚀电池，尤其当腐蚀中的阴阳两极距离相隔较远时，那么此时土壤电阻率起主要作用；如果起主导作用的是微观腐蚀电池，阴阳两极处于同一位置，此时两者之间的土壤电阻是完全可以忽略不计的，起主要作用是另外的影响因素。当然在大多数情况下，土壤的腐蚀性可用土壤的电阻率来衡量，电阻率越小，腐蚀性越强。表5-9-2显示了土壤电阻率与土壤腐蚀性强度的关系。

表 5-9-2   土壤电阻率与土壤腐蚀性强度的关系

腐蚀性	碳钢的腐蚀率 /(mm/a)	电阻率/(Ω·m) （美国标准）	电阻率/(Ω·m) （苏联标准）
很大	>1	0~1	0~5
大	0.2~1	1~10	5~20
中	0.05~0.2	10~60	20~100
小	<0.05	>60	>100

4. 土壤的 pH 值

在土壤溶液中，氢离子总与土壤的组成成分之间处于一种化学平衡，因此土壤的 pH 值可用来表示土壤的酸碱性。一般情况下，pH 值较低的土壤，将显示较强的腐蚀性，从而引起腐蚀电位升高，腐蚀电流上升，腐蚀速率加快，氢的去极化速度也明显提高。当在某些特殊情况下，如土壤中含有大量有机酸时，其 pH 值虽然接近中性，但其腐蚀性依然很强。通常情况下，土壤 pH 值与土壤腐蚀性的对应关系，如表 5-9-3 所示。

表 5-9-3   土壤 pH 值与土壤腐蚀性的对应关系

土壤 pH	土壤腐蚀性强度	土壤 pH	土壤腐蚀性强度
>8.5	极低	5.5~7.0	中等
7.0~8.0	低	4.5~5.5	高

（三）接地网在土壤中的腐蚀机理

接地网埋入土壤中后，受土壤颗粒间存在的空气、水分和盐分等物质的影响，将发生化学或电化学腐蚀反应。腐蚀反应后的产物以锈层形式发展，逐渐成为层状，最终完全脱离接地网。不同土壤的腐蚀性相差很大，但接地网在土壤中的腐蚀一般属于电化学腐蚀，具体包括宏电池腐蚀、微电池腐蚀、杂散电流腐蚀及微生物腐蚀。

1. 宏电池腐蚀

在实际的生产中，人们虽然可以采取有效措施来防止几种电位不同的金属接触形成宏电池（电偶腐蚀），但由于土壤性质的差异，人们很难控制土壤不同部分及深度的氧浓度或其他成分的浓度差，而这种差异性直接导致浓差电池的形成。氧浓差电池是接地网发生宏电池腐蚀的主要形式，除此之外还有盐浓差电池、酸浓差电池和应力腐蚀电池等。

（1）氧浓差电池。当土壤结构或潮湿程度不同时，土壤介质中的氧含量就会有差别。此时与不同结构或湿度土壤接触的接地网金属，其对应的表面就会建立起不同的氧电极电位。缺氧区的电极电位低，而富氧区的电位较高，两者将构成腐蚀宏电池，从而造成缺氧区的接地网金属腐蚀加速。

（2）盐浓差电池。在盐碱地区，由于水盐运行的特点，使盐分在土壤剖面中的分布不均匀，从而造成盐浓度高的那部分接地网金属表面为阳极，而盐浓度低的那部分接地网金属表面为阴极，促进了阳极区的接地网金属腐蚀。

（3）酸浓差电池。当接地网处于不同酸度的土壤中时，由于土壤酸度与总酸度的差异而产生的腐蚀电池，此时位于酸度低处的接地网金属表面为阴极，酸度高处的金属表面则为阳极，阳极区的金属腐蚀速度加快。

（4）应力腐蚀电池。土壤中埋设的接地网，在冷弯变形最大的弯曲部位，由于低的拉应力将导致导体材料破裂，使接拖网导体发生严重的腐蚀。

2. 微电池腐蚀

微电池腐蚀是由于埋地金属材料在组成、结构、物理状态不均匀或表面膜不完整而产生的一种均匀腐蚀。相对于宏电池腐蚀而言，腐蚀电池中阴极两极相距仅数毫米或数微米。这种腐蚀形式对材料的破坏较小，而且也可人为估算金属材料的使用寿命。

产生微电池腐蚀的原因有以下几种：

（1）接地网金属化学成分不纯，钢材中除了铁元素以外还存在碳、硅及锰等合金元素和杂质。

（2）对金属进行压力加工或其他机械加工时，会不同程度地造成金属各部分显微级的形变及内应力的不均匀性，在土壤电解质溶液中，易形成微电池腐蚀。

（3）接地网金属表面的氧化膜存在不完整性，从而在膜孔处与完整处形成电化学性质的差异，形成微电池。

由于微电池腐蚀是一种均匀腐蚀，对材料的破坏较小，也可比较准确地估算金属材料的腐蚀速度，从而估算出金属材料的使用寿命。

3. 杂散电流腐蚀

杂散电流是指从正常电路漏失而流入其他部位的电流，其大小和方向具有很强的不确定性。杂散电流又可分为直流杂散电流和交流杂散电流。

（1）直流杂散电流。直流杂散电流主要来源于应用直流电源的大功率电气设备，如电气化铁路、有轨电车、外加电流阳极保护装置等。直流杂散电流能使接地网金属产生很快的腐蚀，通常比其他环境因素引起的腐蚀更为严重。这种电流流入接地网金属的部位，成为阴极而受到保护，相反电流流出的部位成为阳极而遭到电解腐蚀。以接地网常用的碳钢为例，在直流杂散电流流出的阳极部位发生铁的阳极溶解反应：

$$Fe \longrightarrow Fe^{2+} + 2e$$

铁在阳极电解腐蚀产生的 Fe^{2+} 与土壤中的 OH^- 和氧气发生化学反应：

$$Fe^{2+} + 2OH^- \longrightarrow Fe(OH)_2$$

$$4Fe(OH)_2 + 2H_2O + O_2 \longrightarrow 4Fe(OH)_3$$

由于以上反应，在阳极区的铁不断被溶解下来，最后变成氢氧化铁，使钢铁逐渐消耗。由电解造成的金属阳极腐蚀可以通过法拉第定律来计算金属的腐蚀量：

$$G = kIt$$

式中　G——金属的腐蚀量，g；

I——金属阳极区流出的电流大小，A；

k——金属的电化当量，g/(A·h)；

t——电流流出的持续时间，h。

铁的电化当量为 $1.042g/(A·h)$，可以计算出每安培电流流过阳极时，铁阳极每年的腐蚀量为

$$G = 1.042 \times 1 \times 365 \times 24g = 9127.23g$$

电解常导致接地网中某些部位出现严重腐蚀。

由电解造成的接地网材料的腐蚀，如果还伴随着氧气或氯气的析出，接地网金属的腐蚀还将进一步加剧。此外，阳极析氧反应还会使阳极周围溶液的 pH 值下降，引起土壤酸化。由于气体和离子在土壤中的扩散受阻，常使得阳极区周围的土壤腐蚀性越来越强。

（2）交流杂散电流。交流杂散电流主要来源于工作接地点的接地电流、电气设备故障漏电或地下电缆的漏电等。交流电通过接地网时也会使接地网产生腐蚀，交流腐蚀的机理要比直流腐蚀复杂。但一般认为在同样的电流下，交流腐蚀要比直流小得多。由于大电流通过接地网的时间并不长，所以交流腐蚀通常不予考虑。然而应该注意的是，低频交流电流的腐蚀要比高频交流电流的腐蚀严重。超低频谐波电流会加速接地网的腐蚀，应加以限制。

4. 微生物腐蚀

微生物的生命活动在一定程度上也会间接促使地下金属腐蚀行为的发生，并且这种腐蚀对金属材料的破坏是非常严重的，这种腐蚀行为称为微生物腐蚀。据报道，每年因微生物腐蚀造成的损失大约占金属腐蚀损失的 10%。

（四）接地网腐蚀的危害

接地网是电力系统电气装置为防止接地短路电流危及人身和设备安全而采取的安全措施，它对雷电、静电和故障电流起着泄流和均压的作用。接地网作为电力系统的交、直流设备及防雷设备保护接地，对系统的安全运行起着重要的作用，是保证变电站和电网安全运行的重要装置。长期以来，我国由于资源和经济方面的限制，接地网通常采用普通碳钢材料，即便采用了常规的镀锌处理，仍未能从根本上解决腐蚀问题。据调查，接地网一般在埋设后的 10 年内腐蚀，快的 3～4 年就开始腐蚀，这直接影响到接地网的使用寿命和电网的运行安全。

随着电网的不断发展，接地短路电流也随之增大，电力系统接地网中存在的问题逐渐显露，尤其是一些老变电站，当接地网被腐蚀后，或原来就没有满足热稳定要求的，在发生单相接地故障时，往往使接地网、设备、控制电缆等受到严重破坏。近年来，由于接地网的腐蚀或缺陷造成系统停运、设备损坏的案例时有发生。由于接地网的腐蚀和缺陷，使得接地网已经成为影响电力系统安全运行的重大隐患，同时也造成了大量的资源、人力和财务的消耗和浪费。目前变电站接地网的运行故障主要表现为接地网和接地体受到不同程度的腐蚀，部分接地体变脆、起层、松散甚至断裂，不能满足热稳定要求，以至变电站发生短路事故时高压窜入二次回路造成事故扩大。

（五）评价土壤腐蚀性的方法

为了快速而准确地评价土壤的腐蚀性，国内外不少科学工作者提出了许多根据土壤理化性质评价土壤腐蚀性的方法，试图通过已知的土壤理化性质指标，对土壤的腐蚀性作出评价。土壤的理化性质包括含水量、含盐量、电阻率、pH 值、总酸度等，这些因素或单独起作用，或几种因素结合起来共同影响金属材料在土壤中的腐蚀行为。目前常用的评价指标较多，根据指标的多少可分为单项指标法和多项指标综合法。

1. 单项指标法

（1）土壤电阻率。一般在相同情况下土壤电阻率越小，金属材料在土壤中腐蚀的电化学过程越容易进行。所以其腐蚀越强，但由于土壤类型和质地等性质的不同，电阻率与腐蚀性之间没有固定不变的简单规律。

（2）土壤湿度。土壤中的水分是使其成为电解质，构成电化学腐蚀电池的重要条件。其一般规律是：土壤腐蚀速度随着湿度的增加而增大，当湿度达到某一临界值时腐蚀速度达到最大值，极值点后再增大湿度，腐蚀速度又逐渐减小。

（3）土壤透气性。氧是金属材料土壤腐蚀阴极过程的主要去极化剂，而土壤中氧的供给和传输状况与土壤的透气性直接相关，透气性良好，氧含量高，阴极过程阻力就小，促使金属腐蚀阳极过程的进行，也可能在金属表面形成钝化膜。

（4）土壤盐分。土壤盐分对金属材料土壤腐蚀具有双重作用，一方面它对土壤介质的导电过程起作用，含盐量与湿度的交互作用决定着土壤的电阻率；另一方面它可能直接参与金属材料的土壤腐蚀过程，土壤中可溶盐的种类很多，通常有 Cl^-、HCO_3^-、CO_3^{2-}、SO_4^{2-}、K^+、Na^+、Ca^{2+}、Mg^{2+}、Al^{3+} 等。一般，阳离子对金属土壤腐蚀作用较小，易在金属表面形成不溶性沉积物保护层，抑制土壤腐蚀的电极过程。阴离子对土壤腐蚀影响较大，特别是 Cl^-，通过其吸附和穿透作用，破坏金属的钝性保护膜或是改变腐蚀产物的溶解性从而促进腐蚀阳极过程的进行，对局部腐蚀的发生和发展起决定性作用。

（5）土壤酸碱度。土壤的 pH 值对金属的土壤腐蚀过程有较大影响，在强酸性土壤中，氢的去极化作用直接影响腐蚀的阴极过程，随着 pH 值的减小，H^+ 的去极化作用增强，促进金属土壤腐蚀的阳极溶解过程，腐蚀速度增大；而在中性、碱性土壤中，氧的去极化作用占主导地位，土壤的酸碱度通过阴极过程形成的 OH^- 而影响阴极极化，同时 pH 值的变化还可能改变腐蚀产物的溶解度而影响阳极过程。此外，土壤酸碱度对金属土壤腐蚀的作用与土壤的水分状况紧密相关，低湿度土壤中的 pH 值的作用很小，而高湿度土壤中 pH 值的作用较大。

（6）其他因素。金属的土壤腐蚀还受到土壤的氧化还原电位、有机质含量、种类、地下水位、排水能力及温度、细菌、杂散电流等因素的影响。

单项指标虽然在某些情况下较为成功，但过于简单，经常会出现误判现象。实际上，没有一个土壤因素可单独决定土壤的腐蚀性，必须考虑多种因素的交互作用。因此，在评判土壤腐蚀性问题上又出现了多因素综合评判法。

2. 多项指标综合评价法

（1）Baeckman 法。该法综合了与土壤腐蚀有关的多项物理化学指标，包括土质、土壤电阻率、含水量、pH 值、酸碱度、硫化物、中性盐（Cl^-、SO_4^{2-}、盐酸提取物等）、埋设试样处地下水的情况、氧化还原电位等，评价方法是先把土壤有关因素分析作出评价，并给出评价指数，然后将这些评价指数累计起来，再给出腐蚀性评价等级。这种方法具有一定的实用价值，得到了国内外许多腐蚀工作者的肯定。但是，不同的土壤理化因素作用大小可能差别很大，同时考虑因素过多，在实际应用中很难收集齐全，而且有的因素的测量也十分不便，实用中该法的评价结果也并不理想。

（2）美国 ANSI A2115 土壤腐蚀评价法。该方法也是先对土壤理化指标打分，然后进行腐蚀性等级评价。但是这种方法没有区分微观腐蚀和宏观腐蚀，而且只针对铸铁管在土壤中使用时是否需用聚乙烯保护膜，在其他情况下未必可行。由于土壤本身的复杂性和对腐蚀影响的多因素交互作用，难以找出金属材料的腐蚀与土壤腐蚀性之间简单的相互关系。

显然，采用土壤理化性质难以准确地评判土壤的真实腐蚀性，而且土壤的理化性质随着不同季节、不同气候条件处于一个动态的变化过程中，因此，仅仅靠土壤理化性质得出的土壤腐蚀性对接地网的腐蚀影响只有参考意义，无法得出正确的接地网腐蚀状态。为此，必须对接地网的土壤腐蚀行为进行一个动态观测，并进行腐蚀状态的实时评估，以确保接地网安全，避免电力系统重大事故的发生。

二、土壤采样与理化性质测定

(一) 土壤采样与处理

土壤是一个群体，包括有机的和无机的，有生命的和无生命的，固相，液相和气相，同时土壤培面组成是土壤的性质之一，因此土壤是一个极为复杂而且极不均匀的群体。土壤的这个特性也给土壤样品的采集带来了很大的困难。为了使所取土样能客观出反映接地网金属所处的介质环境，应该按规范进行土样采集。

土壤采样方法如下：

(1) 根据现场勘察情况，对整个接地网所保护的区域进行分块，确定取样区块。

(2) 每个区块的取样点为 5 个，在相应的区块内，取样点呈"X"形分布。

(3) 土样的取样深度范围为 0.8～1.0m，一般参照常规接地网的埋设深度。

(4) 每个取样点的样品尽量以一大块的形式取回，样品中不能含有石块。

(5) 土壤分析与测试所需的土壤采样量不少于 15.0kg。

(6) 土样用可密封的塑料袋包装，贴上相应的标签，并写明采样地点及取样点、取样日期、采样深度、相应的编号和采样人等信息。

(7) 对土壤含水率、电导率等指标，应在取样后的 24h 内完成相应的分析和检测。

取回的土壤样品主要用于两部分的工作：①土壤理化性质的分析，为了保护分析的准确性，该部分的土壤样品必须进行预处理；②在实验室建立模拟现场的电化学测试装置，这部分土样必须密封取回，同时尽快在实验室建立相关的测试装置，并利用控温控湿箱模拟变电站的气候条件。

(二) 土壤样品预处理的目的

除了某些特定的测定项目，为了保证测试结果的准确性，一般要求对所取土壤样品进行预处理。预处理的目的如下：

(1) 挑出植物残茬、石块、砖块等，以除去非土样的组成部分。

(2) 适当磨细，充分混匀，使分析所称取的少量样品具有较高的代表性，以减少称样误差。

(3) 样品需要磨细，以使分析样品的反应能够完全和一致。

(4) 使样品可以长期保存，不致因生物活动而霉坏。

用于分析土壤理化性质的样品预处理包括风干、去杂、磨细、过筛、装瓶保存和登记等操作步骤。

(三) 土壤样品的预处理方法

1. 风干和去杂

从采回的土样中取出部分土样及时进行风干。其方法是将土壤样品放在阴凉干燥通风、无特殊的气体（如氯气、氨气、二氧化硫等）、无灰尘污染的室内风干，把样品全部倒在干净的木板或塑料布、纸上，摊成薄薄的一层，经常翻动，加速干燥。切忌阳光直接暴晒或烘烤。在土样半干时，须将大土块捏碎（尤其是黏性土壤），以免完全干后结成硬块，难以磨细。样品风干后，应拣出枯枝、植物根、石块等。若土壤中有铁锰结核、石灰结核或石子过多，应细心拣出称重，记下所占的质量分数。

2. 磨细、过筛和装瓶保存

进行物理分析时，取风干土样 100～200g，放在木板或胶板上用胶塞或圆木棍碾碎，放在有盖底的 18 号筛（孔径 1mm）中，反复筛多次，直到全部通过为止。不得抛弃或遗漏，但石砾切勿碾碎。留在筛上的石砾称重后须保存，以备石粒称重计算之用。同时将过筛的土样称重，以计算石砾的质量分数，然后将土样充分混合均匀后盛于广口瓶中，作为土壤颗粒分析及其他物理性质测定之用。

3. 登记

样品装入广口瓶中后，应贴上标签，记明土样号码、土样名称、土样地点、深度、日期、孔径、采集人等。瓶内的样品应保存在样品架上，尽量避免日光、高温、潮湿或酸碱气体等的影响，否则影响分析结果的准确性。

（四）土壤理化性质的测定

已有许多试验结果表明，土壤的理化性质与金属材料的腐蚀速度有直接的相关性。土壤理化性质的测定项目主要包括土壤种类、氧化还原电位、含水量、硫酸根离子含量、氯离子含量、pH 值、总盐度和有机质含量等，具体测试方法见表 5-9-4。

表 5-9-4   土壤理化性质的测试方法

土壤种类	氧化还原电位	含水量	氯离子含量 硫酸根离子含量	pH 值	总盐度	有机质含量
目测及感观法	恒电位仪	烘干失重法	离子色谱法 或化学法	pH 计	电导率仪测定	重铬酸钾 滴定法

（五）土壤电化学性质的现场测定

土壤电化学性质的现场测定结果可用于帮助实验室模拟测试装置的建设，用于大致判断土壤腐蚀的程度及有无杂散电流存在等，是一个重要的参考指标。

土壤的电化学性质包括：氧化还原电位、电阻率和电位梯度这三个重要指标。土壤的电化学性质可采用相应的土壤综合测试仪进行测定。

1. 氧化还原电位的测定

土壤的氧化还原电位（φ_h），作为反映土壤氧化还原状况及土壤通气性的重要指标沿用已久。它被广泛地应用于评估土壤的氧化还原状况。长期以来，国内外测定氧化原电位（φ_h）的常用方法是铂电极直接测定法。这种方法是基于铂电极本身难以腐蚀、溶解，而可作为一种电子传导者。当铂电极与介质（土壤、水等）接触时，它们之间将进行电子传递，最终在铂电极表面上建立平衡电位。

将铂电极和饱和甘汞电极固定在电极架上，并分别与恒电位仪的接线柱的相关端口相连。然后将两电极插入土壤或其他介质中，待仪器显示的数值稳定后（一般需要 10min

以上，一般在 5min 内的电位值变动不超过 1mV），即可从仪器上读出目标土壤相对于饱和甘汞电极的氧化还原电位。测试的重复次数要根据所要代表的范围和土壤均匀程度来确定，一般 5～10 次。在进行重复测定时，取出的铂电极要用水洗净，再用滤纸吸干，然后插入另一个点进行测定。在饱和甘汞电极需移位时，其前端盐桥（指与土壤接触的前端砂芯）应洗干净，并在氯化钾饱和溶液中稍加浸泡。

按上述操作步骤，在仪器上读出的电位值（$\varphi_{测出}$），是该土壤中可溶性氧化还原物质在铂电极上建立的电位（即土壤 φ_h）与饱和甘汞电极的电位值（φ_{SCE}）之差，故土壤氧化还原电位的绝对值即（φ_h）可用下式换算：

$$\varphi_h = \varphi_{测出} + \varphi_{SCE}$$

式中　φ_h——目标土壤氧化还原电位的绝对值，mV；

　　　$\varphi_{测出}$——恒电位仪上所示的数值，mV；

　　　φ_{SCE}——饱和甘汞电极的电位值，mV。

饱和甘汞电极的电位值可从相关书籍查得。

2. 电阻率的测定

土壤电阻率是影响地下金属构件腐蚀的一个重要的综合性因素，是土壤介质导电能力的反映。有人主张将土壤电阻率作为估计土壤腐蚀的基本标准，并把电阻率高的土壤腐蚀性定为弱，把电阻率低的土壤腐蚀性定为强。由此可见，土壤电阻率对于接地网腐蚀来说，是很重要的研究因素。

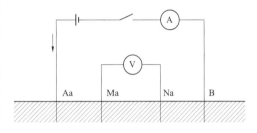

图 5-9-1　四极法测定土壤电阻率原理电路图

通常测定土壤电阻率的方法是四极法，其原理如图 5-9-1 所示。

具体测定土壤电阻率的步骤如下：

（1）将四支金属探针垂直等距插入土壤。探针插入土壤深度为 $<5\%a$（a 为每相邻两支探针之间的距离，应等于欲测土层的深度）。如 $a=1.0m$，探针插入土壤深度 $<5cm$。

（2）将测量土壤电阻率的仪器 ZC-8 接地电阻仪水平放置，检查检流计指针是否在中心线上，将仪器导线按顺序接在四根金属探针上。

（3）根据目标土壤电阻率的大小确定倍率标度，摇动电阻仪手柄，同时转动测量标度盘和倍率钮，当指针接近平衡位置时加快发电机摇动的速度，使摇动速度大于 120r/min，调整标度盘使指针指于中心线上，即可读数。

（4）在测量土壤电阻率的同时还要测量土壤的温度，以便对测试结果进行温度的补偿。

3. 电位梯度的测定

埋地材料经常会受到直流电的干扰，从而引发较为严重的电解腐蚀，电解腐蚀对金属材料的破坏作已引起人们普遍的重视和关注。对于如何判断直流干扰腐蚀，土壤电位梯度就是一个最为直观的指标，电位梯度即在土壤的两侧存在电位差，这种电位在空间上的变化就叫作土壤电位梯度。

通常土壤电位梯度有直角法和圆周法等测量方法。直角法在埋设管线处应用时在纵向和横向两个方法测定，纵向沿管线铺设方向测量，横向沿垂直管线方向测量。圆周法是以一支电极为圆心，另一支电极在圆周上根据需要按几等份测量，半径为两点间的距离，最后按矢量法求得地电流的方向。采用上述方法测量时，如电流经常变化或电位差值较大，说明这一地区有杂散电流存在，也可能是泄漏电流区。测试前要先测量两支参比电极间的电位差（一般来说两支参比电极电位差应小于±2mV）。然后将两支参比电极插入欲测土壤（间距 20～50m），如果土壤过于干燥可以加少量蒸馏水在电极与土壤接触处，再将两支参比电极串接在氧化还原电位仪上。仪器的选择钮拨至"mV"挡，即可测量土壤的电位差。两点间电位差除以两点间距离即为土壤电位梯度（单位为 mV/m）。

三、接地网腐蚀的测定方法

土壤是由固、液、气三相组成的复杂的不均匀的介质，金属材料在土壤中的腐蚀，虽然其腐蚀机理属电化学腐蚀，但其腐蚀行为比在通常介质中要复杂得多，因此研究方法具有某些特殊性和一定的困难。当金属与不同性质的土壤接触时，金属与土壤截面上就会形成不同的界面电位，金属的不同部位就存在电位差，并通过土壤形成回路，构成腐蚀电池。

金属材料土壤腐蚀速度最经典的测定方法就是试样填埋失重法，即将金属材料制成标准试片，然后填埋于一定深度的目标土壤中，经过相当长的一段时间（通常是 1 年）后，挖出试片，然后称重，根据金属试片的失重量换算成金属材料的土壤腐蚀速度。显然这种方法不但费时，而且得到的是一段时间内的平均腐蚀速度，无法得到实时的腐蚀信息。

为了快速而准确地测定金属材料在土壤介质中的腐蚀速度随时间的变化规律，近年来，相继发展了一些电化学测试方法，如极化曲线法、交流阻抗技术等。从而为深入研究土壤腐蚀机理提供了技术支持。

（一）填埋失重法

金属材料的土壤腐蚀速度测定中。常采用标准试样填埋失重法，它是所有其他测定方法的对照方法，以及评判测定方法是否有效的标准。

接地网设计、选材的依据一般是基于材料的导电性、耐蚀性、机械强度、焊接性、经济性及材料腐蚀对环境产生的影响等。目前常用的接地材料主要有碳钢、纯铜、铜包钢、镀锌碳钢等。将这些材料进行预埋试验，通过失重法和腐蚀电流的测定来评价上述材料在相应土壤中的耐蚀性（在填埋过程中，要注意将现场测试的试样与失重测试的试样分开）。

对预埋试样应按规范处理并进行现场填埋：

（1）预埋试样须为圆柱形，其直径为 10mm，长度为 50mm。

（2）预埋试样的一端，焊接 2m 铜导线引出地面。

（3）预埋试样两端和焊接点用绝缘材料涂封。

（4）预埋试样的填埋深度与接地网埋设深度一致。

（5）每座变电站的填埋件数不少于 3 块。

（6）相同材料之间每块试样之间的距离为 20mm，不同材料试样的距离必须大于 200mm 以上。

（7）预埋试样时，另取标准化金属试块一同填埋，在规定的时间后取出称重并进行相应的腐蚀行为表征。

（二）极化曲线法

极化曲线法是电化学测量中最基本的方法，也是研究电极过程动力学的最重要的方法。根据金属电化学腐蚀理论，测定金属电极的稳态极化曲线，通过数据处理测出极化电阻，可以分析腐蚀过程的控制机理。极化电流 $i_c = B/R_p$。

用极化电阻来划分腐蚀等级，在实际应用中仍是十分困难的，其原因主要有以下几方面的因素：①常数 B 不易测量，土壤种类繁多，土质及其理化性质变化很大，所得的极化曲线塔菲尔区并不明显，外推常会引起较大的误差；②计算得出的极化电流 i_c 为均匀腐蚀速度，而实际上局部腐蚀有很大的影响，极化电阻 R_p 只能反映腐蚀电位附近线性区的结果，因此 R_p 的测量仍无法满足土壤腐蚀测量的需要。

（三）交流阻抗技术

交流阻抗技术是在 1972 年由 Epleboin 等人提出的用于测量金属腐蚀的技术。1983 年 Scully. J. R 和 Bundy. K. T 联合首次将这一技术用于土壤腐蚀的研究。它是控制电极的交流电位（或控制电极的交流电流）按小幅度（一般小于 10mV）正弦波规律变化，然后测量电极的交流阻抗，进而计算电化学参数的方法，属于频率响应分析技术，抗干扰能力强，且不受土壤本身电阻的影响，因而这种技术对电极过程的影响很小。

由于实际体系的阻抗谱比较复杂，常有弥散效应和存在多个时间常数，关键是要建立能够描述所观察到的腐蚀电化学的等效电路，这不是在所有情况下都能达到的，加之土壤介质的复杂性，造成阻抗谱解析困难，而且该技术对仪器要求较高，使之在实际应用中受到限制。

（四）其他方法

另外，还有研究者采用测量对地电位（自腐蚀电位）、氧化还原电位等方法来测定对比金属材料在不同土壤中的腐蚀速率。这些方法对土壤环境无干扰，但是只能提供单一的与腐蚀有关的信息，与土壤的腐蚀速度关系也不密切，因此在实际应用中并不理想。

综上所述，尽管目前有许多研究提出了一些评定土壤腐蚀的方法和相关腐蚀速度的测定方法，但由于各地气候条件的不同，现有的测定方法在实际工作中很难体现相应的适用性和广谱性。因此，为了有效测定相关金属材料在目标土壤中的有效腐蚀速度，针对不同土壤类型和相关的气候条件，在实验室内有效地模拟各种常见金属材料在不同种类土壤中的腐蚀行为是问题的关键，即能稳定代表现场腐蚀速度的模拟装置是金属土壤腐蚀速度测定的关键。接地网的土壤腐蚀速度测定的完整过程应该包括标准试片的现场填埋、土壤采样及理化性质的测试、现场相关的电化学测试、实验室模拟测试、填埋试样的取回分析等步骤。

（五）填埋试样的处理及其相应腐蚀速度的计算

金属预埋试样腐蚀分析包括腐蚀试样及腐蚀产物的分析，是研究金属土壤腐蚀行为的一种重要方法。它可以提供各种土壤。对钢铁及其他金属材料腐蚀性的可靠数据。是对腐蚀产物的分析与研究，可以判断腐蚀过程的机理、类型及相关的速率控制步骤。另处，还可以判断基体中哪些合金元素产生优先腐蚀、影响腐蚀的环境因素、腐蚀产物对基体的保护性等。

不同金属材料有着不同的处理方法，三种金属材料（A3钢铁试样、纯铜试样和镀锌碳钢试样）可以分别采用以下的处理方式。

1. A3钢铁试样的清洗处理

首先用小的尖锤打下钢铁试样表面的锈蚀层，然后用金属丝刷子刷洗表面，最后按下面的方法处理。

（1）将试样放到盛有10％柠檬酸铵的搪瓷或玻璃容器中，在保持80℃左右的水浴锅中处理2~8h（视腐蚀程度而定）。若腐蚀产物仍未除净，可适当延长时间，直到所有腐蚀产物除净为止。试样去锈后，用自来水冲洗或放入清水中，用刷子刷净，然后用布擦干，放入烘箱（约105℃）烘干。

（2）处理完毕后，用感量为0.001g的电子秤称量清洗后的试样，详细记录试样质量。

（3）A3钢试样失重质量与平均腐蚀电流之间的换算公式为

$$i_c = \frac{2Fm}{60 \times 60 \times 24D \times 56S} \times 1000$$

式中　i_c——求算的腐蚀电流，mA/cm^2；

$\quad\quad$ 2——腐蚀反应中得失的电子数；

$\quad\quad$ F——法拉第常数，取96485C/mol；

$\quad\quad$ m——实验测得的试样失重质量，g；

$\quad\quad$ D——填埋实验进行的天数；

$\quad\quad$ S——填埋试样的表观面积，cm^2。

2. 纯铜试样的清洗处理

铜是一种腐蚀性较弱的金属，腐蚀试样处理起来比较方便。

（1）将铜试件放入5％硝酸和2.5％草酸的混合酸溶液中，直到腐蚀产物除净为止，时间约5min。

（2）上述处理完毕，用感量为0.001g的电子秤称量清洗后的试样，详细记录试样质量。

（3）铜试片失重质量与平均腐蚀电流之间的换算公式为

$$i_c = \frac{2Fm}{60 \times 60 \times 24D \times 64S} \times 1000$$

式中各个数字与符号的意义与上式完全相同，64为铜的相对原子质量。

3. 镀锌碳钢试样的清洗处理

（1）把试件浸入到10％~15％的氯化铵溶液中（70~80℃），约30min，取出试样在流水中清洗，用金属丝刷刷洗，若留有残余产物，可用刀子轻轻刮削，若未刮净，再进行重复处理。

（2）上述处理完毕，用感量为0.001g的电子秤称量清洗后的试样，详细记录试样质量。

（3）镀锌试样失重质量与平均腐蚀电流之间的换算公式为

$$i_c = \frac{2Fm}{60 \times 60 \times 24D \times 65S} \times 1000$$

式中各符号与数字的意义与上两式完全相同，65 为锌的相对原子质量。

通过以上试验室模拟测试，并与预埋试样的失重法测试结果对比，就可以得出接地网的腐蚀机理及在不同季节的腐蚀情况，为接地网的腐蚀状态评估提供了可靠的依据。

四、接地网的防腐蚀措施

（一）合理选材

材料本身的性能决定了材料的腐蚀速度。导体材料的选择既要考虑技术问题，如导体的热稳定性、土壤中的耐蚀性、导电性等，还要考虑经济性及材料来源是否充分等问题。因为在我国碳钢相对于铜来说价格较为便宜及来源广泛，可以普遍用作接地网材料。材料的大小必须考虑在系统中的任何点短路电流都不会熔断，材料的温升必须保持在一定的限度内，不仅是为了防止熔断，而且是为了减少其力学性能的破坏和由于温升而引起的腐蚀。

（二）设计和基建时严格把关

接地装置的埋设地点应选择土壤性质均匀的场所，尽量避开腐蚀性强、严重污染的场所，且应尽量避开透气性较强的风化石和沙石地带，如确实无法避开，则应设法改良接地装置周围的土壤。

接地装置用料多为钢材，在选择其截面时不仅要考虑热稳定要求，还必须按使用寿命考虑其经过腐蚀后还能够满足正常截面的要求。接地装置应严格按标准埋深，从而降低腐蚀速度。回填土一定要选用细土并夯实，不可使用碎石或建筑垃圾，否则会增加透气性而加快腐蚀。在腐蚀性强的地域，应采用圆断面的接地体。

（三）施加高效降阻防腐剂

在埋设接地网时，应填入腐蚀性较小的土壤。如果土壤腐蚀性较强，或防腐要求高，可采取在接地网周围使用高效降阻防腐剂的方式降低电阻。降阻剂不但可以降低接地网的接地电阻，还兼有缓蚀作用。如在酸性土壤中接地网的周围填充石灰石碎块可消除土壤对接地网的酸性腐蚀。施加高效降阻防腐剂具有以下优点：

（1）较低的电阻率，较高的吸水性和保水性，从而起到良好的稳定降阻作用。

（2）良好的耐蚀性和稳定性，对接地装置能起到良好的保护作用，并具备长效性。

（3）良好的冲击特性和均压效果。

（四）涂层防腐

在接地网材料表面涂覆耐蚀涂层是一种有效的防护方法。传统的涂覆材料为油漆，但漆膜的电阻率高，甚至是绝缘的，因此将大大提高接地网的接地电阻，甚至使接地网失效。近年来陆续有新型的导电防腐蚀涂料出现，在接地网材料上涂制导电防腐材料，可以防止腐蚀，使接地网使用寿命大大延长。选择防腐涂料时，首先要考虑涂层必须具有良好的耐蚀性能；其次要考虑必须具有足够的导电性，不会对接地网的接地电阻产生不利影响，使短路电流能够顺利地通过接地网流入大地。但要注意的是，涂层存在老化问题，需要定期复涂，同时还不可避免地存在漏涂、破损、针孔等缺陷，会导致局部腐蚀，因此在施工中必须对材料表面进行充分的表面处理，保证涂覆均匀而完整，从而增加了施工难度。

（五）阴极保护

通过对接地网进行持续的阴极极化，消除接地网表面的电化学不均匀性，使之变成一个大阴极，从根本上抑制电化学腐蚀的发生，从而彻底保护接地网。阴极保护是目前防止接地网腐蚀的最有效方法之一。

阴极保护可通过两种方法来实现，一种是牺牲阳极法，另一种是外加电流法。牺牲阳极法简单易行，无须维护，它是在被保护的接地网上连接电位更负、更容易腐蚀的金属或合金，如镁及镁合金阳极、锌合金阳极，靠阳极的腐蚀溶解达到保护阴极即接地网的目的。外加电流法则是利用外加直流电源，将被保护的金属与电源的负极连接，使之变成阴极而达到防止金属腐蚀的目的。这两种方法各有优缺点，具体的选择根据保护电流、土壤电阻率及现场的其他情况决定，但它们在接地网的保护中都有成功的应用。

如果将涂层防腐和阴极保护法结合起来使用，既可以弥补涂层防腐的不足，又可以减少阴极保护的电能消耗，是一个接地网保护的好办法。

五、接地线的防腐蚀措施

接地线是地面设施的接地端连接到接地网的导线，由于接地线长期暴露在空气中，而且导线由于传输电流温度会比环境温度高，空气中的水分、盐分等会对钢材料发生缓慢的腐蚀，特别是导线的钢芯和地线的钢绞线，长时间腐蚀会造成锈蚀甚至断裂，直接影响接地线的安全运行。

接地线的主要防腐蚀措施如下：

（1）采用耐蚀的材料制造接地线，目前普遍应用的有稀土铝钢芯铝绞线、铝包钢芯铝绞线等，另外还可采取不使用钢芯的铝合金线的方式避免腐蚀。

（2）对钢芯加涂防腐蚀涂料。防腐蚀涂料应具有优良的防腐性能，以抵御使用过程中的温度及周围环境条件的影响，其性能应具有较宽的使用温度、良好的耐蚀性、最小的水溶性和吸湿性、良好的成膜性和附着力、较强的稳定性。

（3）对钢芯铝绞线和钢绞线出厂前采取热镀锌方式进行表面防腐蚀处理，为了提高镀锌层的耐蚀效果，可以在镀锌中加入锡。目前我国正在研制钢芯镀铝技术，镀铝钢芯的耐蚀性优于常规镀锌。

第十节　杆塔架构镀锌层和电力电缆金属保护包皮的防腐蚀技术

一、杆塔架构镀锌层的防腐蚀技术

（一）热镀锌层对钢铁的防腐蚀作用

杆塔架构支撑起输电线路，通过基础直接固定在地面上。根据现有状况，目前国内主要有角钢塔、钢管杆、混凝土杆三类形式，其中角钢塔采用大量钢构件组成，钢管杆采用整块钢板卷制而成，混凝土杆采用钢筋混凝土预制而成。输电线路杆塔架构防腐保护性能的可靠性是影响线路长期安全运行的重要因素之一。杆塔结构件一般采用热镀锌防腐。

输电线路杆塔架构采用热镀锌防腐，可使杆塔钢结构获得较长的室外暴露使用寿命。热镀锌时，锌与钢铁基体之间发生扩散形成锌铁合金层，铁锌之间为冶金结合，比一般涂料结合更牢固，暴露在大气环境中的锌层数十年不会脱落。

镀锌层有小的裂纹或损坏时，锌将以牺牲阳极的形式使裂纹或损坏处的钢铁基体得到阴极保护，从而防止钢铁生锈，这是镀锌层比其他防腐蚀涂料层优越的地方。

锌属于两性金属，既能溶解于酸，也能溶解于强碱，所以热镀锌层只能适用于一般大气和天然水环境中。镀锌层在接触空气和水时，可产生轻微的电化学腐蚀。在乡村、丛林等空气洁净的地区，镀锌层能维持多年，而在工业污染区和沿海地区，镀锌层的耐用年限就要短得多。热镀锌层耐用年限与锌层厚度成正比，见表 5-10-1。

表 5-10-1　　　　　　　　　　　热镀锌层的耐用年限

地　区	镀锌量/(g/m^2)							
	400		500		600		600（无光）	
	腐蚀量/$[g/(m^2 \cdot a)]$	耐用年限/a	腐蚀量/$[g/(m^2 \cdot a)]$	耐用年限/a	腐蚀量/$[g/(m^2 \cdot a)]$	耐用年限/a	腐蚀量/$[g/(m^2 \cdot a)]$	耐用年限/a
重工业地区	40.1	9	40.6	11	40.1	13	18.1	30
海岸	10.8	33	10.9	41	10.8	50	11.5	47
郊外地区	5.4	67	5.2	86	5.2	104	5.2	104
城市地区	17.5	21	17.7	25	17.7	30	17.5	31

（二）镀锌层大气腐蚀机理

1. 大气主要污染物对镀锌层的腐蚀影响

大气主要污染物是 SO_2 和 NO_x。研究表明，NO_x 对镀锌层的腐蚀不明显，SO_2 对镀锌层的腐蚀是主要的，其腐蚀过程主要是 SO_2 湿沉降薄液膜下的电化学腐蚀过程。锌在高湿的 SO_2 气体箱中形成的腐蚀产物与锌在高浓度 SO_2 污染的自然环境中生成的腐蚀产生相似。SO_2 湿沉对锌腐蚀的影响要大于 SO_2 干沉的影响，且 SO_2 污染越重，锌腐蚀越严重，在一定 SO_2 大气浓度下，湿度是影响锌腐蚀的重要因素，即湿度越高，锌腐蚀越快。

不同地点、不同时间进行的暴露试验研究表明，环境温度、湿度与 SO_2 共同对锌腐蚀起作用，SO_2 污染是锌腐蚀的主要因素。工业城市大气以 SO_2 污染为主；沿海地区海盐粒子（氯化物湿沉）是主要污染因素；森林和热带雨林地区空气洁净，锌腐蚀属于潮湿的大气腐蚀。

通过观察处于工业大气污染严重的工业园区内的杆塔钢构件，发现不同的高度对钢材的腐蚀有影响，在地表的钢铁腐蚀率最大；在 1~9m 高度内的钢材腐蚀率明显下降；而在 9~25m 高度内腐蚀率的下降幅度已很小。这说明随着高度的增加，大气腐蚀的影响逐渐减弱。对试验区域主要污染物 SO_2 的监测结果表明，SO_2 浓度与材料腐蚀率成正比，地表 SO_2 浓度较大，9m 高度处浓度最小。虽然在 25m 高处的 SO_2 浓度最大，但在这样的高度风速远远大于地表的风速，有利于污染物漂流扩散，从而不易在杆塔上沉降吸附，因而腐蚀率远远小于地表。

2. 城市附近铁塔腐蚀观测结果

为了了解输电线路杆塔架构受大气腐蚀的影响状况，分别对运行 15～20 年的位于城区外围的 220kV 线路铁塔以及位于近郊区河道、农田、高速公路与城镇附近的 220kV 线路铁塔锌镀层状况进行了观测。观测结果表明，城区和公路附近铁塔镀锌层状况明显不如位于河道、农田区域的铁塔，说明大气污染物对铁塔镀锌层有显著的影响。

杆塔架构长期暴露在大气环境之中，不可避免地会发生明显的腐蚀效应。腐蚀结果就是角钢塔和钢管杆表面会出现锈蚀现象，金属层逐渐剥落；混凝土杆表面会出现纵向裂纹，杆上的铁包箍等附件锈蚀。杆塔架构的腐蚀严重威胁着输电线路的运行安全，因此必须采取严格的腐蚀监测和防护措施。

（三）钢构件的防腐措施

对于属于钢结构的角钢塔和钢管杆，目前采取的主要防腐蚀措施如下：

1. 加强铁塔监造、重视镀锌层质量

用户不能只重视外观整洁光亮，忽视镀锌层厚度要求，甚至忽略锌层厚度检查。有关研究表明，0.2% 的铝足以使镀锌层质量明显降低，造成大面积镀锌层达不到要求。所以，应该加强铁塔的监造工作，监造时要重视镀锌层厚度与镀锌层附着强度的检验。如条件允许，应对组装的铁塔的镀锌层厚度进行抽样检查。现在输电线路大跨越工程越来越多，铁塔高度高、结构复杂，在运行中不便检测腐蚀情况，修复和更换困难，故对于类铁塔钢结构件的镀锌层要提出了特别的要求。施工时更应进行铁塔钢结构件镀锌质量检查工作。

2. 在大气污染严重区域的防治措施

对跨越海岸地区、矿山、工业污染区等存在严重大气污染区域的输电线路，应根据局部环境下污染物对铁塔的腐蚀特点，采取铁塔防腐蚀措施。一般仍采用热镀锌防腐蚀，但应增加镀锌层厚度，保证铁塔镀锌层的耐蚀年限，并制定用于这些地区的铁塔钢结构件热镀锌质量标准，以便于铁塔的监造。

3. 运行过程中腐蚀的修复措施

铁塔处于大气环境中，腐蚀是不可避免的，镀锌层的耐蚀年限是相对于全面腐蚀而言的。然而，对铁塔威胁最大的是局部腐蚀，"千里之堤毁于蚁穴"，因此及时发现局部腐蚀现象并快速进行修复显得格外重要。由于铁塔腐蚀最严重的部位是铁塔的底部，因此运行一定年限后的铁塔表面可以喷涂防腐蚀涂料，重点是将耐蚀涂料涂覆在铁塔的底材上，使之不与腐蚀介质直接接触而免遭腐蚀。但在实际修复时，应根据防腐金属构件的性质和要求选择涂料的种类、品质和合理的材料及配比，以突出金属构件的特殊要求，避免涂覆材料本身及老化产物对设备安全运行带来不利影响，达到最好的使用及防腐蚀效果。

（四）钢筋混凝土杆的防腐蚀措施

对于属于钢筋混凝土结构的混凝土杆，目前采取的防腐蚀措施主要有：

（1）改进混凝土杆制造工艺，提高混凝土杆质量。采用高标号水泥以提高混凝土强度，在提高混凝土强度的同时减少壁厚，采用高温热养护以加速混凝土的硬化过程。在预应力混凝土杆的生产过程中做好预应力张拉控制，避免产生混凝土碱骨料反应。此措施是从源头抓好混凝土杆的防腐蚀基础，对今后运行过程中的耐蚀能力具有决定性的影响。

（2）对于处于强腐蚀地区的混凝土杆，可采取定制的方式，选用耐硫酸盐水泥或者高耐硫酸盐水泥制造混凝土杆。采用耐硫酸盐水泥的主要目的是解决混凝土的耐侵蚀性问题，其依据是在我国的工程地质勘查规范中，明确规定了侵蚀性指标及宜采用的水泥品种，最高等级就是采用高耐硫酸盐水泥。

（3）对混凝土杆表面采取涂沥青油膏的方式进行防腐处理。

（4）对混凝土杆上的铁包箍等金属附件，采取定期喷涂漆类防腐涂料的方式进行防护。

二、电力电缆金属保护包皮的防腐蚀技术

（一）电力电缆金属保护包皮腐蚀分析

电力电缆的绝缘层外面都设有保护包皮，也叫内护层。内护层必须能防水、防绝缘剂外流和机械损伤。电力电缆的保护包皮一般都用铅或铝制作。

电力电缆腐蚀一般指的是电缆铅包皮或铝包皮的腐蚀，可分为化学腐蚀和电解腐蚀两种。

1. 化学腐蚀

化学腐蚀的原因主要是电缆线路附近的土壤呈酸性或碱性，含有氯化物、有机物腐殖质及煤炼铁炉灰渣等，硝酸根离子和醋酸根离子是铅的强烈腐蚀剂，氯化物和硫酸对铝包皮极易腐蚀。氨水对铅包皮没有太大的腐蚀，但对铝的腐蚀较为严重。化工厂内腐蚀性介质较多，易引起电缆的化学腐蚀，必须加以重视。在通风不良、干湿变化大的地方，电缆容易受到腐蚀，特别是穿在保护管内的电缆。

埋设在地下的铝包电缆的中间接头是铝包电缆腐蚀最严重的部位。一般情况下，电缆制造厂对铝包电缆已有较充分的防腐结构，只要在施工过程中不损坏保护层，腐蚀情况就不存在。但在电缆中间接头处，在接头套与电缆铝包层焊接的部位，由于两种不同金属的连接形成了腐蚀原电池，在周围土壤、水等腐蚀介质的作用下，对铝包皮的腐蚀性很大。铝是一种较为活泼的金属，其标准电极电位与中间接头现用的其他金属材料比要低得多，因此当构成腐蚀原电池时，铝成了阳极，受到强烈的腐蚀。

2. 电解腐蚀

电解腐蚀的主要是由直流电车轨道或电气铁路轨道流入大地的杂散电流引起的。电缆外包皮是一种良导体，当电缆与电车轨道接近时，部分杂散电流流入电缆，沿电缆外皮流向整流站。杂散电流从电缆周围土壤流入电缆包皮的地带称为阴极地带，杂散电流由电缆包皮流至周围土壤的地带称为阳极地带。在阴极地带，如果土壤中不含碱性液体，电缆铅包皮不会有腐蚀的危险，但在阳极地带则铅包皮一定会发生腐蚀。

（二）防止电缆化学腐蚀的方法

（1）在设计电缆线路时，要进行充分的调查，收集线路经过地区的土料，进行化学分析，以判断土壤和地下水的侵蚀程度。如果电缆敷设在含有酸、碱等化学物质的土壤中或者敷设地点附近土壤含有这些物质时，应采取必要措施，如更换不良土壤，或者加强电缆的外层保护，将电缆穿在耐腐蚀的管道中。

（2）在已运行的电缆线路上，很难随时了解电缆的腐蚀程度。通常，在已发现电缆腐蚀的地点或在地下有电缆线路的地面堆有化学物品并有渗、漏现象时，可掘开泥土检查电缆并对泥土进行化学分析，根据表 5 - 10 - 2 所列的标准，确定其损害程度，并采取相应的补救和保护措施。

表 5 - 10 - 2　　　　　　　　　土壤和地下水的侵蚀程度标准

土壤和地下水的侵蚀程度		不侵蚀	中等侵蚀程度	侵蚀
侵蚀指标	pH	6.8～7.2	6～6.8 或 7.2～8	≤6 或≥8
	碱性/（mg/L）（KOH）	≤0.05	0.05～1	≥1
	土壤中的有机物/%	≤2	2～5	≥5
	硬度（用硬度数表示）	≥15	14～9	≤8
	SO_4^{2-}/（mg/L）	≥100	60～100	≤60
	CO_3^{2-}/（mg/L）	≤30	30～80	≥80
	NO_3^-/（mg/L）	—	≤0.05	>0.05

（3）对于室外架空敷设的电缆，每隔 2～3 年（化工厂内 1～2 年）涂刷一遍沥青防腐漆，对保护电缆外护层有良好的作用。

（三）防止电缆电解腐蚀的方法

电缆线路敷设在地下时，应注意防止附近杂散电流引起的电解腐蚀，一般可采取以下措施：

（1）减少流向电缆的杂散电流，在任何情况下，凡是电缆金属外皮与大件金属物体接近的地点都必须有电气绝缘；当电缆与电车轨道平行敷设时，二者距离不应小于 2m，若不能保持这一距离，电缆应穿在绝缘的管中敷设。

（2）在杂散电流密集地点应设有排流装置，并使电缆铠装上任何部位的电极电位不超过周围土壤电位 1V 以上。

（3）提高电车轨道与大地之间的绝缘，以限制钢轨漏电。

（4）加装遮蔽管。

第十一节　现场在线修复腐蚀钢铁件表面的新技术

一、常温"四合一"表面处理液

磷化处理是钢铁件表面涂装的必要预处理工序。磷化处理后既可以大幅度提高底材的耐蚀性，也可以提高漆膜的附着力。通常的一些钢铁件磷化处理的方法，无论是浸渍法，还是喷淋法，都必须在专用的设备中进行。对于现场修复来说，显然无法将这些设备运抵现场，然后进行处理，且现场修复时要求在不停电的情况下进行，因此设备需要在不拆卸下来的情况下进行修复，所以传统的磷化处理方法并不适用于电力设备的现场修复。

为此，一种免水洗的适用于现场涂刷操作的常温"四合一"表面处理液应运而生，它可以在现场直接刷涂处理，自然干燥后即在金属表面形成一层耐蚀性良好的磷化膜，该磷化膜与漆层的附着力良好，经修复后的设备又具有良好的耐蚀性，延长了设备的使用寿命。

(一)"四合一"表面处理液作用机理

1. 除油

电力设备上沾染的油污主要来自空气中飘浮的油滴或设备本身渗漏出来的油污，这些基本上是动植物油和矿物油等非极性物质。油污在钢铁表面形成油膜使得普通处理液无法与钢铁表面充分接触，因而无法正常进行表面处理，这层油污必须首先去除。在"四合一"处理液中加入合适的表面活性剂能显著降低处理液的表面张力，再加上多种表面活性剂的协同作用，使处理液具有良好的润湿、分散、乳化、增溶等效果，将钢铁表面的油污乳化成小油滴分散在处理液中，不再吸附在钢铁表面，使钢铁表面可以正常进行后续的表面处理。

2. 除锈

铁锈的主要成分是 FeO、Fe_2O_3、Fe_3O_4 等，"四合一"处理液含有较高浓度的磷酸，其总酸度和游离酸度比普通磷化液要高得多，这些铁锈在游离酸的作用下被除去，反应式为

$$FeO + 2H_3PO_4 \longrightarrow Fe(H_2PO_4)_2 + H_2O$$
$$Fe_2O_3 + 6H_3PO_4 \longrightarrow 2Fe(H_2PO_4)_3 + 3H_2O$$
$$Fe_3O_4 + 8H_3PO_4 \longrightarrow Fe(H_2PO_4)_2 + 2Fe(H_2PO_4)_3 + 4H_2O$$

由于除锈能力强的盐酸和硫酸不能成膜，还会对磷酸盐膜产生破坏作用，所以处理液中不含盐酸和硫酸，只含磷酸，而磷酸除锈能力不太强，对于重锈所需的除锈时间太长，不利于后续处理。为了加快除锈速度，通常在处理液中加入络合剂，使磷酸的除锈能力得到加强，即使在常温下也有很好的除锈能力。

3. 磷化

"四合一"处理液中含有 ZnO，它与磷酸作用生成可溶性的 $Zn(H_2PO_4)_2$：

$$ZnO + 2H_3PO_4 \longrightarrow Zn(H_2PO_4)_2 + H_2O$$

当处理液与锈蚀的钢铁表面接触时，磷酸与铁锈及铁基体发生化学反应：

$$Fe + 2H_3PO_4 \longrightarrow Fe(H_2PO_4)_2 + H_2 \uparrow$$

随着磷酸被消耗，钢铁表面与处理液的界面酸度降低，这些可溶性的金属磷酸二氢盐发生解析释放出磷酸变成磷酸正盐，而这些金属的磷酸正盐溶度积很小，从液相中沉积出来形成磷化膜：

$$3Zn(H_2PO_4)_2 \longrightarrow Zn_3(PO_4)_2 \downarrow + 4H_3PO_4$$
$$3Fe(H_2PO_4)_2 \longrightarrow Fe_3(PO_4)_2 \downarrow + 4H_3PO_4$$
$$Fe(H_2PO_4)_3 \longrightarrow FePO_4 \downarrow + 2H_3PO_4$$

铁基体也直接与磷酸二氢锌发生反应释放出磷酸。同时生成不溶于水的 $ZnFe(PO_4)_2$：

$$Fe + 5Zn(H_2PO_4)_2 \longrightarrow Zn_3(PO_4)_2 \downarrow + Zn_2Fe(PO_4)_2 \downarrow + 6H_3PO_4 + H_2 \uparrow$$

这些不溶于水的磷酸盐不断从液相中析出，沉积在钢铁表面，形成致密的磷化膜。由于在常温下操作，磷化反应速度慢，晶粒粗大，为了加快磷化速度并得到表面光滑细腻的

磷化膜，在处理液中还必须加入促进剂，起到细化晶粒，促进成膜的作用。

4. 钝化

为增加钢铁磷化处理后的防锈效果，解决磷化返锈问题，一般在磷化后都要进行钝化处理。常规的钝化处理多采用重铬酸盐或亚硝酸盐，会对环境造成污染。而"四合一"处理液则采用兼具缓蚀和钝化双重功能的钼酸盐或钨酸盐它们参与成膜反应，改变了磷化膜的结晶状态，生成致密的磷化膜，使保护的基体不至于发生过腐蚀现象，还提高了磷化膜的性能，使钢铁磷化后不再返锈。

（二）"四合一"表面处理液主要成分

由上述"四合一"处理液作用机理可知，常温"四合一"处理液的主要成分是磷酸、氧化锌、络合剂、促进剂、缓蚀剂和表面活性剂等。其中磷酸和氧化锌是磷化成膜的主要物质，是处理液的基础成分。处理液中的各种成分都会对磷化膜的质量产生影响。

1. 磷酸

磷酸是"四合一"处理液的主要除锈剂，在水溶液中磷酸可以发生三级电离，即

$$H_3PO_4 \overset{K_1}{\rightleftharpoons} H_2PO_4^- + H^+ \overset{K_2}{\rightleftharpoons} HPO_4^{2-} + 2H^+ \overset{K_3}{\rightleftharpoons} PO_4^{3-} + 3H^+$$

磷酸电离出来的 H^+ 是钢铁除锈的主要成分。由于磷酸是中强酸，含量太低，电离出来的 H^+ 不足以除去钢铁表面的铁锈，而含量太高，则可能会造成钢铁基体的过腐蚀，且最后无法成膜。虽然采用硫酸或盐酸除锈效果更好，且含量也可以低一点，但 SO_4^{2-} 和 Cl^- 却是磷化膜最有害的阴离子，无法转化为磷化膜的一部分，因而不能采用硫酸和盐酸作为除锈剂。通常磷酸的含量为 20%～30%，如果钢铁表面的锈蚀情况不严重，磷酸的浓度可以低一些。如果锈蚀很严重，也不建议直接采用"四合一"处理，而应该先用机械的方法除去严重的锈蚀产物，然后再采用"四合一"处理。

2. 磷酸二氢锌

磷酸二氢锌是主要的成膜物质，是锌铁系磷化膜。磷酸二氢锌的含量太低，难以形成完整的磷化膜，形成的磷化膜耐蚀性差，磷化后有返锈现象；磷酸二氢锌的含量太高，磷化膜的结晶粗大，外面不够细致，表面还会有挂灰和斑点现象。在配制"四合一"处理液时，一般并不是直接采用磷酸二氢锌，而是加入氧化锌，与磷酸反应生成磷酸二氢锌：

$$ZnO + 2H_3PO_4 \longrightarrow Zn(H_2PO_4)_2 + H_2O$$

"四合一"处理液的配方中，ZnO 的含量一般在 10～30g/L 之间。选用工业级 ZnO 时，必须选用纯度高的产品，注意产品的金属杂质含量，因为 ZnO 中的某些金属杂质可能会对磷化膜产生不利影响，如铜、铝等。

3. 氧化剂

磷化处理过程中，钢铁基体与磷酸发生反应会有氢气产生：

$$Fe + 2H_3PO_4 \longrightarrow Fe(H_2PO_4)_2 + H_2 \uparrow$$

析出的氢气泡会吸附在基体表面，阻碍磷化膜结晶的生长，从而造成磷化膜缺陷。加入氧化剂的目的是将氢气氧化为水，从而使其不会在基体表面吸附，保证磷化膜的正常生长。所以，各种磷化处理剂的配方中一般都加有氧化剂。常用的氧化剂有亚硝酸盐、硝酸盐、氯酸钠、过氧化氢、有机硝基化合物等，在这些氧化剂中亚硝酸盐具有致癌性，现倾

向于淘汰；过氧化氢不稳定，易分解失效，不耐储存；有机硝基化合物价格较高。因此，较为适宜的氧化剂是氯酸钠，但由于氯酸钠在还原时会产生氧离子，氯离子含量太高对磷化膜不利，所以氯酸钠的含量必须严格控制，不宜太高。氯酸钠一般使用量为 $1\sim5g/L$。

4. 促进剂

有些文献或专著中将氧化剂也称为促进剂，本书中促进剂专指能够促进磷化膜形成的重金属离子。在低温磷化液中促进剂是必不可少的，常用的促进剂有 Ni^{2+}、Cu^{2+}、Pb^{2+} 等。当处理液中存在这些离子时，基体铁优先与这些离子发生置换反应，相应重金属沉积在基体上，成为磷化膜形成晶核，促使磷化膜结晶细化，加速磷化膜的形成。在这些促进剂中，Cu^{2+} 的含量必须严格控制，一旦超过极限，就会变成有害物质，因为基体表面将形成一层疏松的置换铜层，从而形成附着力极差的磷化膜层，破坏磷化膜。Pb^{2+} 虽然危害并没有 Cu^{2+} 那样大，但铅污染太大，不利于环境保护。比较而言，Ni^{2+} 是最佳的促进剂，即使过量也不会对磷化膜产生不良影响，因此磷化处理液配方中，促进剂大多采用 Ni^{2+}，因而磷化液大多呈现浅绿色。Ni^{2+} 含量太高，对磷化膜影响并不大，但提高 Ni^{2+} 含量会增加磷化液的配制成本；过高的 Ni^{2+} 含量也会使磷化膜产生挂灰现象，影响后续漆膜的附着力，因此，Ni^{2+} 含量一般控制在 $0.5\sim3g/L$。

5. 钝化剂与缓蚀剂

磷化膜具有多孔性，为了减少磷化膜的孔隙率，提高磷化膜的耐蚀性，一般在磷化后都采用钝化处理。基于同样的目的，在"四合一"处理液中也要加入钝化剂，使磷化膜能够得到钝化处理，提高其耐蚀性。最常用的钝化剂就是 Cr^{6+} 或 Cr^{3+}。由于铬的污染问题又使人们不得不寻找其他代铬的钝化剂。由于"四合一"处理液具有酸性强的特点，因此不可避免地会发生基体金属过度腐蚀问题，尤其当基体表面锈蚀程度不一致时，基体金属将长时间地暴露在酸性介质中，为了防止过度腐蚀，一般需在处理液中加入适当的缓蚀剂。缓蚀剂一般是含硫或含氮的有机化合物，如硫脲、若丁、乌洛托品、三乙醇胺等。在磷酸溶液中，钼酸盐既是一种优良的钝化剂，又是一种良好的缓蚀剂。添加钼酸盐的磷化处理液，无需再添加含铬钝化剂和有机缓蚀剂。钼酸盐本身会发生酸性水解或与基体铁发生反应，生成不同价态的钼的氧化物，如 MoO_3、Mo_2O_5、Mo_2O_3 等：

$$MoO_4^{2-}+2H^+\longrightarrow MoO_3+H_2O$$
$$2Fe+6MoO_4^{2-}+12H^+\longrightarrow 2Fe(OH)_3+3Mo_2O_5+3H_2O$$
$$2Fe+2MoO_4^{2-}+H_2O+4H^+\longrightarrow 2Fe(OH)_3+Mo_2O_3$$

$Fe(OH)_3$ 干燥脱水形成 Fe_2O_3，Fe_2O_3 与这些钼的氧化物沉积在基体表面，填充了磷化膜的孔隙，提高了磷化膜的耐蚀性。从上述反应式可以看出，采用钼酸盐作为钝化剂的磷化膜层中 Fe_2O_3 含量要高些。由于不同价态的钼氧化物具有不同的颜色，因此磷化膜有时会呈现彩虹色。常用的钼酸盐为钼酸钠，也可用钼酸铵，采用钼酸铵可以得到颜色更为鲜艳的磷化膜。钼酸盐的用量一般为 $1\sim10g/L$。

6. 络合剂

磷酸为中强酸，在室温下除锈能力较弱，为了提高磷酸的除锈能力，一般需要加入合适的络合剂。同时，由于处理液中含有氧化剂，钢铁材料酸洗得到的 Fe^{2+} 极易被氧化为 Fe^{3+}，在"四合一"处理液的工作 pH 值范围内会水解成 $Fe(OH)_3$ 沉淀，从而产生浮渣，导致磷化膜上有挂灰现象。加入络合剂的作用是可以稳定 Fe^{3+}，使其不会立即水解产生 $Fe(OH)_3$ 沉淀，只是在随后的干燥成膜过程中，慢慢地转化到磷化膜中，从而得到性能优良的磷化膜。所以，络合剂的加入除了提高磷酸的除锈能力外，还起到促进成膜、细化磷化膜晶粒的作用。络合剂一般为含氧有机酸，如酒石酸、柠檬酸等，这些有机酸都对 Fe^{2+} 或 Fe^{3+} 离子具有良好的络合作用，其用量在 $10\sim30g/L$ 之间。

7. 表面活性剂

在现场修复的金属，其表面不可避免地会沾染各种油污，如果不将其除去，将无法得到合格的磷化膜。对于适于现场操作的"四合一"处理液来说，只能采用表面活性剂的乳化除油方式，因此选择合适的表面活性剂也是"四合一"处理液的关键。常用的表面活性剂主要包括 OP-10、十二烷基硫酸钠、十二烷基苯磺酸钠、平平加 O 等。这些表面活性剂分子中有一个亲油基团和一个亲水基团。亲油基团吸附在油污表面，并穿到油污内部，使油污颗粒被处理液润湿、渗透而膨胀，基体表面与油污之间的吸附力被松开。亲水基团则朝向水溶液中，从而将油污颗粒从基体表面上拉开，脱离基体表面。由于油污颗粒的四周被表面活性剂分子紧密地包裹着，阻止油污颗粒互相聚集，使油污产生乳化、分散、悬浮现象，使基体能够顺利地与处理液进行反应，形成合格的磷化膜。由于"四合一"处理液是免水洗的磷化处理液，溶液中的所有成分都将出现在磷化膜中，因此应尽量少加入不能转化为磷化膜成分的物质，所以表面活性剂的用量视所处理样品的油污程度而定，如油污重，浓度可适当增大；如果无油污，则可不加表面活性剂。在现场操作时，先用机械方法除去浮锈，重油污颗粒一般随浮锈被除去，此时可加入少量的表面活性剂，一般用量为 $0.5\sim3g/L$。

（三）"四合一"表面处理液典型配方和使用效果

1. 典型配方

常温"四合一"处理液的典型配方为：

（1） H_3PO_4（85%）：$300mL/L$。

（2） ZnO：$25g/L$。

（3）氧化剂：$5g/L$。

（4）促进剂：$2g/L$。

（5）络合剂：$25g/L$。

（6）钝化剂：$7.5g/L$。

（7）表面活性剂：$1.5g/L$。

2. 基本性能和适用范围

表 5-11-1 列出了常温"四合一"处理液的基本性能。该处理液属于重锈型处理液，适用于锈蚀较为严重的钢铁表面处理。

表 5-11-1 常温"四合一"处理液的基本性能

测 试 项 目	结 果	测 试 方 法
外观	无沉淀绿色均匀液体	GB/T 5926—1986
pH	1	GB/T 12612—2005
总酸度（点）	880	GB/T 12612—2005 附录 A

测　试　项　目	结　　果	测　试　方　法
游离酸度（点）	435	GB/T 12612—2005 附录 A
密度/（g/cm³）	1.27	GB/T 12612—2005
除重锈性能	良好	
除油性能	良好	
磷化膜外观	灰色	目测
磷化膜防锈期	室外封存 45 天不锈	GB/T 12612—2005
硫酸铜点滴时间	大于 180s	GB/T 6807—2001
3%氯化钠浸泡时间	6h 以上无锈蚀	GB/T 6807—2001
漆膜附着力	一级	GB/T 6807—2001

3. 轻锈型的表面处理液

另外还有轻锈型的表面处理液，与上述处理液的区别仅在于磷酸的含量不同，过高的磷酸含量在锈蚀不严重的钢铁表面有可能造成基体过度腐蚀且不能完全成膜。

4. 使用效果

取已产生锈蚀的钢铁材料作为试片进行"四合一"处理液的涂装性能测试。将试片随机分成两组，一组只经简单的打磨，即涂刷磷化底漆然后刷涂面漆。另一组打磨后，经"四合一"处理，再涂刷红丹底漆，然后刷涂相同的面漆。待全部干透后，对两组涂装后的试片进行盐雾试验，结果见表 5-11-2。

表 5-11-2　　　　　　　　　试片涂装后的盐雾试验结果

盐雾试验时间/h	未经"四合一"处理	经"四合一"处理
48	50%的面积有气泡和锈	无气泡、无锈
72	60%的面积有气泡和锈	1%的面积有气泡，无锈
96	60%的面积有气泡 70%的面积有锈	1%的面积有气泡和锈
120	70%的面积有气泡 80%的面积有锈	1%的面积有气泡和锈

从测试的结果看，常温"四合一"处理液具有操作简单、灵活性强、处理液性能好、得到的磷化膜耐蚀性好、漆膜附着性好等优点，适用于变电站大型钢铁构件现场涂装前的综合处理。特别适用于锈蚀设备的现场不停电修复，可延长钢铁设施的使用寿命。

二、高聚物防腐蚀涂料

（一）高聚物防腐蚀涂料的特点

原则上讲，现场修复所用的涂料应该与设备本身的涂装体系一致。但是对于锈蚀设备来说，一般都已使用多年了，本身的涂装体系很多已无从考证。因此，当锈蚀设备的本身涂装体系未知时，只能采用现有的防腐蚀涂料，要求用于现场修复的防腐蚀涂料必须具有适应性强、使用灵活、耐蚀性好的特点。

防腐蚀涂料品种繁多，目前性能较好的防腐蚀涂料大多采用氯化橡胶作为基础成膜物质。由于氯化橡胶分子结构规整、饱和、极性小、化学稳定性好，用它制备的各种防腐蚀涂料具有涂膜干燥快、附着力好、耐化学腐蚀和抗潮湿渗透性优良等特性。半个多世纪以来，氯化橡胶已发展成为当今世界上舰船和水下设施、钢结构设备防腐蚀的重要材料之一。但由于传统使用的氯化橡胶在生产过程中需要使用大量的含氯烃溶剂（如四氯化碳或二氯乙烷），这类溶剂排放到大气中会破坏臭氧层，残留在树脂中对长期接触的人体有致癌作用，故自 20 世纪 90 年代起，为履行蒙特利尔保护大气臭氧层公约的义务，一些发达国家就已限制氯化橡胶的使用。近几年，我国也逐渐对含氯烃溶剂的释放量进行严格控制，因此氯化橡胶的取代品得到了快速的发展，尤其是高氯化聚乙烯树脂（HCPE）得到大量应用。

高氯化聚乙烯树脂具有优良的耐大气老化和耐化学腐蚀性能，易溶于芳香烃、酯、酮等有机溶剂，与大多数涂料用的无机颜料和有机颜料有良好的相溶性，生产成本低，对生态环境无污染，同时具有与氯化橡胶相似的各种优良性能，可在低温环境下施工，施工简便，漆膜能自干，且干燥速度快。用高氯化聚乙烯树脂代替氯化橡胶制备防腐蚀涂料，可获得与氯化橡胶防腐漆性能相似的防腐蚀涂层。这些特点都决定了高氯化聚乙烯树脂很适合于配制现场修复用的防腐蚀涂料。

（二）高聚物防腐蚀涂料的主要成分

1. HCPE

HCPE 即高氯化聚乙烯树脂，它是防腐涂料的基础成膜物质，也是防腐涂层的主要成分，其含量的多少直接影响到防腐涂层的厚度、成膜性及施工性能。HCPE 含量太少，形成的防腐涂层太薄，甚至不能形成完整的漆膜，与基体附着力差。HCPE 含量太多，则涂料黏度太高，施工困难，难以形成均匀的涂层表面质量差。经过试验，HCPE 含量在 15%～25% 之间能够得到较好的防腐蚀涂层。

2. 改性剂

HCPE 防腐蚀涂料虽然具有优良的耐蚀性、防水性、耐候性。阻燃性及施工快干性，但其单独形成的漆膜柔韧性差，易脆裂、剥落，耐溶剂性也差，易在二次复涂时产生咬底现象。因此，单一选用 HCPE 制备防腐蚀涂料远远不能达到要求，需要用其他合成树脂或天然树脂进行改性，才能获得较为理想的综合性能。

常用的改性树脂有热塑性丙烯酸树脂、醇酸树脂、环氧酯树脂、醛酮树脂等。经过筛选，以松香改性的失水苹果酸树脂作为改性剂较为合适，能够较好地改善涂层的柔韧性和耐溶剂性，提高涂层的光泽。干膜厚度及对底材的附着力，增加对光的稳定性。

改性剂的加入对涂层性能的影响非常显著，改性剂的含量太低，所成的涂层很脆且易剥落；改性剂含量太高，则涂层的成膜性差。改性剂的含量在 5%～10% 之间能够得到性能良好的防腐蚀涂层。

3. 填料

大多数用于涂料的填料都可以用于 HCPE 防腐蚀涂料，但从耐蚀性方面考虑，选用铝粉（三聚磷酸铝）、金红石钛白粉作为主要填料，这些填料具有优秀的耐候性和耐蚀性。

同时还加有一些惰性填料沉淀硫酸钡，以增强涂层的强度，提高防锈能力。

填料对涂层也具有明显的影响。填料太少，涂层的耐候性及耐蚀性差，生产成本高。填料太多，涂层的成膜性差，表面粗糙。涂料中填料的质量分数宜为 $5\%\sim15\%$。

4. 增塑剂

为了提高涂层的柔韧性和附着力，克服涂层硬脆易裂的缺点，必须添加增塑剂来改善涂层的性能。增塑剂增塑效果应该明显，基本上接近 HCPE 性能，与树脂混溶性要好，并应易溶于体系溶剂，以保证基料的稳定。优先选择氯化石蜡作为增塑剂，因为氯化石蜡除了满足上述要求外，还具有极佳的颜料润湿性和分散性，而且货源充足、价格低廉。HCPE 与氯化石蜡的比例对漆膜的柔韧性、蒸气渗透性及附着力等综合性能均有很大的影响。一般氯化石蜡的含量在 $5\%\sim10\%$ 为宜，过多会造成涂层不干，过少则涂层柔韧性差，易脆裂。

（三）典型配方与性能

1. 典型配方

（1）HCPE：20%。

（2）氯化石蜡：10%。

（3）改性剂：10%。

（4）填料：10%。

（5）余量为混合溶剂。

2. 性能

上述防腐蚀涂料的物理性能和耐化学品性见表 5-11-3 和表 5-11-4。

表 5-11-3　　　　　　　　　涂料的物理性能

项　　　目	测　试　结　果	检　测　方　法
颜色	灰白色	目测
黏度（涂-4 杯，25℃）/s	60	GB/T 1723—1993
细度/μm	40	GB/T 1724—1979
表面干燥时间/h	0.5	GB/T 1728—1979
实际干燥时间/h	20	GB/T 1728—1979
附着力/级	1	GB/T 1720—1979
干膜厚度/μm	40	
耐冲击性/(kg·cm)	50	GB/T 1732—1993
柔韧性/mm	1	GB/T 1731—1993

表 5-11-4　　　　　　　　　涂料的耐化学品性

项　　　目	测　试　结　果	检　测　方　法
耐盐水性（常温，3%NaCl，21d）	无变化	
耐油性（40 号机油，30d）	无变化	GB/T 1763—1979
耐碱性（常温，5%NaOH，21d）	无变化	GB/T 1763—1979

项　　目	测　试　结　果	检　测　方　法
耐盐雾性（100h）	一级，不起泡，不脱落	GB/T 1763—1979
耐磨性（500g，1000r）/μg	20	GB/T 1771—2007
曝晒试验（3个月）	不开裂，不脱落，不变色	

注　GB/T 1763—1979 已作废。

从表 5-11-3 和表 5-11-4 中可以看到，高氯化聚乙烯防腐蚀涂料的性能优于氯化橡胶防腐蚀涂料，因此完全适用于电力设备的现场修复。

（四）现场施工工艺

1. 现场修复过程

现场设备的腐蚀形态大多是局部腐蚀。即在设备的局部区域，特别是在设备的底部，发生漆膜翘皮、脱落，露出金属基体从而遭到严重的腐蚀。外露的金属基体表面出现大量的铁锈，如果不及时修复，锈蚀会在漆膜下横向发展，导致漆膜不断剥落，腐蚀不断向四周蔓延。在腐蚀蔓延的同时，已腐蚀区域的腐蚀就会不断加快，最终在该部位发生穿孔或断裂，因而严重威胁着电气设备的安全运行。及时发现设备的局部腐蚀并尽早进行修复，是消除设备因腐蚀而造成安全威胁的最好办法。然而，由于电力输送的特殊性，在输送线路上只要有一个设备要修理；可能需要将整条线路断电，这显然是不可能的。为保证电力输送，必须对锈蚀的设备进行不停电的现场修复。

锈蚀设备的现场修复过程为：巡检→打磨→表面处理→刷防腐漆→刷面漆。

2. 巡检

由于输配电设备大多处于野外，且线路长，设备分散，无法建立起自动腐蚀监控系统，设备的腐蚀情况只能依靠人工巡检来发现。供电系统应该建立定期的人工巡检制度，重点检查金属设备的腐蚀情况，完善巡检登记制度，记录锈蚀设备所处的位置、锈蚀的部位及锈蚀程度，并集中建档。由工作调度根据锈蚀的程度及时安排修复人员去修复。巡检是发现设备腐蚀的唯一途径，这就要求加强巡检人员的责任心和责任追究制度。巡检人员应仔细观察，认真记录，以免漏检。修复人员也应该尽职尽责，在修复完记录在案的锈蚀点后，还应全面检查一遍，对于未发现的锈蚀设备应一并修复，以免造成安全隐患。

3. 打磨

处于野外的输配电设备历经风吹、日晒、雨淋会出现局部腐蚀，腐蚀的设备必然沾染有大量的油污、尘土、锈渣及浮锈等，这些污物一般呈粉状附着在金属基体表面上。这些污物必须清除，否则将严重影响后续的表面处理质量。

对于野外操作来说，清除污物最方便与可行的方法就是采用人工打磨方式，即用砂纸或钢丝刷将这些污物磨除，露出平整且不带浮渣的表面，以便后续的表面处理。

（1）在打磨前，应将翘皮的漆膜全部清除掉，直到漆膜与基体结合牢固且无间隙。用铁砂纸在除掉漆膜的基体上仔细打磨，应将所有的浮渣都磨掉。对腐蚀的地方还必须将瘤状的铁锈铲掉，如果呈现片状的铁锈，应该将片状铁锈剥掉，直至露出金属基体。打磨后应该得到一个平整的，不带有浮锈、尘土的表面，但并不要求露出金属基体，允许表面带有锈迹，但锈迹必须与基体形成一个整体而不会脱落。

（2）打磨后必须用毛刷将表面浮渣刷去，如有条件时用压缩空气吹掉更好。

4. 表面处理

表面处理是现场修复技术的关键，由于是现场操作，不可能像传统处理工艺那样分步处理，只能采用除油、除锈、磷化、钝化"四合一"综合免水洗处理。

（1）在进行表面处理前，必须根据基体表面锈蚀的程度选择合适的"四合一"表面处理液。由于"四合一"表面处理是免水洗的。处理液中的全部成分都将保留在磷化膜中，因此表面锈蚀的程度不同就决定了所用的表面处理液的酸度不同。一般"四合一"表面处理液可分为重锈型和轻锈型，两者的区别在于处理液中磷酸含量的不同。当用重锈型的处理液处理轻锈的钢铁表面时，因为磷酸含量太高，有可能造成基体过腐蚀。而且过量的磷酸无法转化为磷化膜，从而出现干燥速度慢、易挂液、磷化膜层软且易发白等现象。如果现场没有轻锈型的表面处理液，也可以将重锈型的处理液进行适当的稀释来代替，但要注意稀释倍数不能太高，最多 2～3 倍。因为稀释太多，会造成处理液中的其他成分含量不足，从而影响磷化膜的质量。

（2）进行表面处理时，可以用毛刷蘸适量的表面处理液，轻轻地、均匀地涂刷在基体表面，涂刷的时候要均匀。不能出现积液或泡沫。在正常情况下，1～2h 即可在金属表面形成一层暗灰色至黑色的磷化膜。磷化膜因基体上锈迹的多少而呈现不同的颜色，因此磷化膜的颜色是不均匀的，但表面不能有白色的挂灰或浮渣，用手摸应平整洁净，不能有粉状物附着在手指上。

（3）有时锈蚀过于严重，一次涂刷可能还不足以达得到合格的磷化膜。待第一次涂刷干燥后再进行第二次涂刷。必须注意，因为"四合一"表面处理是免水洗的，处理液中的可溶性成分仍然保留在磷化膜内，如遇水这些物质会溶解，从而破坏磷化膜，因此表面处理必须在晴天下进行。

（4）由于磷化处理速度与温度有关，温度越高越有利于磷化膜的形成，干燥速度越快，所以表面处理时的温度不能低于 5℃。表面处理液成膜干燥时间在夏天需要 1～2h，而在冬天至少需要 4～5h，甚至更长。夏天的处理效果明显优于冬天，因此设备的现场修复尽可能安排在夏天。

5. 刷防腐漆

表面处理后应该立即进行涂装处理。原则上讲，修复的涂装体系应与设备原有的涂装体系相一致，这样保证漆膜之间的相容性。但在实际操作中，可能很难查到该设备的确切涂装体系，因此只能采用比较通用的防腐蚀涂装体系。

一个比较合适的防腐蚀涂装体系是红丹防锈漆和高氯化聚乙烯防腐蚀涂料组合的二道涂装体系，该体系通用性好、耐蚀性优，且漆膜干燥速度快，修补性及重涂性好，比较适宜现场操作。

（1）红丹防锈漆可以选择 H53-31 红丹环氧防锈漆或 H53-32 红丹环氧酯醇酸防锈漆。红丹防锈漆具有漆膜坚韧、防锈能力持久、适应面广、防锈效果好的优点，但不足之处是含铅量高，毒性大。对于自然环境腐蚀性不太高的场合，或耐蚀性要求不太高的地方，如室内等，也可以用铁红防锈漆代替，如 C53-36 铁红醇酸防锈漆或铁红环氧酯带锈防锈底漆。刷涂底漆后，待漆膜干透，就可以再刷涂一道高氯化聚乙烯防腐蚀涂料，待其自然干燥即可。

（2）现场修复一般采用刷涂的方式，如果有条件，对于大面积涂装时可采用喷涂的方式。采用刷涂的方式时，挑选合适的漆刷很重要。挑选漆刷时，一般要求漆刷前端整齐、手感柔软、无断毛和倒毛，使用时不掉毛，蘸溶剂后甩动漆刷，以漆刷前端不分开者为上品。

（3）刷涂的操作是将漆刷蘸少许涂料，然后按涂敷、抹平、修饰三个步骤进行刷涂。涂敷就是在手能弯曲的范围内将涂料涂敷在被涂物表面上，使涂料分开。抹平就是用漆刷将涂料纵、横反复抹至均匀。而修饰就是用漆刷按一定方向轻轻地涂刷，消除刷痕及规程现象。

（4）刷涂时应注意以下事项：

1）用刷子蘸涂料时，刷毛浸入涂料的部分不应超过毛长的一半，如果刷毛根部蘸上漆，漆刷就会变形，漆刷的使用寿命也会缩短。

2）蘸有涂料的漆刷要在容器的内表面轻轻地抹一下，以除去多余的涂料，不使漆滴落在地面上或其他不需修复的表面上。

3）在进行涂敷及抹平操作时，应尽量使漆刷笔直，用刷毛的腹部涂刷。在进行修饰操作时，则将漆刷平放，用刷毛前端轻轻地涂刷。

4）应注意漆刷的走向，涂刷垂直表面时，最后一次涂刷应由上向下进行；刷涂水平表面时，最后一次刷涂应按光线照射的方向进行。

5）漆膜厚薄应均匀适中，过厚容易产生皱纹，过薄则要露底或影响漆膜外观。

6．刷面漆

大多数设备经涂刷高氯化聚乙烯防腐蚀涂料后已能满足要求，无需再涂面漆。但对于有外面要求的设备，修复后再刷涂一道面漆也是必要的。刷涂面漆的方法与刷涂防腐蚀涂料基本一致，但选用的面漆品种应具有良好的耐候性，并适合于手工涂刷操作。面漆应根据设备的本身涂料颜色与品种来选择。

（五）现场修复后期管理

锈蚀的电力设备经现场修复后，应建立质量管理档案，详细记录修复设备所处的地点、修复的具体位置与面积、修复的过程与现象等。在修复后的前期应加强巡视，具体观察修复后的漆膜有无裂纹、起泡、脱落等现象，尤其在经历雨淋后，更应加强巡视。确定修复成功后，才能拉长巡视的周期。如果发生裂纹、起泡等现象，就要分析原因，排除这些因素后再进行重新修复。产生裂纹、起泡、脱落的原因主要有以下几种可能：

（1）表面浮锈未清除干净，基体表面还沾染有灰尘或浮渣等。

（2）"四合一"表面处理液选择不当或操作不当，如在轻锈的表面选用了重锈型的处理液，涂表面处理液时表面有积液或泡沫现象。

（3）表面处理液未完全干透前即刷防腐底漆，或者底漆未完全干透前即刷高氯化聚乙烯防腐蚀涂料。

（4）表面成膜后在涂漆前沾上了水渍使磷化膜遭到破坏；或漆膜未干透前遇到了水，水透过涂料层破坏了磷化膜等。

第十二节 新型阻锈技术在变电站的应用

一、锈稳定剂

(一) RS锈稳定剂

1. 简介

锈稳定剂是由一种弱酸性化学物质组成的涂层材料。其涂刷在生锈金属表面会形成一层稳定的膜层,膜层和金属基体间紧密结合,无界面存在,成为了一个整体,因此膜层与基体之间具有高附着力、高封闭性、高防腐性能。由于该材料以铁锈为反应原料,解决浮锈问题,因此可带锈作业、快速修复,且涂层与环氧、聚氨酯类油漆有良好的结合力。

2. 应用

(1) 应用于生锈金属表面基层防腐以及直接应用于无电镀层钢铁表面。

(2) 低表面处理条件下的防腐保护。

(3) 封闭空间防腐作业。

(4) 交叉作业条件下的防腐保护。

(5) 快速条件下的防腐保护。

3. 施工工艺

理论涂布率为涂膜厚度 $35\mu m$ 时,每公斤可喷涂 $20m^2$。

(1) 对金属腐蚀表面进行处理,除去钢铁表面疏松锈层,对于较厚的疏松锈层可用手锤敲落;浮锈可用钢丝刷清理干净,附着紧密的锈层可不作处理。

(2) 使用前先将本品摇匀,试喷,保持喷嘴位置清洁无堵塞。

(3) 将本品均匀喷涂在作业面上,并用毛刷涂抹均匀,1min左右就会生成黑色的化合物,15~20min就会表干形成保护膜,5~8h即可进行后续涂装工序。

(4) 对于仰面施工及不利于喷涂的区域,可直接使用毛刷进行涂刷。

(5) 本品涂刷量1~2次即可,在涂刷过程中或涂刷完毕后,检查是否存在漏刷、局部缺陷等问题,若存在需及时修复。

(6) 二次补刷时可根据变色(锈色转变为黑色)情况,对漏刷部位进行补刷。

4. 注意事项

(1) 本品为弱酸性,使用时应注意劳动保护,需佩戴护目镜及其他劳保用品。

(2) 对于锈蚀严重并产生浮锈的工件表面,必须先将浮锈清除干净,再进行涂装。

(3) 本品接触皮肤应立即用清水和肥皂清洗;接触眼睛立即用清水冲洗,并及时就医。

(4) 产品应避光保存,防止高温、日晒,保持期为12个月。

5. 特性

(1) 化学性能。水性单组分、环保无毒、低味,不含重金属,无有害气体排放。

（2）物理性能。材料与金属基体发生化学反应，形成有机整体，故涂层不剥离，附着力强，漆膜坚固，耐腐蚀，耐老化。

（3）成本低。对钢铁表面无需严格处理，减少喷砂过程对环境造成的污染，又可达到优良的除锈防锈效果。

（4）施工安全。本品不燃不爆，可焊接、喷涂同时进行。

（5）兼容性。与金属基体生成新的保护层，与环氧、聚酯、聚氨酯类油漆可良好地结合。

（6）耐外性。本产品作为基材处理剂，处理生锈金属表面后，与其他防腐涂料配合使用可达到 15 年以上防腐效果。

（二）促锈剂与固锈剂

将固锈剂直接涂装到铁锈件表面后，固锈剂会与铁锈产生络合反应，生成一层黑色防锈保护涂层。固锈剂解决了传统除锈防锈工艺复杂、不环保等弊端，处理工艺没有腐蚀性，不会影响后期表面锈层的继续形成，环保、无毒、无害。

促锈剂与固锈剂使用方法如下：

（1）将铁件表面清洁，去除铁件表面油污、尘土。

（2）向铁件喷促锈剂，静待 5～10min。

（3）用清水冲洗、晾干，促锈工作完成。

（4）若觉得锈层颜色偏浅，可继续向工件浇水，或多上一次促锈剂。

（5）如果想让锈面耐摩擦，可以使用固锈剂迅速形成稳定的、颜色厚度均匀的、不容易被擦落的锈红色氧化膜，在 25℃的室外温度环境下，一般可在 3h 内完成锈处理工艺。

二、多功能防锈渗透润滑剂

（一）MO 多功能防锈渗透润滑剂

1. 简介

（1）本产品适用于各种电力和工业用途。

（2）本产品可清洁各种油污，可松动锈死的部件和螺栓、渗透锈死的机械部件。

（3）经常使用本产品可以对机械设备起到保养润滑的作用；本产品还具有脱水功能，可作为金属防锈剂使用，因为它在脱水、除湿的同时，可在金属表面留下一层薄薄的保护层。

2. 应用范围

本产品为专用于各种工业环境和电力行业的多功能强力防锈渗透润滑剂。

本产品应用范围和用途如下：

（1）润滑活动部件。

（2）松动锈死部件。

（3）防止生锈和腐蚀。

（4）脱水除湿后在金属表面形成不导电的镀膜。

（5）清洁油污、黏合剂和锈渍。

（6）对塑料制品无损害，可安全地用于金属、油漆和橡胶制品上。

3. 技术参数

(1) 闪点：38℃。

(2) 沸点：118℃。

(3) 凝点：－105℃（低温无凝结）。

(4) 比重：0.69。

(5) 厚度：0.16mm。

(6) 绝缘强度：13kV。

4. 储存

本产品在运输、存储或丢弃时应远离电、高温源，应存放于干燥通风的仓库内，避免阳光直晒。本品为气压罐制品，内容物有压力，充气气体可燃，不可戳扎罐体或焚烧罐体。

5. 特性

(1) 渗透和清洁功能。MO 润滑剂可去除油污、油泥、胶质和锈渍，无需配合其他清洁溶剂使用。MO 润滑剂在清除油污的同时，在物体表面留下一层超薄保护层。MO 润滑剂表面张力很低，因此在喷射时，能够形成非常薄的保护膜。1 瓶净含量 295g，理论喷涂面积约为 27m²。

(2) 防锈防腐功能。MO 润滑剂可以在物体表面形成长效绝缘保护膜，因而对金属器械具有卓越的防腐保护功能。该保护膜可以显著延长机械设备的使用寿命。

(3) 润滑功能。MO 润滑剂与同类产品比具有优秀的润滑效果。

(4) 脱水功能。MO 润滑剂可以迅速脱水。它可以潜入水分或冰结晶的下面，分解水分子，使其迅速挥发，然后在物体表面留下一层长久的绝缘保护膜。经 MO 润滑剂处理过的表面不会再发生锈蚀。

(5) 兼容性。MO 润滑剂与大多数塑料和橡胶制品不发生化学反应。MO 润滑剂对少数橡胶会产生短暂影响。这类橡胶可能会发生暂时性的膨胀，但等 MO 润滑剂干燥后即可恢复。长期浸泡可产生影响，短暂接触，如喷涂或擦拭均不发生明显反应。在将本品用于塑料或橡胶制品部件如垫圈、密封垫、O 形环等，建议先做测试再使用。

（二）CRC 5 - 56 多功能防锈渗透润滑剂

1. 简介

CRC 5 - 56 多功能防锈渗透润滑剂是一种多功能高品质的渗透、防锈、对塑料无害的润滑剂，具有持久的抗磨损、抗腐蚀性能，有利于防止由渗水、潮湿、水汽凝结或腐蚀导致的电气故障。长期使用有助于防止电器故障和改善设备性能，增加设备寿命。

2. 应用范围

用于电气设备、控制器、仪器、通信设备、电子组件、警报系统、启动机、铸件、齿轮、焊条、线缆、固定装置、铸模、夹具、衬垫、夹盘、钻杆、热处理零件、加工面、完工焊接、铝制突起、气动工具、传送机、冻结接头、锁、起重机等。

3. 特点

(1) 可满足润滑、渗透、轻度清洁和防锈方面的需求，并可消除摩擦噪音。

（2）润滑和保护金属表面，无黏性残余物。

（3）超薄连续油膜可产生良好的密封性，提高设备寿命和性能的效果。

（4）塑料安全性可应用于各种场合，可用于塑料，不导电、无腐蚀性。

（三）BPL 多功能防锈渗透润滑剂

1. 性能

BPL 多功能防锈润滑剂是一种独特的多用途的生物基合成金属防锈渗透润滑剂，能快速渗透金属间隙，对金属进行除湿、防锈、松锈、解锈、润滑、清洁、保养，它源自农业作物资源，环保无毒，润滑性和渗透性远好于目前市场上的石油基产品，具有良好的防锈性能，广泛用于各个行业和应用。能高效保养各类机械设备、精密仪器、零部件，使之长期保持上佳工作状态，延长使用寿命。BPL 对金属具有极佳的防锈效果，与金属表面有很强的亲和力，渗透性极强，能够有效排除金属表面及内部的湿气和水分，也能清除表面的油脂、尘垢、污渍、标签等粘附物。本产品不但是一种快速的渗透剂，同时也是性能优越的润滑油，可有效润滑金属部件。

2. 特点

（1）天然极性分子，超快渗透，不含挥发性有机物（VOC），安全非易燃品。

（2）油膜持久，长期润滑防锈。

（3）可生物降解、环保无毒，符合 EPA 2013VGP，完全可替代现有的防锈润滑剂产品。

（四）奥斯邦环保防锈润滑剂

1. 特点

（1）安全环保，不含 CFC（氟氯烃），无毒，无刺激性气味。

（2）不损害塑料，可以用于 ABS、NORYL 等塑料。

（3）持久润滑及防锈功效，迅速消除刺耳噪音。

（4）润滑、保护金属表面，不留杂质。

（5）排除水分，形成连绵不断的保护膜，防止继续生锈。

（6）改善电路导电性能，启动潮湿引擎。

2. 应用

广泛应用于各类电子连接器、继电器、断路器、变压器、开关设备、发动机；各类控制调节装置、器械、通信设备、电子警告系统、起动机；各类铸件、齿轮、装置器；钻孔机、机械表面、传送带；各类金属锁固件、滑件、机械配件、起重机、轨道、窗门轨道、拉链、工具、自行车链、门锁、各类五金等。

3. 使用工艺

（1）使用前和使用过程中充分摇匀。

（2）使用过程中始终保持喷罐直立。

（3）禁止带电设备和靠近明火操作。

（4）喷口距离目标 15～30cm 均匀喷射，按动压力阀，直接喷于待处理物表面。

（5）如用于严重腐蚀的零部件，先要用钢丝刷刮净，从而使防锈润滑剂能够深层渗透，在难以触及的地方可以使用加长的细管。

4. 注意事项

（1）含有压力气体，应远离热源和明火；不得刺穿、撞击或焚烧气雾罐。

（2）远离儿童存放。

（3）含有轻微的气味，对皮肤和眼睛有轻微刺激性，皮肤接触后请立即用肥皂和大量清水冲洗。若不慎溅入眼睛，立即用大量清水冲洗，如仍有不适须到医院检查。

（4）在阴凉、干燥的 40℃以下的场所储存。

三、钢筋阻锈剂

（一）问题的提出

混凝土结构耐久性问题是当今建筑行业内最关注问题之一，影响着国家和社会的可持续发展，其中，钢筋锈蚀是导致钢筋混凝土结构耐久性劣化的主要问题之一，造成了国家重大经济损失。因此，研究一种阻止钢筋锈蚀的关键措施变得尤为重要。研究显示，钢筋阻锈剂是防止钢筋锈蚀的最有效方法之一，并且正在不断被研究和开发，尤其是环保型的有机阻锈剂。但是，多数阻锈剂的研究主要集中于混凝土模拟孔溶液中，对其在混凝土中的阻锈研究，特别是应用电化学方法实时监测钢筋锈蚀的研究不多。

（二）迁移型阻锈剂

钢筋阻锈剂被认为是钢筋混凝土结构的防腐措施中最简单有效的方法之一。迁移型阻锈剂，在性能上改变和弥补了传统无机阻锈剂的不足，具有在混凝土中能够迁移的特性，在空间和时间上为混凝土中钢筋的保护提供了有效保障。

（三）电迁移性阻锈剂

钢筋锈蚀是造成混凝土结构提前失效的最主要原因之一，钢筋锈蚀的防护和修复也一直是钢筋混凝土耐久性的研究重点。在众多钢筋腐蚀的防护技术中，电化学除盐和使用迁移性阻锈剂被认为是两种较有效，实用的钢筋混凝土阻锈方法，但由于其本身的缺点和局限性，存在着某些方面的不足，如电化学除盐后钢筋自腐蚀电位负移，在侵蚀环境作用下易发生"二次腐蚀"；迁移性阻锈剂很难完全到达钢筋表面，对钢筋进行有效保护。因此提出了电迁移性阻锈剂的方法，在电化学除盐过程中使阻锈剂有效迁移至钢筋表面，在对锈蚀钢筋表面混凝土层进行脱盐，提高碱度的同时，使阻锈剂快速迁移进入混凝土并包裹在钢筋表面，形成对钢筋的多重防护，有效地提高钢筋的保护效率，并缩短修复时间和降低成本。

四、阻锈魔盒

建设坚强智能电网，构筑坚强的网架结构是关键。随着国家电网公司坚强智能电网计划的实施，变电站将向智能变电站发展，一次设备要升级为智能电力设备，二次设备则成为智能控制单元，实现一次、二次设备企业的大融合，这是一个革命性的变化。然而，户外设备内部锈蚀问题层出不穷，尤其是具有智能电力设备的电气柜中，凝露及锈蚀问题一度成为阻碍智能电网发展的瓶颈之一。配电网中的金属锈蚀现象每天都在发生，如何防治设备金属锈蚀是配电网自动化进程中的一项重要课题，对设备寿命及安全运行都具有不可忽视的影响。解决配电网设备内部金属部件锈蚀问题，改善配电设备健康运行环境尤其重要。

（一）金属锈蚀在一次、二次设备中的隐患

（1）由于锈蚀、变形等原因，电气柜内部开关及传动设备操作时常卡阻，加重了操作力矩，容易引起开关合闸不到位、分闸困难，甚至传动杆扭曲变形、拐臂断裂的现象。

（2）接触不良，不能有效接通、虚接、发热、出现缺相或者信号失效现象，可能会导致短路，引起跳闸，严重的甚至会导致火灾、部分电气控制设备爆炸。

（3）二次设备中接线端子、端子排及其他电子设备由于内部金属部件生锈造成的信号传输错误，可能会导致误报、误动作等隐患。

（4）生锈可能导致金属部件失去原有结构强度，导致坍塌。

（二）ARB 阻锈魔盒的特性

ARB 阻锈魔盒能够螯合吸附形成亚稳态结构，隔绝水分子、氧气分子与金属原子的接触，具有以下特性：

（1）绿色环保性。传统阻锈油漆涂层在造漆和涂装过程中会造成环境污染。而阻锈魔盒采用食品级原材料，绿色环保，对人体无毒性。

（2）产品稳定性好。传统阻锈金属镀层厚度较薄（约为 $8\mu m$），且生产工艺复杂，由此带来厚薄不均匀影响阻锈效果，以及市场产品质量参差不齐的局面。而阻锈魔盒采用分子螯合技术，利用金属表面配位键，将分子级保护层动态吸附在金属表面，形成一种亚稳态结构体，长期保护铜、铁等金属，阻止其锈蚀。

（3）施工严密性强。传统阻锈涂刷防腐涂料易造成漏涂、针眼等问题，造成遗漏点锈蚀，大大影响长期使用效果。而阻锈魔盒是通过粒子吸附得到的分子级保护层，因此不会出现针眼等缺陷，更不会出现由于人工涂刷失误造成的局部缺陷。

（4）维护持续性久。传统阻锈是一次成型，当设备中的金属材料在后期发生腐蚀时，很难被及时发现并更换，往往是伴随着电气设备发生了故障才能够被发现。而阻锈魔盒具备弥散性和缓释性，使用期间可根据空气中浓度条件的变化智能调节，弥散于空气中，并吸附于金属表面，随时为金属增补保护层，可有效保护 2～4 年以上。

（三）ARB 阻锈魔盒在变电站中的应用

有关技术标准要求操作机构各部件应采用锌镍合金等工艺进行处理，须满足防潮、防锈、防腐蚀功能，故防锈是电力设备必须达到的标准，ARB 阻锈魔盒在变电站具有广泛的应用空间。

（1）在存量设备中的应用。这类电气柜体具有如下典型特点：①数量多、运行环境复杂，每个柜体的问题都不尽相同，无法判断其所处金属锈蚀的阶段；②基本都处于服役状态，很难排出停电计划进行维护；③内部结构复杂，人手无法伸进内部，甚至很多地方看都看不到，传统涂刷类的方法完全无计可施。ARB 阻锈魔盒的弥散性作用方式，可以随着浓度的迁移分散到设备内任何一个角落，只要有裸露的金属就会吸附在其表面形成可靠的保护层，针对部分触点、开关等表面无镀锌部位以及无法涂刷涂料的部位进行防腐保护，同时对于已生锈金属表面也可形成同样的保护层。

（2）在增量设备中的应用。ARB 阻锈魔盒在新装电气柜的应用主要体现在以下方面：

①新电气柜制造过程及运输过程中的阻锈防腐保护；②柜体长期存储过程中的阻锈防腐保护；③安装后设备运行过程中的长期有效保护。ARB 阻锈魔盒与其他防腐处理方式并不冲突，而且可与传统阻锈防腐措施起到有效的协同作用。ARB 阻锈魔盒可有效保护多种黑金属及有色金属，保护镀层减缓氧化速度，同时可有效寻找并弥补防腐的缺陷点，阻止点腐蚀的发生。

（3）在一次、二次设备融合中的应用。伴随着自动化设备进入变电站，尤其是一次、二次设备融合技术的推广，ARB 阻锈魔盒的技术优势得到了充分发挥，即魔盒在阻锈的同时并不影响产品本身的绝缘性与导电性。尤其是在二次设备中关键的各类触点，不但可有效防护避免生锈，同时不影响其导电性能和相应速度。

（4）在停用设备上的保养应用。由于各种原因需要暂时停止工作的这类设备尤其容易受到锈蚀的危害，ARB 阻锈魔盒适合用于这些暂时停用设备的保养与维护。ARB 阻锈魔盒无需电源，只需简单将其黏结在柜体内部即可长期达到阻锈作用，绿色环保零能耗的同时，也将电源故障风险降低为零。

（5）安装方便。直接将 ARB 阻锈魔盒放置在相对密闭空间内部，每个 ARB 阻锈魔盒的保护空间约为 $0.3m^3$。在相对密闭空间，阻锈粒子扩散在空气中，通过螯合吸附作用形成分子膜附着在金属表面。

五、防锈发射体

防锈发射体具有简便、省工、省事、无污染、节省成本等优点。

（一）作用原理

防锈发射体是一种气相防锈缓蚀材料，材料气化后通过包装物的缝隙挥发到保护空间内，吸附在金属表面，形成致密保护膜，从而起到防锈作用。防锈发射体是一种新型的利用防锈剂缓蚀原理发挥效能的防锈材料。

（二）产品特性

（1）特别适用于被防锈物品密闭空间的内表面防锈，包括内腔、孔洞、曲面、电操机构等。

（2）封闭空间打开后再封闭，仍然具有持续的防锈效果。

（3）不含硅酮、磷酸盐和重金属，环保安全。

（三）使用方法

（1）被保护工件表面应清洁、干燥。

（2）将防锈袋置于被保护空间内，保持密封，有效作用距离不大于 30cm。

（3）保护期可达 12 个月，一般情况下密闭空间用量为 $100g/m^3$，恶劣环境可适当增加用量。

参 考 文 献

[1] 沈春林. 地下工程防水设计与施工 [M]. 2版. 北京：化学工业出版社，2016.

[2] 孙加保. 新编建筑施工工程师手册 [M]. 哈尔滨：黑龙江科学技术出版社，2000.

[3] 王朝熙. 简明防水工程手册 [M]. 北京：中国建筑工业出版社，1999.

[4] 中国建筑防水材料工业协会. 建筑防水手册 [M]. 北京：中国建筑工业出版社，2001.

[5] 叶琳昌. 防水工手册 [M]. 2版. 北京：中国建筑工业出版社，2001.

[6] 《建筑工程防水设计与施工手册》编写组. 建筑工程防水设计与施工手册 [M]. 北京：中国建筑工业出版社，1999.

[7] 刘庆普. 建筑防水与堵漏 [M]. 北京：化学工业出版社，2002.

[8] 鞠建英. 实用地下工程防水手册 [M]. 北京：中国计划出版社，2000.

[9] 北京斌建集团一公司. 建筑防水施工工艺与技术 [M]. 北京：中国计划出版社，2002.

[10] 刘民强. 防水工考核应知 [M]. 北京：北京工业大学出版社，1992.

[11] 建设部人事教育司. 土木建筑职业技能岗位培训教材 防水工 [M]. 北京：中国建筑工业出版社，2002.

[12] 薛绍祖. 地下防水工程质量验收规范培训讲座 [M]. 北京：中国建筑工业出版社，2002.

[13] 雍传德，雍世海. 防水工操作技巧 [M]. 北京：中国建筑工业出版社，2003.

[14] 张行锐，王凌辉. 防水施工技术 [M]. 2版. 北京：中国建筑工业出版社，1983.

[15] 康宁，王友亭，夏吉安. 建筑工程的防排水 [M]. 北京：科学出版社，1998.

[16] 彭振斌. 注浆工程设计计算与施工 [M]. 武汉：中国地质大学出版社，1997.

[17] 薛绍祖. 地下建筑工程防水技术 [M]. 北京：中国建筑工业出版社，2003.

[18] 张文华，项桦太. 建筑防水工程施工质量问答 [M]. 北京：中国建筑工业出版社，2004.

[19] 《防水工程施工与质量验收实用手册》编委会. 防水工程施工与质量验收实用手册 [M]. 北京：中国建材工业出版社，2004.

[20] 殷伟斌. 电力系统金属材料防腐与在线修复技术 [M]. 北京：机械工业出版社，2018.

[21] 中国建筑标准设计研究所，总参谋部工程兵科研三所. 国家建筑标准设计图集 10J301 地下建筑防水构造 [M]. 北京：中国计划出版社，2010.

[22] 图集编绘组. 工程建设分项设计施工系列图集 防水工程 [M]. 北京：中国建材工业出版社，2004.

[23] 李日升. 防潮除湿技术在西宁某110kV变电站10kV高压室开关柜中的应用 [J]. 区域治理，2018（27）：250.

[24] 闫宏伟. 高压开关柜防潮除湿治理 [J]. 建筑工程技术与设计，2017（27）：2385-2385.

[25] 陆昕. 变电站开关柜室除湿防潮的有效方法与治理对策 [J]. 电子世界，2016（5）：84-85.

[26] 黄强. 变电站高压开关柜室防潮除湿方法及治理措施 [J]. 安徽电力，2012（3）：37-39.

[27] 杨志忠. 高压开关柜防潮除湿治理 [J]. 科技资讯，2015，13（32）：31-31.

[28] 杨天培. 变电站端子箱和机构箱防潮密封的运维策略 [J]. 现代国企研究，2015（24）：117.

[29] 张伟骏，蔡新蕾，高伟，等. 变电站端子箱防潮控温系统的研制 [J]. 电测与仪表，2014（21）：102-109.

[30] 张晓东. 变电站机构箱端子箱防潮防凝露改进措施探讨 [J]. 延安职业技术学院学报，2014（5）：155-156.

[31] 姜毅, 周成华, 郭俊峰, 等. 智能端子箱防凝露控制器的研制与试验研究 [J]. 高压电器, 2010 (8): 59 - 62.

[32] 吴雪冰, 刘欣, 李帅. 室外密封箱体内部凝露现象分析 [J]. 电子质量, 2013 (7): 24 - 27.

[33] 冯旭. 变电站端子箱凝露现象探究及改进 [J]. 大众用电, 2011 (12): 27 - 28.

[34] 刘明. 深圳地区室外端子箱凝露现象与解决方案 [J]. 技术与市场, 2012 (10): 46 - 47.

[35] 周兴福, 徐卫, 王传洪, 等. 变电站室外端子箱凝露原因分析及改进措施 [J]. 山东电力技术, 2015, 42 (5): 49 - 52.

[36] 周强强, 李津. 变电站智能端子箱防凝露控制系统的研究与应用 [J]. 广东电力, 2013 (8): 73 - 77.

[37] 《建筑施工手册》（第四版）编写组. 建筑施工手册 [M]. 4 版. 北京: 中国建筑工业出版社, 2003.

[38] 《建筑施工手册》（第五版）编委会. 建筑施工手册 [M]. 5 版. 北京: 中国建筑工业出版社, 2012.

[39] 本书编委会. 防水工程施工与质量验收实用手册 [M]. 北京: 中国建材工业出版社, 2004.

[40] 项桦太. 防水工程概论 [M]. 北京: 中国建筑工业出版社, 2010.

[41] 李钰. 建筑工程概论 [M]. 2 版. 北京: 中国建筑工业出版社, 2014.

[42] 高峰, 朱洪波. 建筑材料科学基础 [M]. 上海: 同济大学出版社, 2016.

[43] 孙凌. 土木工程材料 [M]. 北京: 人民交通出版社, 2014.

[44] 杨帆. 建筑材料 [M]. 北京: 北京理工大学出版社, 2017.

[45] 刘祥顺. 建筑材料 [M]. 4 版. 北京: 中国建筑工业出版社, 2015.

[46] 万小梅, 全洪珠. 建筑功能材料 [M]. 北京: 化学工业出版社, 2017.

[47] 沈春林. 建筑防水设计与施工手册 [M]. 北京: 中国电力出版社, 2011.

[48] 中国建筑学会. 建筑设计资料集 第 1 分册 建筑总论 [M]. 3 版. 北京: 中国建筑工业出版社, 2017.

[49] 孙亚芬. 高压电路设备防凝露控制的研究 [J]. 自动化技术与应用, 2009, 28 (4): 100 - 102.

[50] 罗宣国, 夏丽建. 电气设备的防凝露技术研究 [J]. 可再生能源, 2014, 32 (4): 489 - 492.

[51] 钟家喜, 金李鸣, 徐彬, 等. 国产 12kV 铠装式金属封闭开关设备技术隐患分析与对策 [J]. 高压电器, 2007, 43 (3): 233 - 234.

[52] 陈瑶, 陈廉曹, 束剑文, 等. 浅谈开关设备的防凝露措施 [J]. 福建建设科技, 2013 (2): 91 - 92.

[53] 凌玲, 徐政. 基于数学形态学的动态电能质量扰动的检测与分类方法 [J]. 电网技术, 2006, 30 (5): 63 - 66.

[54] 吕艳萍, 刘亚东. 应用数学形态学方法分析识别特高压线路雷击干扰 [J]. 高电压技术, 2010, 36 (12): 2948 - 2953.

[55] Chen L L, Bi D Y. Application of mathematical morphology in image processing [J]. Modem Electronical Technology, 2002, 12 (8): 18 - 20.

[56] 耿江海, 郭沁, 许自强, 等. 基于改进形态学的户外设备凝露发展过程研究及防凝露措施优化 [J]. 科学技术与工程, 2016, 16 (22): 213 - 218.

[57] 张宇, 刘英建, 李弈, 基于网络数据交换控制技术的电气设备的凝露智能控制装置 [J]. 电气时代, 2012 (9): 76 - 78.

[58] 马仪成, 郭胜军, 朱云霄. 变电站户外产品防止凝露措施 [J]. 河南科技, 2013 (7): 69 - 70.

[59] 熊治平. 江河防洪概论 [M]. 2 版. 武汉: 武汉大学出版社, 2009.

[60] 张呼生. 给水排水工程设计原理与方法 [M]. 北京: 中国电力出版社, 2012.

[61] 李玉华, 苏德俭. 建筑给水排水工程设计计算 [M]. 北京: 中国建筑工业出版社, 2006.

[62] 张健. 建筑给水排水工程 [M]. 重庆：重庆大学出版社，2002.

[63] 戴慎志，陈践. 城市给水排水工程规划 [M]. 合肥：安徽科学技术出版社，1999.

[64] 丁一汇，张建云. 暴雨洪涝 [M]. 北京：气象出版社，2009.

[65] 张玉珩，王永滋，谭魁俤. 变电所所址选择与总布置 [M]. 北京：水利电力出版社，1986.

[66] 高洪利. 现代防洪抢险技术 [M]. 郑州：黄河水利出版社，2010.

[67] 王运辉. 防汛抢险技术 [M]. 武汉：武汉水利电力大学出版社，1999.

[68] 王全金. 给水排水管道工程 [M]. 北京：中国铁道出版社，2001.

[69] 邵林广. 给水排水管道工程施工 [M]. 北京：中国建筑工业出版社，1999.

[70] 刘延恺. 城市防洪与排水 [M]. 北京：中国水利水电出版社，2008.

[71] 高宗峰. 给水排水工程 [M]. 北京：中国电力出版社，2014.

[72] 罗全胜，梅孝威. 治河防洪 [M]. 郑州：黄河水利出版社，2004.

[73] 黄振喜，龚俊，周秋鹏，等. 变电站预制混凝土电缆沟排水及防渗的技术处理方案 [J]. 湖北电力，2016，40（2）：68 - 70.

[74] 冯舜凯，聂小莉，张尚华，等. 220kV 变电站防洪竖向布置优化设计 [J]. 河北电力技术，2013（2）：46 - 48，51.

[75] 韩旭. 变电站总平面与竖向布置设计研究 [J]. 科技资讯，2011（1）：112 - 114.

[76] 刘伟. 浅谈变电站的总平面及竖向布置设计 [J]. 城市建筑，2013（10）：139.

[77] 邹宇，李宾皑，胡鹏飞. 城市变电站防洪涝设计及改造施工研究 [J]. 建筑施工，2016，38（10）：1419 - 1422.

[78] 熊云千. 变电站集水池的典型设计研究 [J]. 工程技术研究，2018（2）：130 - 131.

[79] 严鹏飞. 500kV 变电站工程总平面布置、地基处理及边坡设计方案优化 [J]. 江西建材，2013，24（1）：31 - 33.

[80] 冯舜凯，魏利民，李占岭，等. 220kV 安新变电站防洪设计 [J]. 电力建设，2012，33（7）：38 - 42.

[81] 聂建春，刘杰. 浅谈变电站总平面布置及竖向布置设计 [J]. 内蒙古石油化工，2008（17）：61 - 62.

[82] 李红勃. 35kV 变电站自排水系统的改造 [J]. 电工文摘，2016（5）：37 - 38.

[83] 袁晓明，朱亚平. 地下变电站给排水设计优化措施 [J]. 华东电力，2014（3）：577 - 580.

[84] 赖洪亮. 基于海绵城市理念的变电站设计 [J]. 建设设计，2018（7）：38 - 39.

[85] 林辉新. 沿海低洼地区变电站防洪改造措施 [J]. 农村电气化，2017（3）：24 - 25.

[86] 康存锁. 水利施工中混凝土裂缝的防治技术 [J]. 黑龙江水利科技，2017（12）：183 - 185.

[87] 朱勋，童斐斐. 老旧变电站的防洪改造措施探讨 [J]. 浙江电力，2016（35）：35 - 37.

[88] 王力，乔小琴，沈捷，等. 防渗灌浆在水利水电工程中的应用 [J]. 珠江水运，2018（9）：89 - 90.

[89] 瞿培华. 建筑外墙防水与渗漏治理技术 [M]. 北京：中国建筑工业出版社，2017.

[90] 沈春林. 屋面工程防水设计与施工 [M]. 北京：化学工业出版社，2016.

[91] 深圳市建设工程质量监督总站，深圳市防水专业（专家）委员会. 建设工程防水质量通病防治指南 [M]. 北京：中国建筑工业出版社，2014.

[92] 国网江苏省电力有限公司. 变电站防汛 [M]. 北京：中国电力出版社，2019.

[93] 罗斯，夏可夫. 建筑工程防水设计与施工维护 [M]. 北京：中国建筑工业出版社，2020.

[94] 沈春林. 建筑防水工程常用材料 [M]. 北京：中国建筑工业出版社，2019.

[95] 沈春林. 建筑防水工程施工技术 [M]. 北京：中国建筑工业出版社，2019.

[96] 刘若溪. 配电设备防潮防凝露综合治理技术 [M]. 北京：中国电力出版社，2019.